CB017260

Coleção Big Bang
Dirigida por Gita K. Guinsburg

Edição de texto: Marcio Honorio de Godoy
Revisão de provas: Lilian Miyoko Kumai
Capa e projeto gráfico: Sergio Kon
Produção: Ricardo Neves e Raquel Fernandes Abranches.
Impressão e acabento: Editora e Gráfica Vida e Consciência

ERNEST B. HOOK
organizador

PREMATURIDADE NA DESCOBERTA CIENTÍFICA

sobre resistência e negligência

tradução de
GITA K. GUINSBURG

Título do original em inglês:
Prematurity in Scientific Discovery: on resistance and neglect

Dados Internacionais
de Catalogação na Publicação (CIP)
(Câmara Brasileira do Livro, SP, Brasil)

Prematuridade na descoberta científica: sobre resistência e negligência / Ernest B. Hook, organizador; tradução de Gita K. Guinsburg. – São Paulo : Perspectiva, 2007. – (Big Bang)

Título original: Prematurity in scientific discovery: on resistance and neglect.
Vários colaboradores.
Bibliografia.
ISBN 978-85-273-0777-2

1. Ciência - Filosofia 2. Descobertas científicas 3. Stent, Gunther Siegmund, 1924-. I. Hook, Ernest B., 1936-. II. Série.

07-0222 CDD-509

Índices para catálogo sistemático:

1. Descoberta científica : Prematuridade : História da ciência 509

EDITORA PERSPECTIVA S.A.

Av. Brigadeiro Luís Antônio, 3025
01401-000 São Paulo SP Brasil
Telefax: (011) 3885-8388
www.editoraperspectiva.com.br

2007

SUMÁRIO

Parte III
PERSPECTIVAS HISTÓRICAS

Seção A:
Exemplos Relativamente não Problemáticos

Seção B:
Casos Discutíveis

Parte VI
PERSPECTIVAS FILOSÓFICAS

Parte VII
CONSIDERAÇÕES FINAIS

ÍNDICE DE FIGURAS E TABELAS

FIGURAS

TABELAS

SOBRE ESTE LIVRO

Gita K. Guinsburg

Se há um livro que teve uma ampla aceitação no mundo inteiro pelo público leitor e, particularmente, nos círculos universitários brasileiros com respeito à compreensão dos motores e fatores da descoberta na ciência é a obra de Thomas Kuhn, intitulada *A Estrutura das Revoluções Científicas*. Todavia, apesar de ser um dos autores mais citados na bibliografia acadêmica especializada no tema, a discussão em torno da posição kuhniana se faz necessária, porquanto em muitos meios ela é tomada quase como um dogma.

E, por essa razão mesma, o debate em torno do artigo do biólogo Gunther Stent sobre a maturação da descoberta científica será, creio, de grande utilidade para o entendimento de como ocorre o que se costuma chamar de o progresso da ciência. E é sobre esse tema que versa o volume que a editora Perspectiva publica na coleção Big Bang sob o título de *Prematuridade na Descoberta Científica*. Fruto de um simpósio que reuniu em suas mesas pesquisadores, sociólogos e historiadores da ciência de instituições de renome internacional, estes ensaios empreendem uma incursão nos meandros de algumas das descobertas marcantes da modernidade, desde a seleção natural até a genética, da fissão nuclear e da medicina, da teoria da expansão do universo à extinção dos dinossauros, por exemplo.

Porém, mesmo considerando como foco o artigo de Stent – Professor Emérito de Biologia Celular e Molecular da Universidade da Califórnia – a leitura do presente volume, além de apresentar instigantes problemas sobre a aceitação das teorias científicas e análises históricas e sociológicas do fazer nas ciências, abre, também, como dissemos, no inicio desta apresentação, questões sobre o significado do trabalho de Thomas Kuhn. Kuhn, efetivamente, não nega uma concepção cumulativa do desenvolvimento científico que denomina de “normal”, mas ele dá ênfase a modos não cumulativos, a eventos científicos de impacto revolucionário que levam a uma reavaliação de procedimentos e alteram concepções até então familiares.

Porém, para Popper, os cientistas abandonam um ponto de vista tão logo encontram evidências que o falsifica e prontamente o substituem pelas novas propostas tidas como sólidas e poderosas. Fato este que o próprio Kuhn não considera verdadeiro haja vista a própria história da ciência. Nem uma coisa nem outra, afirma Lakatos na necessidade que sente em harmonizar estes pontos de vista, uma vez que para ele as várias teorizações, na verdade, são grupos de teorias com algumas diferenças mas que partilham de uma idéia comum (o *hardcore* do grupo de pesquisa) e que os grupos de cientistas fazem questão de proteger. Na sua posição “anarquista” Fayerabend, ao atacar Lakatos que defende uma posição racionalista do desenvolvimento da ciência, afirma que qualquer posição prescritiva do método científico limita e restringe a atitude criadora do pesquisador.

E é a exemplificação desse debate nas injunções ligadas à política científica, à política propriamente dita dos anos de guerra, às relações entre cientistas, ao poder das posições canônicas, e da própria ciência, que encontramos nesse livro que é do maior interesse para pesquisadores de todos os ramos, bem como para os epistemólogos, historiadores da ciência, e os preocupados com a política da área científica.

AGRADECIMENTOS

Kenneth Carpenter, Ed Hackett, Roger Hahn, Horace Judson, Elisabeth Lloyd e Gunther Stent, entre muitos outros, proporcionaram úteis conselhos para o planejamento ou arranjos para a realização da conferência da qual esse livro emergiu. Patrícia Podzorski efetuou válidos e valiosos esforços a fim de conseguir apoio da National Science Foundation, o que assegurou os fundos necessários para a fase de organização do conclave. Ela, Yohanna Weber e Jéssica Madarasz prestaram competente ajuda nos passos prévios do planejamento e coube às duas últimas supervisionar os enfadonhos pormenores logísticos, antes e durante o próprio simpósio. Noreen Killorin Hook doou uma enorme soma de tempo e energia que corroborou para o sucesso do evento. Wayne Wu e Buen Ortiz foram de grande ajuda nas difíceis tarefas de edição e contribuíram com comentários e sugestões que melhoraram o produto final.

Acima de tudo, sem dúvida, sou grato a Gunther Stent não apenas por ter dado o jogo de pegador da prematuridade há quase três décadas, mas também por sua afável, bem-humorada e algo confusa cooperação ao longo do processo que se estendeu por um bom número de anos e resultou nesse volume.

O material do capítulo 2, " Prematudiade na Descoberta Científica" de Gunther Stent, apareceu originariamente em "Prematurity and Uniqueness in Scientific Descovery", *Advances in Biosciences* 8 (1972), 433-40, e parágrafos 3 e 4, na p.446, parágrafos 1-4 na p.447, e parágrafo 1 na p. 448, copyright 1972, e foi reimpresso com permissão da Elsevier Science.

O capítulo 6, " Estocoma: Omissão e Negligência na Ciência" de Oliver Sacks, é uma versão editada e abreviada de um artigo com o mesmo título publicado em *Hidden Histories of Science*, ed. Robert B. Silvers (New York: New York Review of Books, 1995), pp 141-90, copyright 1995, que aparece aqui com a permissão de Oliver Sacks.

As figuras 1 e 2 do capítulo de Gleen Seaborg foram gentilmente fornecidas pelo Lawrence Berkeley National Laboratory e foram utilizadas com a permissão desta Instituição.

PREFÁCIO

Ernest B. Hook
Berkeley, Califórnia

Este volume originou-se de um simpósio, de mesmo título, realizado na Universidade da Califórnia em Berkeley, entre os dias 5 e 7 de dezembro de 1997. Gunther Stent delineou seu conceito de prematuridade em dois artigos nos primórdios de 1970. O mais conhecido deles apareceu, porém, numa versão condensada, em dezembro de 1972, no *Scientific American*. Um artigo mais expandido foi publicado, no mesmo ano, em *Advances in the Biosciences*, uma série que não teve ampla circulação e agora está desativada. Tais trabalhos, ambos intitulados "Prematuridade e Singularidade na Descoberta Científica", chamaram a atenção não só para a idéia de prematuridade como também pelo conteúdo estético potencial e pela singularidade do trabalho científico. Matéria relativa à versão ampliada, pertinente à prematuridade, aparece no capítulo 2 deste volume.

O valor de uma conferência sobre este tópico tornou-se evidente após a apresentação, em 26 de janeiro de 1944, de Gunther Stent, intitulada "Pode a Descoberta Científica ser Prematura? O Caso do DNA, 1944-1953". Tratava-se do quinto de uma série de seminários interdisciplinares – "Padrões da Descoberta nas Ciências" – realizado na Universidade da Califórnia, em Berkeley. A tese de Stent sobre a prematuridade pareceu então relativamente desconhecida, embora tivesse sido publicada quase vinte anos antes. Eu achei que ela possuia grande atração heurística, assim como outros cientistas com quem discuti o tema. No capítulo I deste volume, eu observo porque a formulação de Stent pode parecer mais atrativa que a de Thomas Kuhn (acerca da diferença nos paradigmas), ao explicar a razão pela qual algum trabalho científico é ignorado, e como, em oposição a Kuhn, a de Stent apresenta uma real utilidade para uma política da ciência, seja social, seja em nível pessoal. Este capítulo, bem como os de Lawrence Stern e outros, focam possíveis razões para a relativa desconsideração da tese de Stent por historiadores e filósofos da ciência e seu apelo, em particular, aos cientistas, entre aqueles relativamente poucos, que tiveram conhecimento desta formulação.

Ao buscar contribuições para a conferência e este volume dela decorrente, eu pus em circulação cópias tanto dos ensaios de Stent como de um esboço de minha introdução. Procurei participantes potenciais – cientistas, filósofos, historiadores, sociólogos e um cientista político – para que desenvolvessem seus pensamentos estimulados por essas discussões acerca da prematuridade nas ciências. Muitos declinaram do convite, mas felizmente um número suficiente aceitou atender à solicitação e apresentar um trabalho, possibilitando uma troca interdisciplinar produtiva e plena em apenas dois dias de reunião. O largo espectro de pontos de vista, comentários e réplicas individuais em campos amplos e diferentes ilustram diferenças marcantes de interpretação daquilo a que Stent havia chegado. Essa variação no foco e no entendimento de sua formulação – a qual, sem dúvida, apresenta ambigüidades discutidas especialmente no último capítulo do volume e por Lawrence Stern no capítulo 18 – reflete, de modo interessante, as diferentes perspectivas de cientistas criativos e metacientistas perceptivos, o que para muitos, certamente, constitui uma noção escorregadia. Já cada participante abordou fatores associados de algum modo aos que estão "pendurados por um fio" na ciência, como um autor os denominou.

Os capítulos dos cientistas ligados à física, como Gleen Seaborg e Charles Townes, embora não invoquem explicitamente o conceito de prematuridade de Stent, mencionam exemplos históricos fascinantes desta noção. Seus aportes, bem como os do geneticista Norton Zinder, ilustram, de maneira contundente, como três eminentes cientistas ligados à ciência básica encararam, até o fim de suas longas carreiras produtivas, a projeção de seus próprios trabalhos e de outros à luz dos artigos originais de Stent.

Muitos autores modificaram suas apresentações em conseqüência das discussões na conferência. Martin Jones e Elihu Gerson escreveram versões extremamente ampliadas de seus comentários. A análise científica métrica de Lawrence Stern do artigo de Stent, publicado no *Scientific American*, e o meu próprio resumo acerca da sugestão da "prematuridade" do trabalho de Ida Noddack, sobre a fissão nuclear, foram escritos especificamente para este volume depois da reunião.

Como a análise de Stern não foi apresentada na conferência e só foi finalizada depois, os outros participantes desta coletânea não puderam comentar de modo explícito os resultados ou interpretações dele. Felizmente, a sua avaliação quantitativa confirma as toscas impressões subjetivas do impacto diferencial dos artigos de Stent de que falei no capítulo I, ao qual outros também aludem em outra parte de seus próprios capítulos, de modo que não lhes pedi que modificassem seus ensaios, como conseqüência.

Especialmente na última parte do volume encontram-se a crítica à noção de Stent e as tentativas para alterar ou ampliar tal noção; algumas mais simpáticas que outras. Felizmente, em seus comentários no capítulo 24, Gunther Stent adota algumas delas. Considero esse fato importante para concluir o volume com uma defesa ulterior da sua noção nuclear de pelo menos certas críticas, implícitas ou explícitas, que ele não consignou, e para enfatizar sua utilidade potencial. Para sintetizar a variedade de opiniões expressas e levá-las em conta enquanto um completo desenvolvimento da noção de prematuridade, ou mesmo para responder em pormenor aos diferentes pontos de vista, nós teríamos de preparar um outro volume.

Quaisquer que sejam as diferenças entre os articulistas, qualquer que seja o conceito de prematuridade de Stent, definido ou modificado pelos apresentadores, a concepção de Stent provocou uma ampla troca e reflexão interdisciplinar sobre os processos da descoberta científica. Espero que esse volume seja útil não só pela variedade de posições apresentadas, mas pelo que poderá esclarecer quanto a alguns dos múltiplos caminhos por onde se expande o conhecimento científico.

Parte I

INTRODUÇÃO

1.

PLANO DE FUNDO DA PREMATURIDADE E RESISTÊNCIA À "DESCOBERTA"

Ernest B. Hook

Cientistas e historiadores podem citar muitos casos de vindicações, hipóteses e propostas científicas e tecnológicas que, vistas de modo retrospectivo, levaram aparentemente um longuíssimo tempo para serem reconhecidas, endossadas ou integradas no conhecimento aceito e nas práticas adotadas[1]. Sem dúvida algumas delas tiveram de aguardar uma formulação independente. Enquanto certos casos freqüentemente citados, tais como o da teoria particulada da hereditariedade atribuída a Gregor Mendel, constituem, num exame mais detido, exemplares um tanto problemáticos da tese acima, existem exemplos muito claros, eu afirmo, daquilo que pode ser denominado, na falta de um termo melhor, de "atraso"[2].

1. Barber (1961) enumera alguns destes casos e discute alguns fatores subjacentes. Certas referências anteriores e comentários sobre questões correlatas, não citadas por Barber, aparecem em Stern, 1941. Ver também Stern, 1927.
2. A maior parte dos geneticistas acredita que Mendel enunciou uma teoria particulada da hereditariedade. Esta maioria inclui Gunther Stent, cuja classificação da referida teoria como prematura eu discuto abaixo. Mas o contexto histórico implicado em seus esforços foi desafiado por Olbey em 1979 e por Brannigan em 1981, entre outros. Na visão de ambos, Mendel foi reconhecido retrospectivamente por uma posição que ele próprio não chegou a enunciar ou a aceitar,

Tal retardamento, por certo, inibe e pode até negar reconhecimento contemporâneo ou póstumo de realizações individuais. Mais importante ainda é que, como conseqüência, pode haver uma perda social considerável[3]. Dentre os mais contundentes exemplos figuram os da área médica: é o caso da exposição de Ignaz Semmelweis acerca das virtudes da adoção, pelos médicos, do hábito de lavar as mãos como meio de prevenir a febre puerperal, a septicemia e a morte entre parturientes de neonatos; da associação que John Snow fez de uma epidemia do cólera com uma fonte de água; do relatório de Humphrey David no tocante aos efeitos do óxido nitroso sobre o abrandamento da dor e a sua sugestão de que o gás pudesse ser útil para o alívio da dor durante as cirurgias[4]. Os dois primeiros exemplos são hoje consi-

pois considerava o seu próprio trabalho, como os outros na sua época, uma simples continuação da tradição dos hibridistas do século XIX. A sugestão de Olbey gira, sobretudo, em torno da denotação de Mendel de – que hoje chamaríamos – homozigotos com um único símbolo, isto é, "a" ou "A" em vez de "aa" ou "AA", como é praticada correntemente para designar dois alelos. Ernst Mayr admite que Mendel não dispunha de uma visão clara dos pares de alelos que se separam durante a formação do gameta. Mas ele mantém que a descoberta da segregação de Mendel (ao menos de diferentes alelos), das razões constantes e do agrupamento independente de caracteres justifica, de fato, a visão geral deste cientista. Isto sustentaria a concepção segundo a qual a obra de Mendel é emblemática do conceito de prematuridade de Stent. Ver Mayr, 1982, p. 710 e 726. Sandler e Sandler, 1985 enfatizam a importância do reconhecimento de Mendel de que "eventos de transmissão, poderiam ser destacados do desenvolvimento e estudados em separado". Para discussão ulterior, ver Sandler, 2000; e Holmes, cap. 12, e Stent, cap. 24, neste volume.

3. Neste volume, Seaborg (no cap. 3) e eu (no cap. 10) discutimos um episódio que ilustra um possível contra-exemplo para esta argumentação. Se a correta interpretação de Noddack acerca da fissão nuclear como explicação das descobertas interpretadas pelo grupo de Fermi como evidência dos elementos transurânicos fosse tomada a sério por aqueles em posição de confirmá-la, os nazistas poderiam muito bem ter fabricado uma bomba atômica no início da Segunda Guerra Mundial (Noddack, 1934; Fermi, 1934). Ver também Hull, cap. 22, neste volume.

4. Para as concepções tradicionais sobre Semmelweis, ver Ackerknecht, 1982 (p. 187-188). O resumo feito por Carter, 1983 (p. 3-58) sugere que a primeira resistência local aos pontos de vista de Semmelweis era, em certa medida, exacerbada por uma luta de poder dentro da escola de medicina em Viena à qual ele estava filiado (p. 22, 42). Além disso, e mais importante ainda, é que Semmelweis insistiu vigorosamente que todo caso reconhecido de febre puerperal se devia a uma deterioração da matéria orgânica. Obviamente isto não se aplicava à doença como a definiam então (de um modo mais amplo do que hoje) (p. 43). Segundo o que li no tocante à história desse episódio, a atitude monolítica de Semmelweis parece ter desviado a atenção, e/ou criado resistência, com respeito à adoção, pelo médico, do hábito de lavar as mãos, antes de examinar cada paciente. Ele poderia ter talvez obtido uma resposta mais adequada se houvesse argumentado que essa prática afetaria apenas certa fração da mortalidade. De outro lado, uma sugestão com mais tato naqueles inícios da década de 1840, por um dos médicos mais

derados como clássicos em saúde pública. Nenhum deles exerceu impacto imediato quando foi proposto pela primeira vez.

A identificação e dissecção dos fatores que contribuíram para o "atraso" não são de interesse apenas dos cientistas, historiadores, filósofos e sociólogos. O reconhecimento desses trabalhos pode levar também a proveitosas práticas científicas e pessoais e ser de importância para os que traçam política científica e tecnológica.

Resistência e rejeição

Podemos classificar pelo menos cinco motivos pelos quais vindicações científicas ou hipóteses – inclusive aquelas que mais tarde alcançam amplo reconhecimento ou endosso – podem ser rejeitadas na primeira oferta. Além da prematuridade (definida mais adiante), os pesquisadores podem rejeitar ou optar por não seguir um informe científico ou uma hipótese porque (1) não estão cientes da existência deles, (2) ao examiná-los, não os julgam de relevância imediata para o seu trabalho em curso e, portanto, os ignoram, (3) nutrem um preconceito inadequado contra os seus proponentes ou contra alguns aspectos da vindicação, ou (4) parecem colidir diretamente com suas próprias observações ou experiências – por exemplo, se as propostas basearem-se em achados experimentais que os avaliadores não podem replicar.

O fato de uma vindicação ou hipótese passar despercebida pode provir de, no mínimo, quatro causas, todas aperfeiçoáveis

congeniais à questão, Oliver Wendell Holmes, tampouco seria seguida (Holmes, 1842-1843). Para maiores discussões e referências, ver Mettler, 1947, p. 964-972, 975-977. Sobre o estudo de Snow a respeito do cólera, ver Stern, 1941, p. 205-206. Cf. também Stern, 1927, p. 11-96. De acordo com certo ponto de vista, o trabalho de Snow foi atacado porque a sua teoria da doença transmitida pela água minava a noção de que determinados misteres agressivos causavam o cólera. Sobre a explanação de Humphrey Davy referente ao óxido nitroso, ver Bergman, 1998, p. 277. Cf. também Hook, cap. 25, neste volume.

ou evitáveis pelo autor da proposta. Assim, elas podem advir da limitação imposta pela publicação num idioma diferente da língua franca do período[5]. Podem também resultar de uma apresentação do trabalho numa prosa ou terminologia[6] difíceis de serem compreendidas e/ou atípicas, isto é, não familiares. E podem provir ainda da publicação em artigo ou monografia focada principalmente em outros eventos e/ou numa obscura comunicação lida para um público pouco propenso a apreciar o trabalho[7]. Diante disso, pode-se sugerir aos pesquisadores individuais, bem como àque-

5. Tobias 1996, por exemplo, cita o caso de *Gründzuge einer Theorie von Phylogeteischen Systematik* de Willi Hennig, publicado em 1950. Ele informa que o livro quase não exerceu qualquer influência até ser traduzido em 1966, sob o título *Phylogenetic Systematics*. Em seguida exerceu um forte impacto e, na opinião de Tobias, proporcionou a muitos pesquisadores o "único caminho virtualmente aceitável para construir a filogênese". Tobias oferece uma abordagem conceitual um tanto diferente no que diz respeito à resistência ou ao atraso da descoberta, apresentando um número interessante de exemplos, retirados, sobretudo, da paleoantropologia.

6. Um possível exemplo na genética microbiana é o trabalho de C. H. Browning (1908), a cujo respeito Zuckerman e Lederberg observam, "Em princípio, a investigação da [recombinação bacteriana] era tecnicamente factível por volta de 1908 como demonstrou o uso que Browning fez da resistência à droga como um marcador seletivo"; entretanto, além de reportar um achado negativo, este último "utilizou uma terminologia não prontamente transferível ao caso da recombinação bacteriana" (Zuckerman e Lederberg, 1986). A recombinação bacteriana foi descoberta por Lederberg e Tatum em 1946. Na matemática, a insistência de Evariste Galois no emprego de um estilo forçado e bastante idiossincrático atrasaram o reconhecimento de suas realizações significativas. Joseph Liouville (no *Journal de mathematiques pures et apliquées* 1846, citado por Singh, 1997, p. 249) comentou o "exagerado desejo de concisão de Galois na exposição matemática".

7. A antecipação da teoria da seleção natural de Darwin e Wallace por William Charles Wells em 1813 teve pouco ou quase nenhum impacto. Isso se deveu em parte, talvez, ao fato de ter sido mencionada em um artigo consagrado principalmente a outras questões e seu título não fornecia nenhum indício para as hipóteses nele contidas. Ver Shryock, 1966; e Ghiselin, cap. 16, neste volume. Outro exemplo é o artigo de Grosse (1935) sobre o qual Edoardo Amaldi, um colaborador de Enrico Fermi, disse: "Infelizmente este artigo não foi lido nem em Roma, creio eu, nem em Berlim, nem em Paris ou em qualquer outra parte, em que os experimentos com os 'elementos transurânicos' [aqueles que posteriormente foram reconhecidos como pseudoelementos] foram levados adiante durante os anos de 1930. Só viemos a saber da existência desse trabalho alguns anos depois" (Amaldi, 1989, p. 17). Grosse salientou que os elementos 93 e 94 poderiam ou pertencer a um segundo grupo de elementos raros que Bohr propusera anteriormente, como hoje sabemos ser correto, ou (como Grosse afirmou "parece mais provável") serem homólogos ao manganês e ao ferro no corpo principal da tabela, como o restante da comunidade científica, incluindo aparentemente o próprio Bohr, presumia sem questionar. Foi a última hipótese que impediu Emilio Segré (1939) de reconhecer que fora, na verdade, o primeiro a isolar o efetivo elemento 93 e não um produto de fissão (Como Segré escreveu mais tarde, "Eu o tive [o elemento 93] em minhas mãos e não o reconheci" [1993, p. 153]). Ver também Seaborg, cap. 3, e Hook, cap. 10, neste volume.

les que influenciam as políticas da comunidade científica, estratégias para superar tais barreiras. Estratégias pertinentes a políticas científicas, algumas das quais têm sido parcialmente adotadas nos Estados Unidos, incluem o provimento de traduções prontamente disponíveis para a língua franca e a indexação de resumos e palavras-chave de tantas publicações quantas sejam úteis, mesmo daquelas que aparecem em fontes desconhecidas e assim por diante. Do ponto de vista do investigador pode não ser suficiente expor apenas uma vindicação, uma hipótese ou uma proposta num meio de comunicação profissional bem reputado e num estilo claro e convincente, desprovido de hipérboles, passível de encorajar incompreensões ou suspeitas[8]. O pesquisador pode muito bem ter de prosseguir nisso e publicar mais adiante, não apenas para chamar a atenção, sobre o seu trabalho, daqueles que não o consideraram ou o ignoraram, mas também para convencer a comunidade científica que, de fato, ele ou ela estavam aptos a repetir o trabalho ou encontrar fundamentos ulteriores para considerar uma hipótese como importante.

Uma obstrução menos prontamente superável pode emanar de poderosas forças sociais – religiosas, ideológicas, políticas e econômicas – que levam ao desafio, à rejeição ou à supressão[9]. Na *práti-*

8. Isto implica que a retórica e o método de apresentação de uma descoberta podem afetar a sua recepção por aqueles que estão cientes dela e para quem ela é presumivelmente pertinente. George M. Gould (1901) cita certo número de alegados exemplos médicos e científicos históricos de resistência – e. g., Semmelweis e a septicemia puerperal – e apresenta uma discussão de fatores gerais predisponentes. Mas o teor do comentário subseqüente de Gould ilustra a razão pela qual muitos podem ter objetado às doutrinas científicas e médicas que foram, mais tarde, amplamente adotadas. Depois de mencionar exemplos históricos aceitos, tentou inserir o seu próprio trabalho no mesmo contexto de "verdade não aceita". Ele entra num extensivo detalhamento hiperbólico e na denúncia daqueles que se opuseram às suas concepções sobre o uso de óculos para a cura do mal da fadiga ocular e ab-roga seus conseqüentes efeitos debilitadores sobre o corpo do paciente. Gould conclui "que os auto-assumidos líderes [sic] que se opõem à nova verdade são criminosos [;]... quando [eles]... assim fazem, isso constitui evidente homicídio, assassinato, no mínimo, de segundo grau", que combina as alegadas conseqüências da fadiga ocular não tratada ou não reconhecida com as preveníveis mortes por septicemia puerperal. Ele pode ter destinado suas observações a leitores temerosos em aceitar suas concepções, porém conseguiu afastar muitos que achavam seus comentários meramente a retórica de uma fantasia a ser ignorada.
9. Pode-se citar, entre muitos exemplos óbvios de intromissão ideológica, a resistência, na antiga União Soviética, a certas teorias científicas devido à sua aparente discordância com o

ca, o único remédio pode ser buscar expressão e circulação de idéias, propostas e invenções não reconhecidas, inibidas ou suprimidas em áreas e climas sociais em que não reinam fatores proibitivos. Mas, em princípio, numa sociedade esclarecida é possível sugerir algumas metas e soluções sociais de caráter geral para vencer as barreiras. Por mais óbvio que estas sejam, vale a pena, creio, listar algumas delas: limitação da supressão econômica de novas invenções ou de tecnologia útil, estímulo à tolerância ideológica, oposição a forças sociais implacáveis de natureza doutrinária e, mais importante do ponto de vista tático, tentativas de desvincular as aparentes implicações das descobertas científicas das temíveis conseqüências ideológicas.

Fatores ligados às forças sociais de natureza mais global, porém distintos delas, afetam a resistência em nível *individual*. Novas descobertas científicas e técnicas podem ameaçar não só o bem-estar econômico ou a persuasão ideológica de alguém, mas antes o "capital psíquico" investido nas concepções científicas correntes – algumas envolvendo o próprio trabalho da pessoa – reptadas implícita ou explicitamente por uma nova comunicação[10]. Sem dúvida, quanto mais

materialismo dialético marxista-leninista. Muitos consideraram a rejeição da genética mendeliana, favorecendo as doutrinas de Lysenko, como um exemplo desse tipo. Assim, Louis Althusser (1977, p. 13) escreve que "a versão oficial [soviética] do materialismo dialético *garantiu* as teorias de Lysenko, enquanto estas serviram para '*verificar*' e reforçar a versão oficial" (sublinhado no original). Entretanto, um apurado reexame histórico sugere que este episódio é mais complexo. Muitos fatores locais também contribuíram para a reação do Estado (Graham, 1972; Krementsov, 1997). Um exemplo melhor, isto é, "mais puro", de rejeição em bases ideológicas é a condenação soviética da teoria da ressonância das ligações químicas de Linus Pauling, por ser essa teoria *concebida* (e temida) como idealista e conflitar com uma ideologia marxista-leninista determinista (Graham, 1972, p. 297-323, 530-537; Goertzel e Goertzel, 1995, p. 118-119). Para um exemplo de supressão reivindicada por razões econômicas na tecnologia da comunicação, ver Wiener, 1993.

10. Para um exemplo convincente da conseqüência da obstrução por uma única autoridade poderosa, cujo capital psíquico foi aparentemente exposto por uma nova proposta, ver Kameshar Wali (1991), que descreve como, na concepção de Subrahmanyan Chandrasekhar, Arthur Eddington atrasou desenvolvimentos na astronomia teórica durante duas gerações por causa de suas objeções à teoria de Chandrasekhar e, fundamentalmente, poı forçá-lo a abandonar uma linha de investigação (Algo disto encontra-se resenhado em Sacks, 1995, p. 184). Ameaças ao capital psíquico podem em parte explicar algumas das objeções opostas aos informes de Adrian M. Wenner e seus colegas, pelos quais as abelhas produtoras de mel comunicam a localização de alimento através de outros mecanismos além ou em acrescentamento da linguagem da "dança" proposta por Karl Von Frisch, trabalho que lhe permitiu partilhar de um prêmio Nobel (Ver Wenner e Wells, 1990,

tempo se haja sustentado certas concepções e nelas investido energia, mais relutante as pessoas poderão mostrar-se para alterá-las. Isto redunda inevitavelmente em uma inércia conceitual que alguns associaram ao envelhecimento[11]. E agrupar razões diferentes das produzidas pelo enrijecimento das artérias cerebrais ou das crenças científicas pode surgir de preconceitos de cultura, nação, gênero, etnicidade ou raça[12].

Todas essas fontes de resistência à descoberta originam-se daquilo que alguns denominaram de fatores "externalistas" a influir na ciência[13]. E para todos os fatores acima é possível, em princípio, sugerir alguns tipos de políticas da ciência a fim de tratá-los. Por exem-

especialmente p. 399). Wenner e Wells, reconhecidamente partidários no caso, analisam essa interessante controvérsia no contexto da revisão da resistência geral ao trabalho impopular. Para uma visão simpática a Wenner, ver Veldink, 1989. Cf. também Wenner et al., 1991.

11. Thomas Nickles cita os comentários pungentes de Einstein, no seu escrito em memória de Paul Ehrenfast, após o suicídio deste em 1933. Einstein declara que, somados aos conflitos pessoais e profissionais de Ehrenfast, "foi a dificuldade de adaptação aos novos pensamentos que sempre confrontam o homem depois dos cinqüenta anos de idade. Não sei quantos leitores destas linhas serão capazes de apreender plenamente esta tragédia" (em Albert Einstein, *Out of My Later Years*, 1956, citado por Nickles, 1980, p. 42). Segundo Nickles, "Esta última coisa, sem dúvida, foi exatamente o que Werner Heisenberg e Max Born escreveram acerca do próprio Einstein, mais velho, para explicar a resistência de Einstein às idéias de uma nova teoria quântica" (p. 42).

12. Tive dificuldade de localizar um exemplo clamoroso em que tal preconceito fosse *exclusivamente* responsável pela rejeição. Pode-se encontrar muitos episódios em que retrospectivamente aqueles que julgaram certo trabalho incompatível ou implausível em outras bases, associaram-no de maneira pejorativa com sua origem marcada pelo desagrado que levava a motivações psíquicas mais fortes para rejeitá-lo. Assim, suspeito que aqueles físicos nazistas que descartavam a relatividade como "uma ciência judaica" quase certamente a descartariam mesmo se ela fosse proposta por um *junker* prussiano, conquanto o fizessem de uma forma mais respeitosa. Para um outro exemplo semelhante, ver Hook, cap. 10, neste volume. Sem dúvida existem inúmeros casos em que a *atribuição* de uma descoberta específica bem aceita foi inapropriadamente afetada por preocupações chauvinistas e talvez o mais notório exemplo tenha sido a disputa entre os partidários de Isaac Newton e os de Gottfried Leibniz no tocante à descoberta do cálculo.

13. A quem não esteja familiarizado com o termo, cabe esclarecer que ele se refere aos valores extrínsecos à aplicação suposta, isenta de valor, do método científico. Fatores econômicos e/ou sociais que influenciam a investigação científica são externalistas. Isto se opõe a uma "abordagem internalista", a qual está focada naqueles aspectos da pesquisa científica vistos tradicionalmente como isentos de valores, exceto quanto à busca da verdade. A imagem que a maioria dos cientistas faz do trabalho ideal de ciência é, sem dúvida, esta última. Preocupações com questões relativas à aceitação de uma teoria baseada na reprodução, na falsificação etc., podem ser consideradas como primordialmente internalistas, enquanto as referentes a fatores sociais e econômicos de classe são primordialmente externalistas. Mas, como já foi salientado em muitas ocasiões, é realmente impossível separá-las de modo absoluto. Ver, por exemplo, Nagel, 1950, especialmente p. 22.

plo, o exame de trabalhos por árbitros sem o conhecimento de seus autores, como é comumente praticado por algumas revistas especializadas, diminui de modo evidente os efeitos de alguns gêneros de preconceitos que inibem de forma imprópria a publicação[14]. A observação estrita, por editores, de julgamentos apresentados pelos árbitros pode habilitá-los a distinguir as opiniões baseadas em capital psíquico ferido das objeções legitimadas metodologicamente.

Entretanto, com respeito a fatores intrínsecos ao processo científico, é mais difícil sugerir estratégias apropriadas. Por exemplo, uma base "internalista", como um malogro na tentativa de reproduzir uma observação relatada (ver nota 13), constitui uma razão compreensível para rejeitar uma vindicação e qualquer teoria nela estribada. No entanto, há relatos fascinantes de comunicações recusadas de início devido a uma difundida falha na reprodução de resultados que foram posteriormente confirmados, depois de se haver percebido que alguns componentes tomados como certo não foram repetidos com exatidão nas tentativas anteriores[15]. É um tanto difícil generalizar a partir de tais casos, porém cabe notar a óbvia necessidade de se prestar atenção ao pormenor, como na fisiologia animal, em que fatores aparentemente "não importantes", tais como linhagens precisas, idade, cuidado dos animais etc. podem ser críticos.

14. Tenho conhecimento de duas revistas que adotaram esta política: *Epidemiology* e a *American Journal of Public Health*. A comunicação de Peters e Ceci (1982) fornece alguma evidência objetiva do valor de uma revisão cega.

15. Os informes de Ludwik Gross sobre a transmissão viral de leucemia, publicados em 1951 e 1952, foram rejeitados durante um longo período, e isso levantou questões acerca de sua probidade. Depois, Jacob Furth repetiu exatamente os experimentos de Gross, com a mesma linhagem, com o mesmo tipo de leucemia, e com ratos "absolutamente" recém-natos. A confirmação levada a efeito por Furth e a difundida consideração que este gozava na comunidade médica, bem como, cumpre suspeitar, a avaliação de como falharam as tentativas anteriores de repetição do experimento, provocaram por fim a acolhida ao trabalho de Gross e a ampliação do conceito de uma possível transmissão viral da leucemia. A reputação de Furth, neste campo, conduziu a uma reversão de opinião bem mais rápida do que sucederia se o trabalho fosse reproduzido por um pesquisador desconhecido. Todavia, o ponto chave, que teria mais cedo ou mais tarde produzido uma mudança, foi o reconhecimento e a comunicação de que a replicação exigia a linhagem e a idade precisas do rato e do tipo de leucemia estudado por Gross. Sobre a recepção do trabalho de Gross, ver Kevles, 1995, p. 81-85; Klein, 1990, p. 127 (citado por Kevles, 1995, p. 111); e Bessis, 1976 (citado por Kevles, 1995, p. 110).

Prematuridade como causa de atraso ou rejeição

Subsiste, todavia, um fator residual que delonga o reconhecimento da descoberta científica e (por extensão) da inovação tecnológica, mas a cujo respeito se pode argumentar que *não* há para isso uma solução óbvia, social ou de qualquer outro tipo. O polímata Gunther Stent deu a isso o nome de prematuridade científica[16]. Uma descoberta é prematura se não puder ser conectada, por meio de uma série de simples passos lógicos, a um conhecimento canônico da época. Na sugestão dele, é apropriado que a comunidade científica ignore (se não efetivamente rejeite) o trabalho que é prematuro, até que seja possível vinculá-lo da maneira exposta acima. Sob este ponto de vista, o atraso no reconhecimento das leis de Mendel, por exemplo, é o preço necessário que a sociedade e os cientistas pagam num dado período, a fim de evitar a sobrecarga de uma cacofonia inútil.

Uma questão terminológica surge aqui. Deve-se distinguir as vindicações ainda não firmadas das descobertas retroativamente reconhecidas[17]. Stent designa uma descoberta vindicada, não conectada ao conhecimento canônico, como um exemplo de "prematuridade aqui-e-agora". Cabe sustentar que um achado e/ou uma teoria anunciados, ainda não aceitos, poderiam ser classificados, para tais propósitos, não como uma descoberta, mas uma vindicação, uma hipótese, uma proposta, uma descoberta potencial ou uma descoberta alegada e assim por diante, e retroativamente, se julgada incorreta, como uma pseudodescoberta, uma vindicação malograda ou uma hipótese falsa. Essa perspectiva reconhece que a ambigüidade possa surgir do uso da palavra "descoberta" no contexto da discussão da prematuridade de

16. Stent, 1972b. Uma exposição significativamente expandida, porém menos conhecida, apareceu em Stent, 1972a. Extratos deste último artigo, relativos à prematuridade, podem ser lidos em Stent, cap. 2, neste livro.
17. Para um comentário mais extenso sobre esta diferença na defesa da noção de Stent, ver a próxima seção e Hook, no cap. 25, do presente volume.

Stent, mas também reitera que qualquer ambigüidade desse gênero presente nesta consideração é irrelevante para a análise do interesse fundamental aqui apresentado e é prontamente evitável com algumas novas e simples expressões terminológicas.

Whiguismo e outros problemas potenciais

O conceito de Stent foi recebido de modo mais positivo pelos cientistas do que pelos historiadores ou filósofos da ciência[18]. As respostas destes últimos podem em parte ser explicadas pelas concepções de um filósofo da ciência que me escreveu declinando do convite de participar da conferência da qual o presente volume emanou. Este indivíduo não encontra valor na formulação de Stent porque

> o conceito parece heurístico somente no caso de se considerar a compreensão tardia de um fato (pois é preciso saber o que virá mais tarde para rotular algo como prematuro com respeito ao fato). Mas a compreensão tardia é exatamente o que os historiadores qualificam de whiguismo. Embora possamos, a partir de nossas próprias maneiras de ver, estar interessados em nossos precursores, tais pontos de vista não podem ser utilizados para interpretar como o passado se desdobrou (sob pena de se apelar a uma teleologia perniciosa). O mesmo é verdade em se tratando de explicações evolucionárias.

Como indicam contribuições em outra parte desta coletânea, o medo do whiguismo – talvez se pudesse denominá-lo de whigofobia – tem preocupado a muitos daqueles que refletiram sobre a

18. Para uma evidência quantitativa, ver Stern, cap. 18, neste volume.

prematuridade. Parece valer a pena examinar aqui essa noção com mais pormenor.

O whiguismo ou, mais apropriadamente, "a interpretação whiguista da história", conforme o título do livro de Herbert Butterfield que deu origem a esta noção, é a tendência de escrever sobre o passado a partir de uma perspectiva daqueles que "venceram". Na Inglaterra, de 1688 em diante, a posição *whig* triunfou em muitos sentidos, daí o nome dado. Na formulação original de Butterfield, whiguismo, ou a "interpretação *whig*", é a tendência de "elogiar revoluções desde que tenham sido bem-sucedidas, a fim de enfatizar certos princípios de progresso no passado e construir uma história que seja a ratificação, se não a glorificação do presente"[19].

O whiguismo é entendido como algo a ser depreciado, embora até Butterfield tenha tolerado isso, em uma obra acerca da história da Inglaterra escrita nos negros anos da Segunda Guerra Mundial[20]. Na história da ciência e da tecnologia, por exemplo, uma tendência que ignore a extensão e as conseqüências da alquimia ou da astrologia seria, sem dúvida, um whiguismo.

O whiguismo é com freqüência utilizado como sinônimo de "presentismo", e surpreendentemente, muitas vezes confundido com ele. Esse termo refere-se simplesmente a uma abordagem da história, a partir da perspectiva do presente, uma abordagem que não acarreta necessariamente a afirmação de concepções correntes implícitas no whiguismo. Um foco em episódios do passado, cujo exame pode fornecer alguma orientação a preocupações do presente, é presentismo, mas não necessariamente whiguismo. Como em que o whiguismo é naturalmente um termo pejorativo e, não obstante, a melhor forma conhecida do presentismo – ainda que grosseira –, suas conotações negativas compreensivelmente têm tendido a ocultar qualquer abordagem presentista e, de fato, quaisquer tentativas de examinar conscientemente o passado à luz do

19. Butterfield [1931], 1965. Ver, em particular, o presente volume.

20. Butterfield, 1944. Aqui, porém, ele tem um objetivo *político*: congregar os compatriotas enfatizando sua "gloriosa" herança política ameaçada pelos nazistas, e não desenvolver – desconfio – algo genuinamente histórico. O seu livro baseou-se nos programas de rádio para o público.

conhecimento presente, tais como aquelas empreendidas em alguns capítulos que se seguirão[21].

Essas considerações explicam minha perplexidade diante daqueles que – como o filósofo da ciência acima mencionado – podem escrever: "Compreensão tardia de um fato é exatamente o que os historiadores rotulam de whiguismo". Mesmo que *algum* historiador possa fazê-lo, a justificativa para semelhante rótulo dependeria criticamente da natureza da "compreensão tardia" e de como ela foi aplicada.

Certamente há outras objeções que poderiam ser formulados para o conceito de prematuridade de Stent. Muitas estão relacionadas à noção de causalidade na história[22]. E uma objeção apresentada por um empático crítico anônimo, que passou em revista uma proposta para este volume, questionou se a noção de prematuridade é autocontraditória no sentido de que, se alguém ou algum grupo descobriu alguma coisa em algum tempo, então era possível fazê-la e, portanto, não era prematura. Sob este ângulo, na medida em que a atualidade prova a possibilidade, nenhuma descoberta pode ser jamais prematura. Em alguma parte deste livro poder-se-á encontrar virtualmente expressa a concepção oposta de que toda "verdadeira" descoberta é prematura[23]. Por razões elaboradas nos capítulos 24 e 25 da presente obra, esses pontos de vista extremos impedem, quase por decreto, que a noção de prematuridade efetue qualquer "trabalho" útil para nós, ao distinguir uma categoria de resistência às vindicações, hipóteses ou propostas científicas.

Algumas dessas questões, fascinantes como são, giram em torno de ambigüidades implícitas em conceitos profundos, tais como "descoberta" ou "causa". Mas, de todo modo, eu sugiro que, com alguma ligeira reformulação terminológica da palavra "prematu-

21. Enfatizo o termo "conscientemente" porque, em certo sentido, poder-se-ia vindicar que *toda* história deve ser "presentista" no tempo da escritura. Aquilo que é acentuado, ou aquilo que é ignorado etc., deve ser influenciado pelo tempo e pelo espaço do historiador. As únicas distinções importantes são se o autor é um "presentista" consciente ou inconsciente e, no primeiro caso, até que ponto ele reconhece os efeitos dos vieses e atenta à necessidade de diminuí-los.
22. Consultar, sobre o tema, Rigby, 1995.
23. Neste particular, cf. Zinder, cap. 5, e a réplica de Stent, cap. 24, neste volume.

ridade", como a discutida na seção acima, estas e outras objeções relacionadas, não põem, lógica, heurística ou praticamente, em perigo o valor da formulação de Stent.

Exemplos de prematuridade de Stent

A exposição de Stent cita cinco exemplos de prematuridade: as leis de Mendel; as implicações para a genética do informe sobre o DNA como o mediador da transformação bacteriana, redigido por Oswald Avery e colegas em 1944; a teoria de Michael Polanyi (1914-1916) acerca da adsorção gasosa de sólidos; e, em especial, como exemplos de prematuridade aqui-e-agora, vindicações dos anos de 1960 acerca da percepção extra-sensorial, e da transferência de memória de animal para animal pelos extratos de ácido nucléico[24]. O exame histórico minucioso das três descobertas agora reconhecidas e associadas com esses episódios, sugere que, como exemplos dos fenômenos definidos por Stent, eles não eram tão diretos como de início pareciam. De fato, pouco depois de Stent ter publicado seu artigo, algumas pessoas contestaram a classificação dada por ele ao trabalho de Avery e seus colegas, considerando-o como prematuro[25]. Problemas com outros casos, tidos como clássicos no gênero – como a natureza particulada da hereditariedade atribuída à contribuição de Mendel – já constavam da literatura ou emergiram em seguida[26].

24. Sobre a percepção extra-sensorial conferir meu capítulo 25, neste livro. Sobre Avery, veja Holmes (cap. 12) e Zinder (cap. 5); a respeito de Mendel, ver Holmes; e sobre Polanyi, ver Nye (cap. 11), todos neste livro.
25. Carlson, 1973; e a resposta de Stent, 1973.
26. Para referências a respeito de Mendel, ver nota 2 acima. No tocante a objeções explícitas à concepção de Stent e ao trabalho de Avery, cf. Carlson, 1973 e Lederberg, 1995 (e para uma objeção implícita, cf. Lederberg, 1986 e 1990). Uma discussão de pertinência que não considere explicitamente a prematuridade, cabe consultar a fascinante discussão de Stadler (1997), nos seus estudos de mutação induzida por luz ultravioleta e a pertinência percebida desta à natureza química do gene antes de Avery et al., 1944. No que tange à teoria da adsorção superficial de gases de Polanyi, consulte Polanyi, 1963, reimpresso em Polanyi, 1969. Veja também Mulkay, 1972; e Nye, cap. 11, neste volume.

A despeito das objeções levantadas sobre casos específicos, o conceito de Stent – com alguns modestos refinamentos concernentes à terminologia – ainda se sustenta, creio eu. E proporciona, por razões discutidas abaixo, uma perspectiva rica, útil e provocativa acerca do fenômeno da descoberta científica que conduz o cientista ativo, o historiador, filósofo ou sociólogo da ciência ou os fautores da política científica aos seus *insights*.

Antecipações específicas e extensões

René Taton antecipou Stent, em 1957, com uma definição alternativa, porém mais ampliada, de descoberta científica prematura. Segundo ele, "esta ocorre quando o nível [da] ciência como um todo não consegue chegar a uma explanação satisfatória sobre ela *ou* derivar dela conclusões úteis"[27]. O primeiro critério é similar, mas não idêntico ao de Stent. Um exemplo aduzido por Taton refere-se à observação

> pelo abade Picard em 1675, de manchas luminosas no "espaço vazio" de um barômetro de mercúrio quando transportado à noite. Pois, para que este fenômeno, conectado a descargas elétricas em gases rarefeitos, pudesse ser compreendido e interpretado corretamente era essencial um conhecimento prévio de teorias da eletricidade e da estrutura dos gases. Assim, a descoberta, embora tivesse tido repercussões frutíferas em muitas experiências a que deu origem, não se tornou uma parte efetiva do conhecimento científico, senão na segunda metade do século XIX[28].

27. Tatom, 1962. Grifo meu. Stent, na minha leitura, não classificaria uma vindicação ligada ao conhecimento canônico como prematura, no sentido que ele atribui, simplesmente porque ninguém poderia derivar daí "conclusões úteis".
28. Idem, p. 160. Como foi descrito, este exemplo não parece ser um exemplo de prematuridade no sentido de Stent.

A formulação de Taton, diferentemente da de Stent, não ilumina as controvérsias científicas. O uso potencial da abordagem de Stent para explicar algumas disputas presentes e passadas e, por conseqüência, sugerir placas indicadoras para a política científica corrente, eu o encaro como um traço particularmente atrativo que não se encontra em Taton. (Ver mais adiante, abaixo.)[29].

Thomas N. Tarrant, um advogado especializado em patentes, amplia de um modo interessante a formulação de Stent a fim de definir uma "invenção prematura". Uma invenção é prematura se ela depender de uma tecnologia ainda não desenvolvida para propiciar qualquer contribuição substancial em termos de utilidade. Ele mencionou duas patentes específicas que ilustram tal conceito[30].

29. J. R. Ravetz (1971) discutiu um conceito aparentemente análogo que ele designou por um termo similar. Considerou a "imaturidade" científica como o estado de um campo inteiro definido "em termos de ausência de 'fatos', uma condição causada pela falta de critérios apropriados de adequação para detectar e evitar armadilhas na pesquisa". Em essência, Ravetz encara um campo imaturo como um campo ineficaz. Ele cita como exemplo a medicina até o fim do século XIX (p. 364-366). Mas aqui Ravetz entende por "ineficaz" algo diferente daquilo que o termo em geral implica. A seu ver, mesmo que uma sociedade desenvolva um "corpo de habilidades de ofício" e de "'artes' especialmente bem-sucedidas", isto não constitui evidência de maturidade. Para que um domínio seja maduro e eficiente, na sua concepção, tais artes deveriam derivar da "aplicação de um corpo solidamente estabelecido de fatos" (p. 373), pelo qual, aparentemente, ele entende também a inclusão de um corpo de teoria solidamente estabelecido para permitir tal derivação. Não é suficiente aos profissionais praticantes *trabalhar* no campo para serem eficientes, no ponto de vista de Ravetz, como interpretei as implicações de sua formulação. Deve-se derivar a utilidade das práticas – ou elas devem ser deriváveis – de alguns outros fatos e princípios. Analogamente a Stent, poder-se-ia afirmar que tais práticas devem ser "conectáveis" a certo corpo existente de conhecimento canônico, mas a um só que inclua uma boa porção de teoria. Nesta interpretação, uma alegada descoberta em semelhante domínio, sem muita teoria, seria necessariamente imatura – se o termo de Ravetz fora estendido a um campo inteiro para vindicações em seu interior – bem como prematura aqui-e-agora, no sentido de Stent. Independentemente desta questão, a noção de Stent sobre a prematuridade se aplica, de maneira bastante proveitosa, aos alegados achados nos quais Ravetz veria um domínio maduro. Tal fato tem importantes implicações para a política científica (ver a discussão abaixo), aspecto que não encontrei na formulação de Ravetz.

30. Tarrant, 1972. Na sua comunicação, este autor cita dois exemplos de invenção prematura. O primeiro, o som no filme, inventado por Charles E. Fritts, que preencheu seu pedido de patente em 1890 (U.S. Patent 1.203.190). O audioamplificador era desconhecido na época, e as películas sonoras apareceram no plano comercial tão-somente em fins da década de 1920. O segundo foi o efeito de campo do transistor, para o qual J. E. Lilienfeld preencheu em 1926 um pedido de patente (U. S. Patent 1.745.175). O invento não se tornou comercialmente praticável até a introdução da tecnologia planar da sílica. Até onde sei, a definição proposta por Tarrant, de uma invenção prematura, não foi publicada previamente. A carta deste cientista, estendendo a concepção de Stent às invenções prematuras, parece ter sido submetida, como carta, ao editor do *Scientific American*, mas ele não a imprimiu na revista.

Harriet Zuckerman e Joshua Lederberg estenderam no plano conceitual a noção de Stent em outra direção, ao definir, de maneira análoga, o que denominaram descobertas "pós-maduras": aquelas realizadas bem depois do que poderiam ter sido feitas prontamente, segundo o julgamento retrospectivo a partir do conhecimento contemporâneo e da tecnologia disponível[31]. Isso postula um tipo diferente de retardo com algumas dificuldades de análise maiores em termos metodológicos. A prematuridade – sugerem eles – "é uma questão de observação histórica efetiva", enquanto a pós-maturidade "é uma questão de conjetura retroativa" (sem dúvida, aqui, as duas implicitamente excluem os casos de prematuridade aqui-e-agora corrente de Stent, os quais diferem ainda mais da descoberta pós-madura pelo fato de a classificação depender de um julgamento ou de uma observação em curso, não histórica).

Exemplos particulares de pós-maturidade que eles oferecem podem provocar dificuldades ainda maiores em análises que vindicam observações históricas de prematuridade do tipo acima aludido. Zuckerman e Lederberg sugerem como possíveis exemplos tanto a recombinação bacteriana quanto a proposta da proteína alfa-hélice feita por Linus Pauling. Na opinião do próprio proponente, ele poderia tê-la formulado uma década antes do que o fez[32]. Sugiro, como outro exemplo, a descoberta, em 1956, do número correto de cromossomos humanos – e a subseqüente descoberta dos cariótipos de anormalidades como as de Down ou outras síndromes em 1959 – por meio de métodos que poderiam ter sido empregados nos anos de 1920 ou antes[33].

31. Zuckerman e Lederberg, 1986.

32. Tal como interpreto as conclusões da discussão de Zuckerman e Lederberg, eles acreditam que, embora a descoberta do sexo das bactérias fosse tecnologicamente factível por volta de 1908 (ver acima), apenas no decênio de 1930, ou mais tarde, seria possível alguém considerar sua descoberta em termos razoáveis como pós-madura. Ver também Zinder, neste volume. Sobre Pauling e a proteína alfa-hélice, cf. Pauling, 1974.

33. A descoberta dependeu, em essência, da introdução de um tratamento hipotônico muito simples, para o qual não havia aparentemente barreiras cognitivas e tecnológicas após os anos de 1920. Existiam simplesmente poucos geneticistas, em especial citogenetecistas, interessados na questão e voltados para problemas médicos ou trabalhando com materiais humanos ou até de mamíferos. Muitos, por certo, trabalhavam com tópicos imediatamente frutuosos em organismos inferiores. Raros médicos, então, possuíam conhecimento suficiente de cito-

Segundo Zuckermann e Lederberg, os problemas cujas soluções "não encontrem abrigo disciplinar social e cognitivamente definido" têm, entre outros, especial probabilidade de serem pós-maduros. Soluções de problemas significativos deste gênero se beneficiariam, segundo tal interpretação, com as tentativas dos analistas da política da ciência para estabelecer uma disciplina "socialmente definida" a fim de facilitar sua investigação.

O prematuro e o não-paradigmático

Stent publicou seu conceito de prematuridade em 1972. Este recebeu séria, mas modesta atenção na literatura da história, da filosofia ou da sociologia da ciência. Na verdade, ao que parece, engendrou mais interesse e comentário nas revistas científicas e comunicações afins do que nas publicações das metaciências. Atribuo isso, em parte, ao aparecimento do trabalho, na versão que se tornou mais conhecida, numa revista semipopular de ciência e, numa versão mais expandida, num obscuro boletim científico – em vez de vir a público numa revista mais tradicional, de história, filosofia ou sociologia da ciência[34].

genética e base nas técnicas deste domínio. Os pouquíssimos médicos geneticistas da época voltavam-se para as anomalias dos padrões de segregação mendelianos ou potencialmente mendelianos, em busca de um poder explanatório, no caso para seres humanos, proporcionado pela identificação de mutantes em organismos inferiores. Não havia barreiras cognitivas para o reconhecimento das anomalias cromossômicas em seres humanos após a aceitação geral da teoria da herança cromossômica, de Morgan, e da observação de Bridges sobre a não disjunção. Cf. Kottler, 1974 e Hsu, 1979, p. 15-29.

34. Zuckerman é uma socióloga da ciência, no entanto, o seu artigo sobre pós-maturidade com a co-autoria de Joshua Lederberg apareceu na revista científica *Nature*. Uma exceção nas metaciências é Lamb e Easton, 1984, que apresentam explicitamente a formulação de Stent (p. 178-184 e 227-229). Entre exemplos adicionais citados por Lamb e Easton encontra-se a comunicação de Charles McMunn acerca daquilo que mais tarde foi denominado citocromo, em 1886, e que foi ignorado durante os 38 anos seguintes, até que David Keilin publicou seu trabalho. Lamb e Easton proporcionam a única menção à anterior formulação alternativa de prematuridade feita por Taton, ao que eu saiba. Ver também Stern, cap. 18, neste volume. Para as duas versões do artigo de Stent, cf. Stent, 1972a, 1972b.

Além disso, muitas pessoas não entenderam plenamente ou reconheceram a natureza distinta da formulação de Stent. Alguns misturaram-na com outros fatores responsáveis pela resistência científica e tecnológica acima discutida[35]. Outros podem tê-la ignorado por ela conflitar com as implicações de uma das concepções de Thomas Kuhn acerca de um paradigma científico[36*]. Discutindo com alguns cientistas, verifiquei que certa concepção de uma descoberta prematura, como a definida por Stent, nada mais era senão aquela que é inconsistente com um paradigma existente no sentido de Kuhn. Eles não viam nenhuma nova utilidade na formulação de Stent[37].

A noção de Stent e as concepções de Kuhn, que foram amplamente compreendidas, podem ser vistas como relacionadas em vários aspectos. Noto, porém, três importantes diferenças, das quais uma possui algumas implicações práticas para os investigadores.

Numa interpretação prevalente das concepções de Kuhn, paradigmas competitivos não podem coexistir e, na verdade, não são sequer comensuráveis – e uma mudança maior, por vezes uma revolução científica, segue-se quando o novo paradigma é adotado.

35. Tobias 1996 adota a terminologia de Stent e a aplica em vários exemplos. Mas, em minha opinião, sua discussão, que invoca amiúde o termo "paradigma", parece implicar, quiçá inadvertidamente, que a definição de Stent é pouco mais do que um re-enunciado da formulação de Kuhn (Kuhn, 1970), e que a falta de conexão com o conhecimento canônico só pode ser retificada por uma mudança de maior envergadura, como, por exemplo, uma revolução.
36. Kuhn, 1970.
*. Ver tradução brasileira de Beatriz Vianna Boeira e Nelson Boeira, *A Estrutura das Revoluções Científicas*, São Paulo, Perspectica, 9ª ed., 2006. (N. da T.)
37. Não sugiro que esta seja uma interpretação necessariamente correta da exposição original de Kuhn, mas antes que é apenas uma concepção amplamente defendida. Porém, um colega insistiu comigo em sentido inteiramente oposto, afirmando que as noções de Kuhn e Stent são completamente distintas e não têm relevância uma em relação à outra. Algumas das diferenças na interpretação de Kuhn brotam das ambigüidades de sua exposição original, em *A Estrutura das Revoluções Científicas*, ambigüidades que o autor desta obra admitiu em parte, mais tarde, em um *post scriptum* à segunda edição de seu livro em 1970. Ver também seu *Second Thoughts on Paradigms* (Kuhn, 1977a, p. 293-319, ou Kuhn, 1977b), bem como o prefácio à edição de Kuhn 1977a, especialmente p. XIX-XX, no qual elabora este item. Por exemplo, observa que empregou o termo "paradigma" de dois modos diferentes: um, para denotar um "exemplar" e, outro, para denotar uma "matriz" disciplinar. Ele expressa certo arrependimento pela introdução do termo "paradigma", pois, em conseqüência de um uso variado, "um resultado inevitável tem sido a confusão" (p. XX). Para maiores informações sobre esta e outras dificuldades na formulação de Kuhn, ver Suppe, 1977, p. 500-517. Muitos daqueles com os quais discuti acerca das concepções de Stent e Kuhn, especialmente com os que estão fora do campo da filosofia da ciência, não têm conhecimento da subseqüente mudança de posição do autor.

Poder-se-ia fazer a tentativa de engastar a formulação de Stent na de Kuhn, considerando-se uma proposta ou vindicação prematura como parte de um paradigma diferente do reinante na ocasião. Para que a vindicação ou a proposta seja aceita deverá, então, haver uma mudança maior. No entanto, mudanças em paradigmas, de uma posição "incomensurável" para outra, raramente ocorrem. O conhecimento canônico cresce a cada dia. Sem dúvida, há muitas descobertas prematuras, no nexo de Stent, cuja aceitação não requer toda uma revolução científica ou mesmo uma mudança significante de paradigma. Pode haver um único ou apenas uns poucos passos lógicos "faltantes" graças aos quais, por exemplo, uma vindicação, uma hipótese ou proposta estaria em condições de ser conectada ao conhecimento canônico – sem exigir o assim chamado deslocamento do paradigma kuhniano – e, ainda assim, continuar sendo prematura na classificação de Stent.

Outra diferença é que o conceito de prematuridade implica direto e efetivo progresso científico e tecnológico. O conceito de desvio de paradigma como empregado por Kuhn – por exemplo, em analogia com um desvio gestáltico, que ele discute de modo explícito – não atua necessariamente assim. Isso pode esclarecer por que, em discussões privadas com cientistas, depois de explicada a prematuridade, verifiquei que alguns deles se sentiam mais atraídos pela formulação de Stent do que pela de Kuhn, julgando-a, do ponto de vista heurístico, preferível para conceituar uma razão segundo a qual certos trabalhos, em particular alguns de autoria deles próprios, podem não ser amplamente aceitos. Parece haver certo conforto psíquico na compreensão de que considerar seus resultados como prematuros implica que tais resultados podem muito bem ser corretos, mas que se trata de trabalho para o qual o mundo ainda não está, por assim dizer, pronto. A formulação de Kuhn proporciona menos segurança[38].

38. J. B. Rhine, o bem conhecido proponente da percepção extra-sensorial, escreveu uma carta elogiosa a Stent, em que manifesta gratidão pelo artigo na *Scientific American*, imediatamente depois do texto ter sido publicado pela primeira vez, muito embora Stent, em essência, haja argumentado vigorosamente que o trabalho de Rhine e outros, no campo, deveriam ser ignorados, porque constituíam um exemplo de prematuridade aqui-e-agora (Rhine, 1973).

É possível também que existam algumas diferenças importantes nas decorrências práticas de tais perspectivas. É certo que, desconsiderando as distinções precisas entre os conceitos de Stent e de Kuhn, pode-se admitir que, para uma política social e científica, não há soluções óbvias para a perda gerada ou pela recusa de vindicações prematuras contemporâneas (mas eventualmente aceitas), ou por propostas rejeitadas por estarem fora de um paradigma corrente. (Mais uma vez cabe notar que idéias e sugestões novas e inusitadas não são sempre ou necessariamente prematuras, na acepção de Stent. Algumas podem ser prontamente ligadas ao conhecimento canônico, porém não serem aceitas por outras razões).

Todavia, para investigadores cujas vindicações, hipóteses ou propostas são prematuras – isto é, manifestam prematuridade aqui-e-agora, nos termos de Stent – e que reconhecem o fato, poder-se-ia sugerir-lhes várias estratégias úteis, além do conselho um tanto inócuo para procurar ou aguardar uma mudança de paradigma no seu campo de trabalho. Se a alegada vindicação, hipótese ou proposta prematura tem origem num experimento, então o pesquisador provavelmente achará inútil tentar convencer a comunidade científica pela repetição do mesmo tipo de experimento. Duas outras estratégias têm mais probabilidade de terem êxito. Ele ou ela deveriam empreender um trabalho que *pudesse* ligar os achados ao conhecimento canônico e, na realidade, ao ligá-los, alterar talvez um cânone em algum aspecto. Alternativamente, o investigador poderia tentar subordinar os supostos achados a algum uso prático e até comercial. Um sucesso deste último tipo pode não proporcionar uma "conexão" com o conhecimento canônico, mas assegurar que a comunidade científica e tecnológica preste séria atenção ao caso, e que outros se juntarão no labor de busca da conexão. Até que qualquer dessas estratégias produza resultado é possível defender a comunidade científica por ignorar ou mesmo rejeitar tais vindicações, hipóteses ou propostas. Do contrário, ela ficaria subjugada pela atenção prestada a dicas falsas e inúteis.

Uma inexplicável tecnologia bem-sucedida

O emprego prático ou comercial de uma descoberta indica um problema potencial na formulação de Stent, pois uma descoberta que efetivamente "funcione", de um ponto de vista prático, pode ou não estar vinculada a um conhecimento canônico existente. A fusão fria poderia não estar ligada ao conhecimento canônico, mas fosse ela claramente replicável e funcionasse, teria sido aceita ainda que prematura na compreensão de Stent. O injetor de calor de Henri Giffard funcionou durante cinqüenta anos antes que Henri Poincaré lhe proporcionasse uma explicação teórica. Antes disso, constituía objeto de grande espanto porque parecia ser um exemplo de movimento perpétuo, realizando trabalho sem potência. Era prematuro na percepção de Stent, mas ainda assim amplamente utilizado[39].

Tais exemplos abundam na medicina. Entre os mais dramáticos figura a descoberta dos efeitos do éter sulfúrico para a anestesia gasosa no século XIX[40]. Outro exemplo impressionante é a descoberta dos raios X por Wilhelm Röntgen em 1895. Foi um achado acidental, sem nenhuma ligação com um conhecimento canônico prévio[41]. No entanto, seu óbvio sucesso e pronta confirmação os levaram a uma rápida aceitação e aplicação da descoberta. De fato, realizada pouco depois, a descoberta da radioatividade em 1896 por Antoine-Henri Becquerel tornou o achado de Röntgen mais coerente para os físicos. Mas, com ou sem esta última descoberta do físico francês, pode-se sustentar o ponto de vista de que a pronta repetibilidade dos efeitos dos raios X e suas óbvias aplicações teriam levado à sua rápida aceitação. Com ou sem a teoria da radioatividade é possível hoje ver

39. Kranakis, 1982.
40. Ver Bergman, 1998. No caso do óxido nitroso, outro agente introduzido na época, houve alguma evidência experimental anterior em animais inferiores e a conseqüente sugestão para que fosse aplicado em seres humanos, ambos os agentes permaneceram ignorados por mais de quarenta anos.
41. Lamb e Easton (1984, p. 174) relatam que A. W. Godspeed e W. J. Jennings, em 1890, haviam chegado ao que somente seis anos depois foi reconhecido como sendo uma "fotografia em raios X".

a imagem de uma fratura interna ou de uma bala oculta alojada no ferimento e confirmar a sua localização na cirurgia.

Poder-se-ia argumentar que a descoberta do próprio fato de, digamos, os raios X revelarem a localização de objetos escondidos constituía uma expansão do conhecimento canônico, de modo que, uma vez aceita, a descoberta em si não era prematura. Isto significa afirmar que a ligação entre o achado e o conhecimento canônico é o fato trivial segundo o qual ele *é* agora encarado como parte do conhecimento canônico. Mas deveria a observação reconhecida em geral como funcionante, sem o entendimento do por que, ser suficiente para tornar tal conhecimento canônico, ainda que haja outro conhecimento considerado como canônico que acarreta um nível mais profundo de entendimento fundamental? Creio que sim. Mas, devido à variação na qualidade ou profundidade do conhecimento canônico, temos de modificar a noção de prematuridade adequadamente. (Ver também a este respeito o cap. 25).

Uma questão pertinente está relacionada claramente com a reprodução ou a reprodutibilidade. A descoberta de James Lind, no século XVIII, sobre o emprego de frutas cítricas no tratamento do escorbuto, ilustra o fato. Tal conhecimento perdeu-se no século XIX, pelo menos para a autoridade da marinha britânica, pois o uso de suco cítrico enlatado não preveniu a citada enfermidade entre os homens das expedições ao Ártico, sobretudo a de Franklin, mesmo porque o consumo de algumas limas frescas não pareceu ter efeito em outras circunstâncias. Não foi a posterior descoberta da vitamina C, mas antes as conseqüências de uma descoberta anterior de um modelo animal para o escorbuto, o porquinho-da-Índia, que eventualmente levou a marinha britânica a aceitar de novo o fruto cítrico ou seus extratos como um antiescorbútico ou um preventivo[42]. Isso conduziu a métodos de análise do conteúdo antiescorbútico de alimentos e, em particular, ao reconhecimento

42. Entre os mamíferos, apenas aos porquinhos-da-Indía, aos primatas e aos humanos parece faltar a capacidade de sintetizar a vitamina C. Assim, ratos, carneiros, cabras, cães e gatos podiam continuar saudáveis, enquanto os marujos sofriam de escorbuto a bordo. Ver Carpenter, 1986, e cap. 7, neste volume, numa fascinante exposição.

de certos métodos de processamento e armazenamento que desativam a substância em sucos enlatados levados em expedições, e que certas limas atípicas possuem pouquíssimo teor de substância antiescorbútica. Em certo sentido, pode-se argumentar que, expandindo-se o conhecimento canônico, o modelo animal permitiu uma ligação a vindicações antes rejeitadas. O valor prático do trabalho de Lind era claro no século XVIII. Mas sua perda – para a marinha britânica, em todo caso – estava associada ao conhecimento insuficiente de seu mecanismo. Se for mantido que a descoberta de Lind expande o conhecimento canônico, na formulação de Stent, então o cânone contraiu-se após a expedição de Franklin e depois tornou a expandir-se.

Não se deveria por certo ignorar um achado que funcione tal como o de Lind, mesmo que ele não possa ser ligado ao conhecimento canônico da época. Mas este exemplo também ilustra algo menos óbvio, porém importante: observar e utilizar uma coisa que funciona não garante necessariamente que ela continuará funcionando, sobretudo se o seu mecanismo não foi compreendido. Isto fornece um exemplo substancial da grande utilidade de buscar explicações subjacentes para o conhecimento empírico. Tal fato proporciona uma base lógica para a política científica que sustenta a pesquisa básica na busca de explanações para conhecimentos incompletamente entendidos, porém importantes em termos tecnológicos ou de outros fenômenos.

Um episódio narrado por Charles H. Townes, o inventor do *maser* e do *laser*, ilustra uma questão correlata. Antes de publicar seu relatório, o cientista descreveu o mecanismo do *laser*, numa conversa particular, a John von Neumann, talvez o mais notável físico-matemático do século XX. Este lhe disse que o mecanismo não funcionaria. Ao que Townes replicou: "Bem, sim (funciona), e o temos na mão". O seu interlocutor afastou-se, ficou pensando por alguns momentos, depois voltou e disse a Townes: "Você está certo"[43]. O fato de o mecanismo ter *funcionado* – pelo menos a autoridade de

43. Cf. Townes, cap. 4, neste livro.

Townes para essa vindicação, tal como percebido por von Neumann – o persuadira. E isto o levou a refletir e depois a reconhecer o equívoco da implicação do (seu) conhecimento canônico.

A utilidade da formulação de Stent

As considerações acima discutidas sugerem duas possíveis abordagens fecundas, mas bastante controvertidas, para reexaminar episódios históricos que envolvam trabalho científico e tecnológico inicialmente negligenciados, ignorados ou rejeitados, porém posteriormente aceitos. A este respeito, cabe inquirir: primeiro, que alterações simples nas políticas científicas, ou nos fatores sociais que afetam tais políticas na época, se é que houve alguns, teriam diminuído o atraso na acolhida e, segundo, o que mais um pesquisador (ou um empático investigador contemporâneo) poderia na época fazer de forma sensata, se é que poderia ter feito algo, para *superar* as fontes de resistência.

Reconheço que essas indagações chegam quase a ser condicionais contrafatuais, sendo encarados por muitos historiadores como anátema[44]. Mas se um entendimento dos processos históricos que afetaram o desenvolvimento científico serve para esclarecer a política científica em curso, o uso efetivo de tal entendimento pode promover uma cuidadosa colocação precisa dessas questões. As respostas à primeira indagação podem muito bem indicar se a descoberta constitui um caso genuíno de prematuridade na compreensão de Stent e, em todo caso, elas proporcionarão perspectivas

44. Fischer, 1970, p. 15-21. (Gunther Stent informou-me que, em Berlim, contrafatuais são referidos metonimicamente como "proposições do tipo, 'Se minha avó tivesse tido rodas, então ela teria sido um ônibus'.") A maior objeção a questões contrafatuais parece ser o fato de que, quando se começa a fazer perguntas de natureza ficcional e a propor uma história contrária aos fatos, tal coisa convida a encetar um processo que pode parecer não só ilimitado, como impor restrições não claras acerca da natureza da evidência admissível pertinente à indagação original.

úteis aos que fazem política corrente. As respostas podem fornecer um guia para um atual Semmelweis, cujos *insights* estariam, do contrário, perdidos para o mundo até serem redescobertos de modo independente.

Bibliografia

Ackerknecht, E. H. 1982. *A Short History of Medicine*. Rev. ed. Baltimore: Johns Hopkins Press.

Althusser, L. 1977. Introduction: Unfinished History. Tradução de G. Lock. In: D. Lecourt *Proletarian Science? The Case of Lysenko*, p. 7-16. Tradução de B. Brewster. London: NLB.

Amaldi, E. 1989. The Prelude to Fission. In: J. W Behrens & A. D. Carlson *Fifty Years with Nuclear Fission*, (eds.) , I:10-19. La Grange Park, Ill.: American Nuclear Society.

Barber, B. 1961. Resistance by Scientists to Scientific Discovery. *Science* 134:596-601.

Bergman, N. A. 1998. *The Genesis of Surgical Anesthesia*. Park Ridge, Ill.: Wood Library-Museum of Anesthesiology.

Bessis, M. 1976. How the Mouse Leukemia Virus Was Discovered: A Talk with Ludwik Gross. *Nouvelle Revue Française d'Hematologie* 16:296.

Brannigan, A. 1981. The Law Valid for *Pisum* and the Reification of Mendel. In: *The Social Basis of Scientific Discoveries*, p. 89-142. Cambridge: Cambridge University Press.

Brock, T. D. 1990. *The Emergence of Bacterial Genetics*. Cold Spring Harbor, N.Y: Cold Spring Harbor Laboratory Press.

Browning, C. H. 1908. Chemo-Therapy in Trypanosome-Infections: An Experimental Study. *J. Path. Bact.* 12:166-190.

Butterfield, H. [1931] 1965. *The Whig Interpretation of History*. New York: Norton.

______. 1944. *The Englishman and His History*. Cambridge: Cambridge University Press.

Carlson, E. A. 1973. Letter to the editor. *Scientific American* 228 (janeiro): 8.

Carpenter, K. J. 1986. *The History of Scurvy and Vitamin C*. New York: Cambridge University Press.

Carter K. C. 1983. Translator's introduction. In: I. Semmelweis *The Etiology, Concept & Prophylaxis of Childbed Feve*, Tradução e edição de K. C. Carter, p. 3-58. Madison: University of Wisconsin.

Fermi, E. 1934. Possible Production of Elements of Atomic Number Higher Than 92. *Nature* 133:898-99.

Fischer, D. H. 1970. *Historians' Fallacies: Toward a Logic of Historical Thought*. New York: Harper and Row.

Goertzel, T. & B. Goertzel. 1995. *Linus Pauling: A Life in Science and Politics*. New York: Basic Books.

Gould, G. M. 1901. The Reception of Medical Discoveries. *Arch. Ophthal.* 13:715-49.

Graham, L. R. 1972. *Science and Philosophy in the Soviet Union*. New York: Alfred A. Knopf.

Grosse, A. V. 1935. The Identity of Fermi's Reactions of Element 93 with Element 91. *J. Am. Chem. Soc.* 57:438-39.

Holmes, O. W. 1842-43. The Contagiousness of Puerperal Fever. *New Eng. Quart. J. Med. Surg.* 1:503-30.

Hsu, T. C. 1979. *Human and Mammalian Cytogenetics: An Historical Perspective*. New York: Springer-Verlag.

Kevles, D.J. 1995. Pursuing the Unpopular: A History of Courage, Viruses & Cancer. In: R. B. Silvers (ed.). *Hidden Histories of Science*. New York: New York Review of Books.

Klein, G. 1990. *The Atheist and the Holy City: Encounters and Reflections*. Tradução de T. Friedman e I. Friedman. Cambridge: MIT Press.
Kottler, M. J. 1974. From 48 to 46: Cytological Technique, Preconception & the Counting of Human Chromosomes. *Bull. Hist. Med.* 48:465-502.
Kranakis, E. F. 1982. The French Connection: Giffard's Injector and the Nature of Heat. *Technology and Culture* 23:3-38.
Krementsov, N. 1997. *Stalinist Science*. Princeton: Princeton University Press.
Kuhn, T. S. 1970. *The Structure of Scientific Revolutions*. 2 ed. Chicago: University of Chicago Press.
______. 1977a. *The Essential Tension*. Chicago: University of Chicago Press.
______. 1977b. Second Thoughts on Paradigms. In: F. Suppe (ed.). *The Structure of Scientific Theories*. 2 ed. Urbana: University of Illinois, p. 459-82. .
Lamb, D. & S. M. Easton. 1984. *Multiple Discovery: The Pattern of Scientific Progress*. N.P.: Avebury Publishers.
Lederberg, J. 1986. Forty Years of Genetic Recombination in Bacteria: A Fortieth Anniversary Reminiscence. *Nature* 324:627-28.
______. 1990. Introduction: Reflections on Scientific Biography. In: J. Lederberg (ed). *The Excitement and Fascination of Science: Reflections by Eminent Scientists*, p. xvii-xxiv. Vol. 3, pt. 1. Palo Alto: Annual Reviews.
______. 1995. Greetings. In *DNA: The Double Helix, Perspective & Prospective at Forty Years*, p. 176-79. New York: New York Academy of Sciences. Também publicado em *Ann. NY Acad Sci.* 758:176-79.
Mayr, E. 1982. *The Growth of Biological Thought: Diversity, Evolution & Inheritance*. Cambridge: Harvard University Press, Belknap Press.
Mettler, C. C. 1947. *History of Medicine*. Edição de F. A. Mettler. Philadelphia: Blakiston.
Mulkay, M. J. 1972. Conformity and Innovation in Science. *Sociological Review Monograph* 18:7.
Nagel, E. 1950. The Methods of Science: What Are They? Can They Be Taught?. *Scientific Monthly* 70 (janeiro): 19-23.
Nickles, T. 1980. Introductory Essay: Scientific Discovery and the Future of the Philosophy of Science. In: *Scientific Discovery, Logic & Rationality*. Dordrecht: D. Reidel.
Noddack, I. 1934. Uber das element 93. *Z. Agnew. Chem.* 47:653-55.
Olby R. 1979. Mender No Mendelian? *Hist. Sci.* 17:53-72.
Pauling, L. 1974. Molecular Basis of Biological Specificity. *Nature* 248:769-71.
Peters, D. P. & S. J. Ceci. 1982. Peer-Review Practices of Psychological Journals: The Fate of Published Articles Submitted Again. *Behavioral and Brain Sciences* 5:187-200.
Polanyi, M. 1963. The Potential Theory of Adsorption. *Science* 141:1010-13.
______. 1969. *Knowing and Being*. Edição de M. Greene. London: Routledge and Kegan Paul.
Ravetz, J. R. 1971. Immature and Ineffective Fields of Inquiry. In *Scientific Knowledge and Its Social Problems*, p. 364-402. Oxford: Oxford University Press.
Rhine, J. B. 1973. Letter to Gunther Stent, 4 janeiro 1973. Gunther Stent Papers, Bancroft Library, University of California at Berkeley.
Rigby, S. H. 1995. Historical Causation: Is One Thing More Important Than Another?. *History* 80:227-42.
Sacks, O. 1995. Scotoma: Forgetting and Neglect in Science. In: R. B. Silvers (ed.). *Hidden Histories of Science*, New York: New York Review of Books.
Sandler, I. 2000. Development: Mendel's Legacy to Genetics. *Genetics* 154:7-11.
Sandler, I. & L. Sandler. 1985. A Conceptual Ambiguity That Contributed to the Neglect of Mendel's Paper. *Pubbl. Stn. Zool. Napoli II* 7:3-70.
Segrè, E. 1939. An Unsuccessful Search for Transuranium Elements. *Phys. Rev.* 55:1104-5.
______. 1993. *A Mind Always in Motion: The Autobiography of Emilio Segre*. Berkeley e Los Angeles: University of California Press.
Shryock, R. H. 1966. The Strange Case of Well's Theory of Natural Selection, 1813: Some Comments on the Dissemination of Scientific Ideas. In: *Medicine in America: Historical Essays*. Baltimore: Johns Hopkins Press, p. 259-72.

Singh, S. 1997. *Fermat's Last Theorem*. London: Fourth Estate.
Stent, G. S. 1972a. Prematurity and Uniqueness in Scientific Discovery. *Advances in the Biosciences* 8:433-49.
______. 1972b. Prematurity and Uniqueness in Scientific Discovery. *Scientific American* 227 (dezembro): 84-93.
______. 1973. Letters. *Scientific American* 228 (janeiro): 8.
Stern, B. J. 1927. *Social Factors in Medical Progress*. New York: Columbia University Press.
______. 1941. Resistance to Medical Change. In: *Society and Medical Progress*. Princeton: Princeton University Press, p. 175-213.
Suppe, E (ed.) 1977. *The Structure of Scientific Theories*. 2 ed. Urbana: University of Illinois Press, p. 507-17.
Tarrant, T. N. 1972. Letter to Gunther Stent, 13 December 1972. Gunther Stent Papers, Bancroft Library, University of California at Berkeley.
Taton, R. 1962. *Reason and Chance in Scientific Discovery*. Tradução de A. J. Pomerans. New York: Science Editions.
Tobias, P. V. 1996. Premature Discoveries in Science, with Special Reference to *Australopithecus* and *Homo habilus*. *Proc. Amer. Phil. Soc* 140:49-64.
Veldink, C. 1989. The Honey-Bee Language Controversy. *Interdisciplinary Science Reviews* 14:166-75.
Wali, K. 1991. *Chandra: A Biography of S. Chandrasekhar*. Chicago: University of Chicago Press.
Wenner, A. M.; D. E. Meade & L. J. Friesen. 1991. Recruitment, Search Behavior & Flight Ranges of Honey Bees. *Amer fool*. 31:768-82.
Wenner, A. M. & E. H. Wells. 1990. *Anatomy of a Controversy: The Question of a "Language" among Bees* New York: Columbia University Press.
Wiener, N. 1993. *Invention: The Care and Feeding of Ideas*. Cambridge: MIT Press.
Youngston, A. J. 1979. *The Scientific Revolution in Victorian Medicine*. London: Croom Helm.
Zuckerman, H. A. & J. Lederberg. 1986. Postmature Scientific Discovery?. *Nature* 324:629-31.

2.

PREMATURIDADE NA DESCOBERTA CIENTÍFICA*

Gunther S. Stent

Um dos desalentadores subprodutos do progresso fantasticamente célere, realizado na genética molecular nos últimos 25 anos, é que os partícipes dos primeiros desenvolvimentos, ora na meia idade, são atualmente obrigados a olhar em retrospecto as suas produções iniciais a partir do fundo de uma perspectiva histórica, a qual, no caso das especialidades biológicas que floresceram em época anterior, abriu-se tão-somente quando as testemunhas da primeira inflorescência estavam há muito mortas[1]. Tenho tentado o possível para superar a dificuldade e explorar efetivamente esta situação singular a fim de compreender a evolução de um campo científico. Assim, revendo a história da genética molecular, sob o ângulo de minhas próprias experiências, descobri que um dos seus mais famosos incidentes, a identificação do DNA por Oswald T. Avery, como o princípio ativo na transformação bacteriana e, sobretu-

* O texto aqui incluído é uma versão ligeiramente modificada do material relativo à prematuridade, publicado por Stent em 1972 e reproduzido com a permissão da Elsevier Scientific. Toda discussão sobre a unicidade foi excluída. (N. do O.)

1. Este progresso se refere ao trabalho no período que vai de 1945 a 1970. (N. do O.)

do, como material genético, iluminou um problema geral da história cultural[2]. O caso de Avery traz, penso eu, *insights* à questão do quanto é significativo, ou meramente tautológico, alegar que uma descoberta está "à frente de seu tempo" ou é prematura.

Prematuridade

Em 1968, publiquei um breve ensaio retrospectivo sobre biologia molecular com particular ênfase nas suas origens[3]. Neste apanhado histórico não mencionei o nome de Avery nem a transformação bacteriana mediada pelo DNA. Meu artigo deu origem também a uma carta de Karl Lamanna ao editor, na qual o signatário lamentava ser

> uma triste e surpreendente omissão que Stent cometia ao não fazer menção à prova definitiva do DNA como a substância básica da hereditariedade, apresentada por O. T. Avery, C. M. MacLeod e M. McCarty[4]. O crescimento da [genética molecular] repousa sobre esta prova experimental... Estou velho o suficiente para lembrar a excitação e o entusiasmo induzidos pela publicação do artigo de Avery, MacLeod e McCarty. Avery, um eficiente bacteriologista, era um senhor calmo, não competitivo e que não gostava de aparecer. Tais características de personalidade não deveriam impedir que o público científico em geral, representado pelos leitores do *Science*, continuasse a deixar sem reconhecimento o nome do referido pesquisador[5].

Fui pego de surpresa pela carta de Lamanna e respondi que concordava com ele e que deveria, de fato, ter mencionado em meu

2. Avery et al., 1944.
3. Stent,1968a.
4. Avery et al., 1944.
5. Lamanna, 1968.

ensaio a prova apresentada por Avery em 1944, segundo a qual o DNA constitui a substância da hereditariedade[6]. Porém, prossegui afirmando que, em minha opinião, não seria verdade que o desenvolvimento da genética molecular repousa sobre a prova de Avery. Durante muitos anos esta prova havia provocado um impacto espantosamente pequeno sobre os geneticistas, tanto moleculares quanto clássicos, e foi apenas o experimento de Hershey-Chase, em 1952, que levou toda essa gente a focar o DNA[7]. A razão deste atraso não se deveu nem ao fato de o trabalho de Avery ser desconhecido ou não receber a confiança dos geneticistas, nem ao fato de a pesquisa de Hershey-Chase ser tecnicamente superior. Ao contrário, a descoberta de Avery, como declarei, foi simplesmente "prematura". E nestas duas últimas sentenças de minha resposta a Lamanna esbocei o argumento acerca da prematuridade que tentarei desenvolver aqui de forma um tanto mais pormenorizada.

A razão primeira para considerar a descoberta de Avery como prematura é que ela não foi apreciada em sua época. Mas, de fato, será *verdade* que esta descoberta não foi apreciada? Lamanna, por exemplo, menciona o seu próprio entusiasmo e excitação causados pela publicação do artigo de Avery e muitos participantes do Simpósio de Cold Spring Harbor sobre Hereditariedade e Variação em Microrganismos de 1946, contaram-me que a descoberta de Avery foi tema de uma intensa discussão no referido simpósio. Então, como posso afirmar que ele não foi reconhecido? Quando menciono falta de reconhecimento, não quero dizer que a descoberta do cientista passou despercebida ou mesmo que não foi considerada importante. O que pretendo dizer é que ninguém pareceu apto a fazer algo mais com ela ou construir algo sobre ela – exceto os estudiosos dos fenômenos de transformação. Isto é o mesmo que asseverar que a descoberta de Avery não produziu efeito virtual no discurso genético geral[8].

6. Stent, 1968b.
7. Hershey e Chase 1952.
8. Stent pediu-me para levar em conta que aquilo que mencionou aqui com a expressão falta de reconhecimento da descoberta de Avery et al., ou inabilidade para um desenvolvimento a partir dessa descoberta, é uma razão para considerá-la como candidata à prematuridade, no sentido que ele define logo depois neste ensaio. (N. do O.)

Em apoio a essa alegação, convido o leitor a examinar o volume do Simpósio de Cold Spring Harbor de 1946. Encontra-se neste um artigo de M. McCarty, Harriet Taylor e Avery, cuja principal preocupação não reside no significado da descoberta para a genética, mas na elucidação do papel do soro no fenômeno de transformação mediado pelo DNA. Embora muitos dos outros artigos contidos no volume sejam acompanhados de observações de debatedores, não há registro similar no tocante ao trabalho de Avery et al. Apenas cinco das outras 26 apresentações constantes do simpósio referem-se à descoberta de Avery.

Três pesquisadores ligados ao estudo dos bacteriófagos (fagos), T. F. Anderson, A. D. Hershey e S. E. Luria, arriscaram-se a opinar que o fenômeno tem provavelmente larga importância biológica. L. Dienes conclui que como o DNA é "uma substância sem aparente organização", a descoberta de Avery indica que a "bactéria possui um mecanismo para a troca de características hereditárias, [isto é] diferente dos processos sexuais comuns", e S. Spiegelman tem a impressão de que Avery descobrira "a indução de uma enzima particular com uma nucleoproteína (*sic*) como componente"[9]. Nem Max Delbrück, nem J. Lederberg e E. L. Tatum mencionam, de modo algum, Avery nos seus agora famosos trabalhos apresentados no simpósio de 1946.

Uma demonstração ainda mais convincente da falta de menção à descoberta de Avery é proporcionada pelo simpósio "Genética no Século XX"[10] realizado por ocasião do Jubileu de Ouro da Genética em 1950. Então, alguns dos mais eminentes geneticistas da época resenharam, em ensaios, os progressos dos primeiros trinta anos da genética e avaliaram a situação em que esta se encontrava. Somente um dentre os 26 ensaístas julgou conveniente efetuar mais do que uma referência passageira à descoberta de Avery, passados seis anos. Ainda assim, A. E. Mirsky, ao fazê-lo, expressou algumas dúvidas de que fosse realmente o puro DNA o princípio ativo transforma-

9. Dienes, 1946, p. 58; Spiegelman, 1946, p.269.
10. Dunn, 1951.

dor. O trabalho de H. J. Muller, no simpósio de 1950, sobre a natureza do gene, não faz qualquer menção a Avery ou ao DNA.

Assim, cabe perguntar *por que* a descoberta de Avery não foi apreciada em sua época? Porque era "prematura". Mas seria esta uma explicação efetiva ou mera tautologia vazia? Em outras palavras, haveria outro meio de prover um critério da prematuridade de uma descoberta além de sua falha em produzir impacto? Sim, existe um critério desse tipo: *Uma descoberta é prematura se as suas implicações não puderem ser conectadas por uma série de simples etapas lógicas ao conhecimento canônico contemporâneo (ou geralmente aceito)*[11]. Tal critério não deve ser confundido com o da descoberta *inesperada* que *pode* ser ligada às idéias canônicas de sua época, mas poderia derrubar uma ou mais delas. Por exemplo, a descoberta da "transcriptase reversa" caberia na categoria de descoberta inesperada – uma vez que, de fato, a função atribuída àquela enzima, de catalisar a montagem de uma réplica do DNA a partir de um RNA padrão pode, eventualmente, ser mostrada que ocorre *in vivo*[12]. Muito embora, antes desse achado, os geneticistas moleculares assumissem em geral que não ocorre fluxo reverso de "informação" do RNA para o DNA, não há, em absoluto, dificuldade para entender-se semelhante processo a partir do ponto de vista das idéias prévias correntes acerca da síntese de polinucleotídeos.

Por que poderia a descoberta de Avery não estar conectada com o conhecimento canônico? Por volta de 1944, o DNA já era há muito suspeito de exercer *alguma* função nos processos de hereditariedade, particularmente depois que R. Feulgen [com H. Rossenbeck] mostrou, em 1924, que o principal componente dos cromossomos era o DNA[13]. Mas, na ocasião, a visão corrente no tocante à natureza molecular do DNA tornou quase inconcebível que ele *pudesse* ser o portador da informação da herança. Antes de tudo, em plena década de 1930, o DNA era concebido como um simples *tetranucleotí-*

11. As palavras "geralmente aceita" foram inseridas no trabalho de Stent, de 1972b, mas não apareceram na versão publicada por ele, de 1972a, aqui reproduzida. (N. do O.)
12. A descoberta da transcriptase reversa apareceu descrita em Baltimore, 1970; e também em Temin e Mizutani, 1970. Logo após a publicação do artigo de Stent, foi demonstrado que a função ocorre *in vivo*. (N. do O.).
13. Feulgen e Rossenbeck, 1924.

deo composto de um resíduo, cada um dos quais de ácido adenílico, guanílico, timidílico e citidílico. Em segundo lugar, mesmo quando se compreendeu finalmente, nos primeiros anos da década de 1940, que o peso molecular do DNA era, de fato, bem mais elevado do que o exigido pela teoria do tetranucleotídeo, acreditava-se ainda, em geral, que o tetranucletídeo constituía a unidade básica de repetição dos polímeros de DNA maiores, em que as quatro bases de purina e pirimidina recorriam em seqüência regular. O DNA era, portanto, encarado como uma macromolécula monotonamente uniforme que, como outros polímeros monótonos, qual o amido ou a celulose, era sempre a mesma, não importando sua fonte biológica. A presença ubíqua do DNA nos cromossomos era, pois, usualmente explanada em termos puramente fisiológicos ou estruturais. Ao invés, atribuía-se em geral à proteína cromossômica o papel informacional dos genes, uma vez que as grandes diferenças na especificidade da estrutura existente entre proteínas heterólogas no mesmo organismo, ou entre proteínas homólogas em diferentes organismos, haviam sido consideradas desde o início do século passado. A dificuldade conceitual de consignar o papel genético ao DNA não escapou de modo algum a Avery, pois, na conclusão de seu artigo, ele declara que "se os resultados do presente estudo do princípio de transformação forem confirmados [,] então os ácidos nucléicos precisam ser vistos como dotados de especificidade biológica cujas bases químicas estão ainda indeterminadas".

Entretanto, por volta de 1950, a teoria do tetranucleotídeo foi derrubada, em grande parte, graças ao trabalho de Erwin Chargaff, o qual mostrou que, ao contrário das exigências da referida teoria, as quatro bases nucleotídeas não se encontram necessariamente presentes no DNA em proporções iguais[14]. Além do mais, Chargaff descobriu que a composição básica exata do DNA difere conforme sua fonte biológica, sugerindo que o DNA pode, em última análise, não ser um polímero monótono. Então, dois anos mais tarde, quando Hershey e Chase demonstraram que, no caso de infecção pela bac-

14. Chargaff, 1950.

téria hospedeira, no mínimo 80% do DNA do fago adentra a célula, enquanto que pelo menos 80% da proteína do fago permanece fora, foi possível vincular a conclusão *deles*, de que o DNA é um material genético, com o conhecimento canônico[15]. Assim, as bases químicas da especificidade biológica dos ácidos nucléicos "ainda indeterminadas" de Avery puderam agora ser consideradas como uma seqüência precisa de quatro bases nucleotídeas ao longo da cadeia polinucleotídea. O impacto geral do experimento de Hershey-Chase foi imediato e dramático. O DNA estava subitamente vigente e a proteína ultrapassada, na medida em que se tratava de pensar a natureza do gene. Poucos meses depois surgiram as primeiras especulações sobre o código genético, e Watson e Crick sentiram-se estimulados a encetar a descoberta da estrutura do DNA.

Naturalmente, o caso de Avery é somente um dentre as muitas descobertas prematuras na história da ciência. Eu o apresentei aqui à consideração principalmente tendo em vista a minha própria falha em apreciá-lo quando entrei no grupo de estudo do fago, de Delbrück, e assisti, em 1948, ao curso sobre fagos, em Cold Spring Harbor. Desde então, com freqüência, tenho pensado sobre qual seria o meu destino ulterior, se eu tivesse apenas sido suficientemente inteligente para avaliar devidamente a descoberta de Avery e dela inferir, quatro anos antes do experimento de Hershey-Chase, que o DNA deve ser também o material genético do fago.

O caso mais famoso de prematuridade na história da biologia é provavelmente o de Gregor Mendel, cuja descoberta da natureza particulada da hereditariedade, em 1865, teve de esperar 35 anos até ser "redescoberta" na virada do século XIX[16]. A descoberta de Mendel não produziu impacto imediato sendo, pois, possível argumentar que isso ocorreu porque o conceito de unidades discretas de hereditariedade não poderia ser articulado (em meados do século XIX) com o conhecimento canônico de anatomia e fisiologia. Ademais, a metodologia estatística que Mendel empregou para interpretar seus dados estava

15. Hershey e Chase, 1952.
16. Mendel, 1866.

inteiramente alheia ao modo de pensar dos biólogos de seu tempo. No fim do século XIX, entretanto, foram descobertos os cromossomos, a mitose e a meiose, podendo então os resultados de Mendel ser explicados em termos de processos e estruturas microscopicamente visíveis. Cabe acrescentar ainda que, na época, a aplicação da estatística à biologia tornou-se comum. Porém, em alguns aspectos, o caso de Avery é um exemplo muito mais dramático de prematuridade do que o de Mendel. Enquanto a descoberta deste último foi, segundo tudo leva a crer, raramente mencionada por alguém até ser redescoberta, a de Avery foi amplamente discutida e, no entanto, durante oito anos deixou de receber o devido apreço.

Um exemplo impressionante de uma apreciação retardada de uma descoberta nas ciências físicas, bem como uma explanação deste atraso em termos do conceito ao qual eu me refiro aqui como prematuridade, foi proporcionado por Michael Polanyi[17]. Entre os anos de 1914 e 1916, este cientista publicou uma teoria da adsorção de gases em sólidos segundo a qual a força que atraía uma molécula de gás para a superfície de um sólido dependia apenas da posição da molécula, e não da presença de outras moléculas no campo de força. Não obstante o fato de Polanyi estar em condições de fornecer forte evidência experimental em favor de sua teoria, ela foi rejeitada em geral. Não só a teoria sofreu rejeição como foi considerada de tal modo ridícula, na época, pelas principais autoridades na matéria que, acredita Polanyi, se continuasse a defender o referido ponto de vista estaria pondo fim à sua carreira profissional, caso não tivesse conseguido publicar trabalhos sobre outras idéias mais palatáveis. A causa dessa rejeição geral da teoria da adsorção de Polanyi deveu-se, exatamente na época em que ele a expôs, à recente descoberta do papel das forças elétricas na arquitetura da matéria. E, portanto, parecia não haver dúvida de que a adsorção gasosa deveria também envolver a atração elétrica entre moléculas de gás e superfícies sólidas. Este ponto de vista, contudo, era inconciliável com a hipótese básica de Polanyi sobre a independência mútua das moléculas de gás no processo de

17. Polanyi, 1963.

adsorção. Em vez da teoria de Polanyi, a de I. Langmuir, a qual considerava a mútua interação de moléculas de gás do tipo esperado a partir de forças elétricas, obteve aceitação geral. Somente na década de 1930, depois que F. London desenvolveu sua nova teoria das forças moleculares de coesão baseada na ressonância quantomecânica, e não na atração eletrostática, é que foi possível conceber que as moléculas de gás *poderiam* comportar-se da maneira como Polanyi, em seus experimentos, indicara. Entrementes, a teoria de Langmuir firmou-se a tal ponto e a de Polanyi foi lançada tão autoritariamente à lata de lixo de idéias malucas, que a teoria de Polanyi foi redescoberta apenas na década de 1950[18].

Podemos agora examinar se a noção de prematuridade é de fato um conceito histórico útil. Antes de tudo, a prematuridade é a única explicação possível para a ausência de uma apreciação contemporânea de uma descoberta? Não, evidentemente não. Por exemplo, Lamanna sugeriu que a personalidade "tranqüila, modesta e não competitiva" de Avery seria a causa da falta de reconhecimento geral de sua descoberta. Chargaff também acredita que a modéstia pessoal e a reticência na autopromoção podem responder pelo fato de uma descoberta não receber reconhecimento coetâneo[19]. Por exemplo, este cientista atribuiu o intervalo de 75 anos entre a descoberta do DNA feita por F. Miescher em 1869 e a apreciação de sua importância ao fato de Miescher ser uma "pessoa tranqüila em sua terra" e de ter vivido num tempo em que "a gigantesca máquina publicitária, que hoje em dia acompanha até o menor lance no xadrez da natureza com enorme soar de fanfarras, ainda não estava instalada". A bem dizer, também a lacuna de 35 anos na valorização da descoberta de Mendel é, com freqüência, atribuída ao fato de Mendel haver sido um modesto monge que levou uma vida retirada em um mosteiro da Morávia. Portanto, a noção de prematuridade proporciona uma alternativa – em minha opinião, para os casos aqui mencionados, falsa – à

18. Para discussões ulteriores a respeito deste caso e referências adicionais, veja Nye, cap. 11, neste volume. (N. do O.)
19. Chargaff, 1971.

alegação de que a falta de publicidade seja uma explicação para um reconhecimento retardado.

Porém, mais importante, o conceito de prematuridade concerne apenas aos juízos retrospectivos efetuados com o saber de uma compreensão tardia do passado? Não, penso que a referida noção possa ser usada também para julgar o presente. Pois algumas descobertas realizadas recentemente são prematuras ainda neste mesmo tempo. Um exemplo de prematuridade aqui-e-agora é a alegada descoberta de que a informação sensorial recebida por um animal pode ser armazenada no RNA ou em outras macromoléculas.

No início dos anos de 1960, começaram a aparecer relatos de psicólogos experimentais que pretendiam ter demonstrado que o traço da memória, ou *engram*, de uma tarefa aprendida por um (doador) animal treinado podia ser transferido para um animal receptor ingênuo, injetando-se nele um extrato feito com os tecidos do doador ou alimentando-o com este extrato[20]. Naquela época, acabava de ganhar larga circulação a mensagem central da genética molecular, segundo a qual os ácidos nucléicos e as proteínas são "macromoléculas informacionais", e o simples equacionamento da informação sensorial com a informação genética conduziu logo à proposta de que as macromoléculas – DNA, RNA, ou proteína – armazenam memória. Como acontece, os experimentos nos quais se baseava a teoria macromolecular da memória foram difíceis de repetir, e os resultados vindicados a seu respeito podem na verdade não ser absolutamente verdadeiros. Mas é significativo que poucos neurofisiologistas sequer se deram ao trabalho de checar tais experimentos, embora todo mundo tenha ouvido falar deles e estivesse ciente da possibilidade de haver uma transferência de memória química, o que constituiria um fato de capital importância. A falta de interesse dos neurofisiologistas na teoria macromolecular da memória pode explicar-se pelo reconhecimento de que esta teoria, verdadeira ou falsa, é claramente prematura: não há uma cadeia de inferências racionais por meio da

20. Para uma resenha crítica, ver Quarton, 1967.

qual a nossa presente concepção, conquanto muito imperfeita, da organização funcional do cérebro, possa ser conciliada com a possibilidade de ela adquirir, armazenar e recuperar informações experimentais pela codificação destas informações em ácidos nucléicos ou moléculas de proteína. Assim, para a comunidade de neurobiólogos, não tem sentido devotar seu tempo em aferir experimentos cujos resultados, mesmo se forem verdadeiros como se alegou, não poderiam ser conectados ao conhecimento canônico.

O conceito de prematuridade aqui-e-agora é aplicável também ao incômodo tema da percepção extra-sensorial, ou PES. Durante o verão de 1948, enquanto eu assistia ao curso sobre fagos de Cold Spring Harbor, fui testemunha de uma acalorada discussão entre dois futuros mandarins da biologia molecular, S. E. Luria e R. E. Roberts. Na ocasião, Roberts estava interessado na PES e achava que não fora dado a este tópico a devida consideração pela comunidade científica. Até onde me lembro, ele pensava que poderia promover alguns experimentos com feixes moleculares capazes de prover dados mais definitivos acerca da possibilidade de idéias induzidas mentalmente a partir de distribuições aleatórias, que os então discutidíssimos procedimentos de adivinhação de cartas de J. B. Rhine[21]. Luria declarou que, além de não estar interessado nos experimentos propostos por Roberts, achava indigno que alguém pretendesse, na condição de cientista, sequer discutir semelhante asneira. Como pode uma pessoa inteligente como Roberts acolher a possibilidade da existência de fenômenos totalmente inconciliáveis com as mais elementares leis físicas? Ademais, um fenômeno que se manifesta apenas a pessoas particularmente dotadas, como os parapsicólogos alegaram ser o caso da PES, encontra-se fora do domínio próprio da ciência, a qual deve lidar com fenômenos acessíveis a todo observador. Roberts replicou que, longe de estar sendo anticientífico, indigna de um cientista era a atitude intolerante de Luria em relação ao desconhecido. O fato de que nem todos possuam PES significa somente tratar-se de um fenômeno impalpável, tal como o gênio musical. E exatamente por não se poder conciliar um dado fenômeno com aquilo

21. Rhine, 1948.

que sabemos agora, é que não devemos fechar os nossos olhos diante dele. Ao contrário, é dever do cientista tentar projetar experimentos destinados a provar sua veracidade ou falsidade.

Parece-me, pois, que *ambos*, Luria e Roberts, estavam com a razão e, nos anos subseqüentes, refleti amiúde acerca desse desentendimento intrigante, mas fui incapaz de resolvê-lo por mim mesmo. Por fim, li uma recensão de um livro de C. W. Churchman, sobre PES[22], e comecei a divisar o meu caminho para uma solução. Churchman declarou que há três possíveis abordagens científicas diferentes para a PES. A primeira delas é que a verdade ou a falsidade da PES, como a da existência de Deus ou da imortalidade da alma, independe completamente tanto dos métodos quanto dos achados da ciência empírica. E, portanto, um adepto dos princípios do positivismo lógico relegaria a PES a uma classe de proposições despida de sentido. Assim, o problema da PES é definido como algo fora do existente. Creio que esta era mais ou menos a posição de Luria.

A segunda abordagem de Churchman consiste em reformular o fenômeno da PES em termos de noções científicas aceitas correntemente, tais como a percepção *inconsciente* ou a fraude consciente. Tal procedimento não é tão arbitrário como poderia parecer à primeira vista, porque o "extra" na percepção extra-sensorial é, de qualquer modo, uma propriedade negativa conceitualmente vaga. Assim, mais do que definir a PES como algo fora do existente, ela é banalizada. A segunda abordagem seria provavelmente também aceitável para Luria, mas não para Roberts.

Por fim, a terceira abordagem considera a proposição da PES literalmente e tenta examinar com toda a seriedade a evidência para a sua validade. Esta era mais ou menos a posição de Roberts. Porém, como Churchman apontou, é provável que semelhante encaminhamento não leve a resultados satisfatórios. Os parapsicológos podem sustentar, com alguma justiça, que a existência da PES já havia sido provada por completo, uma vez que nenhum outro conjunto de hipóteses de psicologia recebera um grau de exame crítico como o

22. Churchman, 1966.

aplicado até então aos experimentos da PES. E numerosos outros fenômenos foram aceitos com base em muito menos evidência estatística do que a oferecida para a PES. A razão pela qual Churchman defende a futilidade de uma abordagem de estrito caráter evidencial para a PES reside no fato de que, na ausência de uma hipótese de como ela *poderia* funcionar, não seria possível decidir se algum conjunto de observações relevantes seria explicável *unicamente* pela PES, com exclusão de explanações alternativas. Assim, Churchman aplica ao problema da PES os princípios da teoria "hipotético-dedutiva" da descoberta científica, de Karl Popper, segundo a qual os fatos ganham significado científico apenas dentro do quadro de hipóteses preconcebidas.

Depois de ler a recensão de Churchman, compreendi que Roberts teria sido mal aconselhado ao prosseguir com seus experimentos da PES, não porque, como Luria pretendia, eles não fossem "ciência", mas porque qualquer evidência positiva que ele pudesse encontrar em favor da PES teria sido e continuaria a ser prematura. Quer dizer, até que seja possível conectar um fenômeno, como a telepatia, com o conhecimento canônico das, digamos, radiações eletromagnéticas e da neurofisiologia, nenhuma demonstração de sua ocorrência pode ser apreciada.

Será que a falta de reconhecimento de descobertas prematuras é meramente atribuível às deficiências intelectuais dos cientistas, os quais se fossem tão-somente mais perceptivos dariam aprovação imediata a qualquer proposição científica bem documentada? Polanyi não é desta opinião. Refletindo acerca do destino cruel de sua teoria, meio século após tê-la apresentado pela primeira vez, ele declarou que...

> esse aborto do método científico não poderia ser evitado... Deve existir em todos os tempos uma concepção científica da natureza das coisas predominantemente aceita, a cuja luz a pesquisa é conjuntamente conduzida pelos membros da comunidade de cientistas. Trata-se de um forte pressuposto, segundo o qual há de preponderar o ponto de vista de que toda evidência que contradiga essa concepção é inválida. Tal evidência deve ser

desprezada, mesmo que não possa ser esclarecida, na esperança de que eventualmente ela venha a ser falsa ou irrelevante[23].

Esta é uma concepção sobre a maneira de operar da ciência muito diferente do modo comumente sustentado, segundo o qual a aceitação da autoridade é vista como algo que deve ser evitado a todo custo. O bom cientista é visto como um indivíduo sem preconceitos, com uma mente aberta, pronto para aceitar uma nova idéia escorada pelos fatos. Como demonstra a história da ciência, seus praticantes não parecem atuar conforme esta concepção popular... [24].

Estruturalismo

Só por volta da metade do século passado, mais ou menos contemporaneamente ao desenvolvimento da biologia molecular, é que a solução do velho conflito epistemológico entre o materialismo e o idealismo emergiu na forma daquilo que ficou conhecido como estruturalismo[25]. Este desenvolvimento constitui outro exemplo do conceito da multidescoberta de R. K. Merton, visto que o estruturalismo surgiu simultaneamente, e de modo independente, em diferentes formas e em vários campos de estudo diversos, por exemplo na psicologia, lingüística, antropologia e biologia[26].

Não apenas o materialismo como também o idealismo dão por certo que toda informação recolhida por nossos sentidos efetivamente alcança a nossa mente; o materialismo considera que, graças a essa informação, a realidade é *espelhada* na mente, enquanto o idealismo prenuncia que, mercê dessa informação, a realidade é *construída* pela

23. Polanyi, 1963.
24. Neste ponto, o trabalho de Stent faz um largo excurso sobre a unicidade da descoberta. Stent invoca então o estruturalismo para explicar a unicidade, bem como a prematuridade. (N. do O.)
25. Piaget, 1970.
26. Merton, 1961.

mente. Porém, o estruturalismo tem fornecido o *insight* pelo qual o conhecimento acerca do mundo entra em nossa mente não como dados grosseiros, mas numa forma já altamente abstraída, isto é, como *estrutura*. E, no processo pré-consciente de conversão passo a passo dos dados primários de nossa experiência em estruturas, perde-se necessariamente informação, pois a criação de estruturas ou o reconhecimento de padrões nada mais são do que a destruição seletiva de informação. Assim, uma vez que a mente não obtém ou não pode obter acesso ao conjunto completo de dados sobre o mundo, ela não pode nem espelhar nem construir a realidade. Em vez disso, a realidade é para a mente um conjunto de *transformadores* estruturais de dados primários extraídos do mundo. Tal processo de transformação é hierárquico no sentido de que estruturas "mais fortes" são formadas a partir de estruturas "mais fracas", mediante a destruição seletiva da informação. E qualquer conjunto de dados primários torna-se significativo somente depois que uma série de tais operações o transformou naquilo que se tornou isomórfico à estrutura mais forte preexistente na mente.

Estudos neurofisiológicos levados a cabo por Stephen Kuffler, David Hubel e Torsten Wiesel, sobre o processo da percepção visual em mamíferos superiores, não só tem mostrado de forma direta que o cérebro opera efetivamente segundo princípios do estruturalismo, como oferecem uma ilustração de fácil compreensão a respeito destes princípios[27]. De acordo com tais estudos, os fotorreceptores primários na retina comunicam a intensidade absoluta de luz que atinge o olho a partir de pontos individuais no campo visual. Esses dados primários não são, entretanto, enviados da retina ao cérebro. Eles são primeiro transformados, na retina, em informação acerca do contraste claro-escuro existente em pontos individuais do campo visual, tendo sido os dados da intensidade absoluta em grande parte destruídos no processo de abstração. Tão logo atinjam o cérebro, os dados contrastantes de luz para pontos individuais são transformados em dados de contrastes de luz para bordas retas individuais, ou

27. Kuffler, 1953; Huble e Wiesel, 1968.

conjunto de pontos, no campo visual, sendo a informação sobre o contraste nos pontos individuais destruída neste segundo processo de abstração. E, no próximo nível de processamento no cérebro, os dados de contraste para bordas retas individuais são transformados nos dados correspondentes para conjuntos de bordas paralelas, ou conjuntos de conjuntos de pontos no campo visual, acarretando destruição ulterior da informação sobre bordas individuais. Não está claro ainda que transformações ocorrem no próximo nível mais elevado de processamento no caminho visual, mas é certo que a mente experiencia a realidade sem conhecer a "real" intensidade de luz, ponto a ponto, nas suas vizinhanças.

Finalmente, cumpre considerar a relevância da filosofia estruturalista para os problemas da história da ciência aqui em discussão. O estruturalismo, com respeito à prematuridade, nos proporciona um entendimento de como uma descoberta não pode ser apreciada até que seja logicamente conectada ao conhecimento canônico contemporâneo.

Na terminologia do estruturalismo, o conhecimento canônico constitui simplesmente o conjunto de estruturas "fortes" preexistentes, com as quais os dados científicos primários se tornam isomórficos no processo de abstração mental. Portanto, dados que não podem ser transformados em uma estrutura isomórfica ao conhecimento canônico constituem um beco sem saída; em última análise, permanecem sem significado, quer dizer, até que um caminho seja indicado para transformá-los em uma estrutura que seja isomorfa ao cânone.

Agradecimentos

Fiz uma apresentação informal das idéias abordadas no presente ensaio numa conferência sobre a história da bioquímica e da biologia molecular proferida em maio de 1970, na American Academy of Arts and Sciences. Estou agradecido aos seus participantes cujas veementes discussões acompanharam minha exposição e me ajudaram a focar minhas idéias de maneira mais precisa. Sou particularmente grato a Harriet Zuckerman por chamar minha atenção para o artigo de Polanyi sobre a prematuridade.

Bibliografia

Ames, B. N. & B. Gany, 1959. Coordinate Repression of the Synthesis of Four Histidine Biosynthetic Enzymes by Histidine. Proc *Nati. Acad. Sci.* 45:1453-61.

Avery, O. T.; C. M. MacLeod & M. McCarty. 1944. Studies on the Chemical Nature of the Substance Inducing Transformation in the Pneumococcus. *J. Exp. Med.* 79:137-58.

Baltimore, D. 1970. Viral RNA-Dependent DNA Polymerase. *Nature* 226:209-11.

Bertani, G. 1953. Lysogenic versus Lytic Cycle of Phage Multiplication. *Cold Spring Harbor Symp. Quant. Biol.* 18:65-70.

Chargaff, E. 1950. Chemical Specificity of Nucleic Acids and Mechanism of Their Enzymatic Degradation. *Experientia* 6:201-9.

______. 1968. A Quick Climb Up Mount Olympus. *Science* 159:1448-49.

______. 1971. Preface to a Grammar of Biology. *Science* 172:637-42.

Churchman, C. W. 1966. Perception and Deception. *Science* 153:1088-90.

Dienes, L. 1946. Complex Reproductive Processes in Bacteria. Cold *String Harbor Symp. Quant. Biol.* 11:51-59.

Dunn, L. C. 1951. *Genetics in the 20th Century*. New York: Macmillan.

Feulgen, R. & H. Rossenbeck. 1924. Mikroskopish-chemischer Nachweis einer Nucleinsaure vom Typus der Thymonocleinsaure and die darauf beruhende elktive Farbung van Zellkernen in mikroskopishen Praparaten. *Hoppe-Seyler's Z. Physiol. Chem.* 135:203-48.

Hershey, A. D. & M. Chase. 1952. Independent Function of Viral Protein and Nucleic Acid in Growth of Bacteriophage. *J. Gen. Physiol.* 36:39-56.

Hubel, D. T. & T. N. Wiesel. 1968. Receptive Fields and Functional Architecture of Monkey Striate Cortex. *J. Physiol.* 195:215-43.

Jacob, F. & J. Monod. 1961. Genetic Regulatory Mechanisms in the Synthesis of Proteins. *J. Mol. Biol.* 3:318-56.

Kufller, S. W. 1953. Discharge Patterns and Functional Organization of the Mammalian Retina. *J. Neurophysiol.* 16:37-68.

Lamanna, C. 1968. Letter to the editor. *Science* 160:1397.

Medawar, P B. 1968. Lucky Jim. *New York Review of Books* (março 28).

Mendel, G. 1866. Versuche über Pflanzen-Hybriden. *Verh. Naturf. Ver.* Abhandlungen, Brünn 4, p. 3-47.

Merton, R. K. 1961. Singletons and Multiples in Scientific Discovery. *Proc. Am. Phil. Soc.* 105:470-86.

Piaget, J. 1970. *Le Structuralisme*. Paris: Presses Universitaires de France.

Polanyi, M. 1963. Potential Theory of Adsorption. *Science* 141:1010-13.

Quarton, G. C. 1967. The Enhancement of Learning by Drugs and the Transfer of Learning by Macromolecules. In: G. C. Quarton, T. Melnechuk & F. O. Schmitt (eds.). *The Neurosciences*.New York: Rockefeller University Press, p. 744-55.

Rhine, J. B. 1948. *The Reach of the Mind*. London: Faber and Faber.

Spiegelman, S. 1946. Nuclear and Cytoplasmic Factors Controlling Enzymatic Constitution. *Cold Spring Harbor Symp. Quant. Biol.* 11:256-77.
Stent, G. S. 1968a. That Was the Molecular Biology That Was. *Science* 160:390-95.
______. 1968b. Letter to the editor. *Science* 160:1397.
______. 1968c. What They Are Saying about Honest Jim. *Quarterly Rev. Biol.* 43:179-84.
______ . 1972a. Prematurity and Uniqueness in Scientific Discovery. *Advances in the Biosciences* 8:433-49.
______. 1972b. Prematurity and Uniqueness in Scientific Discovery. *Scientific American* 227 (dezembro): 84-93.
Temin, H. M. & S. Mizutani. 1970. RNA – Dependent DNA Polymerase in Virions of Rous Sarcoma Virus. *Nature* 226:1211-13.
Watson, J. D. 1968. *The Double Helix*. New York: Atheneum.
Watson, J. D. & F. H. C. Crick. 1953. A Structure for Deoxyribonucleic Acid. *Nature* 171:737.

Parte II

RELATOS DE OBSERVADORES E PARTICIPANTES

3.

PREMATURIDADE, FISSÃO NUCLEAR E OS ELEMENTOS ACTINÍDEOS TRANSURÂNICOS*

Glenn T. Seaborg

Em 1934, cerca de cinco anos antes da descoberta da fissão nuclear, como aluno do primeiro ano de pós-graduação em Berkeley, comecei a ler artigos provenientes da Itália e da Alemanha que descreviam a síntese e a identificação de vários elementos concebidos como transurânicos. Naquele ano, E. Fermi, E. Amaldi, O. D'Agostino, F. Rasetti e E. Segrè, em seus trabalhos iniciais, bombardearam urânio e outros elementos com nêutrons e obtiveram uma série de radioatividades emitidas por partículas beta[1]. Tendo como base a tabela periódica daquela época, eles acreditavam que o primeiro elemento transurânico, de número atômico 93, deveria ser quimicamente semelhante ao rênio (e por isso foi designado como eka-rênio ou Eka-Re), o próximo, de número atômico 94,

*. Este capítulo é uma versão editorada de uma apresentação feita em dezembro de 1997, no simpósio "Prematuridade e Descoberta Científica", que serviu de base para o presente livro; o capítulo foi revisto por Seaborg em julho de 1998. Algumas referências bibliográficas foram gentilmente fornecidas por Al Ghiorso, Mary Ann Singleton e a equipe dos Lawrence Berkeley Laboratories. Seaborg sofreu um enfarte em agosto de 1998 e faleceu em 25 de fevereiro de 1999. (N. do O.)

1. Fermi et al., 1934a, b.

deveria ser do tipo do ósmio (Eka-Os), e assim por diante. Em conseqüência, eles atribuíram uma atividade de 13 minutos associada com uma substância que tinha propriedades químicas similares ao rênio, ao elemento 93, ao eka-rênio. O clássico artigo de Fermi, intitulado "Produção Possível de Elementos de Número Atômico Maior do que 92", que eu lembro ter lido na ocasião, afirmava:

> Esta evidência negativa acerca da identidade da atividade de 13 minutos de um grande número de elementos pesados sugere a possibilidade de que o número atômico do elemento deva ser maior do que 92. Se fosse um elemento 93, ele seria quimicamente homólogo ao manganês e ao rênio. Tal hipótese é, em alguma extensão, sustentada também pelo fato observado de que a atividade de 13 minutos fora conduzida por um precipitado de sulfeto de rênio insolúvel em ácido clorídrico. Entretanto, como vários elementos são facilmente precipitados dessa forma, tal evidência não pode ser considerada muito forte[2].

Logo depois, li um artigo de Ida Noddack, intitulado "Sobre o Elemento 93", que tomou como ponto de partida esta interpretação e sugeriu que as radioatividades observadas por Fermi e seus colegas poderiam dever-se a elementos com números atômicos médios: "Poder-se-ia pensar que, no bombardeio de núcleos pesados com nêutrons, tais núcleos desintegram-se em muitos fragmentos grandes, os quais, embora sejam isótopos de elementos conhecidos, não são vizinhos dos elementos irradiados"[3]. Ou seja, Noddack estava sugerindo que, bombardeando o elemento pesado urânio, Fermi e seus colegas não haviam produzido elementos mais pesados, como o eka-rênio e o eka-ósmio, mas tinham cindido na realidade o átomo de urânio em isótopos de componentes mais leves. Uma consequência desta interpretação era que a aparente nova substância com atividade de 13 minutos, que fora produzida pelo bombardeio do urânio e que havia apresentado uma atividade do tipo da do

2. Fermi, 1934.
3. Noddack, 1934. O capítulo 10 deste volume analisa a recepção dada à sugestão de Noddack. (N. do O.)

rênio (precipitando-se com o sulfeto de rênio), não era o suposto elemento eka-rênio, porém simplesmente um isótopo mais leve do próprio rênio! Destarte, ela insinuou que Fermi e seus colegas cindiram o átomo em ao menos um componente mais leve – que, basicamente, eles tinham obtido a fissão nuclear! Mas este artigo não foi levado a sério. Experiências realizadas na Alemanha, nos anos subseqüentes, por O. Hahn, L. Meitner e F. Strassmann pareciam confirmar a interpretação italiana e, durante vários anos, os "elementos transurânicos" foram objeto de numerosos trabalhos experimentais e de discussões. Em um estudo típico de Hahn, Meitner e Strassmann, parte de uma série que publicaram entre 1935 e 1938, eles relataram a existência de uma atividade de 16 minutos do $_{93}$Eka-Re$_{237}$, de 2,2 minutos do $_{93}$Eka$_{239}$, de 12 horas do $_{94}$Eka-Os$_{237}$, de 59 minutos do $_{94}$Eka-Os$_{239}$, e de 3 dias do $_{95}$Eka-Ir$_{239}$[4].

Em 1938, I. Curie e P. Savitch, trabalhando em Paris, descobriram um produto com uma meia-vida de 3,5 horas que parecia ter as propriedades químicas de uma terra rara, mas eles não conseguiram dar uma interpretação dessa estupenda descoberta. O artigo deles, intitulado "Sobre a Natureza do Elemento Radioativo com Meia-vida de 3,5 horas Produzido na Irradiação do Urânio por Nêutron", incluía o seguinte:

> Demonstramos que [,] na irradiação do urânio por nêutrons [,] um elemento radioativo com meia-vida de 3,5 horas foi produzido, com propriedades químicas similares às das terras raras. No que segue nos referiremos a ele como $R_{3,5\ h}$... $R_{3,5\ h}$ separado nitidamente do Ac por ir para a "cabeça" [ao início do fracionamento], enquanto o Ac vai para a "cauda" [fim]. Parece, portanto, que esta espécie só pode ser um elemento transurânico com propriedades muito diferentes das dos outros elementos transurânicos conhecidos, hipótese que levanta dificuldades interpretativas[5].

4. Hahn et al., 1936.
5. Curie e Savitch, 1938.

Então, no início de 1939, baseam-se no trabalho realizado em dezembro de 1938, Hahn e Strassmann descreveram experimentos nos quais observaram isótopos de bário resultantes do bombardeio do urânio com nêutrons. Este trabalho histórico, intitulado "Acerca da Identificação e Comportamento de Metais Terras Raras, Produzidos na Irradiação do Urânio por Nêutrons", concluía,

> Nós, como químicos, baseados nos experimentos descritos resumidamente, deveríamos renomear o esquema acima mencionado e substituir o Ra, o Ac e o Th pelos símbolos Ba, La, Ce. Como químicos nucleares, de algum modo próximos da física, não estamos ainda em condições de dar este salto, o qual contradiria todas as experiências prévias na física nuclear. Seria possível que uma série de estranhas coincidências estivesse arremedando nossos resultados[6].

Pouco depois, um subseqüente trabalho interpretativo publicado por Meitner, que foi forçada a deixar a Alemanha, e o trabalho posterior de seu sobrinho, Frisch, explicaram as aparentes observações julgadas tão anômalas por Hahn e Strassmann que preferiram antes postular como sendo uma série de estranhas coincidências do que dar "o pulo" e crer que haviam produzido elementos muito mais leves e, por conseguinte, a fissão nuclear[7]. A interpretação de Meitner-Frisch foi confirmada logo depois por pesquisas efetuadas em muitos laboratórios que demonstraram que as radioatividades previamente atribuídas aos elementos transurânicos eram, na realidade, devidas aos produtos da fissão do urânio. Centenas de produtos radioativos da fissão do urânio foram desde então identificados.

Deste modo, nos primórdios de 1939 não havia, como cinco anos antes, nenhum elemento transurânico que fosse conhecido. Durante esses cinco anos, eu desenvolvi um crescente interesse pela situação dos transurânicos. Quando, em 1936, como aluno da graduação, proferi a requerida palestra anual no encontro mensal da

6. Hahn e Strassmann, 1939. Cf. também Hook, capítulo 10 deste volume, para comentários ulteriores. (N. do O.)
7. Meitner e Frisch, 1939; Frisch, 1939.

Research Conference do College of Chemistry em Berkeley, escolhi como meu tema os elementos transurânicos, descrevendo os trabalhos de Hahn, Meitner e Strassmann.

Durante os dois anos que se seguiram a esta apresentação, e antes da descoberta da fissão, meu interesse pelas radioatividades no urânio induzidas por nêutrons não diminuiu e, na realidade, cresceu. Li e reli todo e qualquer artigo publicado sobre o tópico. Sentia-me desafiado pela situação – quer intrigado pela conceituação decorrente da interpretação dos resultados experimentais dos transurânicos, quer perturbado pelas inconsistências de tais interpretações. Lembro-me, ao discutir o problema com Joe Kennedy, um colega de pesquisa, na hora do café da manhã no antigo Varsity Coffee Shop, na esquina da Telegraph Avenue com a Bancroft Way, próxima do *campus* de Berkeley, aonde íamos amiúde para tomar um café ou chá, após uma tarde despendida no laboratório.

Compreendi pela primeira vez a interpretação correta de tais experimentos – de que os nêutrons cindem o urânio em dois grandes pedaços na reação de fissão – no seminário noturno de física nuclear que se realizava mensalmente, às segundas-feiras, conduzido por Ernest O. Lawrence, no Le Conte Hall. Nesta noite estimulante, em janeiro de 1939, ouvimos as novas a respeito dos belos experimentos químicos de Hahn e Strassmann. Lembro que de início a interpretação, segundo a qual estes se relacionavam à fissão, foi acolhida com algum ceticismo por certo número de ouvintes. Mas, como químico, com particular apreço pelos experimentos de Hahn e Strassmann, achei que esta interpretação da fissão deveria ser aceita. Recordei-me que, caminhando durante horas pelas ruas de Berkeley depois do seminário, sentia-me não só empolgado pela beleza do trabalho como também desgostoso com minha inabilidade em chegar, eu próprio, a essa interpretação, apesar de anos de reflexão sobre o tema.

Os produtos do bombardeamento do urânio por nêutrons constituem, de fato, isótopos radioativos de elementos mais leves e são, portanto, elementos produzidos pela fissão, como o bário, o lantânio, o iodo, o telúrio ou o molibdênio. Subseqüentemente, durante uma investigação do processo de fissão, Edwin M. McMillan descobriu um radioisótopo com meia-vida de 2,3 dias. Trabalhando na Universidade da Califórnia, em Berkeley, na primavera de 1939, ele tentava medir as energias dos dois principais fragmentos de recuo provenientes da fissão induzida por nêutrons no urânio. Para tanto, usou um cíclotron de 60 polegadas como fonte de nêutrons a partir da reação de deutérios de 16 MeV com o berilo. Ele dispôs uma delgada camada de óxido de urânio sobre uma folha de papel e próximo desta amontoou finíssimas folhas para deter e coletar os fragmentos da fissão do urânio. O papel utilizado por ele era aquele do tipo comum empregado pelas pessoas que enrolam seus próprios cigarros[8].

No curso desses estudos, McMillan descobriu que a atividade de 2,3 dias não recuou suficientemente para escapar. Essa atividade foi posteriormente investigada por Emilio Segrè, cuja falta de sofisticação química o levou a identificar o produto como um elemento lantanídio[9]. Mas, na realidade, não era. Um trabalho ulterior de McMillan e Philip H. Abelson, no fim dos anos de 1940, identificou-o como o primeiro elemento verdadeiramente transurânico. Seu número atômico era 93; eles o denominaram de netúnio[10].

Logo após a descoberta do netúnio, McMillan, Joseph W. Kennedy, Arthur C. Wahl e eu descobrimos o plutônio (número atômico 94) no final de 1940 e começo de 1941, também na Universidade da Califórnia, em Berkeley[11]. Muitas outras surpresas adviriam com o tempo. Esperava-se que esses novos elementos, o netúnio e o plutônio, tivessem propriedades químicas similares aos elementos imediatamente abaixo deles, nas mesmas colunas da tabela periódica, isto é, o rênio e o ósmio respectivamente. Porém, os traçadores químicos experimentais com netúnio e plutônio mostraram que suas propriedades químicas eram muito mais parecidas com as do urânio e não com as do rênio e do ósmio! Ou seja, tais elementos nada têm de semelhantes às propriedades previstas por extrapolação de suas

8. McMillan 1939.
9. Segrè, 1940.
10. McMillan e Abelson, 1940.
11. Seaborg et al., 1946.

posições como "eka", isto é, análogas aos elementos mais leves, situados aparentemente na mesma posição na tabela periódica. A tabela periódica anterior à Segunda Grande Guerra incluiu erroneamente Fermi e Hahn como seus colaboradores, por se pensar que eles haviam descoberto elementos "eka" ou transurânicos, quando de fato haviam descoberto a fissão. Ver figura 3.1.

Nos poucos anos ulteriores a essas descobertas, o urânio, o netúnio e o plutônio foram considerados uma espécie de primos pobres na tabela periódica. Pensou-se que os elementos 95 e 96 deveriam ser muito parecidos entre si nas suas propriedades químicas. Assim, julgou-se que tais elementos e os seguintes constituíam um grupo de "uranídios" com 14 membros (quimicamente similares ao urânio), nos quais a camada eletrônica *f* seria preenchida à medida que o número atômico crescesse. Essas hipóteses mostraram-se errôneas, e os resultados dos experimentos, direcionados para o descobrimento dos elementos 95 e 96, recusavam-se aparentemente a adequar-se ao padrão indicativo da tabela periódica de 1944.

Em 1944, ocorreu-me a idéia de que talvez todos os elementos conhecidos mais pesados do que o actínio (número atômico 89) estariam mal colocados na tabela periódica. Desenvolvi a teoria segundo a qual os referidos elementos mais pesados do que o actínio poderiam compor uma segunda série análoga à série das terras raras ou dos lantanídeos[12]. Os lantanídeos são, do ponto vista químico, similares uns aos outros e, em geral, estão listados numa linha separada, abaixo da parte principal da tabela periódica. Isto significaria que todos esses elementos mais pesados pertenceriam, de fato, ao actínio – situados imediatamente depois do rádio, na tabela periódica – exatamente quando os conhecidos lantanídeos que se ajustam ao lantânio, entre o bário e o háfnio. Ver figura 3.2.

O novo conceito significava que os elementos 95 e 96 deveriam ter algumas propriedades em comum com o actínio e outras em comum com as terras raras "irmãs", o európio e o gadolínio (isto é, aquelas situadas imediatamente abaixo destas últimas, nas co-

12. Seaborg, 1945.

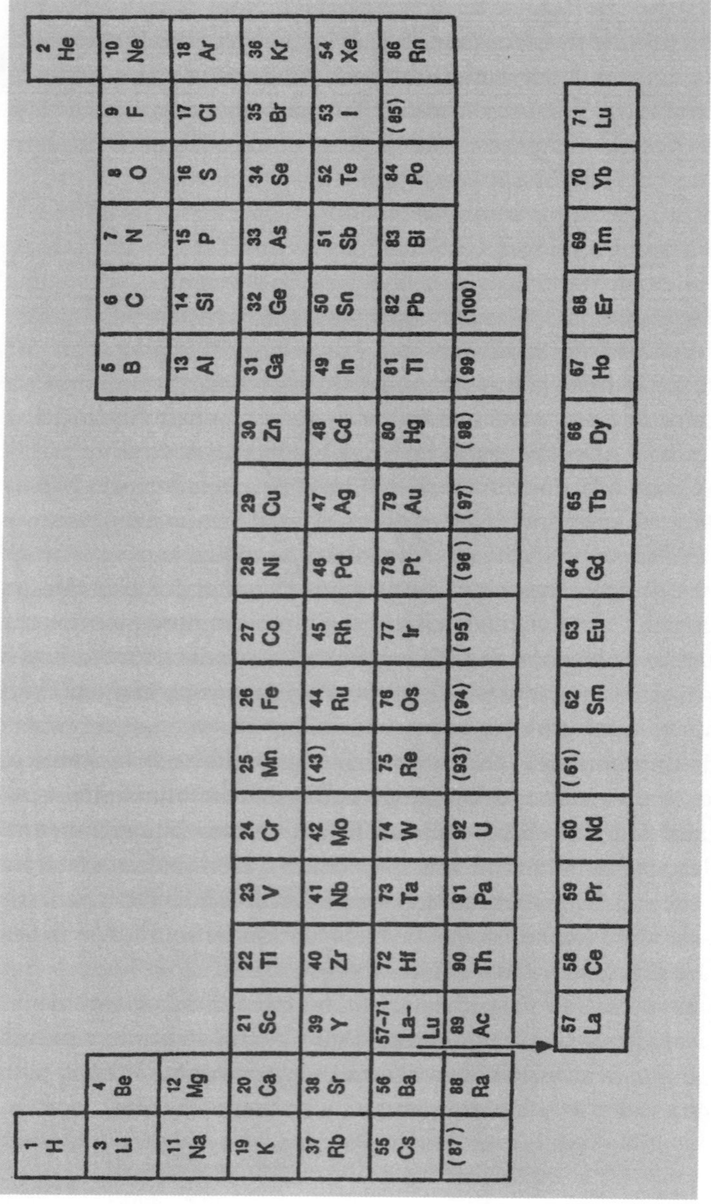

1 H																	2 He
3 Li	4 Be											5 B	6 C	7 N	8 O	9 F	10 Ne
11 Na	12 Mg											13 Al	14 Si	15 P	16 S	17 Cl	18 Ar
19 K	20 Ca	21 Sc	22 Ti	23 V	24 Cr	25 Mn	26 Fe	27 Co	28 Ni	29 Cu	30 Zn	31 Ga	32 Ge	33 As	34 Se	35 Br	36 Kr
37 Rb	38 Sr	39 Y	40 Zr	41 Nb	42 Mo	(43)	44 Ru	45 Rh	46 Pd	47 Ag	48 Cd	49 In	50 Sn	51 Sb	52 Te	53 I	54 Xe
55 Cs	56 Ba	57–71 La–Lu	72 Hf	73 Ta	74 W	75 Re	76 Os	77 Ir	78 Pt	79 Au	80 Hg	81 Tl	82 Pb	83 Bi	84 Po	(85)	86 Rn
(87)	88 Ra	89 Ac	90 Th	91 Pa	92 U	(93)	(94)	(95)	(96)	(97)	(98)	(99)	(100)				
		57 La	58 Ce	59 Pr	60 Nd	(61)	62 Sm	63 Eu	64 Gd	65 Tb	66 Dy	67 Ho	68 Er	69 Tm	70 Yb	71 Lu	

Fig 3.1: *Tabela periódica anterior à Segunda Guerra Mundial.* Nota: *Um elemento acima do outro na figura possui número atômico mais baixo e, por isso, é denotado no texto como "abaixo" do outro.*

lunas ao lado das terras raras do que seria uma tabela periódica revisada), especialmente com respeito à dificuldade de oxidação acima do estado III. Quando se projetaram experimentos segundo essa nova concepção, os elementos 95 e 96 foram logo encontrados (em 1944 e 1945), durante a guerra, no Laboratório de Metalurgia da Universidade de Chicago – isto é, foram aí sintetizados e quimicamente identificados[13].

A descoberta dos elementos 95 e 96 foi inicialmente classificada como secreta. Eu a revelei pública e informalmente pela primeira vez em um programa nacional de rádio, o *Quiz Kids*, no qual eu compareci como convidado, em 11 de novembro de 1945. A informação da descoberta já havia sido liberada para ser apresentada na sexta-feira seguinte, durante o encontro da American Chemical Society que se realizaria na Universidade de Northwestern. Participaram comigo, no programa do *Quiz Kids*, Sheila e Patrick Conlan, Robert Burke, Harvey Fishman e Richard Williams. Quando Richard perguntou-me se alguns novos elementos haviam sido descobertos no curso das pesquisas sobre elementos transurânicos, durante a guerra, revelei a descoberta dos elementos 95 e 96. Aparentemente muitas crianças na América inquiriram, no dia seguinte, os seus professores acerca desse fato e, julgando a partir de algumas cartas que recebi desses meninos, eles conseguiram sucesso em convencer seus mestres.

A tabela periódica revista arrolou os elementos mais pesados como uma segunda série de terras raras. Estes elementos mais pesados, chamados elementos actinídeos, foram pareados com os já conhecidos lantanídeos da série das terras raras, numa tabela publicada pela *Chemistry and Engineering News*, em 10 de dezembro de 1945, sob o título "Chemical and Radioactive Properties of the Heavy Elements"(Propriedades Químicas e Radioativas de Elementos Pesados)[14]. Este conceito de actinídeo foi, de início, recebido com muito ceticismo. Deslocar todos esses elementos do corpo principal da tabela periódica para um lugar abaixo – isto é, para fora do

13. Cunningham, 1945, p. 5-6; Seaborg, James e Morgan, 1949; Seaborg, James e Ghiorso 1949; Ghiorso et al., 1950.
14. Seaborg, 1945.

1 H 1.008																1 H 1.008	2 He 4.003
3 Li 6.940	4 Be 9.02											5 B 10.82	6 C 12.010	7 N 14.008	8 O 16.000	9 F 19.00	10 Ne 20.183
11 Na 22.997	12 Mg 24.32	13 Al 26.97										13 Al 26.97	14 Si 28.06	15 P 30.98	16 S 32.06	17 Cl 35.457	18 A 39.944
19 K 39.096	20 Ca 40.08	21 Sc 45.10	22 Ti 47 90	23 V 50 95	24 Cr 52.01	25 Mn 54 93	26 Fe 55.85	27 Co 58 94	28 Ni 5869	29 Cu 63.57	30 Zn 65 38	31 Ga 69.72	32 Ge 72 60	33 As 74.91	34 Se 78.96	35 Br 79.916	36 Kr 83.7
37 Rb 85.48	38 Sr 87.63	39 Y 88.92	40 Zr 91.22	41 Cb 92.91	42 Mo 95.95	43	44 Ru 101.7	45 Rh 102.91	46 Pd 106.7	47 Ag 107.880	48 Cd 112.41	49 In 114.76	50 Sn 118.70	51 Sb 121 76	52 Te 127 61	53 I 126.92	54 Xe 131.3
55 Cs 132.91	56 Ba 137.36	57 LA 138.92 / 58-71 SEE La SERIES	72 Hf 178.6	73 Ta 180.88	74 W 183 92	75 Re 186.31	76 Os 190 2	77 Ir 193.1	78 Pt 195.23	79 Au 197.2	80 Hg 200.61	81 Tl 204 39	82 Pb 207.21	83 Bi 209.00	84 Po	85	86 Rn 222
87	88 Ra	89 AC / SEE Ac SERIES															

Série de Lantanídeos	57 La 138.92	58 Ce 140.13	59 Pr 140.92	60 Nd 144 27	61	62 Sm 150.43	63 Eu 152 0	64 Gd 156.9	65 Tb 159.2	66 Dy 162.46	67 Ho 163.5	68 Er 167.2	69 Tm 169.4	70 Yb 173.04	71 Lu 174.99
Série dos Actinídeos	89 Ac	90 Th 232.12	91 Pa 231	92 U 238 07	93 Np 237	94 Pu	95	96							

Fig. 3.2: *Tabela periódica que apresenta elementos mais pesados como membros da série dos actinídeos (arranjo feito por Glenn T. Seaborg,* 1945.*)*

corpo principal – era demais para ser aceito na época. Dois proeminentes químicos inorgânicos, Wendell Latimer, da Universidade da Califórnia em Berkeley, e Don Yost, do Instituto de Tecnologia da Califórnia, disseram que se tratava de um erro e advertiram-me de que a publicação deste trabalho arruinaria minha reputação científica. Respondi que eu não tinha reputação científica para ser arruinada e fui adiante, publicando a pesquisa.

Esse novo entendimento da série dos actinídeos não só levou aos elementos amerício e cúrio (95 e 96), como também, a seguir, à síntese e identificação do berquélio e do califórnio (97 e 98) em 1949 e 1950, ao einstéinio e ao férmio (99 e 100) em 1952 e 1953, ao mendelévio (101) em 1955 e ao nobélio (102) em 1958. Descoberto em 1961, o laurêncio (103), o último elemento previsto por extrapolação a partir das terras raras, assinala o fim da série dos actinídeos. Elementos encontrados subseqüentemente (104 e os situados acima deste) figuram no corpo principal da tabela.

Bibliografia

Cunningham, B. B. 1945. *Metallurgical Laboratory Report*. CS-3312. Chicago: University of Chicago.

Curie, I. & P. Savitch. 1938. Sur la nature du radioélément de période 3-5 heures formé dans l'uranium irradié par les neutrons. *Comptes Rendus* 206:1643-44. Traduzido como Concerning the Nature of the Radioactive Element with 3-5 Hour Half-Life, Formed from Uranium Irradiated by Neutrons. In: H. G. Graetzer & D. L. Anderson (eds.). *The Discovery of Nuclear Fission: A Documentary History*. New York: Arno Press, p. 37-38.

Fermi, E. 1934. Possible Production of Elements of Atomic Number Higher Than 92. *Nature* 133: 898–99.

Fermi, E.; O. Amaldi; R. F. D' Agostino; F. Rasetti & E. Segré. 1934a. Artificial Radioactivity Produced by Neutron Bombardment. *Proc. Roy. Soc.* (London), ser. A, 146:483–500.

———. 1934b. "Radioativa provocata da bombardemento di neutrini III". *Ric Scientifica* 5:452–53.

Frisch, O. R. 1939. Physical Evidence for the Division of Heavy Nuclei under Neutron Bombardment. *Nature* 143:276.

Ghiorso, A.; R. A. James; L. O. Morgan & G. T. Seaborg. 1950. Preparation of Transplutonium Isotypes by Neutron Irradiation. *Phys. Rev.* 78:472.

Hahn, O.; L. Meitner & F. Strassmann. 1936. Neue Umwandlungsprozesse bei Bestrahlung des Urans; Elemente jenseits Uran. *Ber. Dt. Chem Ges.* 69:905-19.

Hahn, O. & F. Strassmann. 1939. Uber den Nachweis and das Uerhalten der bei der Bestrahlung des Uransmittels Neutronen entstehenden Erdalkalimetallen. *Naturwissenscha, ften* 27:11-15.

Traduzido como Concerning the Existence of Alkaline Earth Metals Resulting from the Neutron Irradiation of Uranium, por H. G. Graetzer, *Am. J. Phys.* 32 (1964): 10-14.

McMillan, E. M. 1939. Radioactive Recoils from Uranium Activated by Neutrons. *Phys.* 55:510.

McMillan, E. M. & P .H. Abelson. 1940. "Radioactive Element 93". *Phys. Rev.* 57:1185-86.

Meitner, L. & O. R. Frisch. 1939. Disintegration of Uranium by Neutrons: A New Type of Nuclear Reaction. *Nature* 143:239-40.

Noddack, I. 1934. Über das element 93. *Angewandte Chemie* 47:653-55.

Seaborg, G. T. 1945. Chemical and Radioactive Properties of the Heavy Elements. *Chem. Eng. News*. 23:2190.

Seaborg, G. T.; R. A. James & A. Ghiorso. 1949. The New Element Curium (Atomic Number 96). (National Nuclear Energy Series, Plutonium Project Record, vol. 14B, Paper No. 22.2.) In: *The Tranuranium Elements: Research Papers*. New York: McGraw-Hill, p. 1554-71.

Seaborg, G. T.; R. A. James & L. O. Morgan. 1949. The New Element Americium (Atomic Number 95). National Nuclear Energy Series, Plutonium Project Record, vol. 14B, Paper No. 22.1. In *The Tranuranium Elements: Research Papers*. New York: McGraw-Hill, p. 1525-53.

Seaborg, G. T.; E. M. McMillan; J. W Kennedy & A. C. Wahl. 1946. Radioactive Element 94 from Deuterons on Uranium. *Phys. Rev.* 69:366-67.

Seaborg, G. T.; A. C. Wahl & J. W Kennedy. 1946. Radioactive Element 94 from Deuterons on Uranium. *Phys. Rev.* 69:367.

Segre, E. 1939. An Unsuccessful Search for Transuranium Elements. *Phys. Rev.* 55:1104-5.

4.

RESISTÊNCIA À MUDANÇA E NOVAS IDÉIAS NA FÍSICA
Uma perspectiva pessoal

Charles H. Townes

Tentarei ilustrar os problemas levantados por Gunther Stent e outros acerca das questões em suspenso e preocupantes na ciência; aquilo que fazemos errado e aquilo que omitimos. Problemas marcantes ocorreram na radioastronomia e no desenvolvimento da *maser* e do *laser*. Como eu tive algum contato com tais campos, desenvolverei essas idéias a partir de um ponto de vista pessoal. Talvez isso possa propiciar alguns entendimentos específicos nos temas abordados.

Radioastronomia

As ondas de rádio foram detectadas no espaço exterior por Karl Jansky, um engenheiro dos Laboratórios Bell, a quem fora atribuída a tarefa de descobrir de onde provinham os ruídos de rádio[1]. Ele era um bom engenheiro e encontrou alguns ruídos estranhos que provinham, determinou ele com a ajuda de astrônomos, do centro de nossa galáxia, a Via Láctea. Foi uma tremenda descoberta. Jansky interessou-se muito pelo tema e continuou a trabalhar nele. Os astrônomos, no entanto, fizeram um parco trabalho de seguimento e, no entanto, tratava-se da primeira detecção de algo oriundo do centro de nossa galáxia. Eles, que normalmente operam com luz visível, nunca viram nada lá, porque o centro da galáxia está cercado de nuvens de poeira. Obviamente, a primeira radiação detectada vinda do centro da galáxia deveria parecer de suma importância. Li a respeito disso quando eu era estudante de graduação e senti que era uma coisa estupenda. E ninguém conseguia explicar qual a fonte de tal radiação. Um outro engenheiro, Grote Reber, construiu um rádio-telescópio no quintal de sua casa para detectar a referida radiação[2]. Ele comentou, "Bem, isso soa como ondas batendo na praia". Embora, como é óbvio, a astronomia não era o seu forte, ele estava fazendo medidas e os astrônomos, não.

A meu ver, há certo número de razões pelas quais as coisas não se desenvolvem ou são prematuras. Uma delas é que a gente pode não divisar a significância de uma nova idéia ou quão profundamente ela pode chegar. Sua significação pode aclarar-se mais tarde, após o surgimento de fatos subseqüentes. Alguém pode ter uma grande idéia capaz de levar a algum lugar, mas se ninguém perceber para onde ela conduz, então a referida idéia não poderá ir a parte alguma, a menos que haja uma outra subsidiária, bem aplicada. Esta é uma espécie de razão. A síndrome do "não inventado aqui" oferece outra explanação para o motivo pelo qual coisas são negligenciadas. No caso das ondas de rádio, um engenheiro especializado neste campo descobriu algo ligado à astronomia. Os astrônomos estavam trabalhando com telescópios de luz, e nada sabiam acerca de ondas de rádio. Assim, acharam engraçado que algum engenheiro da Bell descobrisse algo nesse campo e não eles. Não vejo como isso se conecta. Esse tipo de

1. Jansky, 1932.
2. Reber, 1940.

reação contra "o não inventado aqui" responde por uma boa dose da falta de interesse em importantes desenvolvimentos. Outro problema é que, embora se possa ter uma promissora idéia tecnológica, a tecnologia mesma pode não estar ainda pronta. Não se sabe bem como realizá-la. Para que realmente dê resultados fazem-se necessários desenvolvimentos tecnológicos ulteriores. Somente quando surge a tecnologia adicional o campo assume importância máxima e se aquece. Ainda outro fenômeno que nos coloca em dificuldades, penso eu, vem de uma focalização demasiado intensa num canal ou numa idéia particulares. Efetuamos suposições muito fortes e ficamos paralizados nelas. Não se trata apenas das suposições fixas que fazemos, mas de que temos um hábito de pensamento que trilha um caminho particular. E se este é bem-sucedido, e popular, e todo mundo o palmilha, então passamos a ignorar o outro canal que dá início a uma outra via, talvez até mais interessante.

É claro que, nos anos de 1930, os astrônomos não sabiam muito sobre as ondas de rádio, e não compreendiam como poderiam usá-las. Além disso, o campo não estava, do ponto de vista técnico, em certo sentido, inteiramente pronto, embora fosse possível fazer algumas coisas, e, de fato, um trabalho duro teria sido então muito proveitoso. Entretanto, a Segunda Grande Guerra trouxe o desenvolvimento do radar com magnétrons e clístrons – novos modos de produzir ondas de rádio, e também novas maneiras de detectá-las. Com esta base, os engenheiros começaram a tirar partido da descoberta de Jansky, não só mensurando como também tentando explicar as ondas de rádio provenientes do espaço. Finalmente, os astrônomos deram-se conta dessas possibilidades depois que engenheiros e físicos esclareceram importantes descobertas.

Eu trabalhava, durante a Segunda Grande Guerra, nos Laboratórios da Bell Telephon e, após o conflito, pensei que seria uma ótima opção fazer radioastronomia, de modo que saí de meu emprego e fui procurar um antigo mestre, I. S. Bowen no Cal Tech. Ele havia sido um de meus professores favoritos neste instituto; sempre fora muito atencioso comigo e, àquela altura, era o diretor tanto do Observatório do Monte Wilson como de Palomar – um manda-chuva na astronomia. Fui para o oeste e disse-lhe: "Olha, fiquei interessado pela radioastronomia. Parece-me que é uma boa coisa para fazer nos Laboratórios da Bell. Quais as coisas mais importantes a serem feitas, a seu ver?". Bowen olhou para mim e respondeu: "Bem, sabe, sinto desapontá-lo, mas, realmente, não acho que a onda de rádio tenha algo a ver com a astronomia". Eu estava no laboratório da Bell, todo equipado e pronto para operar no campo, mas ele concluiu: "Não, sinto muito, realmente...". Isto ocorreu em 1945, logo depois da guerra. Senti que provavelmente ele estava enganado, mas eu não sabia o que fazer. Eu não era astrônomo. Pensei que sabia o que fazer em outro campo, de maneira que tomei outro rumo e trabalhei em uma área que também veio a ser compensadora.

Enquanto os astrônomos americanos não se empenharam nem um pouco nesse terreno após a guerra, ainda que dispuséssemos de toda a tecnologia, os britânicos e os australianos dedicaram-se a explorá-lo a fundo. Uma razão, acredito, era que em contraste com os Estados Unidos, eles não contavam com muito dinheiro, mas *possuíam* equipamento de radar e poderiam usá-lo. Era o que podiam fazer com o dinheiro disponível. Por sua vez, Lawrence Bragg, então chefe do Laboratório Cavendish, da Universidade de Cambridge, na Inglaterra, deu grande impulso à cristalografia e à interferometria, ao suceder Ernest Rutherford neste centro de pesquisa. Conversei com Bragg algum tempo antes de sua morte, e ele teceu comentários sobre a relação entre cristalografia e radioastronomia. Ele disse: "Sabe, minha ciência sempre foi a óptica, e na verdade a cristalografia por raios X e a radioastronomia são ambas interferometrias em diferentes escalas de comprimento de onda".

Os holandeses também realizaram uma obra significativa nesse domínio, penso eu, em grande parte porque um ou dois astrônomos, trabalhando em caráter privado nos Países Baixos, reconheceram sua importância, de modo que aí, depois da Segunda Guerra Mundial, o campo da radioastronomia se desenvolveu, ocorrendo o mesmo na Austrália e na Grã-Bretanha. O astrônomo holandês, professor Bart Bok, que na época lecionava no Departamento de Astronomia da Universidade de Harvard, era um grande amigo meu. De quando em vez, visitava a Universidade de Columbia, onde eu me encontrava. Ele dizia haver muito pouca gente com quem pudesse conversar em Harvard, e que o Departamento de Astronomia desta universidade não mostrava entusiasmo para com o seu trabalho, porque ele saíra da astronomia óptica para ingressar na radioastronomia. Lá, não achavam que houvesse muito a colher nesse terreno. Em conseqüência, ele se demitiu de seu cargo e foi para a Austrália, porque na ocasião lhe pareceu ser muito difícil dedicar-se à radioastronomia em Harvard, embora já tivesse galgado aí à posição de professor titular. A situação gradualmente foi mudando. Um grande impulso sobreveio do seguinte modo: o professor Jan Oort era um astrônomo muito famoso na Holanda. Este país, por razões históricas especiais, havia ocupado por mais de um século um lugar proeminente na astronomia, ainda que tivesse amiúde um céu encoberto. Seja como for, o fato é que o referido cientista foi convidado a pronunciar, em Londres, uma conferência especial, muito honrosa. Ele falou sobre radioastronomia. Lembro-me de meus amigos astrônomos dos Estados Unidos comentando, "Puxa, o Oort falou sobre radioastronomia! Foi um evento muito importante, e ele falou sobre radioastronomia. Talvez haja algo nisso". Afinal de contas, Jan Oort era um dos maiores astrônomos da época[3]. Eles começaram a interessar-se pelo tema.

A tecnologia também veio junto. Os ingleses imprimiram forte impulso à interferometria, o que permitiu alta resolução angular. Isso ilustra uma das dificuldades que dissuade os astrônomos. Com ondas longas, como são as ondas de rádio, é difícil obter alta resolução angular. No entanto, embora esta resolução seja importante, ela não foi criticamente significativa para os avanços.

Arno Penzias, um de meus antigos alunos, foi trabalhar nos Laboratórios da Bell. Ele e Robert Wilson procuraram com muito cuidado "ruído" de fundo e descobriram radiação de radiofreqüência proveniente de todas as direções. Perceberam que haviam observado

3. E. Robert Pail (1997) escreveu que Oort, durante a sua vida, "foi considerado por muitos como o maior astrônomo vivo do século XX".

algo difícil de explicar. Ambos puderam reconhecer, com a ajuda de outros, que se tratava de um ruído residual devido à origem do universo – um "Big Bang". O que poderia ser mais fundamental e mais relevante para a astronomia do que descobrir a origem do universo? E, na verdade, a radiação do Big Bang fora detectada antes de Penzias e Wilson[4]. Mas ela fora encarada simplesmente como um estranho ruído vindo de todas as direções e não suficientemente importante para ser acompanhado com cuidado. Há também artigos teóricos publicados segundo os quais se tivesse havido um Big Bang, então deveria existir ruído de radiação residual[5]. Porém, os cientistas teóricos pouco sabiam acerca de microondas, de modo que talvez não tenham pensado que elas pudessem ser detectadas. Quase todo engenheiro especializado em rádio saberia que se existissem tantas microondas quanto as previstas, os pesquisadores as teriam detectado. Mas os artigos teóricos não eram lidos pelos engenheiros ou pelas pessoas que se dedicavam à radioastronomia.

Outro aspecto interessante do campo foi a descoberta de moléculas no espaço por meio da radioastronomia. Quando estive na Europa, em 1955, gozando meu ano sabático, um astrônomo holandês pediu-me que proferisse uma palestra numa reunião internacional, na Inglaterra. Ele sabia que eu estava interessado nos espectros moleculares e também, um tanto, na astronomia. Nossa conversa, informal, girava em torno da possibilidade de se detectar moléculas, isto é, encontrar no espaço radiações de rádio que emanassem de moléculas. Na minha fala, fiz um esboço das várias moléculas que, em minha opinião, poderiam se achar lá, suas freqüências e como detectá-las pela radioastronomia. Eu pensava que alguém deveria atentar para o caso. Meu interlocutor congratulou-se comigo com palavras muito interessantes. Mas ninguém prestou qualquer atenção ao que eu sugeria. Nenhum astrônomo jamais tentou fazê-lo. Contudo, Alan Barrett, aluno meu, ficou interessado no assunto.

4. McKellar *et al.*, 1941; De Grasse *et al.*, 1959; Ohm, 1961; Herzberg, 1950.
5. Gamow, 1948; Alpher e Herman, 1949; Dorosch Kaevish e Novikov, 1964.

Depois de obter o seu doutorado comigo, Alan dedicou-se ao problema. Ele procurou a molécula OH, que eu acreditava ser uma boa escolha por sua similitude, em algumas propriedades, com três outras moléculas existentes no espaço que haviam sido descobertas e identificadas por métodos da astronomia óptica, no fim da década de 1930 e começo dos anos de 1940[6]. Tratava-se de CH, CH^+ e CN. São radicais livres, moléculas instáveis muito interativas, de modo que sua existência é temporária nas regiões interestelares, altamente excitadas pela radiação. Assim, a molécula OH, outro radical livre, parecia uma escolha natural como alvo de semelhante busca. Alan procurou por ela, mas a princípio fracassou. Logo depois, conseguiu um posto no Departamento de Astronomia da Universidade de Michigan. O seu chefe telefonou-me certa vez, dizendo: "Olhe, você me recomendou o Alan, mas ele está preso no OH e não está chegando a lugar algum, estou preocupado com ele. Não creio que esteja fazendo muito". Repliquei: "Bem, julguei que o OH fosse uma coisa razoável para se fazer". Felizmente, Alan arrumou um lugar no Departamento de Engenharia do MIT. Ele perseverou na idéia. Conseguiu um engenheiro para ajudá-lo e, por fim, encontrou o OH. Era o primeiro espectro de uma molécula encontrada com o uso de ondas de rádio. Tratava-se de uma descoberta da maior importância.

Os astrônomos ficaram muitos felizes com a descoberta do OH e começaram a trabalhar no caso, mas depois o afã esmoreceu. Fiz minha sugestão inicial em 1955. Alan encontrou o OH, após várias tentativas, em 1963. Depois nada mais aconteceu. Em 1967, me transferi para Berkeley. Eu disse a mim mesmo: "Bem, está na hora, de fato, de perscrutar a astronomia, vou tentar descobrir mais moléculas". Embora quatro moléculas instáveis já tivessem sido detectadas, os astrônomos estavam seguros de que não existiam moléculas estáveis e mais complexas. Eles tinham razões teóricas. O gás no espaço interestelar é tão rarefeito que, acreditavam eles, os átomos não poderiam ficar colados para formar moléculas estáveis. Ora, existia de fato alguma evidência contrária, mas esta

6. Swings e Rosenfeld, 1937; Douglas e Herzberg, 1941.

não era óbvia. Ela constava da literatura astronômica, mas os astrônomos tendiam a ignorá-la. Havia certas nuvens interestalares nas quais não se detectou hidrogênio atômico. Isto resultou num quebra-cabeça que poucos astrônomos julgaram merecer um comentário[7]. Tal fato, porém, sugeriu-me que isso talvez constituísse um sinal de que o hidrogênio nestas nuvens se apresentasse em forma molecular e não atômica e, assim sendo, talvez valesse a pena buscar moléculas estáveis com hidrogênio. Assim, quando cheguei a Berkeley, em 1967, pensei: "Creio que devemos dar uma espiada e fazer uma tentativa". Um radioastrônomo de Berkeley, Jack Welch, concordou em trabalhar comigo, e mostrou-se receptivo ao meu projeto. Porém, vários astrônomos do departamento discordaram. Realmente, George Field, o antigo chefe do departamento havia escrito um livro no qual argumentava que a molécula que eu buscava não poderia ser encontrada lá, e foi isso que ele me disse[8]. Sua conclusão era que teóricos nunca deveriam aconselhar pesquisadores experimentais, pois estes não acreditariam neles, de qualquer forma!

Começamos por ir ao encalço da amônia (NH_3), e lá estava ela. Fomos em busca da água (H_2O), e ela também estava lá. E aconteceu que justamente nove meses antes deste fato, dois jovens pós-doutorandos, do Centro de Radioastronomia da West Virginia, haviam pedido cessão de tempo no radiotelescópio para procurar moléculas de água. Um comitê examinou o pedido e disse, "Isto é loucura. Com respeito ao uso do telescópio, isto seria uma perda de tempo. Não devemos deixar que façam isto". Seis meses depois de encontrarmos água, o comitê concedeu imediatamente tempo aos jovens para usar o telescópio. É certo que os pesquisadores detectaram uma porção de outras moléculas. Logo depois, todo mundo estava achando moléculas, e este campo de estudo tornou-se muito rico[9]. Assim, muita resistência na radioastronomia originou-se do fato de as ondas de rádio terem envolvido um terreno com o qual as pessoas dedicadas

7. Garzoli e Varsavsky, 1966.
8. Field e Chaisson, 1985.
9. Rank et al., 1971.

à astronomia dominante não estavam familiarizadas. E elas reagiram, talvez, com a síndrome do "não inventado aqui". No fim das contas, tinham um bocado de coisas importantes a fazer e para as quais sua atenção estava voltada, de modo que trabalhar com ondas de rádio não fazia sentido para elas.

A *maser*

A *maser* (um acrônimo da locução "microwave amplification by stimulated emission of radiation", ou seja, "amplificação de microonda por emissão estimulada de radiação") baseia-se em princípios físicos bem conhecidos pelos cientistas familiarizados com a mecânica quântica desde os meados de 1920. As únicas coisas novas a este respeito consistiam em reunir as coisas de um modo correto e reconhecer que era importante assim proceder. Por que então foram esquecidas? Em parte, creio, porque os físicos não estavam tremendamente interessados em produzir osciladores. Um outro aspecto é que, na época, a mecânica quântica chegou com muita força, lá pelos anos de 1930, e o interesse pela pesquisa na óptica desvaneceu-se.

A óptica fora um campo de pesquisa muito intenso no início do século XX, mas depois passou a ser vista como um velho campo clássico. O sentimento dominante era que nele as realizações mais importantes já haviam sido efetuadas, e julgava-se que o entendimento no tocante às ondas e à óptica era quase pleno. Reconhecia-se que, com alguma nova tecnologia, seria possível fazer as coisas de um modo um pouco melhor. Mas os pesquisadores deixaram de lado seus espectrômetros ou estavam se livrando destes aparelhos, que haviam sido instalados nos porões dos prédios que abrigavam os laboratórios de física, nas primeiras décadas do século, quando a óptica e a espectroscopia mostravam-se muito promissoras. Os físicos estavam de mudança para a física nuclear. A óptica era coisa velha.

Meu pensamento, tampouco, estava voltado para essa direção. Imediatamente, depois de terminada a Segunda Grande Guerra, até o fim da década de 1950, trabalhei em espectroscopia de microondas de moléculas com ondas geradas por clístrons e magnétrons. Eram dispositivos basicamente construídos por engenheiros elétricos. Eu os utilizava e tentava tornar as ondas cada vez mais curtas. Quanto mais a gente as encurta, o campo da espectroscopia molecular faz-se mais rico. Aparecem mais e mais linhas espectrais e mais forte é a absorção. Podíamos então produzir ondas de aproximadamente meio centímetro, que era o menor comprimento de onda capaz de ser gerado por estes osciladores eletrônicos. Eu queria realizar uma mudança efetiva, obter um comprimento de onda abaixo de um milímetro.

Experimentei todos os tipos de métodos para produzir radiação. Os resultados não foram suficientemente bons para me animar a desenvolvê-los ainda mais. Até a Marinha pediu-me que formasse uma comissão a fim de examinar a maneira de se conseguir ondas mais curtas. Não sabiam sequer para quais fins poderiam empregá-las, mas queriam desenvolver a tecnologia. A comissão reuniu-se por um ano ou dois, explorando todos os tipos de possibilidades e visitando laboratórios. Nunca conseguimos apresentar qualquer grande idéia. O nosso último encontro foi realizado em Washington. Eu era o presidente do grupo e estava muito preocupado com o encargo. Naquele dia, acordei muito cedo me perguntando por que não havíamos sido capazes de fazer qualquer progresso. Saí e me dirigi a um parque próximo, sentei-me num banco e refleti sobre a situação. Eu sabia que havíamos tentado isto e aquilo, e que as coisas não funcionaram por tais ou tais razões. Não podemos construir uma válvula eletrônica oscilante porque ela precisa ser bem pequena para se acoplar a um comprimento de onda da ordem de um milímetro, e tem de dissipar um bocado de energia, de modo que fique superaquecida. Por isto não é possível aplicar muita potência nela. Bem, realmente devemos usar moléculas porque nelas obteríamos ressonâncias nas devidas freqüências. Cumpre utilizar moléculas. Mas, sem dúvida, a segunda lei da termodinâmica afirma que não se pode obter de um gás molecular mais energia do que a radiação calórica.

Isto é, existe aí um limite para a intensidade que se pretende alcançar, e esta intensidade é muito baixa. Eu já havia feito esse raciocínio anteriormente, e disse a mim mesmo: "Bem, não, você não pode usar moléculas". Mas, de repente, pensei: "Alto lá, espere um minuto! Espere um minuto. A segunda lei da termodinâmica não deve ser aplicada! Ela só se aplica quando as coisas estão em equilíbrio térmico. Mas, no laboratório, o que temos são moléculas excitadas. Nós podemos escolher moléculas em estados excitados. Elas não obedecem à termodinâmica no sentido normal. E, portanto, não têm de obedecer a esta lei".

Eu dispunha de todos os pressupostos corretos. Encontrava-me na Columbia, universidade em que os professores I. I. Rabi e Polykarp Kusch, há muitos anos, já trabalhavam com feixes moleculares. Acabara de ouvir uma palestra de um físico alemão sobre como incrementar as intensidades de um feixe molecular. No meu laboratório, eu estava trabalhando com cavidades metálicas ressonantes para comprimentos de onda da ordem de microondas. Assim, juntei todas as idéias, pude escolher todas as moléculas em um estado excitado e em um feixe intenso. Eu poderia então fazê-las passar por uma cavidade e tê-las irradiando. Na cavidade, a radiação saltaria para frente e para trás, estimulando as moléculas a desprender mais energia, e esta se armazenaria. Puxei um envelope e elaborei tudo isso e pensei: "Sim, creio que se pode obter um número suficiente de moléculas para fazê-lo. É um tiro no escuro, mas parece que é possível". Voltei para a Columbia e, alguns meses depois, um aluno meu quis tentar um trabalho de tese com esse tema. As pessoas vinham ao laboratório e diziam: "Oh, é uma idéia atraente", e isto era tudo. Ninguém estava interessado. Não era um campo atraente para ninguém. Ninguém mais tentou. Não fiz segredo da idéia, de modo que muita gente ficou sabendo.

Passados aproximadamente dois anos de trabalho, certo dia meus amigos I. I. Rabi e Polykarp Kusch vieram ao meu gabinete. Sentaram-se e me disseram: "Olha! Você bem sabe que isso não vai funcionar. Nós sabemos que não vai funcionar. Você realmente tem que parar. Você está apenas desperdiçando dinheiro". Rabi fora o chefe do departamento e agora Kusch ocupava o cargo. Eu era um jovem professor. Era muito raro que professores entrassem na sala de um outro professor e dissessem: "Você tem realmente que parar com esse trabalho, porque é uma bobagem. Você está gastando dinheiro à-toa. É melhor você parar". Felizmente, eu tinha estabilidade. Na época, eu era um professor associado. Estabilidade é uma coisa importante. Eu respondi: "Creio que há uma chance razoável disso funcionar". Eles saíram logo depois irados e bufando. Passados três meses, a coisa estava funcionando. Kusch apareceu mais tarde e disse: "Bem, suponho que você deve estar sabendo mais sobre o que está fazendo do que eu". Sem dúvida, agora a coisa estava funcionando. Tratava-se de algo contrário do pensamento reinante na época, mas não contrário à física conhecida por muitos bons físicos. Quase todos os físicos bem formados sabiam alguma coisa acerca das leis da física utilizadas neste caso. A parte de engenharia elétrica envolvida era também bem conhecida dos engenheiros – como funcionam as cavidades ressonantes, como produzir ressonâncias, como obter pequenas perdas nas cavidades etc. Tudo isso era conhecido. Mas foi exatamente a junção de tudo que criou um novo campo de pesquisa.

Havia, porém, um aspecto que intrigava as pessoas. De fato, L. H. Thomas, um famoso teórico da Columbia naquele tempo, que discutiu muito o assunto comigo, disse: "Isso não pode funcionar assim. Você está dizendo que a coisa vai oscilar numa freqüência absolutamente pura. Não, isso não pode funcionar assim. Viola o princípio da incerteza. As moléculas atravessam a cavidade num tempo curto. O princípio da incerteza significa que você não pode definir a freqüência delas com esta precisão". Discuti o assunto com ele. Percorri com todo o cuidado as minhas anotações do curso de mecânica quântica que fiz nos idos de 1930 e verifiquei que, de fato, a teoria estava toda lá. Ela dizia que a radiação deveria ser coerente, isto é, apresentar-se exatamente com a mesma freqüência. Cada molécula emitiria precisamente a mesma freqüência com que fora estimulada. Então, podia-se trabalhar com elas e, por certo, foi que o fizemos. Construímos duas cavidades. Elas pulsavam juntas. Podíamos ouvi-las pulsando juntas numa freqüência muito pura.

Depois que tudo funcionou, o professor Thomas nunca mais falou comigo sobre a questão.

Trabalhava comigo um jovem pós-doutorando que também argüiu a factibilidade de meu projeto, chegando a apostar uma garrafa de uísque de que a minha tentativa não daria certo. Ele pagou a aposta. Porém, o que foi mais surpreendente é que, depois de o dispositivo estar funcionando, um dia, enquanto caminhava pela rua em companhia de Niels Bohr, ele me perguntou o que eu estava fazendo. Conteilhe e ele retrucou: "Espere um pouco. Isto não é possível. Não. Não é possível. Moléculas não podem fazer isso. Elas não podem lhe dar freqüências puras". Não creio que Niels Bohr tenha de fato entendido inteiramente a questão. Talvez tenha apenas se mostrado simpático para com um jovem cientista quando disse: "Bem, talvez você esteja certo". Mais tarde repetiu-se a mesma reação negativa com John von Neumann, o famoso matemático e maravilhoso teórico que fez de tudo nos campos de sua especialidade. Topei com ele durante um coquetel em Princeton e, como de hábito em tais situações, ele me perguntou: "O que você está fazendo?" Eu lhe respondi. Ele exclamou: "Oh, isto não pode estar certo. Não, não, você não pode obter freqüências puras com tal dispositivo". Eu lhe disse: "Mas nós as obtivemos, sim". Ele replicou: "De algum modo, você está enganando a si próprio", e afastou-se para pegar outro coquetel. Passados quase cinqüenta minutos, ele voltou e disse: "Você está certo. Você está certo". E aí ele me perguntou se eu poderia fazer o mesmo com um semicondutor. Eu respondi: "Bem, meu primeiro objetivo é chegar até os comprimentos de onda infravermelhos abaixo de um milímetro, e os semicondutores poderiam ser bons para isso. Na verdade, naquele momento eu não via como poderia fazê-lo com um semicondutor, mas, em princípio, eu poderia, sim". Ele queria conversar sobre isso tudo.

Posteriormente descobri que von Neumann havia escrito, um par de anos antes, uma carta a Edward Teller dizendo que talvez fosse possível pegar um semicondutor, excitar os elétrons para as camadas superiores com nêutrons e, a partir daí, conseguir um poderoso feixe de luz. Isto era exatamente o que eu estava falando. Von Neumann não disse: "Eu mesmo já tinha pensado nisso".

Evidentemente ele tinha. Mas não tinha se dado conta de que a luz deveria ser coerente. Não havia se dado conta de que a luz emergiria numa freqüência pura e onda pura. Era claro que não percebera isto, porque argumentara contra tal possibilidade quando a discutimos pela primeira vez. Teller, ao que tudo indica, jamais respondera à carta de von Neumann. Assim, sua idéia morrera.

Se se examinar os registros anteriores, é possível encontrar umas seis pessoas que sugeriram a mesma coisa anteriormente. Um alemão, Houtermans, me disse: "Eu tive essa idéia. Você sabe, alguém estava operando com uma descarga de hidrogênio e veio a mim e me contou que havia obtido uma luz muito intensa de um tipo especial, e não tinha entendido por quê". Pensei no caso e respondi: "Oh, deve ser emissão estimulada". Foi talvez conseguindo átomos em estado excitado que liberavam sua energia devido à onda que os atravessava e proporcionava, assim, cada vez mais energia. Porém, uns dias depois ele voltou e disse que tinha uma explicação muito mais prosaica e eu senti, é claro, que esta era a verdadeira explicação, de modo que eu nada fiz com isso, nem jamais escrevi a respeito. Bem, depois que o *laser* apareceu, ele escreveu a história inteira de como havia concebido aquela idéia[10].

Muitos dentre nós têm idéias e as jogam fora, e não as tomam a sério, não percebem a importância delas até que alguém, mais tarde, faça algo com alguma. Contudo, retrospectivamente, muitas pessoas podem, de fato, vindicá-la. Tolman, por exemplo, um químico teórico escreveu nos meados de 1920 que, se fosse possível obter mais moléculas em estados excitados do que em estados energéticos mais baixos, poderia então ocorrer uma absorção negativa (mais energia gerada do que perdida). Ele estava explicando a absorção de luz por moléculas. E se você tiver uma molécula em um estado de energia mais baixo, esta absorverá energia na medida em que for lançada para um estado energético mais alto. Uma molécula num estado mais alto emitirá energia ao cair para um estado energético mais baixo. É efetivamente o equilíbrio entre ambos os estados que produz absor-

10. Houtermans, 1960.

ção e, com gases comuns, há sempre mais moléculas nos estados mais baixos, de modo que há sempre absorção. Mas ele assinalou que se houver mais moléculas no estado energético mais alto isto lhe daria uma absorção negativa, ou seja, você teria mais energia[11].

Um russo chamado V. A. Fabrikant tentou realmente descobrir tal efeito. E não sei quantos outros mais o tentaram. A todo momento alguém me diz: "Lembro-me que já pensei nessa idéia". Mas estas pessoas desconheciam a tecnologia e os delicados aspectos do porque aquilo era importante. Eu próprio pensei sobre a questão uns anos antes de reconhecer sua importância e começar a trabalhar. Senti que a emissão estimulada constituía uma teoria bem estabelecida, mas que, como ninguém a observara de maneira correta, seria bom tentar um experimento e observá-la. Mas pensei também que seria uma tarefa árdua e, de fato, eu não via na época qualquer razão mais forte para empreender o experimento, pois tinha certeza de que a teoria estava correta. Inclusive nos gases comuns, há algumas moléculas ascendendo e outras descendo. Tinham que estar descendo e fornecendo energia. Assim, não restava dúvida de que o efeito estava lá; então, por que realizar tão árduo experimento só para provar que o efeito é verdadeiro?

Agora, por outro lado, usar tal efeito para produzir altas freqüências a fim de trabalhar com espectroscopia e qualquer outra ciência, não me faltava motivação. Minha base em engenharia era suficiente para saber como fazê-lo. Também me era familiar a física necessária, que a maioria dos engenheiros não dominava. Nesta época, eles sabiam pouquíssimo de mecânica quântica. E os físicos estavam muito preocupados com osciladores, ressonadores e realimentadores, aparelhos com os quais os engenheiros estavam familiarizados. Felizmente, a minha formação compreendia a justa mistura. Assim sendo, motivado, com a formação necessária e consciente do que se fazia com feixes moleculares, utilizei um mecanismo de feixe molecular. Havia uma porção de outros mecanismos que poderiam ser empregados. Mas a idéia brotou do campo da es-

11. Tolman, 1924.

pectroscopia de microondas. E agora é claro que as *masers* e os *lasers* adviriam por certo da microscopia de microondas pelas seguintes razões. No entorno daqueles anos, apresentavam-se três idéias legítimas e independentes. Uma, a minha própria. A outra, proveniente dos russos N. G. Basov e A. M. Prokhorov, que depois partilharam o prêmio Nobel comigo. Eles eram espectrocopistas de microondas. Tinham proposto a utilização de um gás diferente. Este gás não era tão utilizável, porém a idéia cabia-lhes e a teoria estava correta. Eles haviam entendido o problema da coerência e da retroalimentação. Contudo, uma outra iniciação da idéia geral deve-se a Joe Weber, da Universidade de Maryland. Tratava-se de um engenheiro que se dedicara à espectroscopia com microondas. Em 1952, proferira neste sentido uma palestra na Electrical Engineering Society porque, segundo me contou mais tarde, queria que os engenheiros reconhecessem haver não só novos, e outros meios de obter amplificação. Fora uma apresentação teórica e ele não havia levado o caso muito a sério para tentar algo em relação a isso no laboratório. Na realidade, os seus números apresentavam um erro da ordem de um fator em dez milhões. Mas, não obstante, ele dispunha da conceituação, e de uma forma correta. Assim, duas outras idéias iniciais surgiram de pessoas com uma formação exatamente igual a minha. Todas elas ocorreram em alguns poucos anos, uma após a outra, mas as pessoas envolvidas não se achavam, ao que se sabe, em suficiente contato umas com as outras para saber que estavam fazendo.

A *maser* tornou-se rapidamente um tópico quente. Houve logo muita ânsia para usá-lo. Deu origem à amplificação com excelentes padrões de freqüência e constituiu-se no melhor amplificador do mundo, centenas de vezes mais sensível do que os anteriores. O interesse por esse campo foi tanto que o editor da *Physical Review* chegou até a anunciar que não mais aceitaria trabalhos sobre a *maser* porque estava atolado neles. Creio que foi a única vez que esta revista estabeleceu uma regra desse tipo.

O *laser*

Após o desenvolvimento da *maser*, ninguém pensava em fazer a mesma coisa com comprimentos de onda tão curtos quanto os da luz. E havia várias razões para tanto. Nos comprimentos de onda muito curtos as moléculas não permanecem em estados excitados por longo tempo. Normalmente, elas perdem logo esta condição, de modo que não poderíamos conseguir um número grande de moléculas em estado excitado. Algumas pessoas diziam: "De fato, com a idéia da *maser* não se pode chegar a comprimentos de onda muito curtos". Eu, porém, pensei que se poderia, sim, ao menos no infravermelho. No verão de 1957, encontrava-me num grupo de estudos da Aeronáutica como consultor para o uso da eletrônica na tecnologia da Força Aérea para os próximos 25 anos. Decidimos que as *masers* seriam provavelmente importantes para o futuro da Força Aérea. Convenci o grupo a fazer constar no relatório que se deveria tentar também começar a fazer algo no infravermelho. Pensei que pelo menos seria possível chegar aos 10 mícrons, uma pesquisa que cumpriria desenvolver.

O relatório não veio à luz naquele ano e foi refeito no ano seguinte por uma equipe da qual decidi não participar e que jogou fora a idéia de correr atrás dos comprimentos de onda mais curtos. Isto, pensavam eles, não passa de uma louca idéia do Townes. *Masers*, tudo bem, mas eles não imaginavam que se pudesse obter qualquer comprimento de onda mais curto do que os da região de microondas. De minha parte, eu achava que seria difícil. Fiquei à espera de uma boa idéia e, visto que eu não a tinha, limitei-me, por conseguinte, a sentar-me à minha mesa para excogitar o melhor modo de atingir o meu objetivo. Enquanto eu punha no papel as equações e as relações teóricas, compreendi de súbito, a partir delas, que não era assim tão difícil chegar aos baixos comprimentos de onda ópticos. Parecia quase tão fácil quanto fora para comprimentos de onda infravermelhos mais compridos. E assim, imediatamente, comecei a esboçar um sistema para consegui-los.

Na época, eu era consultor dos Laboratórios da Bell. Disseram-me que a minha tarefa consistia precisamente em andar pelo laboratório, falar com as pessoas e fazer contatos. Meu cunhado, Arthur Schawlow, também se encontrava lá. Havia trabalhado comigo como pós-doutorando e casara-se com minha irmã mais jovem. Sem dúvida, fui conversar com ele e contei-lhe o que estava fazendo. Ele ficou interessado e apresentou-me uma ótima idéia para complementar a que eu tinha sugerido. Juntamos, pois, as idéias e escrevemos um artigo sobre o *laser*. Eu disse a Art: "Suponho que isto é uma coisa dos laboratórios Bell, de modo que é propriedade deles. É melhor então esperar até que a Bell consiga patenteá-la antes que publiquemos ou digamos qualquer coisa a respeito". Assim, por cerca de dez meses redigimos a comunicação, elaboramo-la no todo e revisamos o material para o pessoal que cuidava da patente, a fim de que eles pudessem efetuar o registro. E não dissemos uma palavra a ninguém sobre o caso. Antes, eu sempre fora uma pessoa inteiramente aberta, contando a todos quais eram as minhas idéias e o que devia ser feito. Ninguém havia dito algo sobre a obtenção de comprimentos de onda mais curtos. Anteriormente, quando trabalhava primeiro com *masers*, ninguém deu atenção aos meus esforços. Mas, depois que as *masers* funcionaram e se tornaram assunto do momento, as pessoas prestaram mais atenção a tudo que eu estivesse fazendo no negócio das *masers*. Entretanto, não sabiam que eu estava trabalhando com ondas curtas. Ninguém escreveu ou disse algo sobre como conseguir comprimentos de onda mais curtos na época, quando Art e eu estávamos preparando um artigo que discutia como isto poderia ser feito. Depois que publicamos o informe e, dado o fato de eu já contar com uma reputação e as *masers* estarem na ordem do dia, muita gente lançou-se neste campo e tentou obter os comprimentos de onda mais curtos que poderiam resultar em *laser*. O primeiro *laser* a funcionar foi, de fato, construído no Hughs Research Laboratories por Ted Maiman. Todos os *lasers*, na prática, foram construídos industrialmente. Ao ver que se tratava de um domínio importante, passaram a contratar físicos egressos das universidades e que se dedicavam a este tipo espectroscopia. Aplicaram um grande potencial humano neste esforço, que resultou bem sucedido e o *laser* floresceu.

Pensei que podia divisar certo número de possíveis aplicações, mas em novos domínios não se consegue enxergar todas elas. É simplesmente impossível. Com certeza não antevi todas as aplicações técnicas e industriais do *laser*. Alguns outros vislumbraram tais possibilidades de uma maneira ainda menos forte do que eu. Um comentário favorito de certos amigos meus na época era: "O *laser* é uma solução em busca de um problema. É um dispositivo fantástico, mas o que pode ele produzir?". Eu respondia: "O *laser* casa eletrônica com luz. Ambas, como você sabe, têm grande número de aplicações. E se a gente efetua um casamento entre elas, o que potencializa as duas, necessariamente haverá uma porção de aplicações". E eu podia imaginar algumas delas. Na realidade, os Laboratórios da Bell não quiseram patentear o *laser* até que obtivéssemos uma aplicação no domínio da comunicação. Parecia que, ao contrário, para eles não se tratava mais do que um interessante caso de física. Os advogados da seção de patentes da Bell não chegaram a entender muito bem a questão. De modo que concebi um método na área de comunicação e a patente foi registrada sob o título: "*Masers* Ópticas e Comunicação". É muito fácil usar um feixe de luz para fins de comunicação, mas os advogados ficaram em dúvida porque o próprio Alexander Graham Bell havia tentado empregar a luz como meio de comunicação e concluíra que ela não funcionava muito bem.

Ocorreu-me certo número de idéias ulteriores sobre o modo de utilizar os *lasers*. Reconheci que, com boa intensidade, seria possível perfurar, por queimadura, pequenos, pequeníssimos orifícios e que não haveria material capaz de lhe resistir. Cheguei também a vislumbrar como o *laser* poderia ser usado para soldar e cortar coisas. Uma das primeiras aplicações, um uso médico que me gratificou sobremaneira, foi o da fixação de retina descolada. Nunca antes eu ouvira falar de tal descolamento, porém me senti muito comovido quando o *laser* foi aplicado para prevenir a cegueira de um amigo.

Várias pessoas, me lembro, disseram: "Ora, os *lasers* nunca chegarão a ter muita potência, porque são demasiado ineficientes.

A sua eficiência é talvez de uma parte em 10.000". Eu respondia: "Mas esperem um pouco. Não há nenhuma razão fundamental para que o *laser* não possa ter tanta eficiência quanto outro transferidor de potência". Na verdade, alguns *lasers* são eficientes em 50 por cento. Mas, na época, eu não sabia com certeza que eles poderiam alcançar esta marca. Eu apenas pretendia obter alguns poucos miliwatts de potência de um *laser* para trabalhar em espectroscopia e em outras pesquisas científicas. E é fato que *lasers* de baixa potência tornaram-se, sem dúvida, maravilhosos instrumentos científicos. Mas agora estamos prestes a obter um trilhão de watts de potência em pulsos de luz de *lasers*, uma potência muito maior do que qualquer outra utilizada na superfície deste planeta. É verdade que só podemos dispor dessa potência durante um tempo curtíssimo, talvez um milésimo de um bilionésimo de segundo.

E quem pode prever o que ainda está para ser alcançado?

Conclusão

Certa vez o famoso físico Richard Feynman disse-me: "Você sabe como reconhecer uma idéia realmente boa? Se você ouve a respeito dela e diz: 'Puxa, eu podia ter pensado nisso', então ela é boa". De modo similar, Albert Szent-Györgi observou: "Descobrir é ver o que todo mundo viu e pensar o que ninguém pensou".

Muitas coisas estão ali fora, mas nós não estamos olhando para elas de maneira adequada. Não estamos seguindo a pista certa. Estamos seguindo talvez pistas que podem ser importantes, mas deixamos de lado muitas possibilidades. As idéias surgem de tempos em tempos. O que as tornam realmente significativas é distinguir o que nelas é importante e demonstrá-las de uma forma convincente para a comunidade científica ou técnica.

Bibliografia

Alpher, R. A. & R. C. Herman. 1949. Remarks on the Evolution of the Expanding Universe. *Phys. Rev.* 25:1089-95.

DeGrasse, R. W.; D. C. Hogg; E. A. Ohm & H. E. D. Scovil. 1959. Ultra-Low-Noise Antenna and Receiver Combination for Satellite or Space Communication. *Proc. of the Nat. Electronics Conf.* 15:370-79.

Dorosch Kevich, A. G. & I. D. Novikov. 1964. The Mean Density of Radiation in the Relativistic Cosmology *Doklady Akademii Nauk* SSSR. 154:809-11.

Douglas, A. E. & G. Herzberg. 1941. CH+ in Interstellar Space in the Laboratory. *Astrophys. J.* 94:381.

Field, G. B. & E. J. Chaisson. 1985. *The Invisible Universe: Probing the Frontiers of Astrophysics.* Boston: Birkhauser.

Gamow, G. 1948. The Evolution of the Universe. *Nature* 162:680-82.

Garzoli, S. L. & C. M. Varsavsky, 1966. The Distribution of Hydrogen in a Region in Taurus. *Astrophys; J.* 145:79-83.

Herzberg, G. 1950. *Spectra of Diatomic Molecules.* New York: Van Nostrand.

Houtermans, F. C. 1960. Über Maser-Wirkung im Optischen Spektralgebiet and die Möglichkeit Absolut Negativer Absorption für einige Falle von Molekulspectren. *Helvetica Physica Acta* 33:933-40.

Jansky, K. 1932. Directional Studies of Atmospherics at High Frequencies. *Institute of Radio Engineers* 20:1920-32.

McKellar, A. 1941. *Publ. Dominion Astrophys. Obs. Victoria, B.C.* 7:251.

Ohm, E. A. 1961. Receiving Systems. *Bell System Tech. J.* 40:1065-94.

Pail, E. 1997. Oort, Jan Hendrik (1900-1992). In: J. Lankford (ed.), *History of Astronomy: An Encyclopedia.* New York: Garland, p. 374-75.

Rank, D. M.; C. H. Townes & W. J. Welch. 1971. Interstellar Molecules and Dense Clouds. *Science* 174:1083-1101.

Reber, G. 1942. Cosmic Static. *Institute of Radio Engineers* 30:367-78.

Swings, P. & L. Rosenfeld. 1937. Consideration Regarding Interstellar Molecules. *Astrophys. J.* 86:483-96.

Tolman, R. C. 1924. Duration of Molecules in Upper Quantum States. *Phys. Rev.* 23:693-709.

5.

A OPORTUNIDADE DAS DESCOBERTAS DOS TRÊS MODOS DA TRANSFERÊNCIA DE GENE NA BACTÉRIA

Norton D. Zinder

Há três modos de transferir gene na bactéria: conjugação, transdução e transformação[1]. De uma maneira ou de outra, tive envolvimentos com os três e sinto-me, pois, qualificado para comentar o *zeitgeist* que cercou a descoberta desses modos de transferência.

A definição de Stent relativa a uma descoberta prematura, segundo a qual esta não pode ser conectada ao conhecimento canônico da época por uma seqüência de passos lógicos, significa para mim uma e somente uma coisa: Todas as verdadeiras descobertas são prematuras; todas as outras "descobertas" são, na melhor das hipóteses, tão-somente extrapolações lógicas e engenhosas, embora ocasionalmente também acarretem inovações técnicas brilhantes[2]. Elas poderiam ser denominadas de pós-maduras, um termo que Harriet Zuckerman e Joshua Lederberg usaram para descrever um dos sistemas da transferência de gene[3]. Mas esta enun-

1. Neidhardt, 1996.
2. Para uma enunciação explícita da formulação de Stent, ver cap. 2, neste volume.
3. Zuckerman e Lederberg, 1986.

ciação implica, para mim, no fato de que as descobertas estão aí para quem quiser "apanhá-las", e nada mais do que isto. A parte importante de uma descoberta científica, em quase todos os aspectos da ciência, é a recepção que lhe é dada, e isto constitui, em larga medida, um fenômeno social nem sempre baseado em critérios científicos. Nas observações de abertura, que não constam do texto escrito, François Jacob, no simpósio realizado em 1961, em Cold Spring Harbor, declarou de forma explícita seu ponto de vista, que eu aqui parafraseio: "Na ciência, a pessoa tem uma idéia, faz alguns experimentos que lhe dão suporte e, com experimentos ulteriores, ela convence a si mesma de que é verdadeira; então, a pessoa sai por aí e vende a idéia para seus colegas. É isso que estou fazendo hoje". Sem dúvida, ele estava falando sobre a hipótese do RNA mensageiro.

Conjugação

Consideremos algumas dessas questões com vistas às descobertas da transferência genética na bactéria. Tal como escreveu em muitos informes, Joshua Lederberg, em 1946, então estudante de medicina na Universidade de Columbia, foi, por sugestão de Francis Ryan, ao laboratório de Edward Tatum a fim de pesquisar a recombinação genética na bactéria *E.coli*[4]. Zuckerman e Lederberg referem-se a seus subseqüentes achados na conjugação genética como uma descoberta pós-madura[5]. Mas já se sabia da existência do sexo, ou seja, da troca genética, na maioria das formas de vida que não a da bactéria, de tal sorte que o achado da conjugação e da troca genética – isto é, da recombinação na bactéria – não representava uma autêntica descoberta, como

4. Lederberg, 1986 e 1987.
5. Zuckerman e Lederberg, 1986.

eu a definira. Havia, não obstante, algo de genial na técnica usada por Lederberg, o que por si era de enorme significância. Como Luria expressou, mais tarde, em algumas poucas palavras: "A descoberta [*sic*] de mutações bioquímicas na bactéria com produção de deficiências de fatores de crescimento específicos permitiu que Lederberg e Tatum demonstrassem, por uma brilhante técnica, a recombinação de caracteres em culturas mistas de diferentes mutantes. Estes estudos, ainda em estádio preliminar, parecem estar entre os avanços mais fundamentais de toda a história da ciência bacteriológica"[6].

Passaram-se mais de dez anos antes que os pormenores mais íntimos do acasalamento da E. *coli* fossem determinados[7], estando Lederberg entre os últimos a aceitar alguns desses detalhes. Mas, durante o tempo todo, a conjugação da E. *coli* foi utilizada por muitos bacteriologistas para provar que os genes bacterianos achavam-se organizados numa estrutura maior – um cromossomo – e para prover, entre outras coisas, uma pronta explanação com respeito à transferência promíscua de resistência aos antibióticos de bactéria para bactéria. Isto proporcionou também as ferramentas para a possível análise da expressão gene e o entendimento de como as viroses da bactéria, ou seja, os bacteriófagos (e por implicação algumas viroses de animais) podem viver em cooperação com os seus hospedeiros como fagos moderados sem matá-los, um processo denominado "lisogenia". Tais fagos moderados podem também integrar-se no genoma do hospedeiro e atuar como qualquer outro segmento de gene. A existência de tais fagos e seu estudo permitiu a descoberta da transdução, a transferência de fagos do gene de uma bactéria para outra, uma verdadeira descoberta cujas origens tratarei a seguir.

6. Luria, 1947.
7. Hayes 1953; Wollman e Jacob, 1958.

Transdução

Em 1951, trabalhando no laboratório de Lederberg com a salmonela, bactéria intimamente relacionado com a *E. coli*, descobri a transdução genética na bactéria. Eu tentava estender a conjugação tal como se encontra na *E. coli*, mas me deparei com um processo diferente de transferência de gene, aquele que, ao ser por fim elucidado, revelou que bacteriófagos poderiam transportar genes de um hospedeiro bacteriano para outro[8]. A principal diferença entre isto e a conjugação residia no fato de que o contato bacteriano era desnecessário e apenas um ou dois traços eram transferidos em cada evento. Tratava-se de uma verdadeira descoberta, porque, na época, não havia um efetivo conhecimento da organização do gene na bactéria, ou da natureza dos vírus *per se*, ou da lisogenia e das viroses "temperadas". O papa dos bacteriófagos, Max Delbrück, tinha declarado que a lisogenia não existia e seus seguidores acompanharam-no. Somente em 1951 é que A. Lwoff e A. Gutman forneceram uma clara evidência da lisogenia, e em 1952 é que A. Hershey e M. Chase provaram que os vírus eram genomas num pacote[9].

O estudo da transdução conduz à análise da estrutura fina do gene[10]. Na transdução também é possível ver as raízes da oncogênese viral e da tecnologia do DNA recombinante[11]. A transdução foi rapidamente absorvida pela ciência "normal"[12]. Uma das razões pelas quais fomos tão bem-sucedidos em convencer as pessoas de nossa descoberta, em especial a costumeiramente cética comunidade médica (leia abaixo a discussão sobre a transformação), era que a salmonela vinha numa variedade de sorotipos com antígenos somáticos ou celulares e antígenos flagelares, por meio dos quais eram classificados. Cepas, ou espécies como eram designadas, eram caracterizadas

8. Zinder e Lederberg ,1952.
9. Lwoff e Gutman, 1950; Hershey e Chase, 1952
10. Zinder, 1953.
11. Sobre a oncogênese viral, ver Zinder 1959; sobre a tecnologia do DNA recombinante, ver Cohen et al., 1973.
12. Kuhn, 1970.

por antígenos particulares. O organismo que causava a febre tifóide, a *Salmonella typhi*, era conhecido por possuir antígenos somáticos 9 e 12 e antígeno flagelar *d*, ao passo que a *S. typhimurium*, que infecta o rato, possui antígenos somáticos 1, 4, 5, 12 e o antígeno flagelar *i*. Por meio da seleção com o anticorpo contra a motilidade de *S. typhi* com o anticorpo anti-*d* e tratando com fagos provenientes do *S. typhimurium* (o qual possui antígeno flagelar i), obtivemos cepas 9, 12, e i, que não existem na natureza[13]. Qualquer que seja a nossa interpretação acerca do que foi feito, a comunidade científica admitiu que fizemos algo importante. Provei, mais tarde, que a atividade de transdução era produto de partículas fagos pela correlação de propriedades das duas atividades, tais como seu tamanho físico relativo e sua sensibilidade a anticorpos e substâncias tóxicas. Com exceção da sensibilidade ao ultravioleta, as atividades de transdução e formação de placas de qualquer solução estão sempre na mesma razão[14]. Ademais, em cada ciclo de crescimento bacteriofágico, o espectro dos genes bacterianos, que poderia sofrer transdução, refletia o genoma do doador. C.Q.D. (como queríamos demonstrar). Isto no que concerne à transdução.

Transformação

Deixei para considerar no fim a transformação, porque ela é o mais ambíguo e o mais complexo dos achados. Sabia-se, desde os primórdios do século XX, que a pneumonia, "a velha amiga do homem" e flagelo das crianças, era causada pela bactéria pneumococo. Conhecia-se também há muito, como correlato absoluto da virulência, a presença de uma cápsula polissacarídea sobre a bactéria. Cepas não capsuladas eram avirulentas, enquanto as cepas virulentas possuíam uma cápsula. As cápsulas açucaradas

13. Zinder e Lederberg, 1952.
14. Ver Zinder, 1953.

apareciam em certo número de "sabores" que os investigadores distinguiram sorologicamente e classificaram como tipos (tipos I, II,... até algum número x, com x continuamente crescente).

A fase um dessa história começa em 1928, quando o microbiologista inglês F. Griffith observou que, injetando grande número de pneumococos avirulentos não encapsulados (*rough*, ou R) em ratos, a pneumonia às vezes os levava à morte, e que, de ratos mortos, era possível isolar a cepa capsulada do tipo original (*smooth*, ou S), da qual a bactéria do tipo R se originara[15]. Sendo as mutações e outras fontes de variação de espécies dentro de espécies até então desconhecidas na bacteriologia, Griffith assumiu que cada bactéria não encapsulada possuía um minúsculo resíduo de substâncias S (cápsula), e que, quando uma parte suficiente da bactéria suscetível era lisada, o resíduo poderia associar-se a um organismo remanescente em quantidade suficiente para convertê-lo num organismo virulento do tipo original. Sabia-se que até um único pneumococo completo era capaz de matar um rato. Assim, como o resíduo de cada organismo morto do tipo R poderia contribuir com uma pequena quantidade de material capsular virulento para um organismo sobrevivente anteriormente avirulento, poder-se-ia, por vezes, ganhar bastante material capsular para obter virulência por meio deste efeito de pábulo, isto é, de nutriente. Numa época em que se acreditava que as bactérias não tinham genes, tal idéia fazia algum sentido.

A partir daí ele inferiu, e corroborado pelos experimentos, que seria possível replicar o processo de modo mais eficaz com muito menos bactérias não encapsuladas avirulentas, injetando bactéria morta por aquecimento e plenamente encapsuladas. Quando as bactérias mortas eram lisadas depois de injetadas, elas liberavam uma substância que se acumulava em algumas poucas bactérias não encapsuladas e reinstalavam uma cápsula plena, além de restaurarem a virulência (o crescimento de paredes de célula dependente de padrão é conhecido até hoje em organismos tão

15. Griffith, 1928.

variados como a *E. coli* e o paramécio)[16]. Assim, quando se aumentava a quantidade de pábulo virulento, a eficiência da reação subia. Griffith obteve níveis cada vez mais altos e reprodutíveis de ratos mortos. Além disso, a cápsula recuperada era do tipo doador; sem dúvida, a explicação do pábulo estava correta! Com tais resultados, rapidamente repetidos por Neufeld e Levinthal, a história não padecia da menor dúvida[17].

No Instituto Rockefeller, o laboratório de O. T. Avery dedicava-se, há anos, ao estudo dos pneumococos e preparava soros de coelho contra vários sorotipos para uso no tratamento da pneumonia. Jovens colegas do laboratório de Avery repetiram os experimentos de Griffith nos primeiros anos da década de 1930. M. H. Dawson e R. H. P. Sia relataram a produção do efeito *in vitro*, ao misturar bactérias virulentas (S) mortas com bactérias vivas avirulentas (R) em uma proveta, adicionando soro anti-R e obtendo crescimento *in vitro* de bactérias encapsuladas e virulentas[18]. (Os soros anti-R permitiram que as poucas bactérias atenuadas S transformadas se multiplicassem e fossem detectadas.)

Um ano depois, outro colega mais jovem, J. L. Alloway, publicou um relato sobre o seu êxito com extratos de bactérias "doadoras"[19]. O laboratório de Avery estava neste caminho. Mas os experimentos em tubos de ensaio utilizavam fluídos ascíticos de acessibilidade muito variável e requeriam todos os tipos de rigorosos cuidados. Não eram tampouco muito reprodutíveis.

Por volta de 1937, C. M. MacLeod, que se transferira para o Instituto Rockefeller em 1935, assumiu os trabalhos experimentais. Porém, como as sulfonamidas surgiram como drogas úteis para o tratamento da infecção por pneumococos, McLeod voltou sua atenção para elas[20]. Com efeito, na unidade de Avery, muito tempo e esforço haviam sido investidos previamente no preparo

16. Ardnt e Zinder, 1956.
17. Neufeld e Levinthal, 1928.
18. Dawson e Sia, 1931.
19. Allowai, 1932.
20. McCarty, 1985.

de anti-soros de coelho de várias cepas específicas de pneumococos para uso no tratamento da doença humana, mas este trabalho recebeu então uma prioridade menor devido ao advento das sulfas. Ironicamente, cepas mutantes resistentes às sulfas já eram conhecidas nessa época, mas nunca foram empregadas na tentativa de transformar os pneumococos. A virulência, razão primordial para o interesse da equipe nos pneumococos, parecia guiar sua escolha na análise dos efeitos.

M. McCarty, que chegou ao instituto por volta de 1940, pegou o que parecia ser a busca menos urgente para a ulterior purificação do princípio transformador. Ele utilizou cepas R avirulentas, novas e mais úteis, bem como maiores quantidades de bactérias não doadoras para purificar o material. Encontrou também meios de produzir extratos mais estáveis. Por volta de 1943, extratos ativos purificados pareciam conter apenas DNA, pois, entre outras razões, a DNase pura – mas não as enzimas destruídoras de proteína – destruía sua atividade. O artigo de Avery, McLeod e McCarty apareceu em 1944[21].

Essa história levantou questões significativas acerca da natureza da descoberta. Teria Griffith descoberto alguma coisa? Por sua própria luz, seus experimentos, embora baseados em hipóteses erradas, apresentaram-se como inteiramente corretos. Por certo, sua versão ligava-se ao conhecimento canônico da época, e a maior parte dos bacteriologistas, se desafiados, provavelmente concordariam. Não há evidência de discordância. E foi exatamente isso que incitou Avery a ir adiante, pois, como ele disse, percebera que, entendendo o mecanismo de controle da substância capsular, poder-se-ia entender a virulência[22]. Então se iniciou a lenta e constante análise dos pormenores restantes. Mas o que exatamente fizeram Avery, McLeod e McCarty? Em primeiro lugar, descobriram que a interpretação de Griffith, plausível como era, estava errada. Qualquer que fosse a substância ativa, ela não atuava como um nutriente. Bactérias, cujas

21. Ver MacCarty, 1985; Avery et al., 1944;
22. McCarty, 1985.

cápsulas eram dissolvidas por enzimas, produziam uma substância que nutria igualmente bem.

Em seguida, eles transferiram o fenômeno para o tubo de ensaio e isolaram o agente transformador, analisando-o com muito detalhe. Porém, embora pressentissem que o fenômeno era genético, não fizeram nenhum esforço para generalizá-lo. Ademais, chamando-o de "princípio" transformador, geneticistas eminentes – como T. Dobzhansky, até o fim de sua vida – foram levados a referirem-se ao fenômeno como uma "mutação dirigida"[23]. Outro cientista que fez o mesmo foi A. Boivin, que supostamente repetiu o experimento com a *E. coli*, em 1947[24]. Era "herdável" e, portanto, possuía um componente genético, mas o que isto implicava na época, e para quem? Parecia ser causado pelo DNA. Muitos, entretanto, não viam essa pretensão como inteiramente firmada. No fim das contas, supunha-se que o DNA não tinha qualquer especificidade biológica. No Instituto Rockefeller, alguns anos antes, P. A. Levene propusera que o DNA era apenas um tetranucleotídeo repetitivo. Não surgiu então nenhuma objeção significativa a essa doutrina, e ela veio a ser amplamente acolhida, tornando ao mesmo tempo muito difícil imaginar o DNA como dotado de uma estrutura bastante complexa que o tornara diferente dos outros organismos e que teria alguma relação com a transformação genética[25]. A despeito de seu declarado interesse pelo projeto, MacLeod deixou o Instituto Rockefeller para encabeçar a microbiologia na Universidade de Nova York.

McCarty proferiu algumas preleções sobre o tema para o pessoal da medicina, mas, por não enfatizar nem a genética nem a química do DNA, suas falas não causaram muito impacto. Em 1946, ele participou de um simpósio de genética no Laboratório de Cold Spring Harbour, com um artigo intitulado "Biochemical Studies of Environmental Factors Essential in Transformation"(Estudos Bioquímicos de Fatores Ambientais Essenciais na Transformação)[26], (ver adiante a discussão

23. Dobzhansky, 1947.
24. Boivin, 1947.
25. Levene, 1931.
26. McCarty et. al., 1946.

a respeito da conjugação). Os que estavam presentes, inclusive os especialistas da nova genética na época, provavelmente não apreciaram a possível significação do trabalho. Todos os demais participantes do encontro falavam de mutação e de combinação[27]. Pouco tempo depois, McCarty abandonou o campo e assumiu a chefia da divisão de febre reumática da Rockefeller[28].

Alfred Mirsky, que não era nada tolo, compreendeu que o trabalho era da mais alta importância, mas se opôs à interpretação de que o DNA havia sido comprovadamente o vetor da transformação. Suas objeções orais e explanações alternativas, conquanto eventualmente consideradas incorretas, trouxeram o assunto para uma discussão pública. Mirsky estava ligado aos geneticistas da época e mantinha também contato com o poderoso departamento de biologia da Columbia (na qual por coincidência eu fora aluno). O ponto de vista de Mirsky era que, embora houvesse pouca proteína ou qualquer outro material diferente do DNA detectado na solução, ocorriam tão poucas transformações por unidade de massa e o número de Avogadro (o número de moléculas existentes no peso molecular de um grama) era tão grande, a saber, $6{,}022.10^{29}$, que ninguém poderia estar seguro de que todas as moléculas de proteína tivessem sido removidas por purificação[23]. Era possível que houvesse quantidades mínimas de uma proteína ativa no material purificado, que estivesse protegida das enzimas destruidoras de proteína por uma compacta camada envolvente de DNA, mas que fora desnaturada quando a DNase rompeu seu envoltório.

Encontrei um conjunto de cartas que troquei com Rollin Hotchkiss na primavera de 1952, quando discutíamos a minha entrada em seu laboratório. Vários pontos merecem menção. Eu havia concentrado o transducente agente purificador e não conseguia achar nenhuma substância material, embora tivesse cerca de 10^5 transduções por traço por mililitro. Além do mais, o procedimento que usei para a purificação era essencialmente o utilizado para purificar o DNA do pneumococo. Era óbvio que eu precisava labutar com mais afin-

27. Ibidem.
28. McCarty, 1985.
29. Mirsky, 1947.

co, e o laboratório de Hotchkiss era o lugar próprio para fazê-lo. Ora, é claro que 10^5 transduções eqüivalem a 10^{10} P22 fagos, e que isto é exatamente igual a 1,0 micrograma de material – o que é difícil de detectar. Assim, se eu tivesse adicionado esse material às preparações, para transformar pneumococos e não tivesse adicionado algumas salmonelas mutantes, estas últimas não seriam encontradas aí. Em parte com esta base, sugeri uma nova interpretação: o Princípio de Transformação não é ativado pelos produtos da hidrólise do DNA (quebra do DNA), isto é, não diretamente pela DNase. Hotchkiss respondeu que esta era a primeira boa idéia que ele tinha ouvido até aquele momento e levou à frente o experimento. Quão diferente teria sido a história do DNA se o referido experimento tivesse dado certo.

Propriedades ocultas de sistemas experimentais

O experimento que acabou de ser sugerido levantou questões sobre o sistema experimental e pôde também revelar propriedades nele ocultas. Em todo experimento há sempre aspectos desconhecidos e atributos. E, amiúde, são eles que conduzem à descoberta. Estou certo de que outros que refletiram sobre a natureza da descoberta chegaram a conclusões similares. Permitam-me citar dois exemplos de meu próprio trabalho que estimularam tais pensamentos.

A presença de fagos temperados em algumas das bactérias que usei era, para mim, totalmente desconhecida, ainda que fosse indispensável para a descoberta da transdução. Se todas as outras coisas fossem iguais, *ceteris paribus*, não existiram tais fagos nem descoberta.

Muitas vezes, na genética microbiana, alguém estabelece um mecanismo de triagem para selecionar e concentrar organismos com um fenótipo mutante particular. Quase sempre se obtém aquilo que foi selecionado para o fim específico, mas precisamente aquilo que foi selecionado para tanto – isto é, só depois da sua efetiva natureza subjacente pode ser determinada. Certa vez, ao triar para uma mutação em um gene particular, escolhi como sinal a falha com o fito de complementar (resgatar) um conhecido mutante naquele gene. O único fenótipo aparente do mutante que obtive foi sua falha para complementar o mutante conhecido. Por si próprio ele apresentava um fenótipo aparentemente de tipo selvagem. Demandou grande esforço determinar a complexa interação proteína-proteína subjacente à falha da complementação – que hoje é conhecida como exemplo de mutante dominante-negativo. Embora isto se houvesse mostrado irrelevante para trabalhos futuros, em nenhum dos dois casos eu soube o que realmente havia feito.

Diferenças na recepção de troca genética

Conjugação e transdução

Volto-me agora para a análise das diferenças na recepção dos vários casos de troca genética. A conjugação e a transdução foram descobertas, no mínimo, com cinco anos de diferença entre uma e outra, embora com uma diferença menor nas respectivas recepções, mas, para encurtar as coisas, tratá-las-ei em conjunto. Na época das descobertas de Lederberg, em 1946, havia uma pequena turma de "novos" geneticistas, que incluía, entre outros, Delbrück, Luria, Beadle, Tatum, Sonneborn, Spiegelman e, sem dúvida, Hermann Muller, o qual desde 1920 era o geneticista dos geneticistas. Constituíam um grupo estranho, no sentido de que Beadle e Tatum seguiam uma orientação claramente química, enquanto a maioria não se importava com a química. Ironicamente, membros da escola do fago de Delbrück (à qual casualmente Stent se juntou depois e James Watson se afiliou como aluno de Luria na graduação) colocavam-se contra a química. Na concepção deles, a química não levaria à descoberta de novas leis da física que explicassem a vida.

Ainda assim, esse grupo de "novos" geneticistas, muitos dos quais viviam no Meio-Oeste americano – Lederberg estava em Wiscosin, Novick e Szilard em Chicago, Luria e Spiegelman em Illinois, Sonneborn em Indiana e Levinthal em Michigan – encontravam-se regularmente e discutiam a nova ciência. O que quer que descobrissem, eles o assimilavam rapidamente, e daí resultava uma ampla propagação das novas idéias. Na verdade, a maior parte dos departamentos de zoologia e botânica da antiga linha resistia, mas os "novos" geneticistas (e seus amigos da costa leste e oeste), com inteligência e presença dominante, absorveram muito depressa a conjugação e a transdução no corpo da ciência, exatamente como haviam procedido antes com as hipóteses de Beadle e Tatum sobre um gene e uma enzima. Dado o fato de os experimentos serem facilmente replicáveis, em poucos anos tornaram-se clássicos – citados simplesmente pelo nome.

As apresentações públicas da conjugação e da transdução também eram notavelmente similares. A conjugação foi descoberta em maio de 1946. Tatum conseguiu inserir um artigo no simpósio que se realizaria no mês seguinte em Cold Spring Harbor. Lederberg fez, a seguir, estudos a respeito das *linkage* e publicou um artigo completo, em 1947, na revista *Genetics*. R. A. Brink, um geneticista especializado na cultura do milho, da Universidade de Wisconsin, num movimento brilhante, em 1947, contratou Lederberg para o seu departamento, então com vinte e dois anos, como professor assistente. Um fluxo de artigos, de resenhas críticas e de palestras começou a jorrar de Lederberg e os cientistas receberam dele as relevantes cepas que lhes permitiram repetir e ampliar os experimentos.

Cheguei à Universidade de Wisconsin no verão de 1948, com dezenove anos de idade, enviado da Columbia por Francis Ryan, outro mentor de Lederberg. De imediato, descobri o procedimento para o enriquecimento da penicilina a fim de isolar os mutantes auxotróficos bioquímicos. Isto proporcionou uma infinidade de marcadores genéticos e abriu, no seu todo, o metabolismo intermediário nas bactérias para a análise genética. Passei o verão de 1949 assistindo a um curso sobre fagos, em Cold Spring Harbor, ensinando a

Demerec como acasalar a *E. coli* e mapeando os locais de resistência à estreptomicina. Tendo a transdução, em 1952, já um ano de existência, Tatum inscreveu-me num simpósio patrocinado pela Society of American Bacteriologists. Nos anos subseqüentes, fui convidado a proferir uma meia dúzia de palestras sobre "genes numa garrafa", inclusive uma conferência plenária no International Genetics Congress. Poucos entenderam de maneira completa o que eu estava dizendo, mas poucos objetaram ao exposto. Apenas Delbrück exprimiu reservas no tocante à conjugação, porém, até ele, aceitou a transdução.

Transformação

A transformação teve um destino diferente. No Instituto Rockefeller, Avery, MacLeod e McCarty estavam cercados por um grupo de químicos especializados em proteínas e físico-químicos (também envolvidos no estudo das proteínas), bem como microbiologistas e virologistas da linha antiga. Avery, MacLeod e McCarty dispunham de pouco apoio na sua busca – tão-somente T. Shedlovsky os ajudou, ao demonstrar numa ultracentrífuga que o princípio de transformação era de cerca de 500 mil unidades de peso molecular – e eles não eram muito bons como propagandistas do seu trabalho. Não tinham nenhuma conexão com um grupo da elite de cientistas, e o próprio experimento era tão difícil que ninguém mais, a não ser uma pessoa treinada no Rockefeller, poderia repeti-lo – e talvez não tenha havido quem o tentasse. Ainda assim, o experimento exerceu impacto significativo (ver abaixo), especialmente depois que a guerra terminou e a ciência retomou o seu desenvolvimento. Eles, porém, publicaram-no em revistas erradas e mostraram-se tímidos na defesa do fenômeno encontrado. Pressupunham que, não importando quais fossem as objeções ou omissões, mais cedo ou mais tarde aquilo que havia sido observado no tubo de ensaio seria aceito e compreendido. Não se fazia mister travar uma batalha para a boa acolhida da interpretação.

Em 1994 celebrou-se, na Universidade Rockefeller, o qüinquagésimo aniversário da publicação do artigo de Avery, McLeod e McCarty. Organizei o evento e consegui obter apresentações de alguns dos primeiros e mais importantes atores e observadores da pesquisa: McCarty, Chargaff, Hotchkiss, Hershey, Seymour Cohen e Lederberg. Cada um deles relatou as conseqüências do artigo sobre os seus próprios trabalhos. Lederberg descreveu como, ao ser informado por Mirsky sobre a transformação, passara a procurar, com um estímulo adicional, a recombinação em bactérias; Chargaff contou que na ocasião abandonara sua pesquisa com o sangue e voltara-se para os procedimentos ligados à análise do nucleotídeo DNA, a qual resultou, com o tempo, nas suas famosas regras; Cohen descobriu o RNA no vírus do mosaico do tabaco, uniu-se a Chargaff e, depois, a despeito das chacotas do grupo de fagos de Delbrück, pusera-se a investigar a bioquímica do DNA e do RNA, bem como os eventos protéicos que sucedem a uma infecção por fagos; Hershey, após ter-se dedicado ao metabolismo do DNA subseqüente a uma contaminação por fagos, foi levado, por fim, a empreender o famoso experimento Hershey-Chase. Hotchkiss aperfeiçoou a sensibilidade de detecção de proteínas e depois procurou realizar transformações com outros marcadores, além dos de cápsula, tendo sucesso no seu intento. Na verdade, Hotchkiss, que ainda estava na Universidade Rockefeller, foi o foco de um subseqüente esforço no campo da transformação. Entretanto, ao contrário de Barbara McClintock, ele nunca publicou de fato quaisquer comunicações sobre os seus mais importantes trabalhos. Com efeito, durante anos, muitos dos desenvolvimentos realizados no Rockefeller apareceram apenas nos relatórios anuais do Rockefeller Institut for Medical Research (1933-1944, 1946-1951), que ninguém leu.

A resistência à aceitação do DNA como material genético foi claramente um produto da desconfiança, tanto pelo lado da genética quanto da química, de Avery, McLeod e McCarty; a falta de empenho nas relações públicas e de experimentos definitivos e confirmatórios, quiçá por serem demasiado árduos para serem efetuados, contribuiu não menos. Além do mais, não havia um grupo de elite, como o dos cientistas dos fagos no Meio-Oeste americano, para difundir a história de suas realizações.

Por fim, num curto prazo, os pormenores das reações sociais ante a apresentação de um novo fato científico, seja ele um achado, seja uma descoberta, são, para muitos cientistas, o fator que decide quem ganha e quem perde, independentemente de se tratar de um descobrimento prematuro, pós-maduro ou vindo a termo.

Bibliografia

Alloway, J. L. 1932. The Transformation *in Vitro* of R Pneumococci into S forms of Different Specific Types by the Use of Filtered Pneumococcus Extracts. *J. Ex. Med.* 55:91-99.

Arndt, W. & N. D. Zinder. 1956. Production of Protoplasts of *Escherichia coli* by Lysozyme Treatment. *Proc Soc Nat'l Acad. Sci.* 42:586-90.

Avery, O. T.; C. M. MacLeod & M. McCarty. 1944. Studies on the Chemical Transformation of Pneumococcal Types. *J. Exp. Med.* 79:137-58.

Boivin, A. 1947. Directed Mutation in Colon Bacilli, by an Inducing Principle of Deoxyribonucleic Nature: Its Meaning for the General Biochemistry of Hereditary. *Cold Spring Harbor Symp. Quart. Biol.* 12:7-17.

Cohen, S. N.; A. C. Chang; H. W. Boyer & R. R. Helling. 1973. Construction of Biological Functional Bacterial Plasmids in Vitro. *Proc. Soc Nat'l. Acad. Sci.* 70:3240-44.

Dawson, M. H. & R. H. P. Sia. 1931. In Vitro Transformation of Pneumococcal Types. Pts. 1-2. *J. Exp. Med.* 54:681-99, 701-10.

Dobzhansky, T. 1947. *Genetics and the Origin of Species*. New York: Columbia University Press.

Dubos, R. L. 1976. *The Professor, the Institute & DNA*. New York: Rockefeller University Press.

Griffith, F. 1928. The Significance of Pneumococcal Types. *J. Hyg* 27:113-59.

Hayes, W. 1953. The Mechanism of Genetic Recombination in *Escherichia coli*. *Cold Spring Harbor Symp. Quant. Biol.* 18:75-93.

Hershey, A. & M. Chase. 1952. Independent Functions of Viral Proteins and Nucleic Acid in Growth of Bacteriophage. *J. Gen. Physiol.* 36:39-56.

Kuhn, T. 1970. *The Structure of Scientific Revolutions*. Chicago: University of Chicago Press.

Lederberg, J. L. 1986. Forty Years of Genetic Recombination in Bacteria: A Fortieth Anniversary Reminiscence. *Nature* 324:627-28.

______. 1987. Genetic Recombination in Bacteria: A Discovery Account. *Ann. Rev. Genet.* 21:23-46.

Levene, P. A. 1931. *Nucleic Acids*. New York: Chemical Laboratory Company.

Luria, S. E. 1947. Recent Advances in Bacterial Genetics. *Bact. Rev.* 2:1.

Lwoff, A. & A. Gutman. 1950. Recherches sur un B. megatherium lysogene. *Ann. 1st. Pasteur.* 78:711-39.

McCarty, M. 1985. *The Transforming Principle*. New York: W. W. Norton.

McCarty, M.; H. E. Taylor & O. T. Avery. 1946. Biochemical Studies of Environmental Factors Essential in Transformation of Pneumococcal Types. *Cold Spring Harbor Symp. Quant. Biol.* 11:177-83.

Mirsky, A. E. 1947. Chemical Properties of Isolated Chromosomes. *Cold Spring Harbor Symp. Quart. Biol.* 12:142-47.
Neidhardt, E. C. 1996. *Escherichia coli and Salmonella*. Washington, D.C.: ASM Press.
Neufeld, F. & W. Levinthal. 1928. Beiträge zur Variabilität der Pneumokokken. *Zeit. fur Immunitat* 55:324-40.
Stent, G. S. 1972. Prematurity and Uniqueness in Scientific Discovery. *Scientific American* 227 (dezembro): 84-93.
Wollman, E. & F. Jacob. 1958. Sur les processus de conjugasion et de recombinaison chez E. coli. *Ann. Inst. Pasteur* 95:641-46.
Zinder, N. D. 1953. Infective Heredity in Bacteria. *Cold Spring Harbor Symp. Quant. Biol.* 18:261-70.
______. 1959. Virology, 1959. *American Scientific* 48:608-16.
Zinder, N. D. & J. Lederberg. 1952. Genetic Change in Salmonella. *J. Bact.* 64:679-99.
Zuckerman, H. & J. Lederberg, 1986. Forty Years of Genetic Recombination in Bacteria: A Postmature Scientific Discovery? .*Nature* 324:629-31.

6.

ESCOTOMA*
Omissão e Negligência na Ciência

Oliver Sacks

I.

Podemos olhar a história das idéias de maneira retrospectiva e prospectiva – podemos delinear os primeiros estágios, as sugestões e as antecipações daquilo que agora pensamos; ou podemos concentrar-nos na evolução, nos efeitos e influências daquilo que um dia pensamos. De um ou de outro modo, nos é dado imaginar que a história será revelada como algo contínuo, um avanço, uma abertura, como a árvore da vida. O que se encontra amiúde, entretanto, está muito longe de um desdobramento majestoso, e muito longe de ser uma continuidade em qualquer sentido. Esta é uma conclusão que tentarei ilustrar com algumas histórias (que poderiam ser multiplicadas uma centena de vezes) de como os processos da descoberta científica podem ser ímpares, complexos, contraditórios e irracionais. E, no entanto, além das torções e dos anacronismos na história da ciência, além das vicissitudes e acasos, talvez haja no todo um padrão a ser discernido.

*. Este artigo é uma edição revista e atualizada de um ensaio mais longo publicado em 1995 no livro de R. Silvers. (N. do O.)

Comecei a perceber quão enganosa pode ser a história científica quando me envolvi com o meu primeiro amor, a química. Relembro que ela me impressionou vivamente, quando rapaz, ao ler, na história da química de F. P. Armitage, um antigo professor de minha faculdade, que o oxigênio havia sido descoberto já nos anos de 1670 por John Mayow, juntamente com a teoria da combustão e da respiração. Mas o trabalho de Mayow foi em seguida olvidado e desapareceu de vista durante um século de obscurantismo (e na vigência da teoria do flogístico), e o oxigênio veio a ser redescoberto tão-somente cem anos depois, por Lavoisier. Mayow morreu com trinta e quatro anos: "Tivesse ele vivido um pouco mais", acrescenta Armitage, "dificilmente se pode duvidar de que ele teria antecipado o trabalho revolucionário de Lavoisier e sufocado a teoria do flogístico no seu nascedouro". Foi esta uma exaltação romântica de John Mayow ou uma falsa interpretação romântica da estrutura do empreendimento científico ou, cabe perguntar ainda, poderia a história da química ter sido totalmente diferente, como sugere Armitage?[1]

Pensei nessa história nos meados dos anos de 1960, quando eu era um jovem neurologista que estava começando a trabalhar numa clínica para dores de cabeça. Minha tarefa era diagnosticar – enxaquecas, dores de cabeça provenientes de tensão, e quaisquer outras – e prescrever tratamento. Mas nunca pude limitar-me a isso, nem tampouco muitos dos pacientes que examinei. Em geral, contavam-me com freqüência outros fenômenos ou eu os observava neles: às vezes angustiantes, outras vezes intrigantes, mas nunca estritamente parte do quadro médico – não indispensáveis, pelo menos, para estabelecer o diagnóstico.

1. O livro de Armitage foi escrito em 1905 para estimular o entusiasmo dos escolares da época do rei Eduardo VII da Grã-Bretanha, e agora, vendo-o com outros olhos, a obra parece-me um tanto romântica e chauvinista, na medida em que insiste em atribuir a um inglês, e não a um francês, a descoberta do oxigênio. William Brock escreveu na sua *Norton History of Chemistry* (1993): "Historiadores mais antigos da química gostavam de ver uma estreita semelhança entre a explicação de Mayow e a posterior teoria do oxigênio proveniente da calcinação". Tais similaridades, porém, como Brock salienta, "são superficiais, pois a teoria de Mayow era uma teoria mecânica da combustão e não uma teoria química. [Além do mais,]... ela assinala o retorno a um mundo dualista de princípios e poderes ocultos".

Na enxaqueca clássica há, em geral, uma assim chamada aura, em que o paciente pode ver ziguezagues cintilantes atravessando o campo da visão. Estes são bem descritos e compreendidos. Porém, algumas vezes, mais raramente, pacientes falavam-me de padrões geométricos mais complexos que apareciam em lugar dos ziguezagues, ou em adição a eles: redes, espirais, funis e tramas, todos se deslocando, girando e modulando constantemente. Fui pesquisar isso na literatura corrente, mas não pude encontrar nenhuma menção a tais coisas. Intrigado, decidi retornar aos registros do século XIX, que tendem a ser mais plenos, muito mais vívidos, mais ricos na descrição, do que os modernos.

Minha primeira descoberta ocorreu na seção de livros raros da biblioteca de nossa faculdade (tudo o que fora escrito antes de 1900 era tido como "raro") – um livro extraordinário sobre enxaqueca, de autoria de um médico vitoriano, Edward Liveing, na década de 1860. Tinha um título maravilhosamente longo, *On Megrim, Sick-Headache, and Some Allied Disorders: A Contribution to the Pathology of Nerve Storms* (Sobre Enxaqueca, Dor de Cabeça e Algumas Desordens Relacionadas), e era uma espécie de livro cheio de meandros, enorme, escrito com clareza numa época bem mais despreocupada e menos rigidamente contida do que a nossa[2]. O texto mencionava em poucas palavras os complexos padrões geométricos citados acima por mim, e remetia-me a um artigo composto alguns poucos anos antes, "On Sensorial Vision" (Sobre a Visão Sensorial), por John Frederick Herschel, filho de Frederick Herschel (ambos, pai e filho eminentes astrônomos, sofriam de enxaqueca "visual" e escreveram a respeito do fato). Senti que havia por fim me deparado com uma descoberta proveitosa. O jovem Herschel fizera descrições elaboradas e meticulosas dos fenômenos que meus pacientes me haviam descrito. Ele os experienciara por si próprio e aventurara-se a empreender algumas especulações profundas sobre a possível natureza e origem destes. Ele pensou que tais fenômenos podiam representar "uma espécie de poder caleidoscópico" no sensório, um poder primordial, pré-pessoal gerado na mente,

2. Liveing, 1873.

que seriam os primeiros estágios, talvez até os precursores da percepção[3].

Não pude encontrar uma só descrição adequada desses "Espectros Geométricos", como Herschel os denominou, em todo o período de cem anos que medeia entre as observações deste astrônomo e as minhas, e já era claro para mim que, ao menos uma pessoa em vinte, afetada pela enxaqueca, passava alguma vez pela experiência de vê-los. Como foi possível que esse fenômeno – espantoso, altamente característico, com padrões sem dúvida alucinatórios – deixou de ser percebido por tanto tempo? Em primeiro lugar, alguém deve fazer uma observação e um relatório. Poucos anos depois que Herschel apresentou seus espectros, G. B. A. Duchenne, na França, descreveu um caso de distrofia muscular[4]. Aqui, porém, as histórias divergem. Tão logo as observações de Duchenne foram publicadas, os médicos começaram a "ver" distrofia em toda parte e, em poucos anos, numerosos casos foram relatados e descritos. A doença sempre existiu, ubíqua e inconfundível. Por que foi preciso que Duchenne abrisse nossos olhos? Suas observações adentraram de uma vez na corrente da percepção clínica como uma síndrome, uma doença de grande importância.

Por contraste, o artigo de Herschel sumiu sem deixar uma pista. Ele não era um médico a fazer observações clínicas, porém um observador independente, com grande curiosidade. Ele se considerava um astrônomo, mesmo com respeito às suas próprias alucinações e, de fato, chamava a si mesmo de "astrônomo do seu íntimo". Herschel suspeitava de que suas observações possuíam importância científica, de que tais fenômenos poderiam conduzir a profundos *insights* acerca do cérebro, mas se também possuíam importância médica era um fato que não lhe ocupava o espírito. Visto que a enxaqueca era em geral definida como uma condição "médica", as observações de Herschel não contavam com status profissional; foram vistas como irrelevantes e, após uma breve menção

3. Herschel, 1858.
4. Duchenne, 1868.

no livro de Liveing, foram esquecidas, ignoradas pelos clínicos. Se a tais observações incumbisse apontar novas idéias científicas sobre a mente e o cérebro, o fato é que nos anos de 1850 não havia meios de efetuar as devidas conexões; os necessários conceitos só emergiriam 120 anos depois.

Esses conceitos necessários surgiram em conjunção com o recente desenvolvimento da teoria do caos, a qual prova que, embora seja impossível predizer em pormenor a disposição individual de cada elemento de um sistema, quando há um grande número de elementos em interação (como, por exemplo, no caso dos milhões de células nervosas no córtex visual primário), padrões podem ser discernidos em um nível mais alto pela utilização de métodos recentemente desenvolvidos de análises matemática e computacional. Há "comportamentos universais" que emergem em tais interações, comportamentos que representam os modos como tais sistemas dinâmicos não lineares se organizam a si próprios. Eles tendem a assumir a forma de padrões complexos, reiterativos no espaço e no tempo – a bem dizer, toda variedade de redes, espirais e teias que a pessoa vê nas alucinações geométricas da enxaqueca.

Tais comportamentos caóticos têm sido modernamente reconhecidos num amplo espectro de sistemas naturais, desde os movimentos excêntricos de Plutão até os impressionantes padrões que se apresentam no curso de certas reações químicas e a multiplicação dos mixomicetos, e nos caprichos do tempo. Com isso, até agora, um fenômeno insignificante ou não observado, como os padrões geométricos da aura da enxaqueca, assumem de súbito uma nova importância. O que nos mostra, na forma de uma manifestação alucinatória, não só uma atividade elementar do córtex cerebral, mas todo um sistema auto-organizado, um comportamento universal, em ação[5].

5. Descrevi os fenômenos da aura na enxaqueca em 1970, na edição original de Sacks, mas pude apenas dizer que eram "inexplicáveis" à luz dos conceitos então existentes. Eu os discuti depois, sob o enfoque da teoria do caos, em colaboração com o meu colega Dr. Ralph Siegel, num capítulo adicional, na edição revista, Sacks, 1992.

II.

Com a enxaqueca, tive de retornar a uma esquecida literatura médica anterior – uma literatura que a maioria dos meus colegas via como superada ou obsoleta. Eu mesmo me vi numa posição similar com a Síndrome de Tourette, a *doença dos tiques* descrita nos idos de 1880 por Georges Gilles de la Tourette. Meu interesse no assunto foi incitado em 1969, quando pude "despertar" certo número de pacientes acometidos de *encephalitis lethargica* com L-Dopa e ver como muitos deles rapidamente se agitaram, saindo da imobilidade, de estados como que de transe por meio de uma breve "normalidade" torturante e, depois, para um extremo oposto – para estados violentamente hipercinéticos repletos de tiques, muito análogos à semimítica "síndrome de Tourette". Eu disse "semimítica" porque ninguém na década de 1960 falava muito dessa síndrome. Ela era considerada extremamente rara e possivelmente factícia. Mesmo eu, ouvira falar dela vagamente. As coisas iriam logo mudar: nos anos de 1970, a síndrome foi redescoberta e verificou-se que era milhares de vezes mais comum do que se suspeitava; houve uma onda de interesse pela doença e pela pesquisa a seu respeito.

Mas a este surto de interesse por essa redescoberta, seguiu-se um silêncio e uma omissão de sessenta anos ou mais, durante os quais a síndrome foi raramente discutida ou mesmo diagnosticada. Na verdade, quando comecei a pensar no caso, em 1969, ocasião em que meus próprios pacientes estavam se tornando sensivelmente *tourétticos*, tive dificuldades de encontrar quaisquer referências atualizadas, e mais uma vez precisei retornar à velha literatura do século anterior: aos artigos originais de Gilles de la Tourette, de 1885 e 1886, e a uma dúzia de informações que os acompanha[6]. Era uma época de extraordinárias descrições, na maior parte, francesas, sobre as variedades de tiques de comportamento, que culminavam (e terminavam) no livro sobre tiques publicado pela primeira vez em 1902,

6. Tourette, 1885.

por Henry Meige e E. Feindel[7]. Todavia, entre 1903 e 1970, a própria síndrome parecia ter quase desaparecido.

Por quê? Cabe pensar se essa omissão não se deveu às crescentes pressões, no início do novo século, para tentar explicar fenômenos científicos, em seguimento de um tempo em que bastava *descrevê*-los. E a síndrome de Tourette era particularmente difícil de explicar. Nas suas formas mais complexas, esta doença poderia exprimir-se não apenas por movimentos convulsivos e ruídos, mas também por tiques, compulsões, obsessões e tendência para fazer gracejos e trocadilhos, para jogar com os limites, envolver-se em provocações sociais e elaborar fantasias. Embora houvesse tentativas de explicar a síndrome em termos psicanalíticos, tais tentativas, lançando luz em alguns dos fenômenos, foram impotentes para explicar outros tantos; existiam também, é certo, componentes orgânicos. Em 1960, a descoberta de que uma droga, o haloperidol, que rebate os efeitos da dopamina, pudesse extinguir muitas das manifestações do mal de Tourette, gerou por sua vez uma hipótese muito mais tratável – de que a referida doença era, essencialmente, uma enfermidade química causada por um excesso do neurotransmissor (ou uma excessiva sensibilidade a ele) no cérebro.

Tendo à mão esta confortável e redutora explanação, a síndrome rapidamente saltou de novo à proeminência, e de fato pareceu multiplicar mil vezes a sua incidência. Na atualidade ocorre uma intensíssima investigação da síndrome de Tourette, porém voltada para pesquisas quase circunscritas a seus aspectos genéticos e moleculares. E, embora possam esclarecer algo da excitabilidade geral do citado mal, elas poderão talvez ajudar pouco para iluminar as formas particulares da disposição *tourettica* para envolver-se na comédia, na fantasia, no arremedo, na gozação, no sonho, na exibição, na provocação e no jogo. Assim, conquanto tenhamos nos deslocado de uma era de pura descrição para outra de investigação ativa e

7. Ver Meige e Feindel 1907, na tradução inglesa.

explanação, o próprio mal de Tourette veio a ser um fragmento no processo, não sendo mais visto como um todo[8].

Esta espécie de fragmentação talvez seja típica de certa etapa na ciência – a fase que sucede à pura descrição. Os fragmentos, porém, precisam de algum modo, em algum tempo, serem unidos e apresentados uma vez mais como um todo coerente. Isto requererá um conhecimento de determinantes em *cada* nível, do neurofisiológico ao psicológico e ao sociológico – e de suas contínuas e intrincadas interações[9].

III.

Passei, como médico, quinze anos efetuando observações neurológicas, mas, em 1974, eu mesmo vivi uma experiência neurológica – experienciei, por assim dizer, a "interioridade" de uma síndrome neuropsicológica. Eu machucara gravemente os nervos e os músculos de minha perna esquerda ao realizar uma escalada numa parte remota da Noruega. Necessitava de uma cirurgia para ligar os tendões do músculo e de tempo para curar os nervos. Durante

8. Sobre a síndrome de Tourette e a história de nossas idéias, leia-se o meu trabalho em Sacks, 1987a.

9. Uma seqüência um tanto similar ocorreu na psiquiatria "médica". Se alguém olhar os quadros de internação de pacientes institucionalizados em asilos e hospitais estatais nas décadas de 1920 e 1930, deparar-se-á com observações clínicas e fenomenológicas, extremamente pormenorizadas, engastadas amiúde em narrativas de uma densidade e riquezas quase novelísticas (tal como aparecem nas descrições "clássicas" de Kraepelin e outros, na virada do século). Com a instituição de rígidos critérios de diagnóstico e de manuais (os "manuais estatísticos e diagnósticos" denominados DSM-III e DSM-IV), desapareceram a riqueza, o detalhe e a abertura fenomenológicos e, em seu lugar, encontram-se notas muito escassas que não proporcionam um quadro real do paciente ou de seu mundo, reduzindo-o, porém, juntamente com sua moléstia, a uma lista de critérios diagnósticos, "maiores" e "menores". Atualmente, as fichas psiquiátricas nos hospitais apresentam-se inteiramente desprovidas da profundidade e densidade de informações se comparadas ao que se expunha nas antigas, de modo que são de pouca utilidade para nos ajudar a levar a cabo a síntese do conhecimento neurocientífico e psiquiátrico que também necessitamos. As "velhas" histórias de casos e quadros hão de ser, no entanto, inestimáveis.

o período de duas semanas, no qual minha perna estava desenervada e engessada, não só fiquei privado de movimento e sensibilidade, mas senti como se ela deixasse de fazer parte de mim. Parecia-me que se tornara algo sem vida, quase um objeto inorgânico, não real, não meu, uma inconcebível coisa alheia e estranha. Mas, quando tentei comunicar a experiência ao meu cirurgião, ele disse: "Saks, você é excepcional. Nunca ouvi antes coisa semelhante de um paciente".

Achei isso um absurdo. Como poderia eu ser "excepcional"? Deve haver outros casos, pensei, mesmo que meu cirurgião nunca tivesse ouvido falar deles. Assim que consegui movimentar-me o suficiente, comecei a conversar com outros pacientes, com meus companheiros de hospital, e muitos deles, verifiquei, haviam passado, como eu, pela experiência de não sentir os membros como sendo seus, ou seja, "alheios". Para alguns, a experiência pareceu tão sinistra e horrível que tentaram expulsá-la de suas cabeças; outros se preocuparam com ela em segredo, mas não tentaram expô-la.

Quando deixei o hospital, dirigi-me à biblioteca, decidido a buscar alguma referência sobre o assunto. Durante três anos, não encontrei nada. Mas um dia me deparei com um relato de Silas Weir Mitchell, o grande neurologista americano do século dezenove, que descrevia de maneira completa e cuidadosa membros fantasmas ("fantasmas sensoriais", como ele os chamou). Mitchell também escreveu acerca de "fantasmas negativos", experiências de aniquilação e alienação subjetivas de membros após um grave ferimento ou uma cirurgia. Ele encontrou um vasto número de casos durante a Guerra Civil e ficou tão impressionado com esses casos que de pronto publicou uma circular especial sobre o tema *Reflex Paralysis* (Paralisia Reflexa), a qual foi distribuída pelo escritório do Cirurgião Geral em 1864. Suas observações suscitaram um breve interesse que logo depois se extringuiu[10]. Mais de cinqüenta anos decorreram até que a síndrome fosse redescoberta. Isto ocorreu, mais uma vez, durante um tempo de guerra, quando milhares de novos casos de trauma neurológico foram notados na

10. Mitchell 1872.

frente de combate. Em 1917, o eminente neurologista J. Babinski publicou (com J. Froment) uma monografia intitulada *Syndrome Physiopathique* (Síndrome Psicopática), na qual, ignorando, ao que tudo indica, o relato de Mitchell, descreveu a síndrome que eu sofri. De novo, as observações malograram sem deixar rastro (quando, em 1975, finalmente dei com o livro em nossa biblioteca, descobri que eu era a primeira pessoa a tomá-lo emprestado, desde 1918). Durante a Segunda Grande Guerra, a síndrome foi plena e ricamente descrita pela terceira vez por dois neurologistas soviéticos, A. N. Leont'ev e A. V. Zaporozhets, que, mais uma vez, ignoravam seus predecessores. Embora o livro deles, *Rehabilitation of Hand Function* (Reabilitação da Função da Mão), tivesse sido traduzido para o inglês em 1960, suas observações não foram de modo algum incorporadas aos conhecimentos dos neurologistas nem dos especialistas em reabilitação[11].

À medida que eu reunia as peças desta extraordinária, e até mesmo bizarra, história, comecei a sentir maior simpatia por meu cirurgião e por sua declaração de que nunca ouvira falar antes de algo semelhante aos meus sintomas. E, no entanto, a síndrome não é uma ocorrência tão incomum: ela acontece sempre que há uma dissolução significativa da imagem do corpo. Mas, por que é tão difícil registrá-la e dar à síndrome seu devido lugar em nosso conhecimento e consciência neurológicos?

O termo *escotoma* (escuridão, sombra) – como utilizado pelos neurologistas – denota uma desconexão ou um hiato na percepção, essencialmente uma fissura na consciência produzida por uma lesão neurológica. Tais lesões podem ser de qualquer nível e ocorrer nos nervos periféricos, como foi no meu próprio caso, e até no córtex sensório do cérebro. Portanto, é muito difícil para um paciente com semelhante escotoma estar apto a comunicar o que está acontecendo. Ele próprio, por assim dizer, escotomiza a experiência. É igualmente difícil, para seu médico e seus ouvintes, adentrar-se no que ele está falando, porque eles, por sua vez, tendem a escotimi-

11. Leont'ev e Zaporozhets 1960.

zar o que estão escutando. Tal escotoma é literalmente inimaginável, a não ser que o indivíduo o esteja experienciando (daí porque sugiro, meio jocosamente, que as pessoas leiam *A Leg to Stand On* (Uma Perna para Ficar de Pé), enquanto estiverem sob anestesia raquidiana, de modo que poderão saber por si próprios sobre o que estou falando)[12].

Se, de alguma forma, por um esforço quase sobre-humano, tais barreiras de comunicação forem transcendidas, como o foram por Mitchell, Babinski, Leont'ev e Zaporozhets – ninguém, segundo parece, leu ou se lembra do que eles escreveram. Há um escotoma histórico ou cultural, um "buraco de memória", como diria Orwell.

IV.

Vamos sair desse domínio estrambótico para um fenômeno mais positivo (mas ainda assim estranhamente omitido ou escotomizado), em particular o da total cegueira para discriminar cores que se segue a um ferimento ou a uma lesão cerebral – a assim chamada acromatopsia cerebral adquirida (trata-se, sem dúvida, de uma condição de todo diferente da cegueira comum para discriminar cores causadas por uma deficiência de um ou mais receptores de cor na retina). Escolhi esse exemplo por tê-lo explorado com algum pormenor, mas soube de sua existência inteiramente por acaso, quando um paciente com esta condição escreveu-me perguntando se eu havia alguma vez me deparado com algo assim, anteriormente. Eu e meu amigo e colega, Dr. Robert Wasserman, despendemos um bocado de tempo com esse excepcional paciente e o nosso primeiro relatório apareceu em 1987, no *New York Review of Books*[13].

12. Sacks, 1984. Discuti isso de maneira mais completa no posfácio da edição Sacks de 1998.
13. Sacks, 1987b. Uma versão ampliada e revista do artigo também apareceu em Sacks, 1995.

Mas, quando examinamos a história dessa condição, encontramos logo uma notável lacuna ou anacronismo. A acromatopsia cerebral adquirida – e mesmo uma forma mais dramática dela, a hemiacromatopsia, a perda da percepção de cor em apenas uma metade do campo visual, sobrevinda subitamente como conseqüência de um enfarte – foi descrita de maneira exemplar por um neurologista suíço, Louis Verrey, em 1888. Quando seu paciente morreu em decorrência do ataque, este médico pôde delinear a área exata do córtex visual danificado pelo enfarte. Aqui, disse ele, "encontrar-se-á o centro do sentido cromático"[14]. Poucos anos depois da comunicação de Verrey surgiram outros relatórios minuciosos sobre problemas similares com respeito à percepção da cor e sobre as lesões que a causavam, de modo que a acromatopsia e suas bases neurológicas pareciam firmemente estabelecidas. Mas depois, estranhamente, não apareceu mais relatório algum – nem um único caso completo veio a ser descrito durante setenta e cinco anos, entre o último informe datado de 1899 e a "redescoberta" da acromatopsia em 1974.

Esta história foi discutida com grande discernimento e erudição científica por dois colegas meus: Semir Zeki, da Universidade de Londres, e Antonio Damasio, da Universidade de Iowa[15]. Zeki, reparando que a resistência aos achados de Louis Verrey começou no momento em que foram publicados, julga que a virtual negação e recusa brotavam de uma profunda e talvez inconsciente atitude filosófica, a então prevalecente crença na inconsutilidade da visão. A noção de que o mundo visual nos é concedido como um dado, uma imagem, preenchida com cor, forma, movimento e profundidade, é uma noção natural e intuitiva à qual a óptica newtoniana e o sensualismo lockeano proporcionaram aparentemente legitimação científica e filosófica. A invenção da câmara lúcida e posteriormente a da fotografia pareceram exemplificar este modelo mecânico de percepção. Por que deveria o cérebro comportar-se de alguma maneira diferen-

14. Verrey, 1888.
15. Zeki, 1993; Damasio, 1985.

te? A cor, era óbvio, constituía uma parte integral da imagem visual e não poderia ser dissociada desta. As idéias sobre uma perda isolada de uma percepção normal de cor, a partir daí, e sobre um centro de sensação cromática no cérebro eram concebidas como evidente insensatez. Verrey devia estar errado; noções tão absurdas deviam ser postas de lado. Foi o que aconteceu e a acromatopsia "desapareceu".

Darwin insistiu repetidas vezes que nenhum homem poderia ser bom observador, a menos que fosse também ativo teorizador, e o próprio Darwin, como seu filho Francis escreveu, parecia "carregado de poder teorizador" que animava e iluminava todas as suas observações, até as mais triviais. Porém, acrescentou Francis, este poder foi sempre equilibrado pelo ceticismo e pela precaução e, sobretudo, pelos experimentos que amiúde demoliam ou não a nova teoria. A teoria, não obstante, pode ser um grande inimigo da observação honesta bem como do pensamento especialmente quando ela esquece que *é* teoria ou modelo e se petrifica em dogma ou suposição, não enunciados, talvez inconscientes. Assunções erradas deram fim a observação de Verrey, aniquilaram o assunto todo durante três quartos de século[16].

A noção de percepção, tal como "dada" de um modo inconsútil em geral, foi finalmente abalada nas suas bases pelas descobertas de David Hubel e Torsten Wiesel, entre os últimos anos da década de 1950 e começo da de 1960. Eles mostraram que no córtex visual existiam células e colunas de células que atuavam como "detetores de características", especificamente sensíveis a horizontais, ver-

16. Ainda assim, parece que houve igualmente outros fatores em ação. Damasio descreve como, quando o renomado neurologista Gordon Holmes publicou, em 1919, seus achados durante o tratamento de 200 casos de feridos de guerra no córtex visual, este declarou sumariamente que nenhum deles apresentava deficiências isoladas na percepção da cor, e que sua pesquisa não dava nenhum suporte a qualquer noção relativa à existência de um centro de cor no cérebro. Cf. Holmes, 1918 e 1919. Holmes era um homem com extraordinária autoridade e poder no mundo da neurologia, e sua oposição de base empírica à idéia de um isolado defeito cerebral de cor ou centro de cor, reiterada com crescente vigor por mais de trinta anos, constituiu um fator preponderante, na opinião de Damasio, para impedir o efetivo reconhecimento clínico da síndrome.

ticais, cantos, alinhamentos e outros aspectos do campo visual[17]. Com isto começou a desenvolver-se a idéia de que a visão possuía componentes, de que as representações visuais não eram em sentido algum "dadas" como imagens ópticas ou fotográficas, mas eram *construídas* por um gigantesco complexo e uma intricada correlação de diferentes processos. A percepção era agora vista quer como composta, quer como modular: a interação de um imenso número de componentes. A inconsutibilidade da percepção não era "dada", porém precisava ser *alcançada* no cérebro.

Ficou claro, nos anos de 1960, que a visão era um processo analítico que dependia das sensitividades variantes de um grande número de sistemas cerebrais (e da retina), cada qual "sintonizado" para responder aos diferentes componentes da percepção. Foi nessa atmosfera de hospitalidade aos subsistemas e sua integração que Zeki descobriu células específicas sensíveis ao comprimento de onda e à cor no córtex visual do macaco; e ele as encontrou quase na mesma área que Verrey, oitenta e cinco anos antes, sugerira como sendo um centro de cor. O achado de Zeki parecia libertar os neurologistas clínicos de sua inibição quase secular. Poucos anos depois, numerosos novos casos de acromatopsia foram diagnosticados e, por fim, legitimados como uma condição neurológica válida[18].

17. Ver, por exemplo, Hubel e Wiesel, 1962.
18. Que um viés conceitual tenha sido responsável pela recusa e "desaparecimento" da acromatopsia foi confirmado pela história inteiramente oposta que cercou a cegueira do movimento central (acinetopsia), a qual foi descrita em um único caso, por Zihl et al. em 1983. O paciente em questão podia enxergar pessoas ou carros, quando parados, mas suas imagens desapareciam tão logo estes se movimentavam, e reapareciam depois, quando em repouso, em diferentes lugares. O caso de Zihl, conforme as anotações de Zeki, foi "imediatamente aceito pelo universo de neurologistas... e neurobiólogos, sem nenhum murmúrio de dissensão... em contraposição à história, muito mais turbulenta, da acromatopsia". Esta diferença dramática se relaciona à adequação ao tempo, à profunda mudança no clima intelectual, que surgiu nos anos imediatamente anteriores. Nos primórdios da década de 1970, constatou-se a existência de uma área especializada de células sensíveis ao movimento no córtex pré-estriado dos macacos, e a *idéia* de especialização funcional foi por fim plenamente acolhida um decênio mais tarde. Assim, por volta de 1983, nas palavras de Zeki, "todas as dificuldades conceituais estavam removidas". Não havia nenhuma razão conceitual para rejeitar os achados de Zihl – de fato, pelo contrário, foram acolhidos com prazer como uma soberba peça de evidência clínica em consonância com o novo clima.

V.

Seria possível tirar algumas lições dos exemplos que acabei de discutir? Creio que sim. Poder-se-ia primeiro invocar aqui o conceito de prematuridade – e considerar as observações feitas no século XIX por Herschel, Mitchell, Gilles de la Tourette e Verrey como extemporâneas, de modo que não poderiam ser integradas nas concepções que lhes eram contemporâneas. Gunther Stent, escrevendo sobre a prematuridade na descoberta científica, afirma que "Uma descoberta científica é prematura se suas implicações não puderem ser conectadas, por uma série de simples passos lógicos, ao conhecimento canônico [ou aceito em geral] contemporâneo"[19]. A prematuridade, creio eu, embora relativamente rara na ciência, pode ser mais comum na medicina, em parte porque esta não precisa efetuar experimentos elaborados, porém, em primeiro lugar, simplesmente descrever os casos.

Todavia, o escotoma envolve mais do que a prematuridade, envolve o próprio *apagamento* daquilo que foi originalmente percebido, uma perda de conhecimento, uma perda de *insight*, um esquecimento de percepções que um dia pareceram claramente estabelecidas, uma regressão a explanações menos perceptivas. Tudo isso não assalta apenas a neurologia, como é surpreendentemente comum em todos os campos da ciência. Tudo isso suscita as mais profundas questões sobre o porquê da ocorrência de tais lapsos. O que torna uma observação ou uma nova idéia aceitável, discutível, notável? O que pode impedi-la de ser assim, a despeito de sua clara importância e valor?

Freud responderia a tais indagações enfatizando a resistência: a nova idéia é profundamente ameaçadora ou repugnante e, portanto, lhe é negada o pleno acesso à mente. Esta indubitabilidade é amiúde verdadeira, mas ela reduz tudo à psicodinâmica e à motivação; e mesmo na psiquiatria isto não é suficiente.

19. Ver cap.2, neste volume.

Não basta apreender algo para "pegar" alguma coisa num lampejo. A mente deve achar-se em condições de acomodá-la e retê-la. Semelhante processo de acomodação, de estar apto a criar um espaço mental, uma categoria com conexões potenciais – e com prontidão para fazê-lo – parece-me crucial para determinar se uma idéia ou descoberta pode firmar-se e produzir frutos, ou se ela há de ser olvidada e irá desvanecer-se e morrer sem continuidade. A primeira dificuldade, a primeira barreira, reside em nosso próprio espírito, na permissão para encontrar novas idéias e depois levá-las a uma consciência plena e estável, dar-lhes forma conceitual, tê-las em mente mesmo se não se ajustam ou contradizem nossas concepções, crenças ou categorias. Darwin faz um comentário acerca da importância das "instâncias negativas" ou "exceções" e de como é crucial notá-las de imediato, pois do contrário estão condenadas "a serem, com certeza, esquecidas".

O fato de que é crucialmente relevante anotar as exceções e não esquecê-las ou rejeitá-las como triviais foi apresentado no primeiro artigo escrito por Wolfgang Köhler, "Sobre as Sensações Desapercebidas e os Erros de Julgamento", antes de seu trabalho pioneiro sobre a psicologia gestáltica. No referido estudo, Köhler fala de sistematizações e simplificações prematuras na ciência, em particular na psicologia, e de como elas poderiam nos cegar, ossificar a ciência e evitar seu crescimento vital.

"Cada ciência" – escreveu ele – "tem uma espécie de ático para dentro do qual são quase automaticamente empurradas as coisas que não podem ser utilizadas no momento, que não se ajustam[...] Estamos constantemente pondo de lado, sem usá-lo, um tesouro de material valioso [que conduz ao] bloqueio do progresso científico" (1913).

Assim, na época em que tais palavras foram escritas, as ilusões visuais eram consideradas "erros de julgamento" – erros triviais, irrelevantes para os trabalhos do cérebro pensante. Köhler, porém, mostraria logo que o caso era exatamente o oposto, que tais ilusões constituíam a evidência mais nítida de que a percepção não processa de maneira apenas passiva os estímulos sensoriais, mas cria, de modo ativo, amplas configurações ou *gestalts* que organizam todo o campo perceptual. Esses *insights* residem agora no coração de nosso atual entendimento do cérebro como um órgão dinâmico e construtivo. Porém, foi mister primeiro fixar-se numa "anomalia", um fenômeno contrário ao quadro de referência aceito, conferindo-lhe atenção para ampliá-lo, para revolucioná-lo inteiramente.

Contudo, se exceções e anomalias prometem uma transição para um espaço mental mais amplo, elas podem fazê-lo por um processo muito doloroso, até mesmo aterrador, capaz de solapar as crenças e teorias previamente existentes, cuja revogação é dolorosa porque a vida mental das pessoas é sustentada, de modo consciente ou inconsciente, por teorias, algumas vezes investidas com a força da ideologia ou da ilusão. E a estes conflitos internos, adicionam-se outros, externos – a aceitação ou a contestação ou ainda a recusa de novas idéias pelos contemporâneos.

VI.

Entretanto, talvez seja igualmente importante considerar as descobertas e as idéias não apenas tendo em conta a sua acolhida ou rejeição pelos contemporâneos, como também encarando-as sob o ângulo da história das idéias, a exemplo de alguns dos maiores cientistas. Einstein intitulou seu livro idiossincrático de *A Evolução da Física*[20], e a história que ele conta não é apenas a do afloramento, mas também a da descontinuidade radical das idéias. Assim denominou a primeira parte da obra "O Advento da Concepção Mecânica". A cosmovisão mecânica, como ele a via, teria de entrar em colapso e deixar um vácuo intelectual horripilante antes que pudesse nascer um conceito radicalmente novo. A concepção de um "campo" de forças – que constituía um pré-requisito da teoria da relatividade – de

20. Ete livro foi escrito em colaboração com o amigo e colega de Einstein, Leopold Infeld, mas os pensamentos e o tom da obra são puro Einstein.

modo algum emerge ou evolve *a partir de* uma concepção mecânica. Destarte, é menos de evolução do que de revolução que Einstein está aqui falando – uma revolução que ele próprio, sem dúvida, conduziu a alturas antes inimagináveis.

O que é mais importante, no entanto, é que Einstein envida grande esforço para afirmar que a nova teoria não destrói a antiga, não a invalida, não a suplanta, porém, ao contrário, ela nos "permite reconquistar em nível mais alto os nossos antigos conceitos". Ele expande tal noção em um famoso símile:

> Para recorrer a uma comparação, poderíamos dizer que criar uma nova teoria não é como destruir um velho celeiro e erigir um arranha-céu em seu lugar. É antes como escalar uma montanha, ganhando novos e mais amplos panoramas, descobrindo conexões inesperadas entre o nosso ponto de partida e sua rica vizinhança. Todavia, o ponto do qual partimos continua existindo e pode ser visto, embora pareça cada vez menor e forme uma minúscula parte de nossa larga visão obtida pelo domínio dos obstáculos em nosso aventuroso caminho para cima.

Hermann von Helmholtz, nas suas memórias parcialmente autobiográficas, "Sobre o Pensamento na Medicina", também usa a imagem de uma escalada de montanha (ele próprio era um ardoroso alpinista), mas descreve este galgar como algo linear. A gente não pode enxergar de antemão, diz ele, um caminho para o topo; só é possível escalá-lo por tentativa e erro. O alpinista intelectual empreende falsas partidas, fica emperrado, entra em trilhas cegas e becos sem saídas, vê-se em posições insustentáveis, é obrigado a retroceder, tem que descer e começar de novo. Assim, lenta e dolorosamente, com numerosos erros e correções, ele efetua seus ziguezagues montanha acima. E só quando atinge o cimo ou a altura desejada, verificará se de fato a via percorrida constituía para ele a rota direta, a "estrada real". Nas suas publicações, Helmholtz afirma que está levando seus leitores a palmilhar esta estrada real, porém isto não apresenta nenhuma semelhança aos sinuosos e tortuosos processos pelos quais construiu um caminho para si próprio[21].

Em tais registros encontramos um tema comum – de que há alguma visão, intuitiva e incipiente, a respeito do que deve ser feito, e de que é isto que, uma vez vislumbrado, conduz o intelecto para frente. Assim, Einstein, aos quinze anos, imaginou cavalgar em um feixe de luz e, dez anos depois, desenvolveu a teoria da relatividade especial, partindo de um sonho de menino para uma das maiores teorias. Foi a consecução da teoria da relatividade especial, e depois da relatividade geral, parte "inevitável" de um processo histórico em curso? Ou o resultado de uma singularidade, o advento de um gênio único? Teria a relatividade sido concebida com a ausência de Einstein? (e quão rapidamente teria sido a relatividade aceita se não houvesse ocorrido o eclipse solar de 1919, o qual, devido a um raro acaso, permitiu que a teoria fosse confirmada por uma observação acurada do efeito da gravidade do sol sobre a luz?). Nem o "processo histórico", nem o "gênio" constituem uma explicação adequada – cada um deles evita falar da complexidade da natureza incerta da realidade. O que emerge de um estudo minucioso de uma vida como a de Einstein é o imenso papel que o acaso desempenhou em sua vida e o fato de que esta ou aquela conquista técnica estava disponível para ser usada – por exemplo, o experimento de Michelson-Morley. Se Georg Riemann e outros matemáticos não houvessem desenvolvido geometrias não-euclidianas, Einstein não teria a seu dispor técnicas intelectuais para ir de uma vaga visão até uma teoria plenamente formulada, em que conceitos de geometrias não-euclidianas se fazem necessários. Não há dúvida de que ele, de sua parte, estava intensamente alerta, pronto a perceber e apreender o que quer que pudesse utilizar. Foi uma coincidência particularmente feliz o fato de as geometrias não-euclidianas se encontrarem àquela altura já desenvolvidas. Elas foram elaboradas como puras construções abstratas, sem que existisse qualquer noção prévia de que pudessem ser apropriadas a qualquer modelo físico do mundo.

21. Helmholtz, 1877.

Um vasto número de fatores individuais, autônomos e isolados deve estar presente antes do ato aparentemente mágico de um avanço criativo, e a ausência (ou o desenvolvimento insuficiente) de qualquer pessoa pode bastar para obstá-lo. Um enorme papel da contingência, da pura sorte (boa ou má), parece-me que nunca é enfatizado suficientemente. E isto ocorre muito mais na medicina do que na ciência em geral, pois a medicina amiúde depende, crucialmente, de casos raros e não habituais, às vezes mesmo únicos, para os quais é preciso encontrar a pessoa "certa" no momento certo.

Poderia a história da ciência – como a vida – ser reprisada de maneira inteiramente diferente? Assemelha-se a evolução das idéias à evolução da vida? É certo que assistimos a súbitas explosões de atividade quando enormes progressos são realizados em curto espaço de tempo – foi assim na biologia molecular nos decênios de 1950 e 1960; na física quântica nos anos de 1920; e uma eclosão similar de trabalho fundamental, kuhniano, parece estar acontecendo na neurociência agora. Súbitas erupções de descoberta modificam a face da ciência, sendo seguidas por longos períodos de consolidação e, em certo sentido, de estase. Não se pode deixar de lembrar do quadro de "equilíbrio pontuado" que Nils Eldredge e Stephen Jay Gould nos proporcionaram e de perguntar-se se há aqui ao menos uma analogia com um processo evolucionário natural[22].

E ainda assim, mesmo que isso valha como um padrão geral, as especificidades, sentimos, poderiam ser muito diferentes, porque as idéias parecem surgir, florescer, ir a todas as direções, ou abortar, e extinguir-se, por caminhos totalmente imprevisíveis. Gould gostava de dizer que, se o teipe da vida sobre a terra pudesse ser regravado, ele seria totalmente diferente na segunda vez. Suponha que John Mayow houvesse de fato descoberto o oxigênio na década de 1670; suponha que a Máquina das Diferenças de Babbage – um computador – tivesse sido construído no século XVIII; tivesse tudo isso ocorrido, poderia o curso da ciência ter tomado um rumo completa-

22. Eldredge e Gould, 1972.

mente outro?[23] Isso constitui material da fantasia, sem dúvida, mas da fantasia que sustenta a percepção de que a ciência não é um processo inelutável, porém, nos seus pormenores, ela é extremamente contingente.

Bibliografia

Armitage, F. P. 1906. *A History of Chemistry*. New York: Longmans, Green.
Brock, W. H. 1993. *The Norton History of Chemistry*. New York: W. W. Norton.
Damasio, A. R. 1985. Disorders in Visual Processing. In: M. M. Mesulam (ed.).*Principles of Behavioral Neurology*. Philadelphia: F. A. Davis, p. 259-88
Duchenne, G. B. A. 1868. Recherches sur la paralysie musculaire pseudohypertrophique ou paralysie myosclerotique. *Archives Generales de Medicine II*, no. 5: 178, 305, 421, 552.
Einstein, A. & L. Infeld. 1961. *The Evolution of Physics*. New York: Simon and Schuster.
Eldredge, N. & S. J. Gould. 1972. Punctuated Equilibrium: An Alternative to Phyletic Gradualism. In: T. J. M. Schopf (ed.). *Models in Paleobiology*. San Francisco: Freeman Cooper, p. 82-115.
Gibson, W. 1991. *The Difference Engine*. New York: Bantam Books.
Helmholtz, H. von. 1877. On Thought in Medicine. In: D. Cahan (ed.). *Science and Culture: Popular and Philosophical Essays*. Chicago: University of Chicago Press, 1995, p. 309-27.
Herschel, J. F. 1858. On Sensorial Vision. Reimpresso em *Familiar Lectures on Scientific Subjects*. London: Alexander Strahan, 1866.
Holmes, G. 1918. Disturbances of Visual Orientation. *Br. J. Ophthalmol*. 2:449-86, 506-16.
______. 1919. Disturbances of Spatial Orientation and Visual Attention with Loss of Stereoscopic Vision. *Arch. Neurol. Psychiatry* 1:385.
Hubel, D. & T. Wiesel. 1962. Receptive Fields, Binocular Interactions & Functional Architecture in the Cat's Visual Cortex. *J. Physiol. Lon*. 160:106-54.
Leont'ev, A. N. & A. V. Zaporozhets. 1960. *Rehabilitation of Hand Function*. Tradução de B. Haigh. Edição de W. R. Russell. New York: Pergamon Press.
Liveing, E. 1873. *On Megrim, Sick-Headache & Some Allied Disorders: A Contribution to the Pathology of Nerve Storms*. London: Churchill.
Meige, H. & E. Feindel. 1907. *Tics and Their Treatment*. Tradução de S. A. K. Wilson. London: Sidney Appleton, 1907.
Mitchell, S. W. [1872] 1965. *Injuries of Nerves*. New York: Dover Press.
Sacks, O. [1970] 1992. *Migraine*. Rev. ed. Berkeley and Los Angeles: University of California Press.

23. Algumas destas como que fantasias foram muito exploradas pelos escritores de ficção científica. Assim, William Gibson e Bruce Sterling, no seu romance de 1991, intitulado *A Máquina da Diferença*, imaginam a ciência e o mundo a trilhar em um rumo diferente, com a efetiva construção da Máquina da Diferença de Charles Babbage (e o início de uma era computacional [nos idos de 1850]. O intrigante é que a Máquina Analítica e a da Diferença acabaram sendo construídas agora, exatamente como ele as especificou, e estão expostas no Museu de Ciências de Londres. Elas funcionam e poderiam ter sido fabricadas há um século e meio, embora o seu custo teria sido, então, fabuloso).

______. 1984. *A Leg to Stand On*. New York: Summit Books.
______. [1984] 1998. *A Leg to Stand On*. Rev. ed. New York: Simon and Schuster.
______. 1987a. Tics. *New York Review of Books* (29 de janeiro de 1987): 37-41.
______. 1987b. The Case of the Colorblind Painter. *New York Review of Books* (19 de novembro de1987): 25-34.
______. 1995. *An Anthropologist on Mars*. New York: Knopf.
Silvers, R. 1995. *Hidden Histories of Science*. New York: New York Review of Books.
Tourette, G. G. de la. 1885. Etude sur une affection nerveuse caractérisée par de l'incoordination motrice accompagnée d'echalalie et de copralalie. *Arch. Neux* (Paris) 9. Uma tradução parcial é encontrada em: C. G. Goetz & H. L. Klawans. Gilles de la Tourette on Tourette Syndrome. In: A. J. Friedhoff & T. N. Chas (eds.). *Advances in Neurology: Grilles de la Tourette Syndrome*, vol. 35. New York: Raven Press, 1982.
Verrey, L. 1888b. Hemiachromatopsie droite absolue. *Arch. Opthalmol.* (Paris) 8:289-300.
Zeki, S. 1993. *A Vision of the Brain*. Oxford: Blackwell's Scientific Publications.
Zihl, J.; D. von Cramon & N. Mai. 1983. Selective Disturbance of Movement Vision after Bilateral Brain Damage. *Brain* 106, no. 2:313-40.

Parte III

PERSPECTIVAS HISTÓRICAS

Seção A: EXEMPLOS RELATIVAMENTE NÃO PROBLEMÁTICOS

7.

PREMATURIDADE E ATRASO NA PREVENÇÃO DO ESCORBUTO

Kenneth J. Carpenter

Gunther Stent usou o conceito de prematuridade a fim de explicar a perda de oportunidades de realizar descobertas por não terem sido utilizados conhecimentos já disponíveis. No meu modo de ver, o exemplo mais flagrante de tal situação deu-se, entre os anos de 1755 e 1795, quando a marinha britânica não soube prevenir, com o emprego do suco de limão, as irrupções de escorbuto que afligiam as tripulações de seus navios mantidos, por longos períodos, nos mares[1]. Parece que isto veio a ocorrer porque não havia então uma teoria atraente para sustentar semelhante prática, ao passo que existia uma outra teoria, mais atrativa, com prestigioso apoio, que amparava uma medida alternativa, muito embora esta medida nunca tivesse sido submetida a um teste direto.

O escorbuto constituía provavelmente um problema bem mais antigo para as populações pobres das regiões setentrionais, mas só veio chamar a atenção dos governos e dos escritos médicos no século XVI, depois que os marujos da Europa ocidental passaram a empreender

1. Carpenter, 1986, p. 91-97.

viagens oceânicas com a duração de dez ou mais semanas. De expedição em expedição, passaram a acumular-se relatos de que, após dois meses aproximadamente no mar, os tripulantes dos barcos começavam a debilitar-se e a desenvolver bolhas hemorrágicas. Suas coxas endureciam e tornavam-se dolorosas ao toque, seus dentes afrouxavam e, por fim, os homens "morriam de repente – no meio de uma frase"[2] – devido, agora sabemos, à ruptura de um vaso sangüíneo vital.

No fim do século citado, descobriu-se que frutas ácidas, inclusive limões e laranjas, produziam curas efetivas e tinham também uma virtude preventiva. Entretanto, elas não podiam ser armazenadas por longos períodos, sem que embolorassem, por causa das condições de umidade dos navios. Até garrafas arrolhadas de suco de limão ficavam emboloradas em poucas semanas, em clima quente.

Em Londres, o College of Physicians foi consultado. Os médicos "argumentaram" que corpos sadios apresentam um equilíbrio entre princípios ácidos e alcalinos. Visto que o escorbuto era curado por frutas azedas – ou seja, acidíferas –, poderíamos concluir que esta doença devia ser uma conseqüência de o corpo apresentar um desequilíbrio do lado alcalino. Portanto, o que se fazia necessário era um ácido que fosse estável e pudesse ser incluído, em forma concentrada, na caixa de medicamentos do cirurgião do navio. O College recomendava o "elixir de vitríolo", ou seja, o ácido sulfúrico com um leve aroma[3].

A marinha britânica seguiu este conselho e, a partir de 1747, por quase cem anos, o elixir converteu-se num item padrão. Em 1747, o médico da marinha James Lind, então com trinta anos de idade, levou a cabo o que é hoje enaltecida como a primeira "tentativa de controle clínico". Na enfermaria do barco, ele tinha doze homens com escorbuto em situações "tão similares quanto era possível", mantidos todos na dieta padrão da "doença", mas submetidos a seis formas de tratamento diferentes – com dois homens em cada grupo de terapia – por um período de duas semanas. Vou arrolar apenas três dos grupos:

2. Wagner, 1929, p. 244-246.
3. Lloyd e Coulter, 1961, p. 294.

1. Vinte e cinco gotas de elixir de vitríolo (diluídas) três vezes ao dia;
2. Duas colheres de sopa de vinagre, três vezes ao dia;
3. Duas laranjas e um limão por dia – apenas durante seis dias, quando o suprimento acabar.

O resultado foi que os que receberam as frutas sararam, e aqueles que receberam as duas substâncias acidíferas *não* sararam, nem sequer melhoraram.

Seis anos mais tarde (em 1753), depois que Lind defendeu o seu doutorado em Edimburgo e obteve a licença para clinicar, publicou o resultado de suas investigações demonstrando que não era a "acididade" propriamente dita que prevenia ou curava o escorbuto, mas alguma propriedade especial dos cítricos e outras frutas[4]. Entretanto, seu livro foi ignorado, e as frutas cítricas não foram fornecidas aos marinheiros como prática padrão nos 40 anos subseqüentes, mesmo quando uma frota dispunha de pronto acesso a elas, como nas Índias ocidentais. Posteriormente, a inclusão de tais frutas *tornou-se* uma prática adotada, e foi de grande importância, pois permitiu que a esquadra britânica se mantivesse no mar por longos períodos, durante as guerras napoleônicas.

Herbert Spencer, o filósofo e economista vitoriano, que não aprovava as intervenções estatais, havia de escrever com percepção, embora tardiamente, que "constituía uma espantosa perversidade do oficialato o fato de o almirantado não ter adotado um procedimento a respeito de cujo valor o seu principal médico-chefe apresentara evidência conclusiva"[5]. (De fato, Lind "foi" designado para o maior hospital da marinha britânica por volta de 1750, mas nunca exerceu a função de chefia médica.)

Creio que, em grande parte, Lind foi ignorado porque a teoria por ele proposta, para explicar as observações feitas, não se mostrou suficientemente atrativa para competir com algumas outras idéias novas. A hipótese dele era que, por causa da atmosfera úmida do mar, os poros da pele humana ficavam bloqueados. Tal fato impe-

4. Lind, 1753, p. 145-148.
5. Spencer, 1879, p. 162-163.

dia a perspiração, pois, segundo se acreditava, os poros constituíam o caminho pelo qual as toxinas eram excretadas do corpo. Quando essas toxinas se acumulavam no corpo, o escorbuto se desenvolvia. O suco de limão tinha uma ação detergente que desimpedia a obstrução. Esta teoria falhava na explicação de alguns exemplos bem estabelecidos do aparecimento de escorbuto em solo firme, particularmente em cidades sitiadas.

A "nova" idéia alternativa baseava-se no trabalho de Sir John Pringle, um cientista e médico de grande influência devido à sua posição de presidente da Royal Society. Analisando os fatores que afetavam a taxa de putrefação de pedaços de carne em pequenos tubos aos quais se adicionou água, avaliou a sua extensão pela intensidade do odor quando removia a rolha e cheirava a abertura do tubo e concluiu que, aditando pão à carne, "após certo período a putrefação parava repentinamente com a liberação de muito ar". Na opinião de Pringle, o fato possuía relevância médica, porquanto a "excessiva putrefação levava a doenças com prurido entre as quais estava o escorbuto"[6]. (Numa percepção tardia, poderíamos atribuir, provavelmente, a observação à fermentação ácida do pão que, resultando em aminas voláteis "de cheiros pútridos", forma sais não voláteis solúveis em água.)

David MacBride, um médico de Dublin com interesses científicos, seguiu as hipóteses de Pringle. Ele salientou, corretamente, que vegetais frescos, não ácidos, também curavam o escorbuto, e chegou à conclusão que a importante propriedade comum de tais vegetais residia na sua rápida fermentação. Assim, para a prevenção do escorbuto no mar, recomendou o emprego de cevada maltada. Isto é, cevada umidificada, que já tivesse começado a germinar e que o amido tivesse sido parcialmente hidrolizado em açúcares e, depois, secado num forno a fim de deter o processo. Tal substância, quando suspensa em água quente, a fim de lhe dar um "sabor adocicado", servia de material facilmente fermentável para o preparo da cerveja. MacBride argumentava que esta cevada maltada poderia ser armazenada por

6. Pringle, 1750, p. 553-555.

tempo indefinido a bordo dos navios, e se um marinheiro fosse acometido de escorbuto ele receberia então mosto recém-preparado, que fermentaria rapidamente nos tecidos do paciente e inibiria a putrefação, tal como ocorria nos tubos de ensaio de Pringle[7].

O capitão James Cook começou a sua primeira famosa viagem à volta do mundo em 1768. As autoridades navais supriram-no com toda uma série de "antiescorbúticos", isto é, produtos considerados capazes de prevenir a doença, e o instruíram para que os avaliasse. No seu rol figuravam chucrute, sucos concentrados de laranjas e limões, açúcar e vinagre. Abasteceram-no também com uma grande quantidade de malte, juntamente com cópias dos *Ensaios Experimentais* de MacBride, e alertaram-no de que "havia uma forte razão para crer que o malte, na forma de mosto, poderia ser de grande benefício aos marinheiros atacados de escorbuto e outras moléstias pútridas". Não há prova de que as autoridades lhe tenham fornecido o *Tratado de Escorbuto* de Lind. Como sabemos, pelo diário de Cook, ele também se deu ao trabalho de coletar um material formado de folhagens verdes ou inhames e cocos, sempre que chegava à terra firme.

O fato de ter completado uma viagem, com três anos de duração, sem perder um único homem por causa do escorbuto constituiu algo sem precedentes. Porém, com tantos antiescorbúticos em uso, era difícil atribuir um valor particular a qualquer um deles. William Perry, seu imediato e cirurgião, escreveu: "Prestaram tão grande serviço... que o uso do malte, com respeito à necessidade, foi quase inteiramente evitado. Não obstante, com base em seu modo de atuação, segundo o raciocínio de MacBride, não hesitarei um momento antes de declarar minha opinião de que o malte é o melhor medicamento que eu conheço"[8].

Ora, um imediato e cirurgião não era naquele tempo um homem de formação universitária, mas dispomos também de um diário do cientista (ou "naturalista", como era conhecido então) acerca

7. MacBride, 1767, p. 32-33; Scott, 1970, p. 46-50.
8. Beaglehole, 1955, p. 632-633.

da expedição. Tratava-se de Joseph Banks, na ocasião com vinte e cinco anos de idade, que mais tarde se tornou "Sir Joseph" e haveria de presidir a Royal Society. Aos sete meses da viagem, ele escreveu:

> Bebi um quartilho ou mais de mosto todas as tardes [como um agradável sucedâneo do chucrute], mas isto não deteve inteiramente a doença [escorbuto]... Cerca de uma quinzena atrás minhas gengivas incharam e algumas pequenas pústulas rosadas surgiram no interior de minha boca, ameaçando ulcerar. Então me atirei ao suco de limão "do meu estoque particular, preservado em conhaque". [...] Em menos de uma semana minhas gengivas tornaram-se tão firmes como eram antes[9].

Um ano mais tarde (ainda no navio), ele escreveu: "Como o nosso malte se mostrou tão sofrível [na sua ação,] o cirurgião fez pouco uso dele". Eles, por isso, ferveram sua aveia matinal no mosto, e Bunks anotou de novo: "Creio ter tido grande proveito com o uso dessa mistura para banir a prisão de ventre [constipação]. Se isto for um método mais benéfico de ministrar o mosto, ele deve ser atribuído especialmente àquele excelente cirurgião, Sr. MacBride, cujo engenhoso tratado sobre o escorbuto no mar é de tal ordem que jamais pode ser suficientemente recomendado"[10]. A despeito dessas recomendações do malte, não houve nenhuma demonstração efetiva de seu valor durante a viagem de Cook ou qualquer outra.

O fato de a marinha britânica ter finalmente adotado o suco de limão (ou de limão galego) como um item regular, deveu-se, em grande parte, ao trabalho de Sir Gilbert Blane. Este era um médico de alta posição social e amigo do almirante George Rodney, que o levou às Índias ocidentais em 1780 como "médico da frota". Nesta condição, coligiu estatísticas e chamou a atenção para o fato de que as perdas por doença nos efetivos dos barcos eram muitas vezes maiores do que as dos feridos de guerra. Voltando-se em especial para o escorbuto, escreveu em 1788 que "cada cinqüenta laranjas ou limões po-

9. Banks, 1896, p. 71-72.
10. Idem, p. 258-259.

deriam ser considerados como uma ajuda para a frota na medida em que a saúde ou até a vida de um homem poderia ser salva por este meio". Almirantes que seguiram o seu conselho mantiveram suas esquadras livres do escorbuto e, finalmente, em 1795, como membro do Sick and Hurt Board em Londres, Blane persuadiu o Almirantado "a sancionar uma distribuição diária de ¾ de onça de limão, duas onças de açúcar misturadas num grogue [rum ou água] para cada homem"[11]. O almirante Horatio Nelson conseguiu uma boa provisão de limões da Sicília nas guerras napoleônicas e sua capacidade de conservar a frota no mar por longos períodos contribuiu para os seus êxitos[12].

Avançando 200 anos, se aceita hoje que o escorbuto resulta de um consumo continuado de uma dieta pobre em vitamina C e as análises demonstraram que as frutas cítricas são ricas deste elemento. A vitamina contida no suco de limão armazenado declina vagarosamente, mas a perda não é acelerada pela presença do conhaque que lhe é adicionado, o qual por sua vez é útil em retardar o crescimento do mofo[13]. Quando a cevada germina, a vitamina C é sintetizada, porém a secagem comercial a destrói quase por completo, de modo que o malte seco ou o mosto contêm muito pouca ou nenhuma vitamina C, daí ser hoje compreensível que o valor de ambos não pudesse ser demonstrado[14]. Mas então, como agora sentimo-nos mais felizes em aceitar uma idéia que *se ajusta* a uma que não se ajusta ao nosso *background* de idéias, mesmo se nos foi dado ver pouca ou nenhuma prova em seu apoio. No meu exemplo, o uso do mosto como antiescorbútico, para o qual não havia experiência comprobatória, adequava-se, e o suco de limão, em cujo favor havia uma longa experiência, não se ajustava.

Para um leitor moderno, os comentários de Perry e de Banks podem afigurar-se simplesmente ridículos. Mas esta reação procede,

11. Lloyd, 1961, p. 129-131.
12. Acerra, 1981, p. 74. O subtítulo de seu artigo, traduzido do francês pelo autor, é "Was It the Power of Their Lemon Juice That Won the Battles of Aboukir and Trafalgar for the English Navy?" (Qual o Poder de seu Suco de Limão que Vence as Batalhas de Aboukir e Trafalgar para a Marinha Inglesa?).
13. .Chick e Hume, 1917.
14. Hughes, 1975.

em parte, seja como for, da teoria da doença putrefativa de Pringle que, aos nossos olhos, parece tão esquisita. Ao mesmo tempo, ela era sem dúvida extremamente atrativa e dava a impressão de estar baseada em prova experimental. MacBride também ofereceu uma boa contribuição, verificada experimentalmente, segundo a qual materiais vegetais frescos, não ácidos, tais como folhas verdes, poderiam também ser antiescorbúticas. Sua linha de raciocínio tem, para nós, falhas óbvias, mas elas talvez não se fizessem evidentes àqueles que davam ouvidos a uma "boa autoridade" sobre este novo tratamento baseado nos mais modernos avanços científicos. Não creio que a natureza humana haja mudado. Devemos, portanto, ter em mente este exemplo como sendo o tipo de coisa que poderia acontecer em qualquer tempo.

Bibliografia

Acerra, M-M. 1981. Le Scorbut: La Peste du Marin. *L'Histoire* 36 (julho-agosto): 74-75.
Banks, J. 1896. *Journal during Captain Cook's First Voyage, 1768-1771*. London: Macmillan.
Beaglehole, J. C. 1955. *The Journals of Captain James Cook: The Voyage of the Endeavour*. Cambridge: Hakluyt Society.
Carpenter, K. J. 1986. *The History of Scurvy and Vitamin C*. New York: Cambridge University Press.
Chick, H. & E. M. Hume. 1917. The Distribution among Foodstuffs of the Substances Required for the Prevention of Beriberi and Scurvy. *Trans. Soc. Trop. Med. Hyg.* 10:141-78.
Hughes, R. E. 1975. James Lind and the Case of Scurvy: An Experimental Approach. *Med. Hist.* 19:342-51.
Lind, J. 1753. *A Treatise of the Scurvy*. Edinburgh: Millar.
Lloyd, C. 1961. The Introduction of Lemon Juice as a Cure for Scurvy. *Bull. Hist. Med.* 35: 123-32.
Lloyd, C. & J. L. S. Coulter. 1961. *Medicine and the Navy*, 1200-1900: 1714-1815. Vol. 3. Edinburgh: Livingstone.
MacBride, D. 1767. *An Historical Account of a New Method of Treating Scuruy at Sea*. London: Thomas Ewing.
Pringle, J. 1750. Some Experiments on Substances Resisting Putrefaction. *Philos. Trans. R. Soc. London*. 46:480-88, 525-34, 550-58.
Scott, E. L. 1970. The Macbridean Doctrine of Air: An Eighteenth Century Explanation of Some Biochemical Processes Including Photosynthesis. *Ambix* 17:43-57.
Spencer, H. 1879. *The Study of Sociology*. New York: Appleton.
Wagner, H. R. 1929. *Spanish Voyages to the North West Coast of America in the Sixteenth Century*. San Francisco: California Historical

8.

UM TRÍPTICO A *SERENDIP*

Prematuridade e resistência à descoberta nas ciências da Terra

William Glen

O debate sobre o aquecimento global, no momento, que "talvez seja o mais premente e urgente tema ambiental da agenda mundial", convida a cotejos com discussões teóricas anteriores e contemporâneas que desencadearam convulsões na ciência, durante os últimos cinqüenta anos[1]. Muitos dos modelos que formulei no passado, a partir de estudos teóricos com base no debate acerca da deriva continental/placas tectônicas e do impacto dos meteoritos/vulcanismo/conflito de extinção em massa, parecem também adequar-se à controvérsia do aquecimento global, que foi muito bem delineada por Spencer Weart[2]. Comparo aqui as três polêmicas a partir de vários pontos de vista e de ilações de apoio daquilo que elas têm de comum e do que diferem, referindo-as a episódios de descoberta em outras áreas ainda pertencentes à ciência. A história da questão do aquecimento global não é tão ampla-

1. A citação é do National Environmental Research Council, 1998 *fide* Stanhill, 1999. Quanto aos debates teóricos, ver Glen, 1990, 1994, 1996, 1998.
2. Glen, 1981, 1982, 1985; Weart, 1997, 1998.

mente conhecida como a dos outros casos e, por essa razão, deverá ser abordada de maneira mais completa.

O problema potencial do aquecimento global foi primeiro reconhecido em 1896 por Svante Arrhenius. Ele explicou, em pormenor, como o dióxido de carbono depositado na atmosfera pela indústria humana poderia resultar em aquecimento global. Contudo, surpreendentemente, até a década de 1950 não se aprendeu nada de significativo sobre esse fenômeno – a ciência levou meio século para considerá-lo como um perigo potencial. Esta compreensão desencadeou uma convulsão.

As razões para uma resposta aparentemente tão atrasada à descoberta de Arrhenius são curiosas, mas muito mais interessante ainda é a comparação do aquecimento global com outros conflitos teóricos. Tais cotejos, aqui feitos, incluem a noção de prematuridade de novas idéias, quais sejam: a propensão da ciência para resistir a novas idéias, sobretudo as que ameaçam um paradigma reinante; e o caráter fortuito e não planejado das correspondentes descobertas que desencadeiam convulsões.

Apenas alguns poucos anos depois que Arrhenius abriu a questão do aquecimento global, ele foi atacado não só pelos métodos que utilizou para julgar os efeitos do CO_2 sobre a radiação solar, como também porque então era concepção geral que o vapor d'água constituía o fator essencial da opacidade da atmosfera, de modo que toda a radiação de grande comprimento de onda capaz de ser absorvida pelo CO_2 adicional já teria sido absorvida pelo vapor d'água. Tal cânone virtual dava a impressão de que o CO_2 adicionado à atmosfera não acarretava nenhuma conseqüência. Esta idéia, obstrutora e falaciosa, prevaleceu até princípios de 1950[3].

Durante a primeira metade do século XX, tanto para os cientistas quanto para o público, o aquecimento do clima era algo aparente. No hemisfério norte, o familiar Natal branco parecia estar desaparecendo, as verdadeiras nevascas começaram a tornar-se menos freqüentes, os jogadores de hóquei esperavam em vão pelo congelamento

3. Weber e Randall, 1932; Elder e Strong, 1953.

dos rios, as geleiras estavam recuando, e outros sinais de aquecimento foram largamente discutidos[4]. Entretanto, ninguém parecia preocupado, e alguns até pensavam que o aquecimento seria benéfico – o que veio primeiro à mente dos agricultores é que se tratava de uma estação mais longa de cultivo e não de estiagem.

O aquecimento foi atribuído a ciclos climáticos benignos: fenômenos naturais cíclicos que não eram ameaçadores. De fato, os ciclos constituíram as mais firmes plataformas de lançamento para a previsão, desde o advento da ciência. Ninguém sonhava que a humanidade pudesse influenciar o clima de maneira global. Supunha-se que os efeitos da indústria humana sobre o clima seriam confinados localmente e de breve duração[5]. Somente Stewart Callender, uma voz solitária na Grã-Bretanha, advertiu, em 1938, que a quantidade de dióxido de carbono na atmosfera havia aumentado cerca de dez por cento desde os anos de 1890, e que isto poderia ser a razão do aquecimento climático naquele intervalo de tempo.

Julgava-se que os dados de Callender não eram confiáveis, e a maioria dos meteorologistas o ignorou. Sua descoberta também foi rejeitada, pois, naquela época, acreditava-se que os oceanos atuavam como equalizadores ou equilibradores das flutuações do dióxido de carbono. Por isso, virtualmente ninguém pensava que existisse uma causa para alarme. Por que preocupar-se com perturbações aparentemente menores de CO_2 atmosférico quando os oceanos contêm 50 vezes mais CO_2 do que a atmosfera? Pouquíssimos dados confiáveis eram então conhecidos e Callender teve até de citar estudos de 30 anos atrás em seu artigo de 1938! Não existiam dados que pudessem levar a uma interpretação segura.

O tema das variações climáticas ficou, em larga medida, à margem das investigações até os meados dos anos de 1950, em parte porque a climatologia permaneceu como um ramo menor da meteorologia, que era, sobretudo, um serviço de recolhimento de dados. A climatologia constituía então um campo quase puramente des-

4. Carson, 1951.
5. Blair, 1942, p. 90, 101.

critivo e provavelmente pouco atrativo para estudantes dotados da pesquisa teórica.

Só nos fins da década de 1950 é que alguns cientistas começaram a considerar a tendência ao aquecimento como parte não inócua de um ciclo natural. Os anos de 1960 marcaram um câmbio no entendimento e na interpretação do aquecimento. Weart crê que tal mudança pode eventualmente ser vista como "um dos desenvolvimentos científicos axiais de nosso século". Também é seu parecer que este giro científico do século XX foi, acima de tudo, uma abertura feliz, pois resultou de uma pesquisa dirigida para uma questão de todo diversa – em suma, a redescoberta do problema do aquecimento global foi serendípica. Iremos também examinar rapidamente outros casos de serendipicidade em diferentes disciplinas, que resultaram em avanços similarmente imprevisíveis. Entre eles, encontra-se a prova, descoberta em 1965, que convenceu, enfim, a comunidade dos geólogos de que os continentes não eram fixos, porém lateralmente móveis, além da descoberta de evidências extraterrestres que ressuscitaram a teoria, datada de séculos e languescente, da extinção em massa por impacto meteorítico[6].

A primeira evidência impositiva capaz eventualmente de figurar na questão do aquecimento global provém da pesquisa efetuada durante a Segunda Grande Guerra e logo após. Ela demonstrou que o CO_2 poderia afetar a absorção de radiação de modo inteiramente independente do efeito do vapor d'água. A idéia de que o CO_2 não importava – fato que foi usado para rejeitar a pretensão de Arrhenius em 1896 e pretensões análogas de outros que o seguiram – foi por fim reconhecida como errônea. Vemos aqui um velho cânone que é descartado, mas só depois de muitos anos, durante os quais o cânone – na realidade, uma suposição sem fundamento – impediu essencialmente o progresso numa ampla frente potencial de pesquisa.

Gilbert Plass, por volta de 1955, usando computadores digitais, demonstrou que a adição de CO_2 aumentaria a intercepção de radiação

6. Sobre a mobilidade lateral dos continentes, ver Glen, 1982; sobre a teoria do impacto meteorítico da extinção em massa, ver Glen, 1994.

infravermelha. No mesmo ano, Hans Suess descobriu carbono fóssil na atmosfera, produzido por combustíveis fósseis em combustão. Porém, se os oceanos podiam absorver inocuamente todo aquele carbono, era algo ainda ignorado. Isto se devia ao fato de os oceanos serem um sistema químico muito complexo, ainda pouquíssimo compreendido.

O destino de uma molécula de dióxido de carbono na atmosfera ou no mar continuava sendo enigmático. Roger Revelle estava há muito interessado no problema, sendo motivado ainda pela necessidade de entender o destino das partículas radiativas liberadas nos testes atômicos ocorridos nos meados da década de 1950. Ele atacou a questão pesquisando o carbono-14 com Hans Suess. Ao mesmo tempo, Harmon Craig e também as equipes de James Arnold e Ernest Anderson abordaram o problema de modo similar, por meio da ação do carbono-14. Todos concordaram em compartilhar a prioridade publicando os resultados simultaneamente.

Seus achados foram semelhantes em tudo: uma molécula de CO_2 passa quase dez anos na atmosfera até entrar no mar, e os oceanos levam várias centenas de anos para devolvê-la. Pensava-se que tais taxas eram suficientemente velozes para levar o CO_2 ao fundo dos oceanos.

Depois de estudar os dados do isótopo de carbono, Revelle e Suess estabeleceram, de início, que os oceanos absorveram provavelmente todo o CO_2 liberado pelos combustíveis artificiais desde o começo da revolução industrial – uma conclusão tranqüilizadora para todos. Entretanto, um outro trabalho de Revelle sobre a química da água do mar deixou-o inquieto; o fato engendrou questões mais sofisticadas não só para ele, como para outros, acerca do que acontecia à molécula de CO_2 que mergulhava no oceano. Será que ela permanecia lá ou escapava de volta para a atmosfera? E quanto mais de CO_2 adicional poderia a água do mar manter? Revelle era uma figura extremamente carismática e de influência poderosa: isto é importante para fazer o exame da seqüência dos eventos que modelaram as opiniões desse cientista sobre a questão do aquecimento global – opiniões que pesaram ponderavelmente na formulação da política de pesquisa, tomada na sua globalidade. Weart escreve:

> Janeiro de 1956: Revelle, segundo consta, contou a Arnold sua suspeita de que cerca de 80% do CO_2 na atmosfera irá continuar lá. Isto só pode basear-se numa suposição. Março de 1956: Revelle anuncia publicamente, num depoimento ao Congresso, que sérios efeitos do aquecimento global poderiam ocorrer dentro de 50 anos. Agosto de 1956: Revelle e Suess publicam um artigo, segundo o qual a maior parte do CO_2 permanecerá na atmosfera e, portanto, um "experimento" mundial de aquecimento global talvez esteja a caminho – por ora, Revelle apresenta um cálculo bastante sólido, porém fornece uma escala de tempo em séculos, e o resultado é uma reconsideração embutida, não esboçada de maneira proeminente em seu artigo. A parte científica do fenômeno remanesce incerta e precariamente entendida. 1959: Bolin e Eriksson explicam plenamente o caso em termos de ciência (somente a esta altura tornou-se inteiramente plausível a falta de captação de CO_2 pelo oceano). Por fim, cabe notar que Revelle falou sobre o risco do aquecimento global nos fins da década de 1950, em depoimentos ulteriores ao Congresso e em conversas com jornalistas especializados em ciência, alguns dos quais escreveram sobre o tema (Revelle foi além do que podia provar nas suas advertências públicas sobre os perigos potenciais do aquecimento global – ninguém, exceto talvez Plass, teve a língua mais solta neste particular do que Revelle)[7].

Num artigo publicado em 1959, na *Scientific American*, Gilbert Plass refletiu sobre a crescente preocupação com a ameaça do aquecimento global. Embora os dados fossem ainda incompletos e as aproximações incertas, o autor previu que a temperatura global subiria 3°F por volta do ano 2000. Seu trabalho catapultou a poluição industrial e a degradação ambiental para a linha de frente tanto da ciência como da mídia.

A crescente demanda para se conhecer o nível exato de CO_2 na atmosfera levou Revelle a contratar Charles Keeling, cujas diligentes mensurações ao longo de dois anos provaram, em 1960, que o CO_2 aumentava de forma agourenta. A curva de CO_2 de Keeling, tão facilmen-

7. Weart, comunicação pessoal de julho de 1998 (citado com a permissão de Spencer Weart).

te compreensível, era impressionante; assim, ela se tornou um ícone e um logotipo do efeito estufa. Desencadeou uma revolução nos estudos climáticos. Para entender e predizer os aquecimentos do clima foram envidados esforços vigorosos que continuam se ampliando e crescendo em termos aparentemente exponenciais, até o presente.

Este não é evidentemente o relato de uma acumulação gradual de fatos coletados numa tentativa consciente de responder a uma questão específica mais ampla. Com certeza, não encontraremos um caminho mapeado para chegar a uma solução procurada. A história de Weart comprova que as coisas vitais aprendidas não aparecem numa "seqüência lógica e linear". De acordo com o trabalho de Callender, de 1938, cada nova descoberta que contribuiu para levar a uma proeminência a questão do aquecimento global foi realizada em áreas de temas diversos, absolutamente distantes dos estudos climáticos. Nenhum dos viajantes se pôs a caminho com o propósito de obter dados que visassem à questão do aquecimento global. Nenhum deles percebeu que se achava na estrada para *Serendip*.

Os dados da absorção no infravermelho provieram dos estudos das armas de guerra; os das larguras das linhas espectrais foram fornecidos pela pesquisa em alta altitude; os do carbono-14, pela sondagem da cronologia egípcia; e os do movimento e da residência do CO_2 vieram das preocupações com o descarte do lixo nuclear. Dados sobre a química da água do mar e outras informações emanaram de outros campos que não diziam respeito ao problema do aquecimento global[8].

Em aditamento à falta de evidência para o fenômeno do aquecimento global – evidência que só apareceria muito depois do alerta de Arrhenius, em 1896 – houve empecilhos ulteriores em termos de generalizações espúrias apresentadas como cânones, que chegavam a evitar inclusive outros debates teóricos. Entre esses cânones figurava o princípio do uniformitarismo, a crença na repetibilidade de certos ciclos naturais que permitem previsão, e a noção de autoequilíbrio homeostático do sistema Terra.

8. Weart, 1997, 1998.

O princípio do uniformitarismo (uniformidade), tal como esposado por James Hutton e Charles Lyell – que durante muito tempo constituiu o principal suporte filosófico das ciências da Terra e que agora está sendo revisto a fim de acomodar um crescente neocatastrofismo –, considera que o passado é um prólogo: que podemos compreender a história da Terra e prever o seu futuro perscrutando pelas lentes do presente[9]. Trata-se da crença segundo a qual a Terra foi lenta e gradualmente moldada no curso de sua história pela operação uniforme das forças, dos processos e dos princípios da natureza que agora podemos observar.

O uniformitarismo substituiu a anterior filosofia do catastrofismo global ancorado na *Bíblia* durante uma ardorosa batalha no século XIX. O desenvolvimento mais óbvio do uniformitarismo pode ser visto em fins do século XVIII, quando a concepção racional do universo veio a ser crescentemente expressa em linguagem matemática, e sistemas de conhecimento infiltraram no paraíso dos lógicos da determinação precisa e clássica. A ascendência da uniformidade completou-se antes do término do século XIX. Com o surgimento da uniformidade, catástrofes em larga escala e contingências adequaram-se cada vez menos ao novo paradigma, que encarava o universo como um só sistema estável em estado de equilíbrio.

Em que extensão o princípio do uniformitarismo penetrou e influenciou a filosofia natural é raramente compreendido inclusive pelos cientistas que trabalham nos domínios onde este princípio imperou até o presente. A sua ação moldou uma resistência a qualquer idéia de mudança rápida, em larga escala, na ordem natural. O uniformitarismo andou em companhia da idéia de que o universo e a Terra poderiam sempre recuperar seus estados de equilíbrio por maior que fosse a perturbação.

E o uniformitarismo atuou em sentido contrário à idéia de que a iniciativa humana poderia afetar as ações globais e o equilíbrio da natureza. Durante o período de um século, a uniformidade tem

9. Sobre o uniformitarismo, ver Hutton, 1788; e Lyell, 1931; acerca do neocatastrofismo, ver Glen, 1994 b, c.

simplesmente inibido as catástrofes globais – sobretudo as de ocorrência repentina – para explicar o passado ou prever o futuro. Essa concepção uniformitarista constitui um compartimento estanque emotivo-intelectual contra o espectro da imprevisibilidade e a incerteza de um mundo natural hostil.

A noção de catastrofismo – que desempenha um papel antitético em relação à do uniformitarismo – convida-nos a aceitar a imprevisibilidade como parte da ordem regular e uma ferramenta para "retrodizer" o passado e predizer o futuro. A ciência está fundamentalmente encarregada de tornar a natureza cada vez mais previsível, seja uma maciça erupção vulcânica, seja uma mudança climática letalmente estressante para a humanidade, ou um devastador impacto meteorítico.

O modo como tais suportes filosóficos exerceram papéis nas controvérsias científicas pode ser visto no caso das hipóteses dos impactos meteoríticos formuladas pelo grupo Alvarez-Berkeley, que procurou explicar a extinção em massa da vida, há 65 milhões de anos, que matou todos os dinossauros e 75 por cento das espécies no mar[10]. A grande extinção em massa assinala o limite K-T entre os períodos Cretáceo (K) e o Terciário (T). A hipótese do impacto baseava-se numa evidência química extraterrestre descoberta, serendipicamente, neste preciso limite.

A descoberta foi feita enquanto se buscava não a evidência de uma catástrofe instantânea, mas antes – como observou Walter Alvarez – a informação daquilo que determinaria a razão entre a taxa constante de queda do irídio cósmico sobre a Terra e a taxa variável de sedimentação terrena, numa tentativa de estimar o tempo representado pela extinção K-T[11]. Este cientista efetuava um estudo da secção estratigráfica na qual se fez o achado estranhamente anômalo do irídio, e ele não estava tomado por uma disposição mental catastrofista quando começou a indagar a respeito do referencial do tempo para a extinção K-T. Depois que o grupo de Berkeley desco-

10. Alvarez et al., 1980.
11. Alvarez, 1984; Glen, 1994 b.

briu a anomalia química neste limite, nem Alvarez, nem qualquer outro membro do grupo entreviam a espécie de catástrofe que a concentração de irídio veio a sugerir[12]. O irídio anômalo impeliu a formulação da teoria da catástrofe destes cientistas. Eles não poderiam ter suspeitado que aquilo que haveriam de descobrir acabaria impugnando o princípio do uniformitarismo e desencadeando uma revolução que percorreu várias ciências.

O paradigma que rege as placas tectônicas, nas quais as lentas taxas de processo e mudança – em especial a deformação da crosta – que se acomodavam perfeitamente ao uniformitarismo, já haviam formado os fundamentos de bem acolhidas hipóteses acerca da extinção em massa e da mudança de fauna, baseadas na Terra[13]. Na década de 1970, as placas tectônicas uniformemente amigáveis eram aceitas como uma causa das extinções em massa. Então, estas eram concebidas como se o seu andamento tivesse levado alguns milhões de anos, que é o tempo referencial para a elevação de montanhas (orogenia), um processo ao qual foram associadas as extinções em massa por quase um século[14]. Por esta razão, em especial, o uniformitarismo contribuiu para a pobre recepção dada à hipótese do impacto, a qual, por sua demanda de uma instantânea catástrofe geológica de origem extraterrestre, desafiou frontalmente o uniformitarismo.

A recepção à teoria do impacto sofreu posteriormente um esfriamento por outros fatores: a teoria baseava-se numa evidência não familiar (do irídio) à comunidade paleontológica encarregada de sua avaliação; seu mecanismo causal de extinção era improvável em termos do conhecimento canônico; e sua autoria coube a um físico, a um químico nuclear e a um geólogo, nenhum dos quais pertencente à comunidade paleontológica, a quem, por convenção, incumbia sondar a causa das extinções em massa. A equipe de Alvarez-Berkeley havia formulado uma teoria com alcance revolu-

12. Alvarez, 1984; Asaro, 1984.
13. Valentine e Moores, 1970; Glen, 1996.
14. Holmes, 1978.

cionário em um domínio alheio; destarte, viu-se exposta a uma indiferença imediata ou pesada crítica[15].

Mas como várias formas de evidência de impactos meteoríticos foram desveladas na década subseqüente, grande parte dos pesquisadores ligados à ciência da Terra começou a acreditar que o(s) impacto(s) tinha(m) desencadeado a extinção em massa, há 65 milhões de anos. Entretanto, a maioria dos paleontólogos – com exceção de certos especialistas cujos grupos taxonômicos haviam sofrido severamente bem no limite do Terciário-Cretáceo – não abraçou o(s) impacto(s) como a causa principal da extinção. Esse ponto de vista diferenciado fundamentava-se na natureza específica dos registros fósseis com que eles lidavam e com os cânones de sua disciplina. Estudiosos da fortemente reduzida foraminífera planctônica constituíram o melhor exemplo desse caso[16].

Pensou-se, durante um século, que a evolução da vida – inclusive dos mamíferos que culminaram na espécie humana – tenha sido rematada dentro do referencial do uniformitarismo. Trata-se de uma concepção gradualista ou uniformitarista da evolução orgânica que conduz a formas de vida mais altas, mais complexas e bem-sucedidas. Esta noção de progressão evolutiva foi lida a partir dos registros fósseis da crosta da Terra. É uma interpretação do caráter uniformitarista e gradual da evolução que foi defendida durante o curso de um século, mesmo com o acúmulo de evidências de que várias extinções em massa tinham ocorrido.

Supôs-se que as extinções em massa, por mais que embaraçassem seu espaço de tempo, levaram milhões de anos para realizar-se. Aquelas poucas e grandes extinções em massa serviram de referência para as principais subdivisões da escala geológica de tempo. E constitui uma idéia aceita que intervalos significativos de tempo geológico ficaram sem registros em tais fronteiras. Estava também entendido – muito antes do fim do século XIX – que o registro das rochas sedimentares, com os seus conteúdos fósseis, era profundamente

15. Glen, 1994 a, b.
16. Glen, 1990, 1994 b, 1994 c.

fragmentário; e sua forte incompletude foi plenamente explicada na fala presidencial de Wyatt Durham endereçada à Sociedade de Paleontologia em 1967[17]. O conhecimento dessa incompletude serviu de âncora, ulteriormente, à postura mental que possibilitou acomodar dentro da moldura do uniformitarismo uma maciça morte taxonômica, mesmo em horizontes cortados à ponta de faca na seqüência das camadas de rocha – a fim de acomodar-se dentro dos quadros do uniformitarismo. Tais limites, marcados por quebras na continuidade das camadas de rochas e de grupos fósseis, foram considerados como resultantes do acaso, numa rara combinação de forças normais e processos, ambos do uniformitarismo.

A prevalecente *gestalt* paleontológica permitiu que descontinuidades nas camadas de rochas, representando intervalos de tempo não registrados, fossem acomodadas na estrutura do uniformitarismo; por isso, admitiu-se que taxas fósseis vieram a extinguir-se num passo normal dentro daqueles intervalos de tempo desconhecidos[18]. A explicação dada a estes intervalos serviu como meio para evadir-se da necessidade de evocar forças catastróficas ou taxas de extinção quase instantâneas. Os paleontólogos sustentam que, sem evidência do contrário, não se deve apelar para uma gigantesca catástrofe instantânea para explicar o desaparecimento de muitas espécies em um horizonte único no registro estratigráfico; assim, desaparecimentos em massa foram "lidos" como significativos intervalos de tempo perdidos no livro das rochas[19].

A nova idéia ascendente, segundo a qual o impacto meteorítico podia ocasionar uma súbita extinção geológica em massa e, destarte, reacertar a escala de tempo e a agenda da evolução, obrigaram biólogos evolucionistas a repensar o problema da evolução, se ela é uma questão tanto de "bons genes quanto de boa sorte"[20].

O sucesso da teoria do impacto está forçando a uma redefinição do uniformitarismo e um concomitante surgimento do

17. Durham, 1967.
18. Newell, 1967.
19. Ager, 1981.
20. Raup, 1991; Sepkosky, 1990.

neocatastrofismo. Esta concepção leva a pensar em um número mais amplo de temas que incluem o aquecimento global, o impacto induzido pela deriva continental e o impacto induzido pelos episódios vulcânicos maciços. De forma simultânea, a idéia de uma estrita determinação da natureza pela ciência matemática, que acompanha a concepção do uniformitarismo, viu-se aberta ao questionamento por inúmeras descobertas, em especial as dinâmicas não lineares da teoria do caos, que focalizam a atemorizante complexidade dos sistemas fluidos como os que compõem o clima global.

A teoria do caos sustenta que um sistema dinâmico fluido nunca pode ser objeto de previsão; portanto, nada, em princípio, nos proporcionará certeza na previsão do clima global[21]. A teoria do caos nos ensina que pequenas variações nas condições iniciais de um sistema dinâmico podem produzir mudanças grosseiramente desproporcionais enquanto o sistema evolui. Assim, qualquer pequena alteração em qualquer um dos fatores no sistema é capaz de causar uma catástrofe, uma mudança imprevisível ao longo da linha de continuidade.

Qualquer uma das numerosas contribuições antropogênicas para a atmosfera podem já ter alterado o curso do sistema, de modo a tornar iminente uma alteração destrutiva, imprevisível e em larga escala. Realmente, nada sabemos. Porém, dados isotópicos, tais como os do núcleo de gelo 3 tinto de Hans Oeschger, na Groenlândia, são alarmantes. Ele documentou um incremento de 13°F na temperatura média anual, dentro de um período de 10-20 anos, há cerca de 35 mil anos – portanto, uma taxa e uma grandeza de crescimento inconcebível – que foi então mantida por um milênio, antes de voltar a cair com igual rapidez. Ademais, o dióxido de carbono atmosférico da época parecia flutuar diretamente com as alternantes temperaturas do ar[22]. Isto teria sido suficiente para alertar-nos sobre a possibilidade de uma abrupta variação climática catastrófica em nosso inapreensível futuro.

21. Shaw, 1994.
22. Oeschger, 1984 *fide* Kunzig, 1996.

Se o conhecimento pormenorizado do passado geológico carece de mais intervalos, por que deveríamos supor que Oeschger tropeçou num evento singular ou até raro? Nos últimos anos, apareceram estudos ulteriores que apóiam e estendem a conjetura feita anteriormente por Oeschger. Muitos desses estudos foram instigados pela conclusão radical deste cientista, segundo a qual o clima virtualmente saltou para frente e para trás, do frio ao calor e depois ao frio de novo, permanecendo em um dado estado por cerca de mil anos. E um grupo, sob a direção de K. C. Taylor, mediu depois a condutividade elétrica do núcleo de gelo como um substitutivo para a taxa da queda de ácidos em relação ao carbonato de cálcio carregado pela poeira e determinou que a maior transição de temperatura ocorreu em menos de três décadas.

Correlações recentes entre os depósitos glaciais de carbono-14 datados, da Nova Zelândia, e núcleos de sedimentos rapidamente depositados, da bacia de Santa Bárbara, na Califórnia, indicam que as variações não eram apenas rápidas, mas estavam espalhadas pelos dois hemisférios. Uma série inteira de eventos ligados a variações de temperatura que pontuaram o período de cerca de 65 mil anos, há 25 mil anos, conhecidos a partir da pesquisa de núcleos de gelo, foram agora duplicados nos sedimentos oceânicos tanto no Atlântico Norte quanto na bacia de Santa Bárbara.

Muitos outros eventos desse tipo devem jazer escondidos dentro de obscuras partes de gelo ainda não examinadas e registros estratigráficos que narram as atribulações climáticas da Terra. Durante anos, o falecido Cesare Emiliani – um pioneiro da interpretação isotópica da história da Terra – chamou repetidamente minha atenção para a nossa ignorância acerca dos mecanismos de controle do possível e repentino aquecimento e esfriamento globais. No ano 2.000, pouco antes de sua morte, ele acentuou ainda mais o caráter de urgência com respeito ao nosso futuro climático.

Wally Broecker, o afamado geofísico, acreditava que, seja lá o que impulsiona o clima da Terra, isto não conduz a mudanças suaves, porém, antes, a saltos de um estado de operação a outro, e que, em essência, nós não sabemos qual a probabilidade de levarmos o sistema climático, pela adição de CO_2, a pular para um de seus modos alternativos de operação[23].

Quer tratemos de mudanças climáticas globais, impactos meteoríticos, terremotos, deslizamentos de terra, erupções vulcânicas, quer de outros fenômenos que demonstram auto-similaridade em diferentes escalas (ou o que denominamos escala fractal), desfrutamos de uma abundância de dados sobre pequenos eventos com altas freqüências de ocorrência e sofremos de escassez de dados para eventos de grande porte e não freqüentes. A não familiaridade com eventos de maior envergadura e raridade, que são ou não conhecidos ou estão perdidos para a história, ajudam a sustentar a atravancadora e arcaica concepção uniformitarista que ofuscou por mais de um século o papel da catástrofe na moldagem da história da Terra. Derek Ager figurou, no estudo da Terra, entre os raros cientistas cônscios dos fractais que defenderam, há décadas, um reexame despreconcebido dos registros estratigráficos e advertiram contra a superconfiança no uniformitarismo – e ele continuou a defender esta causa até a sua morte[24].

Se for possível demonstrar que uma variação ambiental de natureza catastrófica e global é mais do que meramente uma série de alguns poucos eventos extremamente raros – tais como as evidentes mudanças maciças de temperatura em núcleos de gelo da Terra há milhares de anos, ou o extermínio dos dinossauros pelo impacto do meteorito K-T – mas, ao invés, se se puder mostrar que estas são generalidades da história da Terra, então o uniformitarismo será plenamente redefinido; isto parece cada vez mais provável. Nesta nova forma, a idéia uniformitarista acomodará gigantescos desvios da norma. Tais irregularidades, próximas aos extremos das escalas dos fractais, escapam amiúde ao que é passível de ser discriminado, devido à grossa mixórdia das escalas de tempo históricas, humanas e geológicas.

Reconhecendo que catástrofes de tais tipos são, de fato, generalidades – mais do que singularidades que não constam das predi-

23. Broecker, 2000.
24. Ager, 1993.

ções –, reformularemos nosso pensamento sobre o nosso lugar no planeta e no universo. O catastrofismo será subsumido pelo reconhecimento de que tudo cai dentro de uma escala fractal de um tipo ou de outro, e que, quando se ascende a tal escala em termos fenomenológicos, não só os efeitos na biosfera são ampliados, mas aparecem novos efeitos, diferentes do ponto de vista qualitativo daqueles produzidos em níveis inferiores de energia. Isto acabou de ser demonstrado para certo número de fenômenos, incluindo os impactos meteoríticos[25].

O registro geológico nos instrui contra o otimismo. Nosso grau de acertos na predição de eventos catastróficos, fractalmente obscuros e não freqüentes, é pobre. A alarmante taxa de crescimento do dióxido de carbono e de outros gases poluidores deve ser repensada em termos daquilo que aprendemos acerca das respostas catastróficas proporcionadas pela teoria do caos nos sistemas dinâmicos fluidos: elas são, no principal e de maneira assustadora, imprevisíveis.

Lições de outros conflitos teóricos

Pode-se identificar em outros conflitos e reviravoltas teóricas algumas das trilhas mais importantes pelas quais a ciência trabalhou na controvérsia do aquecimento global. O conhecimento do caráter potencialmente agourento das emissões de CO_2 foi retardado não só pelo reinado do uniformitarismo e suas idéias acompanhantes, mas também pela data e pelo contexto intelectual em cujo âmbito Arrhenius efetuou a sua proposta de um aquecimento global. A idéia deste cientista parece constituir um claro caso de prematuridade na ciência, tal qual foi formalizado em 1972, por Gunther Stent, em Berkeley. "Uma idéia é prematura se suas implicações não puderem ser conectadas por uma série de

25. Melosh, 1989.

simples passos lógicos ao conhecimento canônico ou àquele aceito em geral". (A escolha do termo "canônico", por Stent, era precisa: tem sido usado para denotar um padrão de julgamento desde o início do século XVII)[26]

Meus próprios estudos históricos minuciosos, tanto sobre os debates a respeito da deriva continental (que resultaram no ascenso da teoria das placas tectônicas nos fins da década de 1960), como também sobre as discussões atuais desencadeadas pela teoria da extinção em massa por impacto meteorítico, demonstram que tais casos também compartem aspectos comuns com o desenvolvimento dos embates acerca do aquecimento global – aspectos comuns em adição ao fato de ambos constituírem idéias prematuras[27]. Convém lembrar que a nova e crucial compreensão do aquecimento global foi, sobretudo, um golpe de sorte e não proveio de um esforço deliberado no sentido de se compreender o fenômeno acima, mas, ao invés, proveio de uma série de contribuições não relacionadas entre si, serendípicas. As inúmeras e novas descobertas que lançaram luz sobre o aquecimento global vieram de programas de pesquisa em áreas completamente diversas. Cada programa que gerou cada uma dessas descobertas não estava dirigido para o tema do aquecimento global. Foi Weart que deixou isso claro[28].

26. Esse alerta, com respeito ao whiguismo e ao recentismo, que considera contestável o termo "prematuro" usado por Stent, pode encontrar satisfação numa palavra substitutiva tal como "radical". O termo "radical" concorda, do ponto de vista etimológico, com o intento taxonômico de Stent: "radical" refere-se àquilo que procede de uma nova raiz; é original, fundamental e conota grande mudança, inclusive de conceituação. A idéia radical pode ser bem-sucedida ou malograr, mas defronta-se com rejeição ou é ignorada, no seu advento, pela disciplina para a qual foi formulada. Proponho, em aditamento, que a idéia radical pode, entretanto, ser favoravelmente recebida em outra disciplina que não aquela para a qual foi destinada. Um exemplo disso são as hipóteses do impacto meteorítico da extinção em massa K-T, as quais foram estabelecidas por um físico, um químico nuclear e um geólogo; no entanto, elas viram-se rejeitadas pela maioria dos paleontólogos – membros da disciplina incumbida, por convenção, de sua avaliação. Todavia, a teoria foi acolhida por quase todos os astrofísicos e estudiosos dos meteoritos. O substantivo "radical" pode ser definido de modo que concorde com os critérios de Stent referentes à categoria de idéias denominadas prematuras, assim como compreenda qualidades ulteriormente definidas que deveriam evitar alegações de whiguismo ou recentismo.

27. Sobre os debates acerca da deriva continental, ver Glen, 1982, 1985; acerca da teoria do impacto meteorítico na extinção em massa, ver Glen, 1990, 1994 a, c, d, 1996, 1998.

28. Weart, 1997.

De maneira similar, Alfred Wegener sacou a sua proposta da deriva continental a partir de várias e elegantes linhas fornecidas pela evidência empírica[29]. Infelizmente, porém, a concepção de Wegener sobre os grandes movimentos laterais dos continentes escapou em face do então reinante cânone da geologia – também baseado em suposições – de que a posição geográfica tanto dos continentes quanto das bacias oceânicas estavam há muito fixadas[30].

Idéias impugnantes de paradigmas, revolucionárias, tais como a teoria da deriva continental de Wegener, sempre catapultaram seus autores para a grelha quente da ortodoxia. Em acréscimo, este cientista foi tão decididamente prematuro na sua idéia como o foi Arrhenius, no mesmo sentido.

Na época de Wegener, praticamente não se sabia nada sobre a geologia do assoalho oceânico. Os seus críticos mais influentes e clamorosos, os geofísicos, examinaram a questão da deriva, aplicando de maneira imprópria os princípios da física tanto aos continentes – cuja geologia era bem mal entendida – como ao assoalho oceânico – cuja geologia era um mistério completo[31]. Além disso, era restrito o conhecimento das regiões abaixo da crosta terrestre (litosfera). Os geofísicos fizeram conjecturas acerca da crosta oceânica e das regiões abaixo desta última a partir do comportamento das próprias ondas provenientes de terremotos de brevíssima duração. Entretanto, tais hipóteses mostraram-se inapropriadas ao se considerar a reologia e a deformabilidade desses sólidos em vastos períodos de tempo. Os geofísicos concluíram – a partir de uma base factual altamente fragmentária e uma hipótese teórica imatura – que os continentes graníticos não poderiam mover-se através das inflexíveis crostas basálticas dos oceanos. Foi apenas por meio de uma pesquisa exaustiva durante o meio século seguinte que se tornou possível esclarecer, ao menos de modo parcial, a natureza do assoalho oceânico e do manto situado abaixo dele.

29. Wegener, 1912 a, b, 1915.
30. Van Waterschoot van der Gracht et al., 1928.
31. Jeffreys, 1924, 1974.

Os cientistas aprenderam que a história da formação, estrutura, vulcanicidade, magnetização, fluxo de calor e outras características do solo do mar são completamente diferentes de qualquer coisa conhecida com respeito aos continentes. Eles também encontraram evidências esmagadoras – brevemente discutidas – de que os continentes haviam caminhado centenas de quilômetros à deriva, tendo carregado gigantescos fragmentos da camada externa da Terra que vieram a ser denominados de placas tectônicas.

Os diversos programas que proporcionaram os dados utilizados para realizar a revolução causada pela existência das placas tectônicas estavam destinados a uma variedade de problemas completamente diferentes. Nenhum desses programas examinava diretamente a questão da deriva. E em nenhuma proposta de pesquisa dos diversos programas *que eventualmente levaram à confirmação da evidência da deriva* pode-se encontrar menção a um teste sobre algum aspecto da deriva continental. Isto inclui o crucial programa que forneceu o perfil geomagnético anômalo Eltanin 19, que constitui talvez o mais importante dado isolado na história da geologia[32].

A invenção do espectrômetro de massa de operação estática, de John Reynolds, e o desenvolvimento de novos equipamentos e métodos de extração do argônio por Jack Evernden e Garniss Curtis, nos anos de 1950, todos de Berkeley, refinaram os dados radiométricos de uma ordem de magnitude[33]. Essa capacidade de refinamento dos dados foi empregada vantajosamente no U. S. Geological Survey no Menlo Park por Allan Cox, Brent Dalrymple e Richard Doell – todos treinados no departamento de Evernden e Curtis –, que se tornaram os principais arquitetos da primeira escala de tempo das inversões geomagnéticas datadas por radiometria.

Eles mediram a idade e a polaridade magnética de centenas de rochas ao redor do globo (num experimento que durou vários anos, sugerido por Patrick Blackett, em 1956) para descobrir que todas as

32. Glen, 1979, 1982.
33. Reynolds, 1954; Evernden e Curtis, 1961; Evernden e James, 1964.

rochas da mesma idade apresentavam a mesma polaridade, e assim, com alguns dos dados proporcionados por outros grupos de pesquisa, provaram que o campo magnético da Terra, repetida e randomicamente, inverteu-se durante o seu passado geológico. Por meio desta demonstração eles retiraram a polaridade magnética da Terra do rol das constantes físicas[34].

Simultaneamente, formularam a primeira escala de tempo das inversões geomagnéticas[35]. Esta escala converteu-se na chave mágica pela qual foi desvendado o quebra-cabeça dos padrões magnéticos da faixa zebrada da crosta do assoalho oceânico, registrada por Ronald Mason e Arthur Raff, quando Walter Pittman descobriu o perfil geomagnético anômalo Eltanin 19, em 1966[36]. Foi este perfil geomagnético anômalo que comprovou a correção das hipóteses de Vine-Matthews-Morley[37]. Tais hipóteses predisseram que faixas magnéticas bilateralmente simétricas, cujas larguras eram proporcionais aos intervalos de tempo da escala de polaridade reversa do grupo de Cox, estariam distribuídas ao longo de cordilheiras e elevações no centro oceânico (centros espalhados pelo assoalho oceânico). O perfil geomagnético anômalo Eltanin 19 demonstrou, praticamente do dia para a noite, a teoria da expansão do assoalho oceânico – uma teoria que subsume a deriva continental – e desencadeou a ascenção de uma teoria mais completa das placas tectônicas (cujo germe viera à luz dois anos antes, numa apresentação de J. Tuzo Wilson, em 1965, sobre as falhas de transformação, trabalho que foi na época ignorado).

O desenvolvimento do espectrômetro de massa de operação estática e o aprimoramento de métodos de datação, a formulação da escala de tempo geomagnética, a descoberta das faixas magnéticas no assoalho oceânico e o registro e a digitação do perfil geomagnético anômalo Eltanin 19, *tudo isso proveio de programas que não estavam endereçados à questão da deriva continental.*

34. Cox et al, 1967; Glen, 1982.
35. Cox et al, 1963; Glen, 1982.
36. Mason e Raff, 1961; Pittman e Heirtzler, 1966.
37. Vine e Matthews, 1963; Morley e Larochelle, 1964; Glen, 1982, 1985.

A atribuição do conceito de prematuridade a fenômenos tais como as falhas de transformação de Wilson (que definiu a placa tectônica proporcionando seu terceiro tipo de estrutura limite); os nematóides, ou as cadeias de montanhas como fios de linha, definidos também por Wilson, em 1963, como etariamente graduadas, e as cadeias vulcânicas lineares formadas pela passagem de uma placa tectônica sobre um local quente ou uma fonte fixa de lava; e as outras idéias voltadas ao problema da deriva, foram em grande parte ignoradas. Tais conceitos prematuros feneceram até que a poderosa evidência relativa à reversão do padrão de magnetização, tal como exibida no perfil da anomalia geomagnética Eltanin 19, foi decifrada – só então estas negligenciadas idéias foram submetidas a um escrutínio imediato e global.

O perfil Eltanin forçou virtualmente o pareamento das razões numéricas aparentemente mágicas entre as larguras dos blocos magnetizados na crosta do assoalho oceânico, graças à recentemente reunida escala de tempo da polaridade geomagnética reversa, e os intervalos de polaridade magnética encontrados nos núcleos dos sedimentos marinhos. A congruência simples e imediatamente compreensível desses conjuntos de diferentes dados prestou-se à apresentação em diagramas tão visualmente simples e diretamente representativos que a realidade parecia apenas abstraída ou sub-rogada. A maioria das pessoas ligadas à ciência da terra ficava apavorada. O que eles viam naqueles diagramas constituiu um entrosado referencial dessa coesão e simetria conceituais que, até os autores das hipóteses que predisseram tais resultados, não puderam antecipar a forma quase perfeita e universalmente legível em que os efeitos de processos múltiplos e independentes foram escritos e se revelaram[38]. Esse significativo episódio constitui um modelo de erguimento instantâneo de uma ponte entre os cânones e as hipóteses de Vine-Matthews-Morley. De modo simultâneo, a prova dessas hipóteses demonstrou as

38. Vine, 1978.

virtudes de outras relacionadas e desprezadas, tais como as concernentes às falhas de transformação e os nematóides[39].

Esses diversos casos de conflito teórico têm muito a nos ensinar. Cada qual parece ser uma demonstração da excessiva fé dispensada ao conhecimento canônico e ortodoxo que feriu suposições e incertezas. É como se uma comunidade de *scholars* fosse, qual uma mente individual – como explicada classicamente por Overstreets em *The Mature Mind* (A Mente Madura) – praticamente incapaz de sustentar um julgamento em suspenso[40]. Idéias prematuras são o teste ácido da mente madura.

Agradecimentos

Ao U. S. Geological Survey, ao National Science Foundation e ao Center for History of Physics por terem prestado apoio durante a maior parte do tempo em que os dados desse trabalho foram reunidos. A Spencer Weart que, generosamente, dividiu comigo seus conhecimentos sobre a questão do aquecimento global.

Bibliografia

Ager, D. V. 1981. *The Nature of the Stratigraphical Record*. 2 ed. New York: Halstead Press.
______. 1993. *The New Catastrophism: The Importance of the Rare Event in Geological History*. New York: Cambridge University Press.
Alvarez, L. W.; W. Alvarez; F. Asaro & H. V. Michel. 1980. Extraterrestrial Cause for Cretaceous-Tertiary Extinction. *Science* 208:1095-1108.
Alvarez, W. 1984. Interviews by William Glen. Gravação em fita. Archives of the Center for History of Physics, College Park, Md.
Arnold, J. R. & E. C. Anderson. 1957. The Distribution of Carbon-14 in Nature. *Tellus* 9:28-32.
Arrhenius, S. 1896. On the Influence of Carbonic Acid in the Air upon the Temperature of the Ground. *Philosophical Magazine* 41:237-76.

39. Glen, 1982.
40. Overstreet e Overstreet, 1949.

Asaro, F. 1984. Interviews by William Glen. Tape recordings. Archives of the Center for History of Physics, College Park, Md.

Blackett, P. M. S. 1956. *Lectures on Rock Magnetism*. Jerusalem: Weizmann Science Press of Israel.

Blair, T. A. 1942. *Climatology, General and Regional*. New York: Prentice-Hall.

Bolin, B. & E. Eriksson. 1959. Changes in the Carbon Dioxide Content of the Atmosphere and Sea due to Fossil Fuel Combustion. In: B. Bolin (ed.). *The Atmosphere and the Sea in Motion. Scientific Contributions to the Rosby Memorial Volume*. New York: Rockefeller Institute Press e Oxford University Press, p. 130-42.

Broecker, W. S. 2000. Interview by William Glen, 7 fevereiro 2000. Manuscrito.

Callender, G. S. 1938. The Artificial Production of Carbon Dioxide and Its Influence on Temperature. *Qtly. J. Royal Meteorological Soc*. 64:223-40.

______. 1941. Infra-red Absorption by Carbon Dioxide, with Special Reference to Atmospheric Radiation. *Qtly. J. Royal Meteorological Soc*. 67:263-75.

______. 1949.Can Carbon Dioxide Influence Climate?. *Weather* 4:310-14.

Carson, R. 1951. Why Our Winters Are Getting Warmer. *Popular Science* 159:14.

Chamberlain, T. C. 1897. A Group of Hypotheses Bearing on Climatic Changes. *Your. Geology* 5:653-83.

Cox, A.; G. B. Dalrymple & R. R. Doell. 1967. Reversals of the Earth's Magnetic Field. *Sci. Amen* 216:44-54.

Cox, A.; R. R. Doell & G. B. Dalrymple. 1963. Geomagnetic Polarity Epochs and Pleistocene Geochronometry. *Nature* 198:1049-51.

Craig, H. 1957. The Natural Distribution of Radiocarbon and the Exchange Times of CO_2 between Atmosphere and Sea. *Tellus* 9:1-17.

Dobson, G. M. B. 1942. Atmospheric Radiation and the Temperature of the Lower Stratosphere. *Qtly. J. Royal Meteorological Soc*. 68:202-4.

Durham, J. W. 1967. Presidential Address: The Incompletenes of Our Knowledge of the Fossil Record. *Four. Paleon*. 41:559-65.

Elder, T. & J. Strong. 1953. The Infrared Transmission of Atmospheric Windows. *Four of the Franklin Institute* 255:189-208.

Evernden. J. F. & G. H. Curtis. 1961. The Present Status of Potassium-Argon Dating of Tertiary and Quaternary Rocks. *Intern. Quaternary Assoc. Proc 6th Cong*. (Warsaw), 643-52.

Evernden, J. F. & G. T. James. 1964. Potassium-Argon Dates and the Tertiary Floras of North America. *Amer. Jour. Sci*. 262:945-74.

Glen, W. 1979. Archive of Project in Geomagnetic History, 1975-79. Bancroft Library, University of California at Berkeley. Este arquivo contém cópias de propostas para conduzir as entrevistas e pesquisas sob o perfil de Eltamim com os estudantes pós-graduados da Columbia University e os docentes que gravaram uma fita acerca do Levantamento do Pacífico Leste.

______. 1981. The First Potassium-Argon Geomagnetic Polarity Reversal Time Scale: A Premature Start by Martin G. Rutten. *Centaurus* 25:222-38.

______. 1982. *The Road to Faramillo: Critical Years of the Revolution in Earth Science*. Stanford: Stanford University Press.

______. 1985. *Continental Drift and Plate Tectonics*. Columbus, Ohio: Charles E. Merrill Publishing, 1975; reimpressão, San Mateo: Geo-Resources Associates.

______. 1990. What Killed the Dinosaurs: A Decade of Debates. *Amer. Scientist* (julho-agosto): 354-70. Reimpresso em *Annual Editions: Biology*, 6th ed. (Guilford: Dushkin Publishing Group, 1992), p. 173-83.

______. 1994a. What the Impact/Volcanism/Mass-Extinction Debates Are About. In: William Glen (ed.). *The Mass Extinction Debates: How Science Works in a Crisis*. Stanford: Stanford University Press, p. 7-38.

______. 1994b. How Science Works in the Mass-Extinction Debates. In: William Glen (ed.). *The Mass Extinction Debates: How Science Works in a Crisis*. Stanford: Stanford University Press, p. 39-91.

______. 1994c. A Panel Discussion on the Debates. In: William Glen (ed.) *The Mass Extinction Debates: How Science Works in a Crisis*. Stanford: Stanford University Press, p. 268-86.

______. 1994d. How Different Disciplines Have Responded to the Alvarez-Berkeley Group Hypothesis. *Abstracts with Programs, Annual Meeting, Geological Sociey of America*. A-282.

______. 1996. Observations on the Mass-Extinction Debates. 1996. In: G. Ryder; D. Fastovsky & S. Gartner (eds.). *The Cretaceous-Tertiary Event and Other Catastrophes in Earth History*. *Geol. Soc. Amer. Spec. Paper* n. 307. Boulder, Colo.: Geological Society of America, p. 39-53.

______. 1998. A Manifold Current Upheaval in Science. *Earth Sciences History* 17:190-209.

______. Forthcoming. Myth, Muse & Mind: Problems in the Rational Reconstruction of Science History: Presented at a Working Conference. In: *Interviews in Writing the History of Recent Science*. Cambridge: Harvard University Press. A conferência foi em 28-30 de abril de 1994, na Universidade Stanford.

______ (ed.). 1994. *The Mass Extinction Debates: How Science* Works *in a Crisis*. Stanford: Stanford University Press, p. 1-370.

Hall, A. R. 1954. *The Scientific Revolution: 1500-1800, the Formation of the Modern Scientific Attitude*. Boston: Beacon Press, p. 1-390.

Holmes, A. H. 1978. *Principles of Physical Geology*. 3 ed. revista por D. L. Holmes. New York: John Wiley and Sons.

Hutton, J. 1788. Theory of the Earth; or, an Investigation of the Laws Observable in the Composition, Dissolution & Restoration of Land upon the Globe. *Transactions of the Royal Society of Edinburgh I*, pt. 2:216.

Jeffreys, H. 1924. *The Earth: Its Origin, History & Physical Constitution*. Cambridge: Cambridge University Press.

______. 1974. Theoretical Aspects of Continental Drift". In: C. Kahle (ed.). *Plate Tectonics: Assessments and Reassessments*. Vol. 23. Tulsa: Amer. Assoc. of Petroleum Geologists, p. 395-405.

Kunzig, R. 1996. In Deep Water. *Discover* (dezembro): 86-96.

Lyell, C. 1831. *Principles of Geology; Being an Attempt to Explain the Former Changes of the Earth's Surface, by Reference to Causes Now in Operation*. Vol. 1. London: J. Murray.

Mason, R. G. & A. D. Raff. 1961. A Magnetic Survey off the West Coast of North America 32°N to 42°N. *Geol. Soc. Amer. Bull.* 72:1259-65.

Melosh, J. J. 1989. *Impact Cratering*. New York: Oxford University Press, 1-145.

Morley, L. W & A. Larochelle. 1964. Paleomagnetism as a Means of Dating Geological Events. In: F. F. Osborne (ed.). *Geochronology in Canada*. Roy. Soc. Canada Spec. Pub. no. 8. Toronto: University of Toronto Press, p. 39-51.

National Environmental Research Council. 1998. *Climate Change: Scientific Certainties and Uncertainties*. Swindon, England: NERC.

Newell, N. D. 1967. Revolutions in the History of Life. In: C. C. Albritton Jr. (ed.). *Uniformity and Simpliciy: A Symposium on the Principle of the Uniformity of Nature*. *Geol. Soc. Amer. Spec. Paper* no. 89. Boulder, Colo.: Geological Society of America, p. 63-91.

Overstreet, H. A. & B. Overstreet. 1949. *The Mature Mind*. New York: W. W. Norton.

Pittman, W. C. & J. P. Heirtzler. 1966. Magnetic Anomalies over the Pacific-Antarctic Ridge. *Science* 154:1164-71.

Plass, G. N. 1956. Carbon Dioxide and the Climate. *Amer. Scientist* 44:302-16.

______. 1959. Carbon Dioxide and Climate. *Sci. Amer.* 201:41-47.

Raup, D. M. 1991. *Extinction: Bad Genes or Bad Luck?* New York: W. W. Norton.

Revelle, R. & H. E. Suess. 1957. Carbon Dioxide Exchange between Atmosphere and Ocean and the Question of an Increase of Atmospheric CO_2 during the Past Decades. *Tellus* 9:18-27.

Reynolds, J. H. 1954. A High Sensitivity Mass Spectrometer. *Phys. Rev.* 98:283.

Sepkoski, J. J.; Jr. 1990. The Taxonomic Structure of Periodic Extinction. In: V. L. Sharpton & P. D. Ward (eds.). *Global Catastrophes in Earth History*. *Geol. Soc. Amer. Spec. Paper.* n. 247. Boulder, Colo.: Geological Society of America , p. 33-44.

Shapely, H. (ed.). 1953. *Climatic Change: Evidence, Causes & Effects*. Cambridge: Harvard University Press.

Shaw, H. R. 1994. *Craters, Cosmos & Chronicles: A New Theory of the Earth*. Stanford: Stanford University Press.

Stanhill, G. 1999. Climate Change Science Is Now Big Science. *EOS, Trans. Am. Geophys. Union* 80:396-97.

Stent, G. S. 1972. Prematurity and Uniqueness in Scientific Discovery. Sci. *Amer.* 227 (dezembro): 84-93.

Suess, H. E. 1955. Radiocarbon Concentration in Modern Wood. *Science* 122:415-17.

______. 1957. Residence Time of CO_2 in the Atmosphere from C14 Measurements. In: Craig Harmon (ed.). *Proceedings, Conference on Recent Research in Climatology, Scripps Institution of Oceanography, La Folla, California, March* 25-26. University of California Water Resources Center, contrib. n. 8, p. 50-52.

Valentine, J. W. & E. M. Moores. 1970. Plate Tectonics Regulation of Faunal Diversity and Sea Level: A Model. *Nature* 228:657-59.

van Waterschoot, W. A.: J. M. van der Gracht; B. Willis, R. T. Chamberlain et al. 1928. *Theory of Continental Drift: A Symposium on the Origin and Movement of Land Masses both Inter-Continental and Intra-Continental, as Proposed by Alfred Wegener*. Tulsa: Amer. Assoc. of Petroleum Geologists.

Vine, F. J. Interview by William Glen, 15 maio 1978. Gravação em fita: Archive of the History of Science and Technology Program, Bancroft Library, University of California at Berkeley.

Vine, F. J. & D. H. Matthews. 1963. Magnetic Anomalies over Ocean Ridges. *Nature* 199:947-49.

Weart, S. 1997. Global Warming, Cold War & the Evolution of Research Plans. *Historical Studies in the Physical and Biological Sciences* 27:319-56.

______. 1998. Climate Change, Post-1940. In: G. A. Good (ed.). *Sciences of the Earth: An Encyclopedia of Event People & Phenomena*. New York: Garland Publishing.

Weber, L. R. & H. M. Randall. 1932. The Absorption Spectrum of Water Vapor beyond to Microns. *Physical Review* 40:835-47.

Wegener, A. 1912a. Die Entstehung der Kontinente. *Petermanns Geogr.* Mitt. 58:185-95, 253-56, 305-8.

______. 1912b. Die Entstehung der Kontinente. *Geol. Rundschau*. 3:276-92.

______. 1915. *Die Entstehung der Kontinente*. Braunschweiz: Vieweg.

Wilson, J. T. 1965. A New Class of Faults and Their Bearing on Continental Drift. *Nature* 207:343-47.

9.

TEORIAS DE UM UNIVERSO EM EXPANSÃO

Implicações de sua recepção para o conceito de prematuridade científica

Norriss S. Hetherington

Pode-se considerar a formulação de Gunther Stent acerca da prematuridade na descoberta científica como um *work in progress*, um trabalho em desenvolvimento, no melhor sentido da expressão, devido ao espectro mais amplo dos itens discutidos neste volume. Quanto a mim, exploro aqui a resposta postergada às teorias sobre um universo em expansão, e minha abordagem parte radicalmente, em alguns aspectos, do conceito de Stent, tal qual ele o apresentou originalmente, mas deve muito ao estímulo de seus artigos de 1972, assim como, em sua forma revista, aos comentários de outros participantes na conferência que precedeu este volume[1].

Diversos modelos matemáticos de um universo em expansão surgiram na literatura científica, na década de 1920, e agora são celebrados, retrospectivamente, em apanhados históricos do desenvolvimento da cosmologia moderna. Um dos primeiros proponentes de um universo em expansão foi Georges Lemaître, um astrofísico bel-

1. Sobre a exposição de Stent, ver cap. 2, neste volume; acerca da conferência, cf. o prefácio.

ga, padre católico, e que exerceu, de 1960 até a sua morte em 1966, o cargo de presidente da Pontifícia Academia de Ciência. Lemaître ofereceu uma segunda oportunidade – por mais sutil e implícita que fosse a sua manifestação – para a Igreja Católica abraçar e ser abraçada por um segundo Galileu[2]. Um proponente, até mesmo precursor, de um universo em expansão foi o meteorologista e matemático russo Alexander Friedmann. Ele chegou a ser saudado de maneira explícita, nos anos que precederam imediatamente o desmantelamento da União Soviética, como exemplo da grande ciência soviética. Isto, não obstante o fato das difíceis condições na Rússia revolucionária nos inícios do decênio de 1920 e a prematura morte de Friedmann devido à febre tifóide, que teriam limitado de modo marcante a sua produção científica[3].

Alguns podem extrair, se optarem por isso, considerável valor polêmico tanto de Friedmann quanto de Lemaître. Ademais, os historiadores da ciência têm notória predileção em descobrir e exibir antecipações de grandes idéias científicas em suas cronologias de acumulativas realizações positivas. Com muita freqüência, o fazem sem levar em conta a influência ou o impacto históricos[4].

São miríades de tentativas, polêmicas e pedagógicas, para fazer bom e mau uso da história, unicamente com o fito de garantir uma ênfase continuada nas primeiras propostas de Friedmann e Lemaître acerca de um universo em expansão, apesar do fato de que nenhum de seus trabalhos recebeu, durante os anos de 1920, nem de perto, a atenção que se lhes dispensa hoje. Foi o que observou o astrônomo inglês Arthur Eddington na reunião da Royal Astronomical Society de 10 de janeiro de 1930, segundo o qual, até então, os astrônomos estavam procurando apenas modelos estáticos do universo[5]. E o astrônomo holandês Willem de Sitter, recordando a partir

2. Como exemplo da ênfase nos modos pelos quais Lemaître poderia ter previsto o futuro desenvolvimento da ciência, ver Heller, 1996; Hetherington, 1997.
3. Cf. Troop et al., 1993; Hetherington, 1995
4. Kuhn, 1968, reimpresso em Kuhn, 1977, p. 105-126.
5. Eddington, 1930.

da perspectiva de 1932, explicou que o universo tem sido pensado como estático e, assim, só foram procurados modelos estáticos[6].

O problema histórico com que nos defrontamos não é o de documentar, em detalhes cada vez maiores, as celebradas contribuições de Friedmann e Lemaître para a ciência, porém esclarecer porque, no decorrer da década de 1920, havia tão pouca valoração para as suas teorias de um universo em expansão[7]. O conceito de Stent pode servir de valioso guia heurístico para explorar tal problema.

Um ponto de partida óbvio, na tentativa de explicar porque teorias e descobertas agora respeitadas, em retrospectiva, foram no início desconsideradas, é investigar quão amplamente eram elas conhecidas em seu tempo. Os casos históricos e ilustrativos de prematuridade apresentados por Stent envolvem as alegações de que os trabalhos eram publicados e, portanto, presumivelmente conhecidos, no mínimo por alguns dos contemporâneos, ainda que tais pretensões fossem recusadas ou subestimadas, se julgadas com base numa perspectiva posterior. Não estamos lidando com o desconhecido, porém com o não amado, isto é, com patinhos feios que depois se tornam cisnes.

A bem dizer, praticamente todas as grandes descobertas podem, por definição, sofrer uma subestimação inicial. Pois, como uma condição para o subseqüente reconhecimento de sua grandeza, elas devem contrariar uma crença predominante e, em última análise, mudar o cânone científico. Muitas outras descobertas e teorias subvalorizadas em sua época jamais alcançaram grandeza. Foram elas também um dia prematuras, ou deverá o conceito de prematuridade ficar restrito a descobertas e teorias retrospectivamente reconhecidas como importantes? Semelhante conjuntura deveria ser insatisfatória aos intentos dos historiadores para compreender a ciência passada no seu contexto próprio, único e temporal, os quais chegam algumas vezes ao extremo de cegar-se deliberadamente no tocante a desenvolvimentos subseqüentes.

6. De Sitter, 1932, p. 12.
7. Propostas inicialmente negligenciadas acerca de um universo em expansão foram discutidas por North, 1965, p. 117; Etherington, 1973, p. 22-28; e Kerszberg, 1989, p. 13-14.

Poder-se-ia levantar o espectro da história whiguista (assim chamado, segundo o partido liberal inglês, Whig, oposto à corrente conservadora, Tory, e historiadores que atribuíam aos antigos políticos deste partido um esforço de conceber um futuro incognoscível para eles)[8]. De maneira mais geral e, em especial, na sua aplicação à história da ciência, a história whiguista veio a significar louvor a revoluções bem-sucedidas, ênfase no progresso, ratificação do presente e ausência de sensibilidade em relação àquilo que os cientistas precedentes, de fato, pensavam estar fazendo. A acusação de whiguismo (ou do similar, porém distinto, viés do presentismo) é um potente, mas desordenado taco, que é brandido com demasiada rapidez pelos contextualistas e sabichões contra aqueles que usariam sua própria experiência científica para ajudar a compreender e ter empatia com o estado intelectual de pesquisadores do passado[9]. Os historiadores seriam tolos se não tirassem vantagem das modernas formulações de questões e não as utilizassem para provar o passado – de fato, deixar de proceder assim seria na verdade tão tolo quanto projetar de modo indiscriminado a leitura do presente no passado. De um ponto de vista pragmático, se pretendemos obter um benefício heurístico do conceito de prematuridade na ciência, deveremos pôr de lado uma compreensível aversão à história whiguista e procurar, ao contrário, quaisquer vantagens que possam fluir dela.

Da crença corrente de que o universo está se expandindo provém muito do interesse pelas manifestações primevas dessa teoria particular, não apenas nas propostas de Friedmann (em 1922 e 1924) e Lemaître (em 1927), mas também do matemático H. P. Robertson (em 1928)[10]. O primeiro artigo de Friedmann, que considerava o possível caso de um mundo não estacionário, apareceu numa revista de envergadura, a *Zeitschrift für Physik*. Aí, foi visto por Einstein, que exprimiu sua suspeita sobre o trabalho de Friedmann, em 1922, mas um ano depois o aceitou como uma possível solução para as suas

8. Butterfield, 1931.
9. Sobre o caso anti-anti-Whig, cf. Hull, 1979; Harrison, 1987; e Brush, 1995.
10. Friedmann, 1922, 1924; Lemaître, 1927; Robertson, 1928.

equações do campo[11] (o conjunto das equações de Einstein dão conta simultaneamente dos efeitos da gravitação e de como ela funciona, e estabeleceu as bases da relatividade geral, uma ciência do universo que parte fundamentalmente de pensamentos cosmológicos prévios)[12]. O artigo de Friedmann, de 1924, intitulado "Über die Möglichkeit einer Welt mit Konstanter negativer Krümmung des Raumes", que amplia a possibilidade de uma curvatura negativa do espaço, também veio à luz no *Zeitschrift für Physik*[13].

O artigo de Friedmann, de 1922, estava arrolado no levantamento anual dos artigos científicos sobre tópicos astronômicos, o *Astronomischer Jahrbericht*, sob o título geral de "Teoria da Relatividade". Nenhuma resenha foi ali publicada para indicar que o trabalho apresentava um modelo cosmológico alternativo[14]. O escrito de 1924 não estava listado. Tal omissão explica-se por uma mudança na política editorial ocorrida em 1923 que resultou na exclusão de artigos sobre a teoria da relatividade, tidos como despidos de interesse astronômico[15]. Evidentemente, o trabalho de Friedmann caiu nessa categoria. A mudança na linha editorial ocorrida em 1923 talvez possa ser entendida não como uma alteração de uma existente política explícita, aquela que incluía todos os artigos sobre a relatividade, porém como a criação de uma nova política em resposta a um crescente número de artigos sobre a teoria da relatividade e, portanto, uma necessidade de seleção para incluí-los na listagem.

Elihu Gerson sugeriu que poderíamos substituir a palavra "prematuridade" por "isolamento" ou "desconexão", e que deveríamos examinar a relevância de uma descoberta ou teoria para o público ao qual está associada[16]. É bem possível que o trabalho de Friedmann interessasse a pouquíssimos teóricos dedicados à teoria da relatividade e não fosse importante para a maioria dos astrônomos. Especulações teóricas abstratas teriam que ser traduzidas em conseqüências ob-

11. Einstein, 1922, 1923.
12. Kertszberg, 1989, 1993.
13. Friedmann, 1924.
14. *Astronomischer Jahresbericht* 24 (1922): 6i.
15. *Astronomischer Jahresbericht* 25 (1923): iii.
16. Ver Gerson, cap. 19, neste volume.

servacionais concretas antes que o modelo cosmológico pudesse ganhar muitos adeptos entre os astrônomos ou mesmo ser listado no *Astronomischer Jahrbericht* depois de 1923.

A prematuridade também pode ser entendida no sentido de que os cientistas nada podem fazer com certa descoberta ou teoria, como bem sugeriu David Hull[17]. Os astrônomos necessitam algo mais do que uma teoria abstrata para dirigir suas observações. Muitos astrônomos tampouco eram capazes, do ponto de vista matemático, de sacar conseqüências observacionais da teoria da relatividade. (Conta-se que Eddington, quando perguntado se era verdade que apenas três pessoas no mundo inteiro haviam efetivamente compreendido a teoria da relatividade de Einstein, fez um momento de silêncio e depois perguntou quem seria o terceiro.)

De forma análoga, George Von der Muhll descreveu como a matematização tornou prematuro um campo da ciência política (e por pouco não a matou), no sentido de que pesquisadores neste domínio seriam incapazes de nele participar porquanto eram, em termos da matemática, ignorantes[18]. Similarmente, enquanto os astrônomos dispunham, durante a década de 1920, de alguma habilidade matemática, porém limitada, outros poucos, como o próprio Eddington, poderiam pôr em uso a teoria da relatividade.

A interação entre teoria e observação é implícita e essencial ao conceito de prematuridade de Stent, com descobertas que se tornaram prematuras quando não se conseguia adequá-las a um contexto teórico – a um conhecimento canônico ou aceito em geral. De fato, Stent aplica seu conceito de prematuridade apenas a descobertas, não a teorias. Uma das conclusões mais impressionantes de seu exame da cosmologia dos anos de 1920, através das lentes da prematuridade, é o foco resultante na ausência de interação entre teoria e observação.

Uma exceção que ilustra a regra é George Ellery Hale, fundador e primeiro diretor do Observatório do Monte Wilson. Ele trouxe

17. Ver Hull, cap. 22, neste volume.
18. Ver von der Muhll, cap. 17, neste volume.

cientistas, inclusive o astrônomo holandês J. C. Kapteyn e o geólogo americano T. C. Chamberlin, para uma visita de verão ao observatório, na esperança de que seus interesses teóricos pudessem ajudar a guiar programas observacionais. Os astrônomos do observatório, entretanto, tinham pouco interesse nos tratamentos especulativos, e Hale poderia muito bem ter concluído que os astrônomos em geral estavam focalizados, muito de perto, em problemas observacionais particulares, e desinteressados da teoria abstrata[19].

Nos poucos casos em que a teoria guiou a observação no Monte Wilson, o resultado não foi feliz. Desencaminhado pela expectativa, um astrônomo encontrou o que esperava, algo que, sabemos hoje, não existia. Sua intentada mensuração da rápida rotação das nebulosas espirais significava que elas eram objetos próximos dentro de nossa galáxia, e não galáxias similares além dos limites de nossa galáxia. Pouco depois, Edwin Hubble, também no Observatório do Monte Wilson, obteve uma evidência igualmente definitiva ao colocar as nebulosas espirais a grandes distâncias, para além de nossa galáxia. Esta embaraçosa situação surgiu durante os anos de 1920[20].

Já nisso havia razão de sobra para que os astrônomos desconfiassem da teoria, dado o exemplo de Percival Lowell, lançando-se na busca de sinais de vida inteligente em Marte e depois informando a existência de canais invisíveis para astrônomos de outros observatórios. No obituário de Lowell, de 1916, o astrônomo Henry Norris Russell, da Universidade de Princeton, advertia que:

> se o observador sabe de antemão o que esperar... seu julgamento dos fatos ante seus olhos serão fisgados por esse conhecimento, não importa quão fielmente ele possa tentar limpar sua mente de todo preconceito. Inconscientemente, a preconcebida opinião, queira ou não, influencia o próprio relatório de seus sentidos e, para assegurar observações fidedignas, houve em toda parte o reconhecimento, e por muitos anos, de que

19. Ver Hetherington, 1994, p. 113-123.
20. Hetherington, 1972, 1983, 1988.

o observador deveria conservar-se na ignorância daquilo que ele poderia esperar ver[21].

A ciência nunca se adequou totalmente ao ingênuo modelo indutivo baconiano, no qual todos os fatos são coletados e, tão-somente depois de completado este estágio, as inevitáveis teorias serão inevitavelmente induzidas. Ao invés, na descoberta científica, "o papel catalítico da intuição e das hipóteses é essencial para dar sentido aos resultados empíricos disjuntos e para se mapear a procura de novos dados"[22]. Entretanto, na década de 1920, a cosmologia ainda estava em vias de tornar-se uma ciência moderna caracterizada pela interação fecunda entre teoria e observação.

Astrônomos, especialmente nos Estados Unidos, estavam em grande parte satisfeitos em produzir observações, enquanto deixavam a teoria para os teóricos. Em contraste com o viçoso crescimento da astronomia observacional, "a cosmologia teórica não vingou no solo americano". Isso talvez se devesse, em parte, a um clima intelectual de ceticismo em relação às atividades teóricas, sobretudo aquelas que não apresentavam benefício prático evidente. Do mesmo modo, os astrônomos americanos não conseguiam enfrentar a matemática da teoria da relatividade. Na Inglaterra, ao contrário, o interesse por essa última floresceu, mas ela era concebida como uma entidade estritamente matemática, sem entrada para dados observacionais. Ali, também, havia pouca inclinação em misturar teoria e observação[23].

Seria não só anacrônico pressupor, de parte dos astrônomos, nos anos de 1920, muito interesse nas teorias cosmológicas em geral, mas uma específica teoria de um universo em expansão ia diretamente contra a crença, então amplamente aceita, de que o universo era estático. O próprio Einstein notou, em 1917, enquanto elaborava as conseqüências da teoria geral da relatividade, que o universo não seria estático a não ser que adicionasse um termo constante, de

21. Russel, 1916. Sobre a controvérsia marciana, ver Hetherington, 1971b, 1976, 1981.
22. Thomson, 1983.
23. Gale, 1993; Gale e Urani, 1993.

outro modo desnecessário, às equações de campo, que descreviam o universo. Eddington denominou essa constante de "mão oculta", que evitaria o colapso gravitacional do universo, previsto, por outro lado, pela teoria geral da relatividade[24]. Einstein, que professava "o ponto de vista segundo o qual a simplicidade lógica [era] uma ferramenta efetiva e indispensável à pesquisa [do cientista]", ficou de pronto perturbado com seu expediente matemático e logo exprimiu dúvidas acerca da constante cosmológica[25]. Por fim, ele poderia chamar sua constante cosmológica de "um termo hipotético adicionado às equações de campo", afirmando também que ela "não era exigida pela teoria como tal, nem parecia natural de um ponto de vista teórico"[26].

A constante cosmológica era necessária para satisfazer o sentido de realidade física de Einstein. Em resposta ao artigo de Friedmann de 1922, com sua solução não estática às equações de campo de Einstein, este escreveu, mas depois riscou antes de enviar a sua nota à revista para a publicação, que "dificilmente se poderia atribuir uma significação física a ele, [o universo não estático de Friedmann]"[27].

A correspondência pessoal de Einstein revela que o cientista também se opôs à idéia de um universo em expansão por razões estéticas. Ele escreveu a de Sitter que a condição de um universo em expansão o irritava, porque isto implicaria no fato de o universo ter tido um início, e que "admitir tais possibilidades [de um universo em expansão] parecia algo sem sentido"[28].

De Sitter encontrou uma segunda solução estática para as equações de campo de Einstein. Ela teria vibrações de luz com freqüências que diminuiriam com o aumento da distância a partir da origem das coordenadas, o que proporcionaria a aparência (mas não a realidade) de uma relação velocidade-distância (objetos mais dis-

24. Kerszberg, 1989, p. 6.
25. Idem, p. 9, 161, 164.
26. Einstein, 1961, p. 133.
27. Kerszberg, 1989, p. 335.
28. Citado em Jastrow, 1978, p. 27-28. Ver também Kahn e Kahn, 1975.

tantes recuariam aparentemente com maiores velocidades). O modelo poderia não conter matéria se permanecesse estável[29].

Em 1917 havia algum apoio observacional ao modelo de Einstein. Os raios de curvatura do espaço, calculados a partir de duas considerações diferentes de massa e densidade, resultaram em valores aproximadamente iguais; ademais, essas duas considerações não eram de todo incompatíveis com um cálculo baseado na absorção da luz no espaço intergaláctico. Embora longe de um argumento decisivo em prol do modelo de Einstein, a concordância quanto ao valor da curvatura do espaço foi notável. Por outro lado, estrelas, tidas como as mais distantes, forneceram alguma indicação sobre sistemáticos deslocamentos de velocidade, o que constituía argumento contra o modelo estático de Einstein e a favor do apresentado por de Sitter (os deslocamentos são hoje atribuídos a causas completamente diferentes). Um teste mais decisivo teria como base objetos situados a distâncias maiores[30].

Considerava-se que as nebulosas em espiral encontravam-se entre os objetos conhecidos mais distantes e, por volta de 1917, poucas velocidades radiais das espirais haviam sido determinadas. Vesto M. Slipher, do Observatório Lowell no Arizona, publicou suas medidas de cerca de quinze espirais em 1915 e outras dez em 1917[31]. Evidentemente de Sitter não viu tais relatórios, publicados na revista americana *Popular Astronomy* e nos *Proceedings of the American Philosophical Society*. Nenhuma das duas era uma revista astronômica importante; além disso, a guerra pode ter atrapalhado a comunicação entre os Estados Unidos e a Holanda neutra. De Sitter, ao invés, fiava-se em dois relatórios da conferência da Royal Astronomical Society[32]. Um deles, de Eddington, mencionava que Slipher havia determinado as velocidades radiais de quinze espirais da nebulosa, mas informava que apenas duas velocidades tinham sido confirmadas por outros observadores. O outro informe forneceu uma terceira velocidade,

29. De Sitter, 1917a, b.
30. Ibidem.
31. Slipher, 1915, 1917.
32. Eddington, 1917; Newall 1917.

confirmada. Uma das três velocidades registradas era negativa (de aproximação), que de Sitter explicou satisfatoriamente como uma velocidade aleatória negativa e enorme, sobreposta a uma velocidade (de recuo) menor, teoricamente positiva. De Sitter concluiu que mais observações seriam necessárias para confirmar uma possível recessão sistemática[33]. Mesmo depois de ter obtido todas as 25 velocidades, sendo apenas três delas negativas, de Sitter continuava sustentando que não havia ainda critérios físicos para distinguir os dois modelos do universo, o seu e o de Einstein[34].

Slipher interpretou suas primeiras e poucas mensurações, que se basearam no achado de nebulosas que se aproximavam pelo lado sul de nossa galáxia e retrocediam em espirais pelo lado norte, como a manifestação da deriva de nossa galáxia em relação à nebulosa espiral. Observações de um maior número de espirais revelaram logo uma anomalia em termos da hipótese da deriva: espirais com velocidade positiva de recessão no lado sul de nossa galáxia. Em vez de descartar sua hipótese da deriva, precipitadamente formulada, Slipher professou sua crença de que, mesmo se fossem observadas mais espirais, uma predominância de velocidades negativas poderia ser encontrada no lado sul, na área para a qual, julgava ele, nossa galáxia estava se movendo[35]. Porém, conquanto sua hipótese da deriva sugerisse o estudo de espirais próximas do suposto ápice do movimento da Via Láctea e Slipher declarasse explicitamente seu intento de explorar movimentos de grupo, a consideração não teórica do brilho e a correspondente conveniência de medição constituíram o critério primordial na sua seleção da nebulosa a ser estudada[36]. Das 34 nebulosas, cujas velocidades foram medidas por Slipher, por volta de 1921, apenas duas eram significativamente mais apagadas do que as restantes e localizadas na proximidade do suposto ápice do movimento galáctico. A despeito de sua persistência nas idéias de Slipher, as hipóteses da deriva proporcionavam pouca ou nenhu-

33. De Sitter, 1917a.
34. De Sitter, 1921.
35. Slipher, 1915.
36. Slipher, 1922.

ma orientação ao programa de observação deste cientista[37]. As suas hipóteses da deriva constituíram uma teoria prematura com a qual pouca coisa poderia ser feita devido às dificuldades de observar nebulosas de brilho frouxo.

Slipher mediu velocidades radiais de umas poucas nebulosas espirais, mas suas distâncias permaneceram desconhecidas. De Sitter não atribuiu, de modo explícito, à falta das determinações da distância para a nebulosa espiral sua própria hesitação em optar entre o seu modelo do universo e o einsteiniano, mas ele deve ter tido consciência da importância de semelhante informação para testar as hipóteses de uma relação velocidade-distância.

Neste sentido, na década de 1920, todos os modelos cosmológicos estáticos ou expansivos eram prematuros. F. L. Holmes sugeriu que se poderia, ao menos em certo nexo, caracterizar ou atribuir a prematuridade a uma insuficiência de dados necessários para sustentar uma conclusão[38] (este não é o significado de prematuridade proposto por Stent, porquanto, de um modo especial, ele admite somente descobertas e exclui teorias). Filósofos da ciência, por outro lado, podem entender a noção de prematuridade no sentido da inverificabilidade, abstendo-se, como costumam fazer, dos aspectos psicológicos da descoberta e, ao contrário, dedicando sua atenção à lógica da verificação.

A extensão extremamente limitada na qual, durante a década de 1920, os modelos cosmológicos eram passíveis de ser testados ou verificados na ausência das determinações de distância para nebulosas espirais pode não só ter impedido que alguns poucos cientistas, tais como de Sitter, esboçassem conclusões definitivas, mas também desencorajassem a maioria dos cientistas até mesmo de explorar a questão, desviando sua atenção, ao invés, para tópicos mais promissores, em termos de soluções. Este fato sugere, de um modo mais geral, que a prematuridade provavelmente surge num campo ou numa teoria em que dificilmente alguém pode "fazer" algo, ao menos com respeito a observações pertinentes.

37. Hetherington, 1971a.
38. Ves Holmes, cap. 12, neste volume.

O modelo estático de de Sitter poderia remanescer estático apenas se ele não contivesse matéria. Essa insistência na ausência de matéria era contestável tanto em bases teóricas como observacionais, porque um postulado, importante do ponto de vista da relatividade da inércia, negava a possibilidade lógica da existência de um mundo sem matéria[39]. Durante certo tempo, de Sitter pôde deixar de abordar esse ponto teórico, apoiado no argumento do possível equilíbrio estatístico do universo[40]. Para evitar a inerente contradição, ao admitir a existência da matéria observada, enquanto mantinha simultaneamente seu modelo estático como um possível modelo do universo, de Sitter, pelo menos por alguns anos, pôde supor que a densidade de matéria no universo era aproximadamente zero. Seu colega holandês, o astrônomo Jan Oort, todavia, obteve, em 1927, uma nova estimativa da massa de nossa galáxia, uma estimativa que levou de Sitter a reexaminar e rejeitar sua própria assunção anterior, segundo a qual a densidade média de matéria no espaço era zero[41]. Não mais poderia haver a pretensão de o modelo estático de Sitter corresponder à realidade.

Tampouco o modelo estático de Einstein iria sobreviver à nova evidência observacional. A partir de 1924, Hubble lentamente foi determinando as distâncias de um punhado de nebulosas espirais, distâncias estas que constituíam a outra metade de uma possível relação velocidade-distância[42]. De início, Hubble, no entanto, mostrou pouco interesse pelos modelos cosmológicos de Einstein e de de Sitter. A tentativa feita por Hubble, e expressa num artigo de 1926, para calcular as dimensões do universo, com base no modelo estático de Einstein, foi extraída diretamente de um compêndio de física teórica e não indica necessariamente qualquer compreensão, por parte de Hubble, dos complexos itens teóricos envolvidos no cálculo[43]. Em 1928, contudo, depois de participar de uma reunião, na Holanda, do International

39. De Sitter, 1917b.
40. De Sitter, 1921.
41. Oort 1927; De Sitter, 1930.
42. Hetherington, 1990, 1996.
43. Hetherington, 1970, p. 156.

Astronomical Union, e, presumivelmente, discutir aí questões com de Sitter e outros participantes, Hubble voltou ao Monte Wilson decidido a testar o modelo de universo de de Sitter. Hubble pôs Milton Humason, um observador meticuloso e bem dotado, para estudar de modo sistemático nebulosas de fraca luminosidade e mais distantes, a fim de determinar se elas possuíam velocidades maiores do que as nebulosas mais próximas[44].

O resultado foi o célebre artigo de 1929, hoje considerado como a primeira demonstração concludente da expansão do universo[45]. Utilizando-se da relação período-luminosidade para as estrelas do tipo Cefeida, estabelecida anteriormente por Harlow Shapley no Monte Wilson antes de ele ter-se transferido para a Universidade de Harvard, Hubble determinou as distâncias até cinco nebulosas, nas quais encontrou Cefeidas, bem como até a uma sexta nebulosa, que era uma companheira física de uma das cinco primeiras. Hubble calibrou depois a magnitude absoluta das estrelas mais brilhantes nas seis nebulosas e, partindo de observações das magnitudes aparentes em outras catorze nebulosas, estimou suas distâncias (a luminosidade absoluta ou intrínseca diminui com a distância do objeto em relação ao observador. Conhecendo-se a luminosidade absoluta e medindo-se a luminosidade aparente ou observada, pode-se calcular a distância). A seguir, Hubble encontrou uma magnitude absoluta média para todas as vinte nebulosas e comparou este valor com as magnitudes aparentes de quatro nebulosas do aglomerado de galáxias de Virgem, obtendo assim as distâncias até as referidas nebulosas. As distâncias combinadas com as velocidades apresentaram uma relação linear entre velocidade e distância. Para as restantes 22 nebulosas, das quais se conheciam as velocidades radiais e não as distâncias, e que se achavam demasiado afastadas para permitir a observação das Cefeidas ou das estrelas brilhantes nelas contidas, Hubble mediu a magnitude aparente de cada nebulosa; calculou a magnitude média aparente para todas as 22 nebulosas; comparou cada valor com a magnitude

44. Smith, 1982.
45. Hubble, 1929.

absoluta média para as nebulosas cujas distâncias eram conhecidas, obtendo uma distância média para as 22 nebulosas; e depois provou que a distância média e a velocidade média das 22 nebulosas concordavam bem com a relação distância-velocidade determinada para as primeiras 24 nebulosas. A base de dados era insuficiente e a interpretação trôpega nos pormenores, mas constituía uma extrapolação brilhante e audaz para o espaço lá fora.

Somente no final do parágrafo do artigo de 1929 Hubble mencionou tanto de Sitter quanto a teoria cosmológica e, depois, simplesmente, observou que a relação velocidade-distância poderia representar tanto o efeito de Sitter como também ser de interesse para uma discussão cosmológica (embora a previsão feita por de Sitter da existência de uma aparente, mas não efetiva, relação velocidade-distância tivesse ajudado a guiar a pesquisa de Hubble, os desvios espectrais que Hubble mediu seriam em geral interpretados como efetivos desvios Doppler de velocidade em um universo em expansão, não estático). Hubble não mencionou o modelo estático de Einstein, nem sua definitiva contradição devida à relação empírica velocidade-distância. Tal foi o modo incompleto com que Hubble introduziu a chave da exploração científica do universo.

Hubble estava à procura de uma estratégia consciente para convencer seus pares da realidade de uma relação empírica velocidade-distância, como evidencia a sua ênfase, de outro modo incompreensível, num assunto insignificante, ou seja, uma correção do movimento solar. Anteriormente, a referida relação havia sido objeto de suspeita quando o físico-matemático americano, de origem polonesa, Ludvik Silberstein, num artigo de 1924, tentara provar a relação utilizando velocidades e distâncias para aglomerados globulares de estrelas no interior de nossa galáxia[46]. Porém, ele excluiu de modo seletivo os dados que não concordavam com a hipótese. Gustaf Strömberg e Knut Lundmark, ambos trabalhando na ocasião no Observatório do Monte Wilson, revelaram prontamente esta impropriedade científica, observando que o corpo completo de

46. Silberstein, 1924.

evidência não sustentava uma relação velocidade-distância. Estes dois pesquisadores foram cuidadosos ao estabelecer uma distinção entre o trabalho de Silberstein e a hipótese geral de uma relação velocidade-distância, que deveria aguardar um teste conclusivo com o uso de nebulosas espirais mais afastadas[47]. Não obstante, os preconceitos teóricos contra uma relação velocidade-distância, como a que envenenara a análise de Silberstein, eram suspeitos e constituíam um obstáculo que Hubble deveria superar. Seus novos dados, acerca de nebulosas espirais, indicavam que existia uma correlação linear entre velocidade e distância independentemente de serem ou não as velocidades corrigidas com respeito ao movimento solar; no entanto, Hubble enfatizava a correção, muito embora informasse que Strömberg checara os dados, a seu pedido. Hubble não afirmou que Strömberg teria aceitado a relação velocidade-distância, ainda que os leitores pudessem facilmente saltar para esta conclusão. Um outro crítico de Silberstein, Lundmark, que retornara à Suécia, não poderia ser tão facilmente incluído nesta lista. Entretanto, Hubble não cita a solução que Lundmark deu ao movimento solar, pouco importando que ela diferisse da de Hubble, nem que Lundmark tivesse usado uma relação velocidade-distância não linear! O fato relevante era a implicação de que os críticos de Silberstein endossavam o resultado obtido por Hubble. Sem dúvida, este não necessitava nem da assistência de Strömberg nem tampouco da de Lundmark para verificar o cálculo direto do movimento solar[48]. Tratava-se de uma contribuição maior para o avanço da ciência do que novas observações e teorias: em última análise, as pessoas deviam ser persuadidas.

Era agora evidente que nem o modelo estático de Einstein nem o de de Sitter constituíam um modelo fisicamente possível do universo. O modelo de Einstein foi eliminado pela relação velocidade-distância e, o de de Sitter, pela existência de matéria no universo. No encontro da Royal Astronomical Society, realizado em 10 de janeiro de 1930, de Sitter resumiu o problema. Eddington levantou-se então

47. Strömberg, 1925; Lundmark, 1924.
48. Hetherington, 1986.

para comentar: "Uma questão intrigante é a razão pela qual deveria ter somente duas soluções. Suponho que a dificuldade é que as pessoas buscam uma solução estática"[49].

Esta observação foi impressa e lida por Lemaître. Este antigo aluno de Eddington escreveu-lhe para lembrá-lo do artigo que ele, Lemaître, publicara em 1927 nos *Annales de la Société Scientifique de Bruxelles*, artigo que, na época, fora facilmente negligenciado pelos astrônomos[50]. Eddington tomou conhecimento da existência do estudo somente em 1930, devido à carta de Lemaître, e foi então que de Sitter, graças a Eddington, soube deste trabalho[51]. No entanto, se os astrônomos estivessem à procura de soluções não estáticas em período anterior a 1930, eles poderiam ver arrolado o artigo de Lemaître sobre um universo homogêneo de massa constante e raio crescente que desse conta da velocidade radial das nebulosas extragalácticas no *Astronomischer Jahresbericht*, em 1927[52]. No ano seguinte, Robertson publicou no bem mais conhecido *Philosophical Magazine* um trabalho sobre um espaço euclidiano com desvios para o vermelho de nebulosas espirais devidos às velocidades de recessão efetivas[53]. Eddington leu o estudo de Robertson e se pôs a trabalhar com a questão de saber se o modelo de Einstein era estável. Todavia, Eddington não aclamou entusiasticamente o artigo de Robertson, como o fizera com o de Lemaître. O artigo de Robertson era um esboço preliminar, enquanto o de Lemaître oferecia um desenvolvimento mais completo. Isso talvez possa explicar por que o artigo de Lemaître constava do *Jahresbericht* e o de Robertson não.

A idéia de um universo em expansão foi prematura durante a década de 1920, mas em 1930 seu tempo havia chegado. Ela dava conta dos dados observacionais e proporcionava uma resolução satisfatória da crise decorrente do malogro dos dois modelos estáticos do universo.

49. Eddington, 1930.
50. Lemaître, 1927.
51. Eddington, 1931; de Sitter, 1917b.
52. *Astronomischer Jahresbericht* 29 (1927): 229.
53. Robertson, 1928.

Restou então o problema do que se poderia fazer com a teoria. As determinações de distância de Hubble, acopladas com as primeiras medidas da velocidade radial efetuadas por Slipher e as subseqüentes feitas pelo próprio Hubble, ajudaram a remediar a prévia insuficiência dos dados que se faziam necessários para sustentar uma conclusão, e logo um número maior de dados seria colhido no Observatório do Monte Wilson.

Outro obstáculo ao progresso científico foi uma cisão que se estabeleceu entre observadores e teóricos, tanto com respeito ao interesse como ao talento. Escrevendo a de Sitter em 1931, Hubble dizia que havia enfatizado as características empíricas da correlação velocidade-distância, cuja "interpretação, sentimos, deveria ser deixada para você e mais alguns poucos que são competentes para discutir o assunto com autoridade"[54]. A intenção desta carta não era a de denegrir suas próprias capacidades como astrônomo teórico, mas a de sublinhar a importância de cuidadosos estudos empíricos e de assegurar ao Observatório do Monte Wilson créditos pelas observações. Mui rapidamente Hubble apressou-se a interpretar suas observações.

Hubble, de uma forma consciente, lançou-se à tarefa de construir uma ponte sobre a lacuna entre a observação e a teoria, e seu esforço em interpretar a relação velocidade-distância é um exemplo inicial do atual esforço científico conjunto. A cooperação – escreveu Hubble num relatório – é uma feição distintiva importante da pesquisa de nebulosas no Observatório do Monte Wilson. Trabalhando em estreita associação com colegas do vizinho California Institute of Technology (Cal Tech), os cientistas combinaram recursos para investigações específicas e interpretaram os resultados à luz de um criticismo construtivo que partia do grupo como um todo[55].

O *input* observacional de Hubble teve um particular complemento no aporte teórico de Richard Tolman, um físico teórico do Cal Tech altamente informado com respeito aos fundamentos ma-

54. Edwin Hubble para Willem de Sitter, 23 de setembro de 1931, citado em Hetherington, 1982.
55. Hubble, 1938.

temáticos da cosmologia relativística. Num artigo em parceria, ele e Hubble deram encaminhamento ao problema da discriminação entre possíveis modelos do universo, ao calcular com precisão relações teóricas e, depois, ao ligar os resultados às observações disponíveis[56].

Tolman foi um dos vários astrônomos, físicos e matemáticos que, segundo as reminiscências da senhora Hubble, vinham à sua casa a cada duas semanas. "Eles traziam, do laboratório Cal Tech, um quadro negro e penduravam-no na parede da sala de estar", escreveu ela. "Na sala de estar havia sanduíches, cerveja, uísque e soda; eles entravam e se serviam. Sentados à volta da lareira, fumando cachimbo, conversavam sobre diferentes abordagens dos problemas, questionavam, comparavam e contrapunham seus pontos de vista – alguém escrevia equações na lousa e falava por algum tempo, e daí seguia-se uma discussão"[57]. Observação e teoria estavam por fim ligadas nos estudos cosmológicos, se não pelos esforços de um único indivíduo, ao menos num coletivo cooperativo de observadores e teóricos.

Uma apreciação mais recente do papel da teoria na pesquisa astronômica evita a repetição do menosprezo geral pelas hipóteses cosmológica que prevaleceram durante a década de 1920, e é de duvidar que uma teoria pudesse ser agora julgada ou tratada como prematura por carecer de previsões observacionais, ou que uma ausência de dados necessários pudesse obrigatoriamente tornar uma teoria astronômica desinteressante. Ao contrário, tais condições poderiam ser tomadas como um desafio. Uma espera para um trabalho ulterior. Elas poderiam também fornecer bases para o pedido de ajuda financeira. É fácil, todavia, imaginar teorias astronômicas em conflito com valores filosóficos, valores culturais, crenças religiosas, e até crenças científicas canônicas. E, por conseqüência, é fácil imaginar teorias com falta de suporte financeiro para os seus testes, porque são, em algum sentido, prematuras.

56. Hubble e Tolman, 1935.
57. Hubble, nota manuscrita sem data, citada em Hetherington, 1982.

Bibliografia

Brush, S. 1995. Scientists as Historians. *Osiris* 10:215-31.
Butterfield, H. 1931. *The Whig Interpretation of History*. London: G. Bell and Sons.
Eddington, A. S. 1917. The Motions of Spiral Nebulae. *Monthly Notices of the Royal Astronomical Society* 77:375-77.
______. 1930. Meeting of the Royal Astronomical Society. *The Observatory* 53:33-44.
______. 1931. The Expansion of the Universe. *Monthly Notices of the Royal Astronomical Society* 91:412-16.
Einstein, A. 1922. Bermerkung zu der Arbeit von A. Friedmann "Über die Krümmung des Raumes". *Zeitschrift für Physik*. 11:326.
______. 1923. Notiz zu der Arbeit von A. Friedmann "Über die Krümmung des Raumes". *Zeitschrift für Physik* 16:228.
______. 1961. *Relativity: The Special and the General Theory. A Popular Exposition by Albert Einstein*. Tradução de R. W Lawson. New York: Crown Publishers.
Friedmann, A. 1922. Über die Krümmung des Raumes. *Zeitschrift für Physik* 10:377-86.
______. 1924. Über die Möglichkeit einer Welt mit Konstanter negativer Krümmundes Raumes. *Zeitschrift für Physik* 21:326-32.
Gale, G. 1993. Philosophical Aspects of the Origin of Modern Cosmology. In: N. Hetherington (ed.). *Encyclopedia of Cosmology: Historical, Philosophical & Scientific Foundations of Modern Cosmology*. New York: Garland Publishing.
Gale, G. & J. R. Urani. 1993. Philosophical Aspects of Cosmology. In: N. Hetherington (ed.). *Cosmology: Historical, Literary, Philosophical, Religious & Scientific Perspectives*. New York: Garland Publishing.
Harrison, E. 1987. Whigs, Prigs & Historians of Science. *Nature* 329:213-24.
Heller, M. 1996. *Lemaître, Big Bang & the Quantum: Universe*. Tucson: Pachart Publishing.
Hetherington, N. 1970. The Development and Early Application of the Velocity-Distance Relation. (Ph.D. diss.; Indiana University) Abstract in University Microfilms International (1971).
______. 1971a. The Measurement of Radial Velocities of Spiral Nebulae. *ISIS* 62:309-13.
______. 1971b. Lowell's Theory of Life on Mars. *Astronomical Society of the Pacific Leaflet* 501:1-8.
______. 1972. Adriaan van Maanen and Internal Motions in Spiral Nebulae: A Historical Review. *Quarterly Journal of the Royal Astronomical Society* 13:25-39.
______. 1973. The Delayed Response to Suggestions of an Expanding Universe. *Journal of the British Astronomical Association* 84:22-28.
______. 1976. Amateur versus Professional: The British Astronomical Association and the Controversy over Canals on Mars. *Journal of the British Astronomical Association* 86:303-8.
______. 1981. Percival Lowell: Scientist or Interloper?. *Journal of the History of Ideas* 42:159-61.
______. 1982. Philosophical Values and Observation in Edwin Hubble's Choice of a Model of the Universe. *Historical Studies in the Physical Sciences* 13:41-67.
______. 1983. Just How Objective Is Science?. *Nature* 306:727-30.
______. 1986. Edwin Hubble: Legal Eagle. *Nature* 319:189-90.
______. 1988. *Science and Objectivity: Episodes in the History of Astronomy*. Ames: Iowa State University Press.
______. 1990. Hubble's Cosmology. *American Scientist* 78:142-51.
______. 1993a. *Encyclopedia of Cosmology: Historical, Philosophical & Scientific Foundations of Modern Cosmology*. New York: Garland Publishing.
______. 1993b. *Cosmology: Historical, Literary, Philosophical, Religious & Scientific Perspectives*. New York: Garland Publishing.

______. 1994. Converting an Hypothesis into a Research Program: T. C. Chamberlin, His Planetesimal Hypothesis & Its Effect on Research at the Mt. Wilson Observatory. In: G. A. Good, (ed.). *The Earth, the Heavens & the Carnegie Institution of Washington*. Washington, D.C.: American Geophysical Union. Published as a special edition of *History of Geophysics* 5 (1993).

______. 1995. Review of *Alexander A. Friedmann: The Man Who Made the Universe Expand*, por E. A. Troop et al. *Historical Studies in the Physical and Biological Sciences* 25:387-88.

______. 1996. *Hubble's Cosmology: A Guided Study of Selected Texts*. Tucson: Pachart Publishing.

______. 1997. Review of *Lemaître, Big Bang & the Quantum Universe*, by M. Heller. *Historical Studies in the Physical and Biological Sciences* 27:363.

Hubble, E. 1929. A Relation between Distance and Radial Velocity among Extra-Galactic Nebulae. *Proceedings of the National Academy of Sciences* 15:168-73.

______. 1931. Letter to Willem de Sitter, 23 setembro 1931. Edwin Hubble Collection, Henry Huntington Library, San Marino, California. Quoted in N. Hetherington, Philosophical Values and Observation in Edwin Hubble's Choice of a Model of the Universe. *Historical Studies in the Physical Sciences* 13 (1982): 41-67.

______. 1938. Explorations in the Realm of the Nebulae. In: *Cooperation in Research*, Publication n. 501. Washington, D.C.: Carnegie Institution.

Hubble, E. & R. C. Tolman. 1935. Two Methods of Investigating the Nature of the Nebular Red-Shift. *Astrophysical journal* 82:302-37.

Hull, D. 1979. In Defense of Presentism. *History and Theory* 18:1-15.

Jastrow, R. 1978. *God and the Astronomers*. New York: W. W. Norton.

Kahn, C. & F. Kahn. 1975. Letters from Einstein to de Sitter on the Nature of the Universe. *Nature* 257:451-58.

Kerszberg, P. 1989. *The Invented Universe: The Einstein-De Sitter Controversy (1916-17) and the Rise of Relativistic Cosmology*. Oxford: Oxford University Press.

______. 1993. Relativistic Cosmology. In: N. Hetherington (ed.). *Encyclopedia of Cosmology: Historical, Philosophical & Scientific Foundations of Modern Cosmology*. New York: Garland Publishing.

Kuhn, T. S. 1968. The History of Science. In: *International Encyclopedia of the Social Sciences*, Vol. 14. New York: Crowell Collier and Macmillan.

______.1977. *The Essential Tension: Selected Studies in Scientific Tradition and Change*. Chicago: University of Chicago Press.

Lemaître, G. 1927. Un univers homogène de masse constante et de rayon croissant, rendant compte de la vitesse radials des nebuleuses éxtra-galactiques. *Annals de la Société Scientifique de Bruxelles* 47:49-56. Trans. and reprinted in *Monthly Notices of the Royal Astronomical Society* 91 (1931): 483-90.

Lundmark, K. 1924. The Determination of the Curvature of Space-Time in de Sitter's World. *Monthly Notices of the Royal Astronomical Society* 84:747-70.

Newall, H. F. 1917. Stellar Spectroscopy in 1916. *Monthly Notices of the Royal Astronomical Society* 77:382-87.

North, J. D. 1965. *The Measure of the Universe*. Oxford: Oxford University Press.

Oort, J. H. 1927. Investigations Concerning the Rotational Motion of the Galactic System, Together with New Determinations of Secular Parallaxes, Precession & Motion of the Equinox. *Bulletin of the Astronomical Institutes of the Netherlands* 4:79-89.

Robertson, H. P. 1928. On Relativistic Cosmology. *Philosophical Magazine* 15:835-48.

Russell, H. N. 1916. Percival Lowell and His Work. *Outlook* 114:781-83.

Silberstein, L. 1924. The Curvature of de Sitter's Space-Time Derived from Globular Clusters. *Monthly Notices of the Royal Astronomical Society* 84:363-66.

Sitter, W de. 1917a. On Einstein's Theory of Gravitation and Its Astronomical Consequences. Third Paper. *Monthly Notices of the Royal Astronomical Society* 78:3-28.

______. 1917b. On the Relativity of Inertia: Remarks Concerning Einstein's Latest Hypothesis. *Proceedings of the Royal Academy of Amsterdam* 19:1217-22.

______. 1921. On the Possibility of Statistical Equilibrium of the Universe. *Proceedings of the Royal Academy of Amsterdam* 23:866-68.

______. 1930. On the Magnitudes, Diameters & Distances of the Extragalactic Nebulae & Their Apparent Radial Velocities. *Bulletin of the Astronomical Institutes of the Netherlands* 5:157-71.

______. 1932. *Kosmos* Cambridge: Harvard University Press.

Slipher, V. M. 1915. Spectrographic Observations of Nebulae. *Popular Astronomy* 23:21-24.

______. 1917. Nebulae. *Proceedings of the American Philosophical Society*. 56:403-9.

______. 1922. Further Notes on Spectrographic Observations of Nebulae and Clusters. *Popular Astronomy* 30:9-11.

Smith, R. W. 1982. *The Expanding Universe: Astronomy's "Great Debate", 1900-1931*. Cambridge: Cambridge University Press.

Stent, G. S. 1972a. Prematurity and Uniqueness in Scientific Discovery. *Advances in the Biosciences* 8:433-49.

______. 1972b. Prematurity and Uniqueness in Scientific Discovery. *Scientific American* 227 (dezembro): 84-93.

Strömberg, G. 1925. Analysis of Radial Velocities of Globular Clusters and Non-Galactic Nebulae. *Astrophysics Journal* 61:353-62.

Thomson, K. S. 1983. The Sense of Discovery and Vice Versa. *American Scientist* 71:522-24.

Troop, E. A.; V. Y. Frenkel & A. D. Chernin. 1993. *Alexander A. Friedmann: The Man Who Made the Universe Expand*. Tradução de A. Dron e M. Burov. Cambridge: Cambridge University Press.

10.

DISSONÂNCIA INTERDISCIPLINAR E PREMATURIDADE

A sugestão de Ida Noddack de fissão nuclear

Ernest B. Hook

Dissonância interdisciplinar

Enrico Fermi e seus colegas observaram produtos da fragmentação nuclear artificialmente induzida em 1934. Porém, não os reconheceram pelo que eram. Só em 1939 o trabalho combinado de Otto Hahn, Fritz Strassmann, Lise Meitner e Otto Robert Frisch conduziu à percepção de que o termo, nomeado por Frisch de "fissão nuclear", explicava as observações reportadas pelo grupo de Fermi[1]. Esse intervalo de tempo provoca algumas questões pertinentes relacionadas à definição de prematuridade da descoberta científica de Gunther Stent. Pois, se uma descoberta prematura (implicitamente, uma reivindicação prematura ou hipótese) é aquela que não pode ser conectada a um conhecimento aceito em geral por uma série de simples passos lógicos, então, para o traba-

1. Fermi, 1934; Fermi et al., 1934; Hahn e Strassmann, 1939a; Meitner e Frisch, 1939a; Frisch, 1939. Ver também Seaborg, cap. 3, neste volume, do qual o presente trabalho é uma ampliação.

lho em fronteiras disciplinares – que o exemplo da fissão nuclear ilustra – caberia perguntar: uma conexão ao cânone de qual disciplina?

Como alguém que, digamos, de uma maneira antiga, ainda acredita mais ou menos na possibilidade, a bem dizer na tendência histórica geral, embora não inevitável, do progresso do entendimento científico, permito-me notar que o cânone (compreendido aqui como conhecimento aceito em geral)[2] pode se achar em um estado maior ou menor de desenvolvimento em vários domínios. O estágio que diferentes domínios atingiram pode resultar em perspectivas aparentemente irreconciliáveis em seus limites. Como ilustra o seguinte relato do reconhecimento da fissão nuclear, uma hipótese que viola um cânone em uma disciplina pode concordar com outra ou parecer inocente ao cânone da outra, na realidade, talvez, apenas porque a última disciplina é menos desenvolvida teoricamente. E, mesmo para domínios não comparáveis nesse modo de desenvolvimento, doutrinas canônicas podem ser inertes em um deles ou heréticas em outro domínio. Mais ainda, pessoas nos mesmos campos, ou campos estreitamente relacionados de pesquisa, podem discordar precisamente sobre aquilo que é canônico, sobretudo na fronteira destes domínios.

A fissão nuclear ilustra outro fenômeno pertinente, porém distinto da prematuridade, que eu defino como "dissonância interdisciplinar": qualquer tendência de considerações teóricas e observações numa disciplina para inibir ou obstruir descoberta em outras, – comumente em fronteiras de superposição – focos discrepantes de estudo. Como veremos, a dissonância interdisciplinar pode ocorrer precisamente porque uma vindicação, uma hipótese ou uma proposta podem ser prematuras em um campo, mas não o ser em outro.

2. Para uma formulação alternativa de conhecimento canônica, ver Hook, cap. 1, neste volume.

Otto Hahn, Fritz Strassmann e Enrico Fermi

A evidência mais impressionante de dissonância interdisciplinar que se me apresentou até agora aparece no artigo de Hahn e Strassmann, datado de janeiro de 1939. Este trabalho levou, pouco depois, ao reconhecimento da fissão nuclear. Bombardeando urânio com nêutrons, eles esperavam encontrar produtos de número atômico próximo ao do urânio (Z = 92). Porém, o que presumiam ser as provas de rádio (Ra, Z = 88), actínio (Ac, Z = 89), e tório (Th, Z = 90), eram elementos, como se evidenciou numa verificação posterior, e de modo inesperado, da tabela periódica com número atômico muito mais baixo: bário (Ba, Z = 56), lantânio (La, Z = 57) e césio (Ce, Z = 55). Nas conclusões do relatório, eles escreveram o seguinte parágrafo, hoje tão bem conhecido:

> Como químicos, deveríamos realmente rever o esquema de decaimento dado acima [no artigo deles] e inserir os símbolos Ba, La, Ce, no lugar de Ra, Ac, Th. Entretanto, como "químicos nucleares", trabalhando num campo tão próximo ao da física, não conseguimos ainda decidir-nos a dar tal passo, tão drástico, que vai contra toda experiência anterior da física nuclear. Pode ter havido talvez uma série de coincidências inusitadas que nos deu falsas indicações[3].

Pouco tempo antes, Hahn escrevera uma carta a Meitner: "Continuamente chegamos à terrível conclusão [*schrecklichen Schluss*] de que nossos Ra-isótopos não se comportam como o Ra, porém como o Ba. Talvez você possa sugerir alguma solução fantástica. Nós mesmos sabemos que o Ba efetivamente não *pode* partir-se"[4] [o grifo consta do original].

3. Hahn e Strassmann, 1939a, como foi traduzido por Graetzer e Anderson, 1971.
4. Hahn para Meitner, 12 de dezembro de 1938; minha tradução do artigo de Krafft, 1981, p. 263-264.

No curso de um mês, seguindo as evidências do trabalho teórico com base física realizado por Meitner e Frisch e o trabalho experimental, de natureza completamente diferente, desenvolvido por Frisch e outros[5], Hahn e Strassmann deram o passo que a química analítica lhes indicava de modo claro, mas que a química e a física nucleares lhes pareciam proibir. Eles concluíram inequivocamente que haviam cindido o núcleo atômico[6].

Sem dúvida, como observa Glenn Seaborg, outros tinham se deparado com dificuldades conceituais similares[7]. Entre 1934 e 1938, eles contribuíram para a falsa identificação de alguns produtos do bombardeamento do urânio por nêutrons como sendo novos elementos transurânicos com números atômicos maiores do que 92. De fato, em 12 de dezembro de 1938, Enrico Fermi recebia o prêmio Nobel em física "por sua demonstração da existência de *novos elementos radioativos produzidos pela irradiação de nêutrons*, e por sua descoberta correlata de reações nucleares produzida por nêutrons lentos"[8] [grifo do autor]. Ironicamente, justo na mesma semana, Hahn e Strassmann haviam concluído o trabalho que conduziria diretamente ao reconhecimento da fissão nuclear e à rejeição da "demonstração" de Fermi desses "novos" elementos[9].

Nos seus primeiros artigos sobre os elementos transurânicos em 1934, Fermi e seus colegas haviam sido muito cautelosos. Fermi inti-

5. Meitner e Frisch, 1939a; Frisch, 1939; referências em Turner, 1940.
6. Hahn e Strassmann, 1939b.
7. Cf. Seaborg, cap. 3, neste volume.
8. Nobel Foundation, 1965, p. 407. A despeito da citação explícita de "novos elementos radioativos", que poderiam só ter sido os elementos 93 e 94, Graetzer e Anderson (1971, p. 16) afirmam que a outorga era, em essência, devida apenas para o trabalho fundamental de Fermi e "não pela descoberta do elemento 93 [sic]"! Segrè (1970, p. 99) alega o mesmo, inferindo o fato da conclusão publicada no discurso de apresentação de H. Pleijel (1965, p. 413). O texto de Pleijel refere-se (em adendo ao trabalho sobre nêutrons lentos) à descoberta não de novos elementos, mas antes de "novas substâncias radioativas pertencentes ao campo inteiro dos elementos". Considero isso como sendo de um valor muito menos comprobatório do que o concedido por Segrè. Por estar pessoalmente em cena, Pleijel provavelmente teve a oportunidade, antes da publicação, e depois da descoberta da fissão, de alterar as palavras de sua declaração. Acho que esta é a explicação mais simples da discrepância. Entretanto, o enunciado original relativo ao prêmio efetivo, ao contrário do discurso, já devia estar em ampla circulação e não seria, pois, alterável.
9. A carta de Hahn a Meitner, contando-lhe que os isótopos de Ra atuam como o Ba, foi escrita na tarde de 19 de dezembro de 1938 (Sime, 1996, p. 233).

tulou o seu trabalho, publicado na revista *Nature*, "Produção Possível de Elementos de Número Atômico maior do que 92"[10]. Ele e seus companheiros testaram o produto de meia-vida de 13 minutos resultante do bombardeio do urânio por nêutrons e não encontraram evidência, do ponto de vista da química analítica, tanto do urânio (Z = 92) como de elementos próximos com números atômicos mais baixos 91, 90, 89, 88, 83 ou 82 (eles excluíram os de números atômicos 87 e 86 com base nos seus desconhecidos comportamentos químicos). Fundados nestas observações, Fermi e seu grupo inferiram que "parece que excluímos os elementos em questão", fato que "sugere a possibilidade do número atômico do elemento ser maior do que 92"[11]. Posteriormente, com evidência e cautela similares, depreenderam que um outro produto, um com meia-vida de cerca de 90 minutos, era possivelmente o elemento 94. No seu último artigo publicado sobre o assunto, no qual relatavam sobre um trabalho posterior que excluía elementos entre 82 e 92, prudentemente concluíram apenas que "a interpretação mais simples e consistente com os fatos conhecidos é assumir que as... [atividades observadas]... são produtos em cadeia, provavelmente com número(s) atômico(s) 92, 93, 94 respectivamente"[12].

Outros, porém, ao comentarem os achados e os escritos do físico italiano e seu grupo, tornaram-se, de pronto, menos cautelosos. Franco Rasetti publicou um compêndio de física nuclear em 1936 que incluía, como uma vindicação histórica no concernente aos produtos do decaimento investigados, o seguinte: "Fermi e seus colaboradores relataram... que nem [o produto 93, nem o 94] eram isótopos de algum elemento de número atômico entre 82 e 92, e que, *portanto*, eles *devem* ser elementos transurânicos"[13] (grifo do autor). Sem considerar outra coisa, mas apenas isto, a menção ilustra a traição da memória, porquanto, o que é extraordinário, é que Rasetti era membro da equipe de Fermi, sendo co-autor da versão italiana do

10. Fermi, 1934.
11. Fermi et al., 1934.
12. Amaldi et al., 1935, p. 553.
13. Rasetti, 1936, p. 271. O informe de 1934 tampouco excluiu todos os elementos até o chumbo (Pb, Z = 82), embora trabalhos subseqüentes tenham sido feitos também pelos grupos de Roma e Berlim (Amaldi et al., 1935).

informe original e co-autor dos artigos subseqüentes, inclusive do trabalho de Amaldi e colegas citados nos parágrafos precedentes, no qual todos haviam se mostrado precavidos.

A reminiscência de Rasetti, com respeito àquilo que efetivamente haviam concluído um ano e pouco antes, talvez fosse toldada pelo aparecimento do trabalho subseqüente de outros, pois ele prossegue, "Uma pesquisa mais extensiva foi levada a cabo posteriormente por Hahn e Meitner, que confirmaram a existência de elementos transurânicos".

Por volta de 1937, com certeza, a investigação posterior efetuada pelo grupo de Berlim parece ter confirmado a descoberta tanto do elemento 93 como do elemento 94. Segundo a tradução inglesa de Ruth Sime (aqui vertida para o português), "Em geral, o comportamento químico dos transurânicos... é tal que sua posição na tabela periódica não está mais em dúvida. *Sobretudo sua distinção química em relação a todos os elementos previamente conhecidos não requer ulterior discussão*"[14] (o grifo é do original). Orso Corbino, o físico "mais velho" do grupo de Roma, escreveu, pouco antes de sua morte, no início de 1937, referindo-se aos elementos transurânicos, que "os dois maiores especialistas em química radioativa, Lise Meitner e Otto Hahn, de Berlim, confirmaram plenamente a descoberta de Fermi"[15]. A história dos elementos químicos (que apareceu em 1939, mas foi escrita provavelmente em 1938) anota sem reserva a existência dos elementos 93 e 94[16]. Pode-se também apreciar o modo pelo qual Fermi – que havia abandonado o estudo deste aspecto do campo para dedicar-se a outras investigações – apresentou, durante o discurso que proferiu, em dezembro de 1938, ao receber o prêmio Nobel, seu primeiro endosso irrestrito aos transurânicos em seu breve relato da história de tais elementos: "Concluímos que os portadores eram um ou mais elementos de número atômico maior do que 92: nós, em Roma, costumamos [*sic*] chamar os elementos 93 e 94 de Ausperium e Hesperium respectivamente. Sabe-se que O. Hahn e

14. Sime, 1996, p. 174, traduzindo Hahn et al. 1937.
15. Corbino apud Nuova Antologia (não há outra referência) por Laura Fermi, 1954, p. 93.
16. Weeks, 1939, p. 439-443.

L. Meitner haviam investigado mui cuidadosa e extensivamente os produtos do decaimento do urânio irradiado, e estavam em condições de detectar entre eles elementos de número maior do que 96"[17]. Se os notáveis radioquímicos Hahn e Meitner tivessem confirmado suas primeiras conclusões tentativas, e o comitê do prêmio Nobel as tivesse endossado, poder-se-ia entender a disposição de Fermi em considerar o assunto como concluído.

Um asterisco inserido ao final da passagem citada refere-se a uma nota de pé de página, adicionada mais tarde, provavelmente em janeiro ou fevereiro de 1939. Esta nota menciona a descoberta feita por Hahn e Strassmann do bário entre os produtos da desintegração pelo bombardeio do urânio. Tal coisa – escreveu Fermi – "faz com que seja necessário reexaminar todos os problemas dos elementos transurânicos [,] pois muitos deles poderiam ser encontrados como produtos de uma fragmentação do urânio". A expressão precavida desta nota de rodapé de Fermi sobre a necessidade de "reexaminar" apenas a evidência pode provir do fato de Hahn e Strassmann *não* terem se reportado a uma investigação de uma suposta substância transurânica entre os produtos provenientes do bombardeamento do urânio. Eles haviam examinado tão-somente produtos com número atômico presumido abaixo daquele do urânio, um dos quais eles pensaram que seria o do rádio (Z = 88)[18]. De fato, constataram que o resultado se referia ao bário e não ao rádio, e que, embora fornecesse evidência de fissão, o achado ainda não solapava diretamente a evidência de qualquer vindicação de tipo transurânico. Para Fermi e outros, entretanto, isto colocou por certo, imediatamente, tal questão em foco[19].

17. Fermi, 1965.
18. Tratava-se de uma substância de vida média de 3,5 horas reportada por Curie e Savitch 1938. Este último tentou sugerir que ela poderia ser um novo 93, diferente dos outros previamente relatados, e implicava a possível necessidade de aumentar de uma unidade os números atômicos dos transurânicos previamente pretendidos pelo grupo de Berlim. Hahn e Strassmann acreditavam que haviam excluído esse problema ao provar que a substância era o rádio, porém isso também envolvia algumas dificuldades teóricas, pois implicava uma implausível ejeção de duas partículas alfas (cada qual com Z = 2) do urânio (Z = 92) ou, apenas algo ligeiramente mais plausível, ou seja, dois estágios de emissões alfa com o tório (Z = 90) como um intermediário. Cf. Herrmann, 1990, p. 491.
19. O bombardeamento do urânio por nêutrons produz, como se sabe hoje, dezenas de produtos diferentes, alguns dos quais são produtos de fissão; outros, de elementos transurânicos.

Para muitos, inclusive para si próprio, Glenn Seaborg observou que o anúncio dos primeiros resultados de Hahn-Strassmann puxou o tapete, de uma vez, de todos os pretendidos transurânicos[20]. No entanto, Hahn e Strassmann ainda insistiam na existência dos transurânicos que haviam apresentado. Em uma nota subseqüente, na qual prestaram seu primeiro inequívoco aval da fissão, eles escreveram sem qualquer inibição "bário", em vez de "rádio", continuando a insistir na posição anterior. O item 5 de seu sumário declara que, a despeito da demonstração da fissão, "é nossa crença que os 'elementos transurânicos' ainda conservam seu lugar sem qualquer mudança, como foi previamente descrito"[21]. E, em face da resposta a uma nota à imprensa, de março de 1939, que mencionava sua prévia omissão com respeito à fissão, a resposta polêmica deles (que nunca veio à luz) afirmava, no tocante aos dezesseis diferentes tipos de elementos arrolados (incluindo, entre eles, um bom número dos pretendidos isômeros dos transurânicos), "Não retiramos um único"![22].

As muitas substâncias produzidas possuem diferentes meias-vidas, que, no entanto, se superpõem.

20. Ver Seaborg, cap. 3, neste volume.

21. O resumo de Hahn e Strassmann, 1939b, traduzido em Graetzer e Anderson, 1971, p. 48.

22. "Wir möchten nur das Eine sagen... Zahl von 16 verschiedenen Atomareten, die wie gefunden haben sollen, keine einzige zirückziehen" (O. Hahn e F. Strassmann 1939, manuscrito, em Krafft, 1981, p. 319-320). Isto foi provavelmente escrito em meados de março de 1939, em resposta a um ataque ainda não publicado (e uma pretendida prioridade) de Ida Noddack (1939) (ver abaixo). O grosso da réplica, escrito por Strassmann, parece adequado. O material aqui citado foi adicionado por Hahn ao rascunho de Strassman. Entretanto, nenhuma resposta formal de ambos chegou a ser publicada. O editor, Paul Rosebaud, talvez tenha procurado evitar que Hahn e Strassmann parecessem demasiado tolos insistindo em data tão tardia na sua prévia pretensão de que se tratava de transurânicos (porém, cf. abaixo). Hopper (1990, p. 82) pretende que Rosebaud decidiu por conta própria não dar curso à réplica. Ao invés, um respeitoso comentário do editor aparece imediatamente abaixo da nota de Noddack, declarando: "Os senhores [Hahn e Strassmann]... informam-nos que nunca tiveram nem o tempo nem o desejo de responder". Aqui há, aparentemente, uma intrigante inconsistência entre a jamais publicada nota de ambos e o que Hahn estava admitindo, por volta da mesma época, numa carta a Lise Meitner, escrita em 13 de março de 1939: "De seus achados devemos sem dúvida declarar que os transurânicos estão mortos" (Sime 1996, p. 267). Além disso, numa nota posterior endereçada a Meitner, em 7 de abril de 1939, Hahn diz que Noddack estava insatisfeita com a resposta deles, que um choque violento poderia estar a caminho, e que "Rosebaud era favorável a dar-lhe uma resposta incisiva, uma vez que, a seu ver, cumpria dizer o que se pensa de uma vez por todas" (Hopper, 1990, p. 79). Krafft (1981, p. 319) fornece o texto original como sendo: "Rosebaud war aber sehr für unsere scharfe Erklarüng; denn er meint, man müsse ihr einmal etwas gründlich die Meinung sagen". Se correto, fica implícito que o próprio Hahn de-

O primeiro informe a declarar que uma substância, tida previamente como sendo um elemento transurânico, era de fato um produto de fissão (telúrio, Z = 52) foi publicado em 15 de fevereiro de 1939 por Philip Abelson, na época aluno de pós-graduação na Universidade da Califórnia, Berkeley[23]. Apenas um trabalho posterior, resultante da visita de Meitner ao laboratório de Frisch, em Copenhague, em março de 1939, trouxe a evidência de que, aparentemente, bastava, no fim das contas, convencer Hahn e Strassmann de que os transurânicos por eles reivindicados não existiam[24].

Ida Tacke Noddack

Nos meados de 1939, tendo como base a literatura disponível, pareceu haver uma concordância geral de que os supostos elementos transurânicos, de cuja presença Fermi e seus colegas suspeitaram de início e que outros, ao contrário, "confirmaram" como sendo produtos da fissão, e que Fermi e sua equipe observaram sem saber do que se tratava, decorriam de uma cisão nuclear artificialmente induzida. Todo relato da história da fissão nuclear necessita defrontar-se com o fato de que precisamente esta última interpretação dos resultados de Fermi, publicada em 1934 – pouco depois que o trabalho original do físico italiano veio à luz –, foi quase inteiramente ignorada. Ida Tacke Noddack, uma química analítica alemã, fez essa sugestão em um artigo intitulado (em tradução) "Sobre o Elemento 93", que apareceu na revista alemã de química, *Angewandte Chemie* (Química Aplicada). Ela afirmou que, em vez de concluir que tenha ocorrido a produção de elementos transurânicos, "poder-se-ia admitir que [,] quando nêutrons são usados para produzir desintegrações nu-

cidiu não responder. Talvez isso tenha ocorrido logo depois de ter recebido notícias de Meitner e Frisch sobre as implicações de seu trabalho.

23. Abelson, 1939.
24. Meitner e Frisch, 1939b; Sime,] 1996, p. 267.

cleares, ocorrem novas reações nucleares que não tinham sido previamente observadas no bombardeio de núcleos atômicos com prótons ou partículas alfa [,]... [e que], quando núcleos são bombardeados por nêutrons, é concebível que tais núcleos se rompam em muitos fragmentos *maiores*, os quais seriam, sem dúvida, isótopos de elementos conhecidos, mas não seriam vizinhos do elemento irradiado"[25] (grifo no original). À primeira impressão, o surgimento desta mais antiga publicação daquilo que seria depois denominado "fissão" nuclear, como uma explanação compreensível de qualquer experimento observado, parece que foi ignorado simplesmente porque era prematuro na acepção de Stent. Porém, antes de concluir desse modo, é justo considerar, nos termos resumidos por mim em outra parte deste volume, os outros fatores que colaboraram para a omissão precoce de vindicações, hipóteses ou propostas posteriormente aceitas[26].

Ignorância

Tudo leva a crer que membros dos dois maiores grupos de químicos nucleares de meados dos anos de 1930 tenham lido o artigo de Noddack. Emilio Segrè afirma que a cientista enviou à unidade de Fermi, em Roma, uma cópia de seu trabalho e que esta mereceu a atenção do laboratório[27] (para uma discussão do por que não lhe foi dado seguimento, veja a seguir). Cartas trocadas entre Hahn e Meitner em 1939 indicam que Hahn havia tomado conhecimento do texto de Noddack antes e Meitner registra uma tênue lembrança do referido artigo[28]. Mas não encontro documentação explícita de que existisse prévia ciência da sugestão de Noddack entre pesquisadores do grupo de Curie de Paris ou de Lawrence em Berkeley, embora o

25. Noddack, 1934b. Esta é minha tradução corrigida da citação originalmente feita por H. G. Graetzer de uma afirmação em Graetzer e Anderson, 1971 (p. 16-19).
26. Ver Hook, cap. 1, neste volume.
27. Segrè, 1955, p. 259; 1970, p. 76.
28. Krafft, 1981, p. 318.

fato pareça provável[29]. Comentários citando o estudo em questão e referindo-se pelo menos às objeções da autora à evidência de Fermi – inclusive à necessidade de excluir todos os elementos antes de inferir a existência de um transurânico, mas não apenas os de número atômico abaixo de 82 – apareceram tanto em compêndios como em resenhas críticas publicadas antes da descoberta da fissão[30]. (Mas como a discussão abaixo há de evidenciar, tais escritos podem ter desencaminhado os leitores.)

Entre as figuras centrais da química nuclear deste período, apenas Strassmann, ao que eu saiba, negou mais tarde, em termos explícitos, que tivesse conhecimento anterior do artigo de Noddack[31]. Discutirei à frente as possíveis implicações desse fato.

Preconceito devido ao gênero

Um físico e um historiador da ciência, não familiarizados com este episódio histórico, sugeriram-me, ao serem informados sobre o caso, que a hipótese de Noddack foi ignorada por motivos de gênero, isto é, porque emanava de uma mulher. Qualquer que pudesse ter sido a situação em outras áreas nos idos de 1930, achei essa explicação altamente improvável no tocante à recepção de tal hipótese relativa à química ou à física nucleares. A repercussão do trabalho e da carreira de Marie Curie, que morreu em 1934, foi muito forte. Sua filha, Irene, havia acabado de realizar pesquisas que lhe conferiram o prêmio Nobel no ano seguinte. Lise Meitner desfrutava de reconhecimento internacional por suas contribuições. Parece, pois, altamente inverossímil que tanto Meitner quanto Irène Curie, que levavam muito a sério os trabalhos uma da outra, houvessem ignorado uma sugestão porque emanava de uma outra mulher! Além do mais, a própria Ida Noddack, juntamente com seu marido, Walter Noddack, foram indicados para o prêmio Nobel de química, em 1932, e tam-

29. Comunicação pessoal de Glenn Seaborg, julho de 1998; e Seaborg, cap. 3, neste volume.
30. Rasetti, 1936, p. 271; Quill, 1938, p. 120.
31. Strassmann, em Krafft, 1981, p. 317.

bém nos anos subseqüentes. Os cientistas que os indicaram eram figuras de prestígio, inclusive Walter Nernst, em cujo laboratório os Noddack trabalharam durante a década de 1920[32].

Embora um juízo emitido na perspectiva atual seja sem dúvida sujeito ao seu próprio viés, acho difícil crer que um indivíduo pensante no campo da física ou química nuclear da época pudesse ter sido bastante tolo para rejeitar ou ignorar qualquer hipótese pelo fato de ela provir de uma mulher. Com certeza, Noddack deparou-se com obstáculos profissionais pelo fato de ser do sexo feminino[33]. Porém, depois de passar em revista as evidências disponíveis, creio ser altamente improvável que este preconceito relativo ao sexo tivesse provocado a ignorância de suas hipóteses.

Preconceito devido a uma reputação científica questionável

A existência de um outro tipo de discriminação contra Ida Noddack parece mais plausível. Responde por algumas explanações retroativas, invocadas após a descoberta da fissão, razão pela qual a sugestão da pesquisadora foi anteriormente ignorada. Tal preconceito brotou do fato de Ida (então Ida Tacke), seu futuro marido, Walter Noddack e Otto Berg terem reivindicado a descoberta dos elementos 43 e 75, enquanto trabalhavam no laboratório de Walter Nernst, no ano de 1925. Eles propuseram os nomes (e os símbolos) destes elementos, "masúrio" (Ma) e "rênio" (Rh), respectivamente[34]. Em relação a ambas as vindicações, houve um ceticismo inicial. O grupo defrontou-se desde logo com objeções relativas ao elemento 75, de modo que só o rênio foi consagrado na tabela periódica corrente. Entretanto, a verdade é que a evidência por eles apresentada para justificar a pretensão de terem encontrado de modo natural o ele-

32. Crawford et al., 1987.
33. As dificuldades profissionais de Noddack resultantes de um preconceito de gênero foram relatadas por Hopper, 1990, p. 23.
34. Noddack et al. 1925; ver também Tacke, 1925.

mento 43 era muito fraca. O grupo não conseguiu produzir, ao contrário do que ocorreu com o elemento 75, quantidades analisáveis da substância. Ademais, quando lhes foi solicitado, não lograram sequer tornar a produzir as chapas de raios x originais, o que teria fornecido evidência chave para corroborar a existência do elemento. Elas teriam sido "acidentalmente quebradas" e, por razões inexplicáveis, os Noddacks não dispunham de placas adicionais que as pudessem produzir de novo[35]. Deve-se considerar a descrição apresentada de seu comportamento como suspeita. Para piorar ainda mais a questão, eles continuaram a insistir no seu pretenso elemento 43, muito tempo depois que outros já o haviam rejeitado.

O anúncio efetuado por Carlo Perrier e Emilio Segrè, em 1937, de que tinham produzido artificialmente o elemento 43, elevou o ceticismo acerca da vindicação original dos Noddack[36]. O relato de Perrier e Segrè e sua confirmação implicaram, para muitos, que o elemento 43, não ocorria naturalmente, ao menos nas quantidades de algum modo próximas àquelas que os Noddack pretenderam ter detectado – um ponto de vista que ainda parece provável – a despeito de uma tentativa de proporcionar de novo alguma base para a vindicação dos Noddacks[37]. Em conseqüência, a descoberta dos italianos levou a uma mudança na tabela periódica: o termo "masúrio" e seu símbolo Ma foram desalojados pelo "tecnécio" (refletindo o fato de haver sido criado pela tecnologia) e o símbolo Tc[38].

O trabalho sobre o rênio foi bem aceito e, segundo parece, encareceu a posição dos Noddacks entre muitos químicos. Para outros, porém, isto era insuficiente para superar o estrago em sua reputação

35. Segrè, 1993, p. 117-118; cf. também Hopper, 1990, p. 18.
36. Perrier e Segrè, 1937.
37. Van Assche, 1988. Herrmann (1989), porém, afirmou em resposta que, embora esteja correto que a fissão espontânea do urânio na natureza produz quantidades mínimas do elemento 43, em essência umas poucas moléculas instáveis, e estas são demasiado raras para que Noddack as tivesse encontrado. A espectroscopia fluorescente de raios x do grupo de Noddack deveria dispor de uma sensibilidade com uma magnitude cinco ordens maior para que pudesse vindicar a detecção dessa quantidade.
38. Segrè, 1993, p. 113-115. Até que o termo "tecnécio" fosse adotado, o nome "masurium" era ainda empregado para designar o elemento 43, a despeito do descrédito que cercou o trabalho de Noddack.

devido à visível gafe com o elemento 43. E não era uma gafe, como Glenn Seaborg me disse, ao recordar o episódio; a seu ver, eles teriam apenas cometido um mero erro analítico. No entanto, ao reivindicar erroneamente a descoberta de uma substância na natureza que nem sequer existe de forma natural, cometeram uma rata colossal; além disso, não só deixaram de retratar-se de sua pretensão, como continuaram a insistir nela[39]. Seaborg contou-me que Ida Noddack ficou tão desacreditada depois do episódio do masúrio que, por volta de 1938, não seria "normal" que sua sugestão acerca da fissão fosse lembrada e, por conseguinte, citada quando esta veio a ser confirmada subseqüentemente[40]. William Brock, um historiador da química, sugeriu de modo explícito que uma razão muito forte, se não a principal, para a hipótese de Noddack ser ignorada, foi o fato de "reinar, após a identificação do masúrio, o sentimento de dúvida sobre a competência técnica da cientista"[41]. No entanto, pensando bem, julgo essas opiniões implausíveis.

Por certo, o preconceito em relação aos Noddacks existia entre muitos de seus contemporâneos, devido à questão do masúrio, acompanhado de ativa antipatia pessoal, por outras causas (ver abaixo). Porém, penso que, por duas razões, a antipatia pessoal é insuficiente para explicar a falta de atenção que seu artigo recebeu. Primeiro, Ida propôs sua hipótese em 1934. O trabalho que apareceu para refutar a ocorrência natural do elemento 43 veio à luz somente em 1937[42]. Segundo, qualquer que tenha sido o erro singular cometido pelos Noddacks, eles haviam efetuado, sem dúvida, muitas outras importantes descobertas. Naquela época, um só erro, mesmo se

39. Entrevista com Glenn Seaborg, julho de 1998.
40. Entrevista com Glenn Seaborg, realizada em 9 de dezembro de 1997.
41. Brock, 1993, p. 343.
42. Glenn Seaborg, entretanto, contou-me que, inclusive antes do trabalho de Perrier e Segrè em 1937, as pretensões com respeito ao "masurium" eram largamente questionadas porque a ocorrência natural do elemento 43 parecia improvável em termos teóricos, e que o grupo de Noddack já era visto com grande ceticismo e desdém (entrevista em julho de 1998). Segrè (1993, p. 115) observa, "a esta altura [fevereiro de 1937]... eu sabia que o 'masurium'... constituía provavelmente um erro". E ele acrescenta, em qualquer evento, "as sistemáticas nucleares levantavam fortes suspeitas no tocante à sua estabilidade", levando a indagar se poderia haver naturalmente uma quantidade suficiente de substância para que fosse detectada por Noddack e seu grupo.

enorme, não justificaria, ao menos em bases lógicas, ignorar a hipótese de Ida Noddack ou solapar sua relevante competência científica. É certo que muitos não reagem de maneira lógica a hipóteses não atrativas e podem procurar fundamentos irrelevantes para justificar os seus pontos de vista. Anos mais tarde, foi citado que toda vez que o marido dela perguntava a Otto Hahn porque ele não havia investigado a sugestão de Ida, Hahn teria replicado "Ein Fehler reicht!" (Um erro basta!)[43]. Supondo que essa anedota seja correta (e ela parece consistente com a impressão que tive de Hahn a partir da literatura a respeito), interpreto a resposta acima citada como simples expediente retórico para justificar a rejeição, por Hahn, da hipótese julgada por ele inadequada por outras razões.

Concluo, examinando as evidências, que qualquer um dos mencionados vieses ou preconceitos apresentados, após a descoberta da fissão, inclusive sob a forma de uma explicação parcial, para se ignorar a sugestão de Noddack, decorreu tão-somente de uma associação retroativa e irrelevante de uma lembrança de antipatia ou de prevenção contra a cientista[44]. Entretanto, este não foi o motivo para que sua hipótese fosse ignorada de 1934 a 1938.

Preconceito atribuível a uma antipatia pessoal ou política

Alguns fatos sugerem que existia uma difundida antipatia contra Ida Noddack nos anos de 1930 e 1940. Em março de 1939, Lise Meitner escreveu a Hahn sobre Noddack, a quem se referiu, num tom um tanto afrontoso, como *Frau Ida*: "Dass sie eine unangenehme Ursche ist, habe ich immer gewusst"[45] (Que ela é uma desagradável bruxa,

43. Pieter Van Assche, comunicação pessoal a Ruth Sime, 5 de junho de 1990, citado em Sime, 1996, p. 464, n. 66. Ver também p. 464, n. 61. Jungk (1953, p. 62) cita Ida Noddack como se alegasse (tanto numa entrevista sem data como numa carta não transcrita para este autor) que Hahn, quando perguntado, numa palestra, por que não mencionara a sugestão de Ida Noddack, respondeu a Walter Noddack que não queria constranger a esposa deste último se o fizesse.
44. Ver, por exemplo, Alvarez, 1987, p. 73; Libby, 1979, p. 43; Amaldi, 1977, 1989.
45. Krafft, 1981, p. 318.

eu sempre soube)[46]. A carta era uma resposta a queixas particulares de Hahn a Meitner, acerca de uma carta de Noddack publicada na imprensa, depois de descoberta a fissão. Nessa publicação, a autora praticamente insultava Hahn por haver omitido sua sugestão anterior e ter persistido em seus erros sobre os transurânicos[47]. Meitner, em seu comentário pessoal atípico, parece também possuir motivos à parte para uma opinião desagradável sobre Noddack. E, na perspectiva de hoje, podemos inferir aspectos da personalidade dessa cientista a partir de suas observações escritas sobre outro trabalho publicado cuja retratação ela instigara e que provocou provavelmente, segundo parece, uma animosidade pessoal[48].

Para piorar as coisas, Ida e seu marido foram vistos por muitos como um tanto simpáticos a Hitler, se não mais do que isso[49]. Hahn sugere, numa carta a Meitner, que Noddack possuía aliados e apoio entre os nazistas[50]. Ainda assim, enquanto alguns podem ter julgado repelente a sua personalidade ou posição política, concluo, depois de passar em revista as evidências, que isso não basta para justificar o fato de ter-se omitido a sugestão de 1934. Certamente tais fatores po-

46. "Coisa desagradável" é a tradução de Sime da expressão "unangenehme Urche" (1996, p. 272). Hopper (1990, p. 79) traduziu-a mordazmente como "hag = bruxa".
47. Noddack, 1939.
48. A nota 9 ao pé de página, no artigo de Noddack 1934b, ilustra esse fato. Seu trabalho sobre o elemento 93 também discute a pesquisa de um tcheco, O. Koblic, que pretendeu ter isolado anteriormente o elemento 93, denominado por ele "boemium". Ida investigou o fato e provou que era falso, observando que descobrira tungstênio e vanádio no material que Koblic lhe enviara para exame. Na ocasião em que levou a público o seu trabalho como decorrência desta cientista, o tcheco já se havia retratado por duas vezes na imprensa especializada. No entanto, Noddack não só repetiu desnecessariamente a história do episódio no texto de sua comunicação, como também assinalou o fato na nota de pé de página acima indicada, como se a desculpa de Koblic fosse insuficiente. Por outro lado, nas retratações publicadas pelo tcheco, este admitiu apenas a presença do tungstênio no seu "boemium", embora ela insistisse que "ele foi informado por carta [dela] com relação... a ambos os elementos [vanádio e tungstênio] nas suas amostras". Não lhe bastou que ele admitisse seu erro e se retratasse de sua pretensão. Tinha de enfatizar (fica-se tentado a dizer, esfregar na cara dele) pela palavra impressa a enormidade de seu erro. Ela parece sugerir que, uma vez que Koblic fora informado por carta, ele não poderia fugir do verdadeiro conhecimento de seu erro ao esquecer de mencionar o vanádio. Talvez Meitner estivesse ciente disso ou de episódios similares.
49. Sime, 1996 (p. 465, n. 67 e 68) menciona algumas das evidências desse caso. Entre outras coisas, cita uma entrevista com Emilio Segrè, de 12 de maio de 1985. Quando Walter Noddack o visitou em Palermo, Sicília, em 1937, para discutir o elemento 43, o cientista alemão trajava "um uniforme militar irregular repleto de suásticas", relatou Segrè.
50. Otto Hahn, carta a Lise Meitner, 7 de abril de 1939, mencionada por Sime, 1996, p. 273.

dem ter contribuído para a falta de simpatia expressa pela cientista quando Hahn e Strassmann, Meitner e Frisch, e outros, deixaram de citá-la em artigos escritos na lufada de excitação depois da descoberta da fissão[51]. Mas este é um assunto à parte e menos importante.

Prematuridade

Embora não tenham sido excluídos, até este ponto, todos os outros "aspectos usuais" para a rejeição ou omissão de trabalhos mais tarde admitidos como corretos, parece valer a pena considerar aqui a prematuridade ou um conceito afim como uma explanação. De fato, vários comentadores fizeram, em essência, tal sugestão[52]. Parece haver concordância geral com o ponto de vista expresso por Luis Alvarez, segundo o qual, nos inícios e meados dos anos de 1930, "os núcleos, pensávamos nós... eram mais rijos do que a pedra mais dura, limitados por forças poderosas – suficientemente potentes para resistir à repulsão elétrica de todos os prótons. Sabíamos

51. Sob uma perspectiva de hoje, seria apropriado que Hahn e Strassman, bem como Meitner e Frisch, houvessem registrado um agradecimento à sugestão anterior de Noddack, caso tivessem tomado conhecimento dela na ocasião em que redigiram seus trabalhos principais. De um ponto de vista corrente, mesmo depois que estes vieram à luz e seus autores ficaram sabendo (ou lembraram) da pesquisa prévia de Ida, semelhante reconhecimento retroativo seria adequado e cortês (Hahn o fez muito tempo depois em Hahn 1958, por exemplo). Pesquisas em que a aposta é muito alta, numa atmosfera tensa e competitiva, talvez conduzam (então como agora, muitas vezes) a um aumento nas práticas de citações incorretas. Por volta da mesma época em que Hahn se queixou a Meitner sobre a exigência feita por Noddack a respeito do devido crédito, ele também se queixou que os franceses não foram justos com ele nas citações acerca da fissão. Eles mencionaram Meitner e Frisch, mas não Hahn e Strassmann! Noddack certamente possuía motivo para reclamar do fato de sua prioridade em 1939 não ter sido citada. Porém, o modo como ela reagiu foi bastante descortês, pois o editor que publicou a sua carta e aparentemente outras tantas, tratou sua pretensão com algum desdém. Ademais, a missivista exagerou seu próprio caso – ver abaixo. Mesmo que Noddack tenha sido, ao contrário de Hahn, uma simpatizante do nazismo e contasse com amigos em altos cargos, como alguns acreditavam, não sei de nenhuma prova de que o aparato político nazista procurasse dar-lhe parte do crédito, como poderia muito bem ter dado, se tivessem, digamos, os Curies em Paris ou os de sangue "impuro" realizado a descoberta.

52. Por exemplo, Leona [Woods] Marshall Libby afirma simplesmente, "Noddack estava à frente de seu tempo" (Libby, 1979, p. 43), embora isso não compreenda o conceito de prematuridade de Stent sensu strictu.

todos que a partícula alfa... era o maior naco de matéria nuclear que poderia ser retirado do átomo"[53].

Afigurava-se como algo altamente não plausível que os nêutrons usados por Fermi no seu bombardeamento pudessem exercer um efeito importante no número atômico. De fato, mesmo o presumido efeito pelo qual o átomo de urânio (Z = 92), bombardeado por um simples nêutron que provoca a emissão de duas partículas alfa (Z = 2), chega direta ou indiretamente, via tório (Z = 90), ao rádio (Z = 88), parecia improvável. Foi apenas nas tentativas de firmar e confirmar a improbabilidade de semelhante produto que Hahn e Strassmann descobriram um produto ainda mais implausível, que foi o bário, conseqüência de uma fissão nuclear não imaginada. O fenômeno da fissão era tão imprevisto como se, depois de alguém ter disparado projéteis contra uma sucessão de edifícios crescentemente maiores, infligindo danos menores em cada um deles, quando um dos projéteis atingisse o nonagésimo segundo edifício, ele ruísse dividido em duas partes.

Isso proporciona a primeira explicação do motivo pelo qual a hipótese de Noddack foi ignorada por Hahn e Meitner, pelos Curies e seus colaboradores em Paris, pelos colaboradores italianos de Fermi e por outros cientistas em outros lugares que tiveram conhecimento

53. Alvarez, 1987, p. 73. O material omitido enuncia que essa era a visão, pelo menos antes de Bohr elaborar o modelo da gota-líquida (em 1936). Na verdade, se o "amaciamento" das concepções acerca da dureza relativa do núcleo e a provável resposta ao bombardeamento de nêutrons ocorreram depois deste período, mas antes do surgimento do primeiro artigo de Meitner-Frisch em 1939, é algo a cujo respeito eu desconheço qualquer evidência. Em uma explicação mais técnica do que a de Alvarez, 1987, Herrmann (1990, p. 482) observa que: "todos os fatos experimentais conhecidos até então [1939] sugerem [iam] que os produtos de reações nucleares [estavam] confinados à vizinhança dos núcleos originais; um fenômeno divergente nunca foi observado. A teoria corrobora [rava] com essa concepção. De acordo com a teoria do decaimento alfa de Gamow, de 1928, um dos primeiros triunfos da mecânica quântica, mesmo a partícula alfa, com suas duas cargas nucleares, dificilmente pode sofrer o efeito de túnel (tunelamento) através de uma barreira eletrostática coulombiana do núcleo; para fragmentos maiores, essa barreira cresce rapidamente e o tunelamento torna-se extremamente improvável. Tal raciocínio é sem dúvida correto. O ponto crucial reside [...] no fato de que o colapso de um núcleo pesado em dois fragmentos de tamanho similar não deveria ser tratado como um processo de tunelamento. A mecânica quântica constituía mais um obstáculo do que uma ajuda para a descoberta da fissão".

do fato[54]. Entretanto, essa razão não parece suficiente para explicar porque Fermi, em particular, não levou à frente ou propôs qualquer experimento que comprovasse o artigo de Ida.

Fermi novamente

Alguns comentários claros, mas um tanto contraditórios, que aparecem na literatura sugerem que Fermi *não* ignorava a sugestão de Noddack. Na biografia de Fermi, Segrè escreveu "A possibilidade da fissão, porém, nos escapou, embora Ida Noddack tivesse chamado a nossa atenção de uma forma específica, enviando-nos um artigo no qual indicava claramente a possibilidade... A razão de nossa cegueira não é clara. *Declarou Fermi, muitos anos depois, que os dados disponíveis na época sobre o erro de massa estavam desencaminhando a pesquisa e pareciam obstar a possibilidade da fissão*"[55] (grifo do articulista). O material sublinhado nessa passagem, um tanto contraditória, implica que o próprio Fermi considerou, de fato, a possibilidade indicada por Noddack e ele efetuou cálculos baseados nos dados disponíveis naquela época sobre o erro de massa, o que o levou a concluir pela

54. Ainda que Meitner pudesse ter ignorado a proposta de Noddack de 1934, S. Flügge, que era o teórico "da casa" em Berlim, em 1938, relembra que discutiu com Meitner a possibilidade de que, em essência, Curie e Savitch (1938), trabalhando em Paris, tivessem chegado, sem ter consciência do fato, àquilo que posteriormente ficou conhecido como fissão. Eles haviam informado ter obtido como produto do bombardeamento de nêutrons uma substância com propriedades de comportamento quase semelhante ao lantânio (Z = 57), um elemento adjacente ao bário na tabela periódica e, portanto, se presente, um produto da fissão. Flügge comenta que seria bem possível que, na realidade, esse elemento fosse o lantânio mais do que um transurânico difícil de entender, que foi referido em Berlim como sendo o "curiosum" (Sime, 1996, p. 183). Flügge escreve, "Constituiria uma sugestão muito atrevida afirmar que [era o lantânio,] porque isto se afigurava totalmente absurdo na época. Rememoro, ao discutir esse ponto com Meitner, que ambos concordamos completamente quanto à sua impossibilidade, devido à suposta alta barreira energética" (Flügge, 1989, p. 27). (É extraordinário que Meitner dispusesse de algum tempo em geral para então trabalhar – maio e junho de 1938 – dado os acontecimentos intrusivos daquele tempo em sua vida. Ver Sime, 1996, p. 184-209). Constatou-se mais tarde, após a descoberta da fissão nuclear, que a substância encontrada pelo grupo de Paris era o lantânio contaminado pelo ítrio (Z = 39) (Herrmann, 1990).

55. Segrè, 1970, p. 76. Em 1955, ele observou que havia, na realidade, discutido o tema com Fermi em mais de uma ocasião e que este último citava sempre idéias errôneas a propósito das diferenças de massa dos núcleos (Segrè, 1955, p. 262).

impossibilidade da fissão. Edward Teller também insistiu que Fermi havia feito um cálculo específico cujos resultados excluíram a sugestão de Noddack. Argumentou ainda que os referidos cômputos estribavam-se numa "informação experimental errônea. Naquela ocasião, Aston, no seu experimento, introduziu um erro sistemático ao calcular a massa e a energia do núcleo"[56]. Richard Rhodes, no volume que publicou sobre a bomba atômica, subministrou alguns comentários ulteriores. Ele argumenta que, ao entrevistar Segrè em 1983 e aventar o comentário de Teller, o entrevistado concordou que Fermi "sentara-se e fizera os cálculos necessários"[57]. Rhodes, no entanto, diz, citando a mesma entrevista, que "Segrè achava a versão do caso apresentada por Teller como possível, porém não persuasiva. O problema do número de massa do hélio não teria necessariamente descartado a ruptura do núcleo de urânio". Infelizmente, Rhodes não chegou a perguntar a Segrè quais os cálculos, se é que houve algum, que a seu ver Fermi poderia ter realizado no caso, se não os mencionados por Teller. Sem dúvida, o comentário anterior de Segrè, em 1970, é consistente com o relato ulterior de Teller[58].

56. Teller, 1979, p. 140.
57. Rhodes, 1986, p. 231-232.
58. Os vários relatos de Segrè parecem um tanto inconsistentes. Fica-se a cogitar se a sua má vontade em admitir que Teller conhecesse Fermi mais do que ele é responsável por algumas de suas indecisões. De qualquer forma, parece-me notável que ninguém até hoje tenha refeito os cálculos, utilizando-se dos dados disponíveis sobre as diferenças de massa em 1934, a fim de determinar se Teller ou Segrè estava correto. Alguns, como Andersen (1996, p. 486), escolheram aparentemente ignorar a possibilidade de tal consideração por Fermi, e inclusive Andersen foi tão longe a ponto de pretender que "o que Noddack propusera era simplesmente sem sentido" para os demais, na comunidade científica. E um comentário atribuído a Leona Woods (como ela era conhecida enquanto estudava com Fermi; depois ela se tornou Leona Woods Marshall e, finalmente, Leona Marshall Libby), citado por Rhodes a partir de Libby, 1979, em apoio à sugestão de Teller, parece implicar, ao invés, uma lógica um tanto diferente para explicar a falta de acompanhamento da questão, por parte de Fermi: "O modelo da gota-líquida de Bohr para o núcleo ainda não tinha sido formulado [,] de modo que não havia à mão um modo aceito para calcular se a ruptura em muitos fragmentos grandes era permitida" (Libby, 1979, p. 43). Creio que aí Libby pensa que o modelo de gota-líquida não estava "disponível" para proporcionar aquele modelo ao fim invocado para explicar a fissão. Mas, conquanto Meitner e Frisch usassem o modelo de Bohr, da gota-líquida, para explicar a fissão em 1939, tal fato não impede que tenha havido um método anterior "permitido", ou aceitável para tentar cálculos pertinentes ao erro de massa. A matizada história do modelo fornecida em Stuewer 1994 salienta que os aspectos estáticos do modelo de gota-líquida foram propostos por Gamow em 1928, sendo publicados pouco depois e aparentemente esquecidos por Bohr. E, por volta de 1938, a própria contribuição de Bohr já constava, fazia dois anos, da literatura. Assim, neste sentido, estava "disponível" em 1936, quando Bohr a publicou. Mas, nem sequer Bohr no seu escrito afirmava que

Edoardo Amaldi, um colaborador de Fermi e Segrè nas pesquisas após a descoberta da fissão, apenas escreveu em 1977 que "não estávamos aptos a entender a razão" pela qual a hipótese da fissão havia sido rejeitada[59]. Mais de uma década depois, ele relatou que a "sugestão de Noddack fora apressadamente posta de lado porque envolvia um tipo completamente novo de reação: a fissão. Enrico Fermi, e todos nós que fomos educados na sua escola o seguimos [*sic*], mostrou-se sempre muito relutante em invocar novos fenômenos tão logo algo novo fosse observado: novos fenômenos devem ser provados!"[60]. Entretanto, Amaldi não estava em contato tão próximo com Fermi quanto Segrè havia estado após a descoberta da fissão e durante os anos da Segunda Guerra Mundial e, portanto, talvez não tenha ouvido falar de um cálculo assim feito por Fermi[61].

Não obstante, em um livro escrito enquanto o seu marido, Enrico, ainda estava vivo e que foi publicado em 1954, Laura Fermi

vira no modelo gota-líquida um mecanismo capaz de explicar – em termos de uma gota que se cinde em partes – os intrigantes experimentos que foram interpretados como transurânicos. Meitner e Frisch o fizeram em 1939 quando se defrontaram com a realidade dos resultados químicos comunicados e a crença de Meitner de que Hahn era um químico demasiado bom para cometer um erro (cf. Sime, 1996, p. 236, citando um relato de Frisch). Seja como for, os dados relativos ao erro de massa mencionados por Teller parecem ter constituído um obstáculo completamente isolado – somado à falta de um modelo disponível, gota-líquida ou outro – para explicar a fissão. Pedi ao assistente de Teller que lhe perguntasse do que ele poderia ainda lembrar-se acerca do episódio. Ele reiterou o seu informe, anteriormente publicado, segundo o qual Fermi havia calculado, sem dúvida, de maneira acurada, a probabilidade de um nêutron penetrar a barreira de potencial, mas o tamanho da barreira era tão alto devido às mensurações equivocadas que envolvem o erro de massa. Teller lembrou que o erro de Fermi apresentava a mesma base que a comunicação errônea de Szilard sobre o berílio como sujeito a um decaimento radioativo (embora não conseguisse recordar-se, na época de minha indagação, da exata conexão entre os dois trabalhos). Judith Shoolery, em comunicação pessoal de 11 de abril de 2001.

59. Amaldi, 1977, p. 304. Todavia, na época da descoberta da fissão, Segrè mantinha contato freqüente com Fermi, pois ambos se encontravam nos Estados Unidos, enquanto Amaldi permanecia na Itália. Segrè publicou, juntamente com Fermi, trabalhos sobre fissão em 1941 (ver Segrè, 1981, p. 10).

60. Amaldi, 1989, p. 15.

61. Em uma carta a Fritz Strassmann, de 16 de março de 1978, Amaldi escreveu explicitamente que Fermi considerava as implicações de suas sugestões como "não realistas e até insensatas". Amaldi acrescenta, "se olhássemos as tabelas de massas, teríamos provavelmente descoberto que a fissão era energeticamente possível. Mas nenhum de nós investigou esse ponto que não foi levado em conta por I. Noddack" (Krafft, 1981, p. 316). A partir daí e de seus escritos subseqüentes, infiro que Amaldi desconhecia os comentários de Segrè e Teller sobre os dados dos erros de massa, mesmo algum tempo depois que foram obtidos.

sugeriu (por omissão) um ponto de vista semelhante ao de Amaldi sobre o caso. Ao explicar-lhe a situação depois do acontecido, seu marido invocou uma simples falta de imaginação, e nada mais para a sua incapacidade de perceber que a fissão nuclear, não os transurânicos, teria dado conta de suas observações em 1934. Segundo o livro de Laura, ele não citava nem os cálculos nem dados errôneos da literatura como causas que o impediram de dar prosseguimento na pista. Seu atraente relato da conversa diz:

> [L. F.]: Então em Roma... Você deve ter produzido fissão sem reconhecê-la.
>
> [E. F.]: Foi exatamente isto que aconteceu. Não tivemos imaginação suficiente para pensar que um processo diferente da desintegração, que ocorre em qualquer outro elemento, pudesse ocorrer no urânio, e tentamos identificar os produtos radioativos com os elementos próximos ao urânio na tabela periódica... Ademais, não sabíamos bastante química para separar, um do outro, os produtos da desintegração do urânio, e acreditávamos que dispúnhamos de cerca de quatro deles, quando de fato seu número era próximo de cinqüenta [a ênfase foi dada pelo autor do artigo].
>
> [L. F.]: Mas então, o que aconteceu com o seu elemento 93?
>
> [E. F.]: O que na época julgávamos ser o elemento 93 comprovou ser uma mistura de produtos de desintegração. Suspeitávamos do fato durante muito tempo; agora temos certeza[62].

Assim, Fermi talvez tenha concluído *cif* (*com intuito formidabile*) – isto é, com "intuição formidável" que ele usava com tanta freqüência, conquanto de maneira atipicamente incorreta nesse caso – que a fissão não era possível, como Segrè sugere em outra entrevista com Rhode[63].

62. Fermi, 1954, p. 157. Presumivelmente, Fermi, ao escrever por um "longo tempo", queria dizer desde a descoberta da fissão.
63. Rhodes, 1986, p. 232. Segrè (1993, p. 151) definiu *cif* [para *con intuito formidabile*] como um "acrônimo jocoso que empregamos para declarações efetuadas por Fermi, que eram verdades, mas [que] ele não podia provar".

Laura Fermi escreveu seu livro enquanto Enrico ainda estava vivo, de modo que ele estaria em condições de corrigir quaisquer erros. Mas, embora nos agradecimentos ela faça especial menção à "minha família, que agüentou a vida com uma dona de casa escritora e que não se queixava", externa, com desconcerto, sua gratidão pela "leitura das partes do manuscrito que abordam matéria científica", não a Enrico Fermi, mas ao "Dr. Emílio Segrè"![64] Aqui é o caso de se perguntar como poderia a autora lembrar-se de modo preciso de uma conversação ocorrida catorze anos antes – recordações essas que foram submetidas a alguma revisão pelo leitor científico de Laura Fermi.

Segrè escreve que Fermi em "assuntos científicos era conservador. Ele detestava concluir a partir de um experimento ou cálculo mais do que os resultados indicavam". E, "por ter aversão ao erro e, como o erro é de vez em quando inevitável, queria estar em erro apenas por ter pretendido muito pouco"[65]. Ironicamente, a interpretação incorreta dos transurânicos constantes nos seus resultados de 1934, que o próprio Fermi apresentou de modo muito relutante, foi de fato mais conservadora do que a definitiva e surpreendente explanação da fissão.

As interpretações anteriores a 1939, referentes ao artigo de Noddack de 1934

Louis A. Turner, o primeiro a considerar a sugestão de Ida em 1934 à luz do reconhecimento da fissão, escreveu em 1940:

> Se esta sugestão inicial daquilo que resultou ser uma explicação correta era algo mais do que uma especulação[,] é lamentável que as razões para se admitir sua possibilidade não tivessem sido plenamente desenvolvidas. *Parece que se deu uma ênfase maior à falta de rigor no argu-*

64. Fermi, 1954.
65. Segrè (1970, p. 102-103) e Amaldi (1962, p. 808-809) escreveram similarmente sobre a cautela de Fermi e a necessidade de evitar interpretações preconcebidas, contudo plausíveis, que tornariam difícil uma avaliação objetiva.

mento sobre a existência do elemento 93 do que uma explanação conscienciosa das observações[66]. [grifo do autor]

Após uma leitura cuidadosa do artigo de Noddack e de algumas reações a ele, achei o ponto de vista de Turner plausível.

A sugestão de Noddack aparece no décimo dos dezoito parágrafos que compõem o texto original de seu artigo. Enquanto o elemento 93, proposto por Fermi, obtém a maior atenção, Ida discute duas outras sugestões sobre a descoberta de um elemento 93. Não importa o que Noddack pretendeu: as suas duas formulações ("seria possível pressupor igualmente bem...") e a colocação dos comentários chaves do décimo parágrafo, entre dois outros que focalizavam uma crítica de natureza química, contribuíram para a impressão colhida por Turner. Em nenhum outro parágrafo do artigo, a não ser neste, ela reitera a possibilidade de ruptura do núcleo. Salienta, com certa extensão, que Fermi não excluíra sequer todos os elementos abaixo do chumbo (Z = 82). Ida sublinha as dificuldades decorrentes da evidência química oferecida por Fermi e consigna algumas observações contrárias às vindicações químicas do físico. Depois de ter lido essas passagens, fiquei com a mesma impressão descrita por Turner, de que a sugestão de Noddack pretendia simplesmente indicar uma lacuna lógica entre muitas que ela encontrara.

A exclusão posterior, nos trabalhos dos grupos italianos e de Hahn-Meitner, de todos os elementos abaixo do mercúrio (Z = 80), inclusive abaixo do chumbo (Z = 82) e, em particular, do polônio (Z = 84), provavelmente toldou, para muitos, os demais aspectos das observações de Noddack e a sua sugestão de que o núcleo poderia ter-se rompido em vários fragmentos maiores, de número atômico mais baixo.

Outros autores citam o artigo da cientista alemã em recensões ou comentários subseqüentes a respeito dos transurânicos, publicados antes do reconhecimento da fissão. Mas, nas referências que pude recuperar, a discussão tende a obscurecer o empurrão do ponto de vista de Noddack para a possibilidade de uma cisão nucle-

66. Turner, 1940, p. 2.

ar, e a induzir falsamente que esta possibilidade fora rebatida. Por exemplo, o compêndio de física nuclear escrito por Franco Rasetti em 1936, cita o trabalho de Ida no contexto da crítica feita por A. V. Grosse sobre a evidência química oferecida pelos transurânicos:

> A Dra. Ida Noddack assinalou também a necessidade de uma prova mais convincente, porque... ele [Fermi] não considerou o elemento 84 (polônio) *nem qualquer dos elementos subseqüentes da tabela periódica.* Ela encontrou[,] ademais, que certo número de elementos conhecidos é arrastado para baixo com o dióxido de manganês... Tanto o Dr. Grosse como a Dra. Noddack, entretanto, encaram a produção artificial de elementos mais pesados do que o urânio como algo inteiramente dentro do quadro de possibilidade[,] e, sem dúvida, ambos, independentemente, o predisseram[67]. [grifos do autor].

O material enfatizado implica (na correta perspectiva atual) que pelo menos, antes de se aceitar uma vindicação transurânica, deve-se excluir a possível existência daquilo que chamaríamos hoje de um produto de fissão, com um número atômico muito mais baixo do que 84. Porém, a partir do contexto da passagem acima, o leitor poderia inferir que a observação de Ida remetia apenas à necessidade de uma "prova mais convincente". E a implicação aqui subjacente, e em outros registros da época, é que as objeções de natureza química por ela apresentadas foram rebatidas por outros.

Lawrence L. Quill, num artigo de revisão dos elementos transurânicos de 1938, discutiu primeiro a crítica de Grosse e de M. S. Agruss, segundo a qual o material tido por Fermi e seus colegas como sendo o elemento 93 era, na verdade, o elemento 91 (proactínio)[68]. Observou ele que Gross e Agruss retiraram suas objeções às "conclusões de Fermi", quando o próprio Fermi forneceu evidência

67. Rasetti, 1936, p. 272-273. A citada menção de Noddack à possibilidade dos transurânicos encontra-se em um artigo anterior (Noddack, 1934a). Ela pensava que alguns, ao menos o 94 e o 96, deveriam ocorrer naturalmente. Certo número de vindicações e propostas deste último tipo se fez notar desde os anos de 1920. Para referências, ver Quill, 1938, p. 88-89.
68. Quill, 1938, p. 119-120.

ulterior de que o material *não* era o elemento 91. Quill continua, "O trabalho de Hahn, Meitner e Strassmann também sublinha a correção da conclusão de Fermi". Ainda assim, subsiste, na apresentação de Quill, certa ambigüidade, pois não fica claro se a "conclusão" ratificada pelos cientistas referia-se à exclusão do elemento ou à confirmação do elemento 93. Um leitor poderia muito bem inferir erroneamente esta última retificação.

Quill discute, a seguir, de forma explícita, os reparos de Noddack, porém obnubila a questão por ela levantada – a possibilidade de um bombardeio por nêutrons induzir elementos com um número atômico mais baixo do que o chumbo (Z = 82). No entanto, ele registra explicitamente que, ao checar os métodos químicos empregados por Fermi, Ida verificou que estes não poderiam excluir o titânio (Z = 22), o colômbio (conhecido hoje como nióbio [Z = 41]), o tântalo (Z = 73), o tungstênio (Z = 74), irídio (Z = 77), a platina (Z = 78), o ouro (Z = 79), o silício (Z = 14), o antimônio (Z = 51), o níquel (Z = 28) e o cobalto (Z = 27), sugerindo que alguns destes poderiam ter sido considerados, nas observações do material interpretado, como um transurânico. Quill nota então que Noddack também demonstrou que o polônio (Z = 84), não levado em conta por Fermi, poderia ser igualmente encontrado no produto. Mas remata ele, num parágrafo pertinente, que: "As objeções dela foram explicadas posteriormente tanto por Fermi quanto por Hahn, Meitner e Strassmann". Contudo, para esta conclusão (sem dúvida incorreta, em termos atuais), ele não oferece nenhuma citação. No parágrafo seguinte, prossegue: "O trabalho de Hahn e Meitner [referências] contribuiu muito para clarear as posições dos elementos 93 e 94". O que está claramente implícito aqui, para o leitor, é que todas as preocupações de Noddack foram abordadas.

Como Spencer Weart escreveu, posteriormente, "cientistas que examinaram a pesquisa do urânio redigiram seus trabalhos como se todas as objeções, sejam as de Grosse ou as de Noddack, tivessem sido respondidas"[69]. Sem dúvida, a preocupação com as objeções de Noddack foram encaradas como sendo das mais sérias – segundo a

69. Weart, 1983.

qual os elementos próximos do urânio não haviam sido excluídos – foi abordada experimentalmente. Todavia, não pude encontrar na literatura da época um comentário sequer acerca dos obstáculos teóricos entrevistos (errôneos como provariam ser mais tarde) para a investigação experimental da hipótese de Ida para a produção de elementos com número atômico mais baixo, como uma alternativa às vindicações dos transurânicos.

Quaisquer que sejam as falsas inferências que outros tenham entendido e as lacunas lógicas nos comentários em curso, julgados na época pertinentes à sugestão feita por ela, não descobri nenhuma evidência documental de que a própria cientista tivesse apontado alguma vez tais falhas, reiterado suas hipóteses em publicação impressa, demonstrado que suas suposições não haviam sido explicitamente excluídas e publicadas mais tarde com base nas visíveis deficiências lógicas na prova dos transurânicos, ou que ela tenha efetuado quaisquer tentativas para refutar as inadequações lógicas das proposições que pretendiam provar a falsidade de sua sugestão[70]. Nem tampouco Noddack enunciou sua sugestão como parte da grande hipótese a explicar algumas intrigantes observações experimentais. Ela não a reiterou em forma impressa, mesmo em 1938, quando crescentes complexidades de supostos esquemas de decaimento transurânico – todos eles por fim malograram – pareciam cada vez mais intricados. Não há sequer indicação de que ela haja realizado qualquer tentativa de investigar o assunto por si ou em colaboração com outros[71].

Muito embora a hipótese pudesse parecer possível ou até plausível para químicos analíticos não nucleares (como Noddack e seu marido), para químicos nucleares cientes do caso, e que se lembra-

70. Somente após a descoberta da fissão é que Noddack escreveu que ela e/ou o seu marido haviam levantado o tema verbalmente com Hahn e, aparentemente, só com ele (Noddack, 1939).
71. Julgo improvável que Hahn e o grupo Curie se mostrassem receptivos a semelhante proposta de parte dela. Suspeito, entretanto, que o grupo de Fermi, em Roma, sentir-se-ia encantado em contar na equipe com uma talentosa química analítica como Ida Noddack. Não obstante, a etiqueta e subentendidas formalidades da época podem ter-se constituído em obstáculos à presença dela na capital italiana por causa de sua condição de mulher, embora eu considere isso difícil de crer em se tratando de Fermi. De qualquer maneira, não há indício de que ela tenha efetuado então qualquer tentativa de ir a Roma para trabalhar com Fermi.

vam dela depois de aclarado o trabalho de Fermi sobre as questões do polônio (Z = 84) e do proactínio (Z = 91) – e que até mesmo dispunham do equipamento e da especialização para investigar a possibilidade – a proposta parecia tão forçada a ponto de não merecer o empenho. Tais razões contribuíram para a ausência de qualquer resposta direta, na literatura, de parte dos radioquímicos.

Os comentários de Noddack, em nível empírico, lógico e crítico, provinham de uma bem-dotada química analítica, porém com insuficiente base teórica para avaliar a enormidade daquilo que ela aventara. Não há evidência escrita, anterior à descoberta da fissão, seja lá o que Ida tenha dito depois, de que ela mesma haja levado muito a sério a sua proposta. De fato, eu mesmo fiquei com a impressão de que a própria cientista, como todo mundo antes de 1939 e do reconhecimento da fissão, eventualmente aceitou o trabalho na unidade de Hahn e Meitner que parecia confirmar a existência dos pretendidos transurânicos.

De novo Strassmann

Resta examinar um episódio ulterior com respeito à ausência de reação à sugestão de Noddack. Como observamos mais acima, Fritz Strassmann, nos últimos anos, declarou que não tomara conhecimento até 1939 do artigo de Noddack de 1934[72]. Ele observou que, enquanto estivera agregado à unidade de Hahn, em 1934 – antes de obter um cargo regular em 1935 –, andara tão ocupado tentando ganhar a vida, que tudo quanto sabia da literatura científica proviera diretamente de Hahn. Não se recordava sequer que este último lhe tivesse mencionado alguma vez o artigo de Noddack. Mas lembrou-se que, mais tarde, em 1936, descobrira evidências do bário (Z = 56) como um produto do bombardeio do urânio por nêutrons, isto é, radioatividade induzida numa fração do bário! Mencionara o fato a Meitner e ela objetara que ele não havia excluído os efeitos de adsorção (ou seja, da aderência

72. Krafft, 1981, p. 317.

de substâncias radioativas que não eram o bário, presumivelmente de número atômico mais alto em relação ao bário). Strassmann aceitou o argumento e Meitner o desencorajou de dar seguimento à pesquisa. A reação negativa dela – escreveu ele posteriormente – era "freundlich, aber energisch" (amigável, porém enérgica)[73].

Strassmann submetera-se à autoridade moral e intelectual de Meitner, que era considerável. Ruth Sime, a biógrafa da cientista, salienta que, mesmo ao Geheimrat (conselheiro privado) e ao diretor Otto Hahn, ouviu-se Meitner dizer em certa ocasião: "Hähndchen, geh'nach oben, von Physik verstehst Du nichts" (Hahn, querido, vai lá pra cima, de física você não entende nada). E ele teria obedecido[74]. Se Hahn, o diretor do instituto, submetera-se a Meitner, então mesmo que Strassmann tivesse tomado conhecimento da sugestão de Noddack, caberia perguntar se ele, como um jovem assistente, trabalhando diretamente sob as ordens de Meitner, ousaria persistir na tentativa de confirmar o bário radioativo, em face das concepções e da autoridade de seu chefe, vindo assim a descobrir, em 1936, evidências tão forçosas da fissão[75].

Noddack: coda

Conquanto a sugestão de Noddack, referente à fissão, proporcione um exemplo de prematuridade, depois de rever cuidadosamente o episódio, concluo que, em certo sentido, se tratava de algo relativamente menor. A proposta de prematuridade vinha de uma pessoa que não tinha percepção das dificuldades teóricas que o assunto provocava, uma vez que a cientista apresentou a sua sugestão ape-

73. Strassmann para Alfred Klemm, julho de 1969, citado em Krafft, 1981, p. 221.
74. Sime (1996, p. 178) ao menos sugere que ele aquiesceu. Meitner e Strassmann trabalhavam no andar térreo e Hahn, um lance de escadas acima.
75. Sime (idem., p. 235-236 e p. 454, nota 26) cita como evidência de que Hahn mais tarde passou a acreditar que, se Meitner tivesse permanecido em Berlim, eles não teriam descoberto a fissão: "Ela teria nos dissuadido do bário"! Sime observa que isto é improvável. Porém, Weizsäcker (1996) relatou que outros membros do instituto de Hahn contaram-lhe, mais tarde, que "é bem possível" que Hahn não teria começado o experimento que detectou o bário se Meitner permanecesse lá.

nas em um parágrafo, dentre outros, de muitas críticas lógicas sobre a interpretação de dados, e que não só não ampliou a sugestão, como jamais a repetiu por escrito e nunca realizou qualquer esforço documentado para investigá-la. Ao iniciar este trabalho, eu estava convencido de que Noddack fora vítima de uma grave injustiça no que concernia à sua "prioridade", mas concluo que a inferência de Turner, em 1940, logo após a descoberta da fissão, está correta.

Não obstante, embora fosse um exemplo menor daquilo que poderíamos denominar de prematuridade, na acepção epistemológica, isto é, a falha cometida pelo mundo científico em 1934, ao não levar a sério a sugestão de Noddack, teve provavelmente tremendas conseqüências sociais. Pois, se fosse outro o caso, os nazistas poderiam muito bem ter desenvolvido uma bomba atômica[76].

O décimo parágrafo do artigo de Noddack de 1934 provavelmente será sempre uma nota de rodapé em qualquer história da fissão. Porém, tal atenção ao seu comentário pode ser, e de maneira considerável, mais do que merecida, seja qual for a percepção real que Ida tenha tido do assunto, por qualquer que seja a hesitação que suas possíveis conseqüências possam provocar naqueles, dentre nós, que queiram refletir sobre a contingência histórica.

Dissonância interdisciplinar: algumas outras questões

O evidente conceito disciplinar que existia na década de 1930 entre químicos (analíticos) e químicos nucleares (ou "radioquímicos") chocou-se forçosamente no primeiro ar-

76. Ninguém que esteja familiarizado com a história da fissão nuclear, no período pré-Segunda Guerra, com quem eu tivesse discutido o assunto contestou essa conjectura. Ainda assim, outras questões, como uma possível indisponibilidade do minério de urânio, uma dificuldade na produção de um transurânico fissionável, bem como o necessário desvio de aplicação de recursos tecnológicos requeridos para o êxito, e assim por diante, poderiam, não obstante, ter sido obstáculos não superados.

tigo de Hahn e Strassmann. Os químicos nucleares encontravam-se, sem dúvida, muito próximos do campo da física, e restringidos por suas proibições teóricas. Todavia, os químicos (analíticos), a julgar pelo exemplo de Noddack e, pelo que tudo indica, de Strassmann, pareciam ter tido poucas restrições vindas desta parte (ao menos nos anos de 1930), mas estavam muito mais preocupados com as evidências "analíticas" diretas das vindicações. À luz dos comentários de Quill, parece que estes químicos analíticos não nucleares adotavam um conjunto de cânones menos desenvolvidos, e que dependiam muito menos de considerações teóricas e cálculos do que de resultados experimentais. Instalados em campos que estavam se tornando crescentemente discrepantes devido ao desenvolvimento das implicações de suas observações e teorias, Hahn e – em menor extensão – Strassmann sofreram grande pressão, da qual foram resgatados tão-somente por Meitner e Frisch. O episódio da fissão ilustra minha posição no início deste capítulo acerca das diferenças entre campos nos seus vários estágios de desenvolvimento ou nos seus cânones. Vindicações, hipóteses ou propostas que são prematuras para alguns domínios, ou indivíduos, podem ser aceitáveis para outros.

Estive à procura de outros exemplos ou de comentários que se mostrassem diretamente pertinentes ao conceito de dissonância interdisciplinar definido no início do presente capítulo. Numa área separada, situada na intersecção dos campos da química e da física e relevante à primeira vista para o episódio Noddack, deparei-me com um possível exemplo numa citação de Hans Suess. Ele colaborou com um físico, A. D. H. Jensen, num trabalho sobre o "modelo em camada" do núcleo no fim dos anos de 1940, e suas observações a respeito dos "números mágicos" não só o levaram a Jensen como o fez reconhecer a existência de um forte acoplamento spin-órbita. No tocante a essa colaboração, Suess escreveu,

> Jensen comentou certa vez que se tivesse um conhecimento maior de física nuclear teórica, não teria acreditado jamais numa só palavra daquilo que eu lhe dissera. Era de fato uma tarefa muito difícil para um simples químico, que usa métodos diferentes dos de um físico teórico,

convencê-lo. Utilizei aquilo que em geral é considerado como uma "evidência circunstancial". *Os químicos estão habituados a considerar simultaneamente certo número de fatos e então derivar uma conclusão, ao passo que os físicos teóricos normalmente desejam considerar o resultado de um único experimento, ou de um fenômeno que pretendem interpretar*[77]. (grifos do autor do artigo).

O episódio de Noddack, sem dúvida, não constitui um exemplo único de dissonância interdisciplinar. Este e o exemplo acima sugerem, além do mais, que as influências inibitórias tendem a fluir, embora não necessariamente, do campo mais teórico para o mais empírico, como da física para a química nestes casos. E as linhas destacadas na citação acima indicam uma fonte plausível de dissonância interdisciplinar entre pessoas com um pé em cada um desses campos de pesquisa, e entre colaboradores de diferentes áreas que trabalham juntos. Aqueles que se situam nas fronteiras de tais áreas e que tenham, em um deles, um forte peso teórico, e em outro, peso mais experimental, podem ser particularmente mais suscetíveis à dissonância interdisciplinar, como o foi realmente o caso de Otto Hahn[78].

Outro exemplo parecido de dissonância interdisciplinar foi-me sugerido por Elihu Gerson, relativo à influência do físico Lorde Kelvin na recepção de certas propostas de Charles Darwin que envolviam a evolução das espécies. Kelvin insistia que a Terra era muito mais jovem do que indicava alguns aspectos da teoria darwiniana. Sua autoridade inibia, de modo significativo, a aceitação das referidas propostas[79]. Norriss Hetherington sugeriu um outro exemplo que envolvia a idade da Terra: o dilema do astrônomo Edwin Hubble para conciliar a idade que seu modelo da expansão do universo implicava com a idade proporcionada pelos dados geológicos[80].

Gerson propôs outro caso de choque entre a teoria da deriva continental de Alfred Wegener e as objeções de outros geólogos[81].

77. Citado em Stuewer, 1979, p. 37.
78. Ver também Herrmann (1990, p. 482) para outro exemplo pertinente à fissão nuclear.
79. Burchfield, 1975.
80. Hetherington, 1989.
81. Para outras referências e mais discussão a respeito desse episódio, ver Glenn, cap. 8, neste volume.

Creio que este último exemplo representa um fenômeno muito mais típico, ou seja, uma disputa dentro de uma disciplina que inibe o desenvolvimento ulterior daquilo que veio a ser mais tarde reconhecido como uma descoberta maior. Em analogia à dissonância interdisciplinar, poder-se-ia defini-la como uma dissonância *intra*-disciplinar. As questões aqui em exame podem envolver qual o tipo de evidência deve ser considerado de maior peso, ou qual *é* a evidência – por exemplo, se uma vindicação experimental deve ser reproduzida. Além do mais, atritos pessoais ou o medo deles podem ser suficientes para inibir de modo marcante progressos na área.

Creio que exemplos de dissonância interdisciplinar na história da ciência são muito menos freqüentes e, na realidade, raros, embora pareçam oferecer uma perspectiva particularmente fascinante para o desenvolvimento de campos científicos. Por certo, não há necessariamente um limite nítido entre todos os tipos de dissonância inter- e intradisciplinares. Por exemplo, um novo subcampo pode emergir em qualquer disciplina singular e dispor, em comparação com subcampos existentes, de um foco diferente: alguma nova espécie de método e/ou acentuadas diferenças ou ênfases em algum aspecto da teoria. Colisões entre tais subcampos podem provocar relevantes efeitos inibitórios sobre desenvolvimentos ulteriores no novo subcampo, o qual pode, de fato, emergir como uma disciplina separada.

Finalmente, podemos considerar a relação que existe entre a dissonância intra- e interdisciplinar com a prematuridade. Certa proporção de casos de dissonância intradisciplinar, mas de modo algum todas, fornecem exemplares de prematuridade tal como originalmente a definiu Gunther Stent. Se – como eu sugeri – ampliarmos sua noção de prematuridade a fim de incluir a falta de conexão entre limites das disciplinas[82], então casos de dissonância interdisciplinar podem prover exemplares da noção expandida. Tais circunstâncias são passíveis de aparecer com mais freqüência por vindicações,

82. Na minha leitura de Stent, a despeito de dois de seus exemplos, sua noção, segundo a qual, na falta de seguimento de algumas vindicações, hipóteses ou propostas, que trata de uma categoria de explanação significante, aplica-se ou é destinada a aplicar-se dentro e não através dos campos.

hipóteses ou propostas que tenham sido expostas e não contestadas, ou deslindadas por pesquisadores num domínio relativamente pouco desenvolvido – idéias que não podem ser ligadas ao cânone vigente ou até podem contradizer outro cânone que é mais fundamental ou mais amplo. O sucesso da explicação geral oferecida por este último domínio pode dar maior credibilidade às objeções dos que atuam nessa área de pesquisa e ser suficiente para inibir investigações subseqüentes ou o seu acompanhamento por cientistas que operam nos dois campos.

Ainda que a dissonância interdisciplinar não implique obrigatoriamente a prematuridade na acepção expandida, suspeito que a maioria dos casos incluídos na primeira será também encontrada na segunda. Mas isso continua sendo apenas uma hipótese a ser testada à luz de evidências históricas adicionais.

Agradecimentos

Agradeço a amável cooperação de Glenn Seaborg que promoveu um seminário interdisciplinar em Berkeley – no qual tomei conhecimento pela primeira vez do trabalho de Noddack – e que suportou pacientemente a expressão de alguns dos meus grandes embaraços que em seguida lhe manifestei a respeito de acontecimentos pretéritos[83]. De fato, o presente capítulo começou como um breve adendo ao texto de Seaborg, que consta deste livro.

83. Glenn Seaborg, Patterns of Discovery in the Sciences: A Personal Perspective (artigo apresentado no seminário, n. 25 na série Patterns of Scientific Discovery desde 1800, Universidade da Califórnia, Berkeley, 4 de novembro de 1996).

Bibliografia

Abelson, P. 1939. Cleavage of the Uranium Nucleus. *Phys. Rev.* 55:418.

Alvarez, L. 1987. *Alvarez: Adventures of a Physicist*. New York: Basic Books.

Amaldi, E. 1962. No. 112-119. In: *Collected Papers* (Note e. Memorie). Edição de Fermi, E. Vol. 1: Italy, 1921-1938 , p. 808-11. Chicago: University of Chicago Press; Roma: Academia Nazionale die Lincie.

______. 1977. Personal Notes on Neutron Work in Rome in the Thirties and Post-war European Collaboration in High-Energy Physics. In: C. Weiner (ed.). *History of Twentieth Century Physics. Proceedings of the International School of Physics "Enrico Fermi," Course 57*. New York: Academic Press, p. 294-351.

______. 1989. The Prelude to Fission. In: J. W. Behrens & A. D. Carlson (eds.). *Fifty Years with Nuclear Fission*, 1:10-19. La Grange Park, Ill.: American Nuclear Society.

Amaldi, E.; O. D'Agostino; E. Fermi; B. Pontecorvo; F. Rasetti & E. Segrè. 1935. Artificial Radioactivity Produced by Nuclear Bombardment. II. *Proc Roy. Soc.* (London), ser. A, 146:183-500.

Andersen, H. 1996. Categorization, Anomalies & the Discovery of Nuclear Fission. *Stud. Hist. Phil. Mod. Phys.* 27:463-92.

Brock, W. H. 1993. *The Norton History of Chemistry*. New York: W. W. Norton.

Burchfield, J. 1975. *Lord Kelvin and the Age of the Earth*. New York: Science History Publications.

Crawford, E.; J. L. Heilbron & R. Ullrich. 1987. *The Nobel Population, 1901-1937: A Census of the Nominators and Nominees for the Prizes in Physics and Chemistry*. Berkeley: University of California, Office for the History of Science and Technology; Uppsala: Uppsala University Office for the History of Science.

Curie, I. & P. Savitch. 1938. Sur les radioéléments formés dans l'uranium irradié par les neutrons II. *J. Phys. Radium* 9:355-59.

Fermi, E. 1934. Possible Production of Elements of Atomic Number Higher Than 92. *Nature* 133:898-99.

______. 1965. Artificial Radioactivity Produced by Neutron Bombardment: Nobel Lecture, 12 dezembro, 1938. In: Nobel Foundation (ed.). *Nobel Lectures including Presentation Speeches and Laureates' Biographies: Physics 1922-1941*. Amsterdam: Elsevier Publishing, p. 414-21.

Fermi, E.; F. Rasetti & O. D'Agostino. 1934. Sully possibility di produrre elementi di numero atomico maggiore di 92. *Ricerca Scientifica* 5:536-37.

Fermi, L. 1954. *Atoms in the Family: My Life with Enrico Fermi*. Chicago: University of Chicago Press.

Flügge, S. 1989. How Fission Was Discovered. In: J. W. Behrens & A. D. Carlson (eds.). *Fiftly Years with Nuclear Fission*, 1:20-29. La Grange Park, Ill.: American Nuclear Society.

Frisch, O. R. 1939. Physical Evidence for the Division of Heavy Nuclei under Neutron Bombardment. *Nature* 143:276.

______. 1967. The Discovery of Fission: How It All Began. *Physics Today* 20, n. 11 (novembro): 43-48.

Graetzer, H. G. & D. L. Anderson. 1971. *The Discovery of Nuclear Fission: A Documentary History*. New York: Van Nostrand Reinhold.

Grosse, A. V. & M. S. Agruss. 1934. The Chemistry of Element 93 and Fermi's Discovery. *Phys. Rev.* 46:241.

______. 1935. The Identity of Fermi's Reactions of Element 93 with Element 91. *J. Am. Chem. Soc.* 57:438-39.

Hahn, O. 1958. The Discovery of Fission. *Scientific American* 198, n. 2 (fevereiro): 76-84.

______.1966. *A Scientific Autobiography*. Tradução e edição de W. Ley. New York: Charles Scribner's Sons.

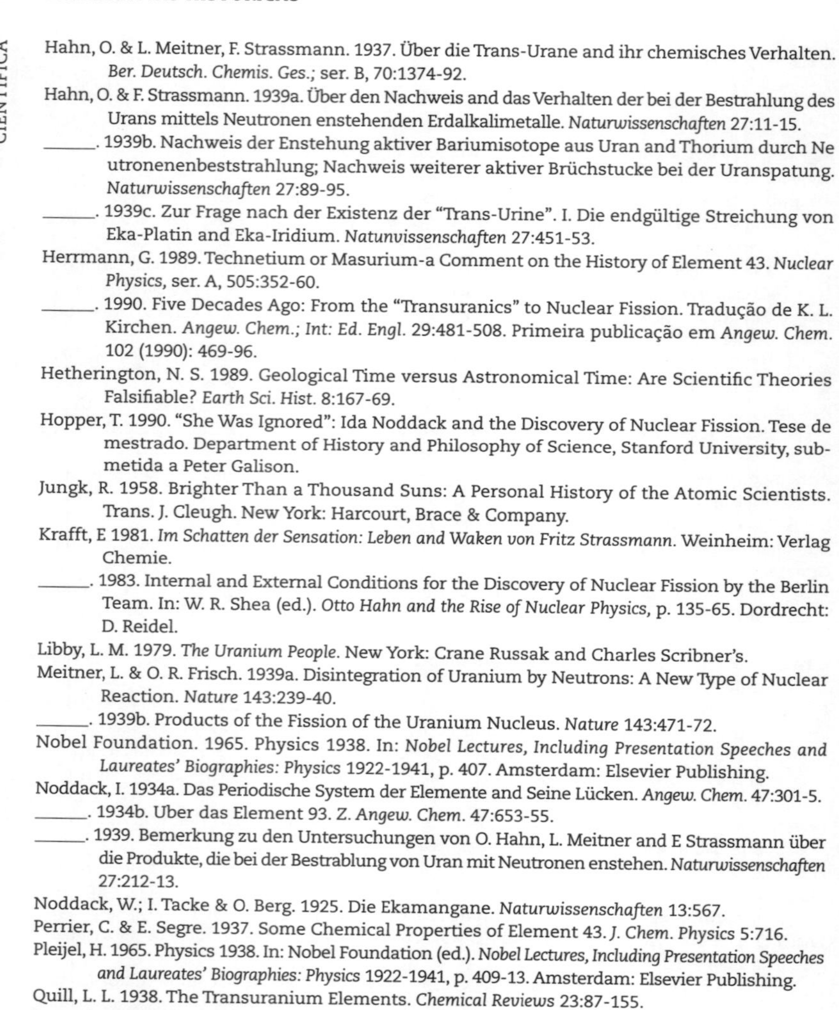

Hahn, O. & L. Meitner, F. Strassmann. 1937. Über die Trans-Urane and ihr chemisches Verhalten. *Ber. Deutsch. Chemis. Ges.*; ser. B, 70:1374-92.

Hahn, O. & F. Strassmann. 1939a. Über den Nachweis and das Verhalten der bei der Bestrahlung des Urans mittels Neutronen enstehenden Erdalkalimetalle. *Naturwissenschaften* 27:11-15.

______. 1939b. Nachweis der Enstehung aktiver Bariumisotope aus Uran and Thorium durch Ne utronenenbeststrahlung; Nachweis weiterer aktiver Brüchstucke bei der Uranspatung. *Naturwissenschaften* 27:89-95.

______. 1939c. Zur Frage nach der Existenz der "Trans-Urine". I. Die endgültige Streichung von Eka-Platin and Eka-Iridium. *Natunvissenschaften* 27:451-53.

Herrmann, G. 1989. Technetium or Masurium-a Comment on the History of Element 43. *Nuclear Physics*, ser. A, 505:352-60.

______. 1990. Five Decades Ago: From the "Transuranics" to Nuclear Fission. Tradução de K. L. Kirchen. *Angew. Chem.; Int: Ed. Engl.* 29:481-508. Primeira publicação em *Angew. Chem.* 102 (1990): 469-96.

Hetherington, N. S. 1989. Geological Time versus Astronomical Time: Are Scientific Theories Falsifiable? *Earth Sci. Hist.* 8:167-69.

Hopper, T. 1990. "She Was Ignored": Ida Noddack and the Discovery of Nuclear Fission. Tese de mestrado. Department of History and Philosophy of Science, Stanford University, submetida a Peter Galison.

Jungk, R. 1958. Brighter Than a Thousand Suns: A Personal History of the Atomic Scientists. Trans. J. Cleugh. New York: Harcourt, Brace & Company.

Krafft, E 1981. *Im Schatten der Sensation: Leben and Waken von Fritz Strassmann*. Weinheim: Verlag Chemie.

______. 1983. Internal and External Conditions for the Discovery of Nuclear Fission by the Berlin Team. In: W. R. Shea (ed.). *Otto Hahn and the Rise of Nuclear Physics*, p. 135-65. Dordrecht: D. Reidel.

Libby, L. M. 1979. *The Uranium People*. New York: Crane Russak and Charles Scribner's.

Meitner, L. & O. R. Frisch. 1939a. Disintegration of Uranium by Neutrons: A New Type of Nuclear Reaction. *Nature* 143:239-40.

______. 1939b. Products of the Fission of the Uranium Nucleus. *Nature* 143:471-72.

Nobel Foundation. 1965. Physics 1938. In: *Nobel Lectures, Including Presentation Speeches and Laureates' Biographies: Physics* 1922-1941, p. 407. Amsterdam: Elsevier Publishing.

Noddack, I. 1934a. Das Periodische System der Elemente and Seine Lücken. *Angew. Chem.* 47:301-5.

______. 1934b. Uber das Element 93. *Z. Angew. Chem.* 47:653-55.

______. 1939. Bemerkung zu den Untersuchungen von O. Hahn, L. Meitner and E Strassmann über die Produkte, die bei der Bestrablung von Uran mit Neutronen enstehen. *Naturwissenschaften* 27:212-13.

Noddack, W.; I. Tacke & O. Berg. 1925. Die Ekamangane. *Naturwissenschaften* 13:567.

Perrier, C. & E. Segre. 1937. Some Chemical Properties of Element 43. *J. Chem. Physics* 5:716.

Pleijel, H. 1965. Physics 1938. In: Nobel Foundation (ed.). *Nobel Lectures, Including Presentation Speeches and Laureates' Biographies: Physics* 1922-1941, p. 409-13. Amsterdam: Elsevier Publishing.

Quill, L. L. 1938. The Transuranium Elements. *Chemical Reviews* 23:87-155.

Rasetti, F. 1936. *Elements of Nuclear Physics*. New York: Prentice-Hall.

Rhodes, R. 1986. *The Making of the Atomic Bomb*. New York: Simon and Schuster.

Segrè, E. 1955. Fermi and Neutron Physics. *Rev. Mod. Phys.* 27:257-63.

______. 1970. *Enrico Fermi, Physicist*. Chicago: University of Chicago Press.

______. 1981. Fifty Years Up and Down a Strenuous and Scenic Trail. *Ann. Rev. Nucl. Part. Sci.* 31:1-18.

______. 1993. *A Mind Always in Motion: The Autobiography of Emilio Segre*. Berkeley and Los Angeles: University of California Press.

Sime, R. L. 1996. *Lise Meitner. A Life in Physics*. Berkeley and Los Angeles: University of California Press.

Stuewer, R. H. 1994. The Origin of the Liquid-Drop Model and the Interpretation of Nuclear Fission. *Persp. on Sci.* 2:76-129.

Stuewer, R. H. (ed.). 1979. *Nuclear Physics in Retrospect: Proceedings of a Symposium on the 1930s*. Minneapolis: University of Minnesota Press.

Tacke, I. 1925. Zur Auffmdung der Ekamangane. *Z. Angew. Chem.* 38:1157-60.

Teller, E. 1979. *Energy from Heaven and Earth*. San Francisco: W. H. Freeman.

Turner, L. A. 1940. Nuclear Fission. *Rev. Mod. Phys.* 12:1-29.

Van Assche, P. H. M. 1988. The Ignored Discovery of the Element Z = 43. *Nuclear Physics*, ser. A, 40:205-14.

Weart, S. R. 1983. The Discovery of Fission and Nuclear Physics Paradigm. In *Otto Hahn and the Rise of Nuclear Physics*, ed. W R. Shea, p. 91-133. Dordrecht: D. Reidel.

Weeks, M. E. 1939. *Discovery of the Elements*. 4th ed. Easton, Penn.: Journal of Chemical Education.

Weizsäcker, C. F. 1996. Hahn's Nobel Was Well Deserved. *Nature* 383:294.

Seção B: CASOS DISCUTÍVEIS

11.

A TEORIA DE MICHAEL POLANYI DA ADSORÇÃO SUPERFICIAL
Quão prematura?

Mary Jo Nye

A adsorção é um processo pelo qual gases são atraídos e retidos na superfície de um sólido. Nos seus ensaios de 1972 sobre prematuridade e descoberta científica, Gunther S. Stent apresentou a teoria do potencial de adsorção de Michael Polanyi como um exemplo de "apreciação retardada" de uma descoberta científica[1]. Escrevendo com base no artigo de Polanyi, "Potential Theory of Adsorption"(Teoria Potencial da Absorção), publicado na *Science* em 1963, Stent considerou:

> Apesar do fato de Polanyi ter conseguido proporcionar forte evidência experimental em favor de sua teoria, ela foi rejeitada em geral. Não só foi rejeitada como considerada... ridícula pelas autoridades [científicas] que lideravam na época... Na própria ocasião em que Polanyi a expôs, o papel das forças elétricas na arquitetura da matéria mal acabava de ser descoberto[, um]... ponto de vista... inconciliável

1. Ver Stent, cap. 2 deste volume. Yves Gingras considera que "a morte e a ressurreição da teoria do potencial de adsorção de Michael Polanyi" como algo que ilustra "o papel crucial da temporalidade na ciência". Gingras, 1995, p. 145.

> com o pressuposto básico de Polanyi, da independência mútua das moléculas individuais de gás no processo de adsorção... Apenas nos anos de 1930, depois de F. London haver desenvolvido sua nova teoria das forças moleculares coesivas... tornou-se concebível que moléculas de gás *pudessem* comportar-se da forma indicada pelos experimentos de Polanyi... Entrementes, a teoria de Langmuir ficou tão bem estabelecida, e a de Polanyi foi de maneira tão autoritária lançado à lata de lixo das idéias malogradas, que a sua teoria só veio a ser redescoberta nos anos de 1950[2].

Na época, quando Polanyi publicou o artigo na *Science*, ele já havia há muito deixado sua cátedra de físico-química na Universidade de Manchester e assumido um cargo na área de estudos sociais, especialmente criado para ele, em 1948. Seu livro, *Personal Knowledge: Towards a Post-critical Philosophy*(Conhecimento Pessoal: Filosofia em Direção Pós-crítica), apareceu em 1958, discutindo, entre outras coisas, o fato de o conhecimento científico ser adquirido por meio da autoridade de uma comunidade científica na qual o comprometimento com um referencial dominante de conhecimento é forte e regras de conduta contra os oponentes podem ser severas[3]. Quer dizer, o método científico constitui, na maioria das vezes, não um método de dúvida (como Karl Popper argumentava), mas de crença. Na visão de Polanyi, a ortodoxia colide fortemente com as disciplinas científicas.

No simpósio organizado por Alistair Crombie em Oxford, em julho de 1961, Polanyi, agora pesquisador associado no Merton College, foi um dos comentadores. Thomas S. Kuhn apresentou um artigo, "A Função do Dogma na Pesquisa Científica", no qual sumaria sua tese sobre paradigmas, ciência normal e revoluções científicas, trabalho que estava em vias de ser publicado pela University of Chicago Press[4]. No início de sua apresentação, Kuhn apontava para a similaridade entre as suas concepções e as de Polanyi a respeito da "im-

2. Para o artigo de Polanyi, ver Polanyi, 1963b; a citação provém de Stent, 1972a, p. 437.
3. Ver, por exemplo, Polanyi, 1958, p. 150-151, 163-164.
4. Kuhn, 1962.

portância de compromissos quase dogmáticos como um requisito para a pesquisa científica produtiva"[5].

Na discussão ocorrida em Oxford, Polanyi observou que, durante muitos anos, havia tentado em vão chamar a atenção para o apego do compromisso dos cientistas com crenças estabelecidas, opinião que Kuhn estava agora debatendo[6]. Mais tarde, conversando com Kuhn em Berkeley, em fevereiro de 1962, Polanyi trouxe à baila sua velha teoria da adsorção, fazendo notar, como faria no seu artigo de 1963 na *Science*, que essa teoria fora uma vítima, nos anos de 1920, das teorias das forças elétricas – inclusive sendo rejeitada por Albert Einstein – em favor da teoria de Langmuir[7].

Ao reapresentar a sua teoria da adsorção, Polanyi estava ciente, como estivera no caso do trabalho que efetuara na década de 20, sobre a estrutura da celulose, em que uma interpretação por ele proposta – e que fora recusada na época – tornara-se mais tarde parte da corrente principal da teoria científica[8]. Com respeito à teoria da adsorção, compêndios de físico-química dos anos de 1950 ensinavam aos estudantes que, embora a equação de Langmuir fosse elegante, prontamente derivável, bem como, facilmente entendível, na maioria das vezes ela não dava conta das superfícies heterogêneas, e que, como Farrington Daniels e Robert Alberty registraram em seu clássico manual de 1955, "acredita-se agora que a maioria das superfícies são heterogêneas[9]".

Mas, pergunta-se, a teoria de Polanyi foi rejeitada anteriormente por ser prematura? Foi ela ridicularizada como uma idéia maluca? A resposta para cada uma dessas questões, penso eu, é negativa, e com mais razão ainda, negativa no segundo caso. No entanto, ainda assim, tanto Polanyi quanto Stent estavam certos ao notar o interesse intrínseco do acolhimento da teoria da adsorção de Polanyi para os estudos acerca da natureza da prática científica. Um breve relance

5. Kuhn, 1963, p. 347, n. 1.
6. Ver Polanyi, 1963a, p. 375.
7. Ver Polanyi, 1962a.
8. Sobre cristalografia de raios x e celulose, ver Polanyi, 1969, bem como Nye, 2000 e 2001.
9. Cf. Daniels e Alberty, 1961, p. 610.

sobre a história dessa teoria há de sugerir o que podemos aprender a partir dessa história e das reminiscências de Polanyi.

Enquanto empreendia estudos médicos em Budapeste durante os anos de 1908 a 1913, Polanyi realizou trabalhos experimentais em bioquímica[10]. Em 1913, quando completou o seu curso de medicina, ingressou na Technische Hochschule in Karlsruhe a fim de estudar química com Georg Bredig e Kasimir Fajans. Em agosto de 1914, alistou-se no exército austríaco como cirurgião militar, porém passou grande parte do período da guerra em licença ou com encargos leves, devido, em larga medida, ao seu frágil estado de saúde. Em 1917, concluiu sua tese de doutorado em físico-química, que defendeu na Universidade de Budapeste. Trabalhou por curto período como assistente de Georg de Hevesy, na referida universidade, antes que ele e depois seu mestre fossem demitidos por causa das concepções anti-semitas e da política antiliberal do novo governo húngaro, do almirante Miklós Horthy[11].

Em setembro de 1920, Polanyi obteve um cargo em Berlim no Kaiser Wilhelm Institut für Faserstoffchemie (Instituto de Química para Fibras), sediado nos edifícios do instituto do mesmo nome, destinado à pesquisa em físico-química e em eletroquímica, dirigido por Fritz Haber[12]. Por volta dessa época, Polanyi já havia publicado artigos em várias áreas da termodinâmica, inclusive um trabalho a respeito do teorema do calor de Walther Nernst e um outro sobre a teoria dos *quanta* para calores específicos de Einstein[13]. A tese de doutoramento de Polanyi, como alguns de seus primeiros artigos, focalizaram a adsorção de gases na superfície de gotículas coloidais e outros sólidos, utilizando dados da literatura publicada com respeito à adsorção de CO_2 pelo carvão[14].

10. Sobre a vida de Polanyi, especialmente nos anos iniciais, ver Wigner e Hodgkin, 1977, e Palló, 1998.
11. Ver Palló, 1998, p. 42.
12. Polanyi, 1933a. De grande utilidade é Cash, 1977, ver também Wigner e Hodgkin, 1977, p. 413-415.
13. Polanyi, 1913a, esp. p 157, e Polanyi, 1913b, discutido em Scott, 1983, p. 282-283. Ver também Wigner e Hodgkin, 1977, p. 416.
14. Polanyi, 1917.

Na tese, Polanyi baseou-se no trabalho contemporâneo de Arnold Eucken a fim de explicar dados da adsorção por meio da derivação de uma isoterma de adsorção, que expressa a relação entre a pressão do gás e o volume do gás adsorvido numa superfície sólida, a uma dada temperatura[15]. Polanyi pressupôs que existem forças atrativas de alguma espécie entre o sólido adsorvente e os átomos ou as moléculas de gás situadas em várias camadas da superfície do sólido. Ele descreveu a força atrativa por uma equação funcional simples, relacionando a magnitude do potencial de adsorção ao volume no qual este potencial está presente. Polanyi supôs que o potencial independe da temperatura da parede adsorvente, e que a pressão exercida pelo material adsorvido na sua vizinhança imediata é a mesma que o material adsorvido exerceria, nesta densidade e temperatura, se estivesse em estado livre[16]. Ele descreveu a densidade do gás como continuamente decrescente fora da superfície do sólido do mesmo modo que a densidade da atmosfera terrestre decresce para cima quando nos afastamos da crosta sólida da Terra[17]. A abordagem de Polanyi situa-se no quadro da termodinâmica clássica do fim do século XIX.

Na mesma época, de 1916 a 1918, Irving Langmuir, do Laboratório da General Electric em Schenectady, Nova York, publicou resultados experimentais acerca da adsorção de gases sobre as superfícies da mica e da água, sustentando que a camada superficial era, na sua constituição, monomolecular, com uma estrutura inteiramente determinada por forças eletrostáticas. Langmuir, que fizera seu doutorado com Nernst em 1906, baseou seu trabalho nas referências recém-emergentes da teoria eletrônica da valência química, articulada primeiro por G. N. Lewis em 1916, o qual defendia que a força que retinha as partículas de gás sobre a superfície do sólido resultava do campo de forças químico dos átomos superficiais. Como as valências não saturadas e residuais dos átomos superficiais

15. Polanyi observou que Eucken introduziu o termo "potencial de adsorção" em 1914, alguns meses antes do aparecimento do primeiro artigo de Polanyi sobre o assunto (1963b, p. 1013, n. 2).
16. Polanyi, 1916. Cf. Scott, 1983, p. 283; Wigner e Hodgkin, 1977, p. 417.
17. Ver a discussão em Söderbaum, 1966, p. 283.

atuavam a partir de pontos fixos e a distâncias fixas, as partículas do gás adsorvido cabiam perfeitamente dentro de uma camada de tipo similar a uma matriz, como se fosse um tabuleiro de xadrez, onde cada quadrado podia ser ocupado por uma única partícula do gás. Destarte, a adsorção cessa quando a rede está completamente ocupada[18]. Langmuir também concebeu um equilíbrio superfície-película que permitisse a medida de propriedades de camadas moleculares sobre superfícies líquidas, tais como a água[19].

A teoria de Langmuir constituiu uma audaciosa ruptura da teoria clássica, expressa como estava em termos das teorias químicas da ligação de pares de elétrons de G. N. Lewis e de Langmuir. Tais teorias começavam justamente a ser conhecidas na Grã-Bretanha e na Europa por volta de 1920, na mesma ocasião em que a primeira teoria quântica do átomo, de Niels Bohr, estava a ponto de sofrer uma considerável correção e ulterior desenvolvimento.

Em 1921, imediatamente depois que Polanyi passou a integrar a equipe do Kaiser Wilhelm Institute, Fritz Haber convidou-o para apresentar um apanhado completo da teoria da adsorção num colóquio que promoveu[20]. O artigo de Polanyi gerou uma crítica considerável tanto de Haber quanto de Einstein, que acusou Polanyi de desconsiderar as novas teorias dos elétrons relativas à estrutura da matéria. Mais tarde, Polanyi diria "profissionalmente, eu sobrevivi à ocasião apenas por um triz"[21]. Ele começou a duvidar que pudesse publicar então o seu trabalho anterior de adsorção numa revista científica alemã[22].

Entre os colegas de Polanyi, no instituto, figurava Herbert Freundlich, que encabeçava o departamento de colóides, desenvolvido durante a guerra graças aos trabalhos de Freundlich com máscaras contra gases. Este químico deu uma explicação completa da

18. Idem, p. 283-284.
19. Langmuir, 1916, 1917. Ver Gaines, 1993.
20. Citado como Festschrift der Kaiser-Wilhelm-Gesellschaft, 1921, p. 171, em Polanyi, 1929c, p. 431.
21. Polanyi, 1963b, p. 1011.
22. Idem, p. 1012. Polanyi também se ressentiu com o fato de Eucken criticar sua teoria da adsorção adotando, ao mesmo tempo, algumas das pressuposições de Polanyi. Ver Eucken, 1922.

teoria de Polanyi na edição de 1922 de seu compêndio intitulado *Kapillarchemie*(Química da Capilaridade)[23]. Polanyi lembra, entretanto, que Freundlich era ambivalente e, na época, dissera, "Eu próprio estou agora fortemente comprometido com sua teoria; espero que ela esteja correta"[24]. Hermann F. Mark, um colega de Polanyi no Instituto de Química para Fibras, ele mesmo interessado no trabalho de adsorção e nas suas implicações na catálise, lembrou mais tarde que a maioria dos químicos, no geral, achava a teoria de Polanyi perfeitamente satisfatória[25].

Entre 1914 e 1922 Polanyi escreveu doze artigos sobre a adsorção; o que mereceu melhor acolhida dentre eles foi o publicado em 1921 no *Zeitschrift für Elektrochemie*. Aí o autor discute níveis de energia necessários para a ativação na catálise e conclui que a camada de adsorção encontra-se num estado de energia ativado, no qual átomos ou radicais estão em um nível de energia mais baixo do que o do gás[26]. No entanto, durante os seis anos subseqüentes a esse período, Polanyi realizou pouco trabalho acerca da adsorção, concentrando-se, ao invés, nos estudos da difração de raios X de fibras, cristais e metais, bem como nas taxas de reação química e energias de ativação.

Seu interesse pela adsorção parece ter-se reavivado após a chegada de Fritz London a Berlim em 1927[27]. Polanyi reconheceu que uma justificativa teórica para a sua função potencial poderia ser encontrada na abordagem que Walter Heitler e London realizaram com respeito às forças químicas de ligação e às forças de Van der Waals por meio das forças quanto-mecânicas da troca entre elétrons.

London freqüentava os seminários de Haber no Kaiser Wilhelm Institute, assim como os colóquios semanais de física às quintas-feiras na Universidade de Berlim, colaborando com H. Kallmann no instituto, em trabalhos teóricos, nos anos de 1929 e 1930[28]. O inte-

23. Mencionado em Polanyi, 1963b, p. 1010.
24. Ibidem.
25. Scott, 1983, p. 284; ver também Mark, 1962, p. 603.
26. Polanyi, 1921, registrado em Schwab, 1937, p. 241-243.
27. Ver Wigner e Hodgkin, 1977, p. 418.
28. Gavroglu, 1995, p. 50, 59.

resse de London pelas forças de Van der Waals, que originalmente inspirara seu estudo das ligações eletrônicas, atraiu a atenção de Polanyi porque as forças de Van der Waals entre duas moléculas, ao contrário das forças de valência entre átomos, são aditivas e relativamente não afetadas quando uma terceira molécula é introduzida na vizinhança de duas moléculas. Em 1930, London deu o nome de "forças de dispersão", por analogia com a dispersão da luz, a essas forças de longo alcance entre moléculas. As forças de dispersão respondem pelos fenômenos de capilaridade e adsorção, bem como de sublimação. Tais forças independem da temperatura[29].

Com o seu interesse refocalizado na teoria da adsorção, Polanyi encetou novas investigações com a ajuda de colegas, em 1928, e empreendeu a organização de um colóquio, de dia inteiro, sobre catálise heterogênea, durante um encontro de quatro dias na Deutsche Bunsen Gesellschaft (a organização nacional para a físico-química) em Berlim, em maio de 1929. Os sete palestrantes do colóquio incluíam Max Bodenstein, Hugh S. Taylor, London, Polanyi e coube a Haber pronunciar a locução introdutória em que ele exaltou a importância da catálise heterogênea para a indústria alemã e apontou as excitantes possibilidades existentes na nova mecânica ondulatória para esclarecer teorias de catálise e adsorção[30].

O artigo de Polanyi sobre processos de ativação em superfícies foi um em que ele confiou à memória na noite anterior ao colóquio de sexta-feira[31]. Neste artigo, propôs uma equação geral da qual o potencial de adsorção de Langmuir podia ser derivado como um caso especial, embora tentasse dar conta de algumas diferenças observacionais entre as teorias de Langmuir e as dele, e admitiu ser possível existir uma camada monomolecular, adsorvida em algumas superfícies sólidas. Polanyi disse mais tarde que, de suas observações, Haber concluíra que ele havia renunciado à sua teoria. Eugene

29. Idem, p. 67-68. Ver London, 1930.
30. Haber, 1929. O número de janeiro de 1929 da *Zeitschrift für Elektrochemie* estampava o anúncio inicial do colóquio na p. 1. Ver também o número de abril de 1929, p. 161-162, no tocante ao programa.
31. Ver o diário de Polanyi, 9 de maio de 1929, em Polanyi, 1929b.

Wigner, que se juntou ao grupo de pesquisa de Polanyi em Berlim, em 1923, lembrou que, também ele, pensara que Polanyi estava se inclinando para a concepção de Langmuir, de que as forças elétricas ou de valência não poderiam atrair várias camadas de gás[32]. De fato, Polanyi estava àquela altura insistindo na existência de uma terceira força molecular para explicar múltiplas camadas e argumentando que a fórmula de Langmuir representava uma idealização que não era obedecida em todos os casos[33].

Este foi um tema que Polanyi repetiu em um artigo enviado no mês de junho ao *Zeitschrift für Elektrochemie* em resposta a certas críticas à sua teoria e ao seu recente trabalho experimental com F. Goldmann, K. Welke e W. Heyne[34]. Polanyi demonstrou que a isoterma de adsorção de Langmuir (a qual prediz que a adsorção independe da pressão crescente, e ela cessa, uma vez coberta a superfície de uma só camada do sólido) não é obedecida em muitos casos[35]. Porém, um bom número de pesquisadores julgou que a objeção de Polanyi não era fatal para a teoria de Langmuir, pois, aparentemente, os sítios mais ativos de adsorção sobre uma superfície, se não todos, seguiam a equação de Langmuir[36].

Portanto, se examinarmos a situação da teoria do potencial de adsorção, que Polanyi desenvolveu por volta de 1930, verifica-se que sua teoria era parte do discurso geral e da discussão central da superfície de adsorção e da catálise. Reconhecia-se que a adsorção não era um assunto tão simples, como não eram nem a isoterma de Polanyi nem a de Langmuir.

A teoria de Polanyi afigurou-se antiquada e insuficientemente radicada na teoria contemporânea dos elétrons nos anos de 1920, mas em um trabalho em co-autoria, datado de 1930, London e Polanyi utilizaram a ressonância quanto-mecânica entre sistemas eletrônicos para demonstrar que o potencial de adsorção de uma

32. Wigner, 1992, p. 78-80; Wigner e Hodgkin, 1977, p. 417.
33. Polanyi, 1929a, p. 431-432. Trata-se em parte de uma resposta a Zeise, 1929.
34. Polanyi, 1929c.
35. Ver a discussão em Schwab, 1937, p. 187, 193-194.
36. Idem, p. 194.

parede sólida era decrescente com a distância, a partir da parede ("lei inversa da terceira potência"), tal como Polanyi fora o primeiro a argumentar em 1914[37]. Com essa publicação, Polanyi julgou estar no seu caminho para vencer a discussão.

Em janeiro de 1932, a Faraday Society patrocinou um simpósio em Oxford sobre o tema da adsorção de gases. Os três oradores principais convidados eram Eric Rideal de Cambridge, Freundlich e Polanyi de Berlim. Na realidade, nenhum dos participantes berlinenses foi ao encontro, pois haviam sido "impedidos" – segundo foi dito – "no último momento de ir à Inglaterra"[38], presumivelmente por razões financeiras relacionadas com a terrível depressão econômica reinante na Alemanha, durante o inverno de 1931-1932.

Hugh Taylor, que estava na Universidade de Manchester, de licença de Princeton, e que participara do colóquio de Berlim em 1929, apresentou a agenda para o simpósio de Oxford, dizendo que as duas teorias rivais acerca das superfícies estavam em luta pela supremacia, uma pressupondo películas compactamente comprimidas e forças de atração de longo alcance que se estendiam para fora a partir das superfícies sólidas e, a outra, enfatizando forças moleculares e interatômicas de curtíssimo alcance que resultavam em uma camada unimolecular de adsorção. Agora, pretendeu Taylor, "como para a adsorção, pode-se resumir a situação dizendo que a película densamente comprimida se tornou progressivamente mais fina desde a última década até agora e a tendência é reinterpretar as idéias de película comprimida em termos de camada monomolecular"[39]. Acerca do trabalho de Polanyi, Taylor salientou que era do maior interesse o estudo mais recente, que ele fizera com Henry Eyring sobre energias de ativação e as energias de ressonância de London, entre átomos do adsorvente e da substância adsorvida[40].

No tocante ao artigo de Freundlich, que circulou no simpósio, esse articulista sugeriu – como fizera nas observações conclusivas

37. London e Polanyi, 1930.
38. Como foi notado por Mond, 1932, p. 130.
39. Taylor, 1932, p. 132.
40. Idem, p. 138, citando Eyring e Polanyi, 1931; e Eyring, 1931.

no colóquio de Berlim de 1929 – que os atuais resultados experimentais não permitiam uma decisão clara entre as teorias rivais. "Camadas monomoleculares" – asseverava Freundlich – "são talvez a regra para baixas pressões, as polimoleculares para as pressões mais altas, especialmente próximas da pressão de saturação... Teorias que utilizam um potencial de adsorção conduzem a outras fórmulas que correlacionam o montante adsorvido com a pressão de equilíbrio"[41]. Ele ofereceu uma equação que relacionava o volume do material adsorvido à pressão de equilíbrio, a qual ainda é conhecida como a equação de Freundlich.

O artigo de Oxford, que Polanyi escreve em 1932, reiterava que a abordagem das forças de coesão ou de dispersão, por meio da ressonância, era capaz de explicar com sucesso a adsorção. Reiterava também a sua vindicação de que (1) o potencial não é em essência dependente da temperatura, (2) o potencial independe da constituição do espaço circunscrito, e (3) moléculas em estado adsorvido exercem aproximadamente a mesma força, umas sobre as outras, como elas agem quando estão livres[42]. Há diferentes tipos de forças de adsorção: forças elétricas, de valência e de dispersão[43]. Langmuir estava em parte certo, do mesmo modo que Polanyi. Mais tarde, as diferentes forças viriam a ser distinguidas como sendo de adsorção química e de adsorção física.

Embora Polanyi não tivesse ido a Oxford em janeiro de 1932, ele visitou a Inglaterra algumas vezes no curso do ano, negociando com químicos e administradores de Manchester, que estavam lhe oferecendo uma colocação em físico-química. Em janeiro de 1933, encerrou dez meses de discussão, declinando uma cadeira em físico-química na Universidade de Manchester. Ele deu como razão um ataque de reumatismo provocado por sua última visita a esta úmi-

41. Freundlich, 1932, p. 198; também Freundlich, 1929.
42. Os mesmos pontos são enfatizados no *Zeitschrift für Elektrochemie* 35 (1929): 431. Um dos pontos em questão na crítica de Polanyi à equação de Langmuir era o modo exato como as constantes na equação são dependentes da temperatura.
43. Polanyi, 1932, p. 321-322.

da e poluída cidade inglesa[44]. O que havia recusado era um salário anual de £ 1.500[45]. A oferta incluía também um recém-construído laboratório de físico-química, com um custo avaliado em £ 40.000, juntamente com aparelhos e verbas para cerca de vinte pesquisadores-assistentes e colaboradores. Ele teria leves encargos de ensino e absoluta independência na condução de seu laboratório[46]. Tratava-se de uma oferta difícil de recusar para um químico pouco considerado e distinguido. Polanyi decidiu permanecer em Berlim, uma decisão que teve de abandonar após as eleições, no fim de janeiro, que resultaram na indicação de Adolf Hitler para assumir a chancelaria alemã. No outono de 1933, Polanyi e sua família mudaram-se para Manchester, onde se tornou professor de físico-química.

O artigo de 1963 na revista *Science* produziu o efeito, não pretendido, de levar muitos de seus leitores a pensar que Polanyi fora um cientista fracassado, um físico-químico cuja obra era ou foi ignorada, refutada e rejeitada, relegando-o à condição de marginal na comunidade dos químicos. Vimos que não foi este o caso. Nem a sua teoria foi prematura, na acepção comum da palavra. Com efeito, tal como formulada de início, a teoria de adsorção de Polanyi era antiquada. Reformulada em colaboração com London, ela entrou no novo quadro da teoria atômica e da mecânica quântica que dominaram incisivamente a física teórica e a química teórica nos anos de 1920 e 1930. Ainda assim, os louros couberam à teoria de Langmuir, ao enfatizar, como o fez, a adsorção química em termos de forças elétricas e valência química, muito embora os físico-químicos reconhecessem que a equação de Langmuir, sua isoterma e sua teoria não davam cobertura universal ao fenômeno e que o material adsorvido não era monomolecular na maioria dos casos.

Langmuir recebeu o prêmio Nobel em química no outono de 1932, "por suas descobertas e investigações em química das superfícies". Na sua alocução de agradecimento, ele fez menção específica

44. Polanyi, 1933c. Em 30 de janeiro de 1933 Adolf Hitler foi indicado para ocupar a chancelaria da Alemanha; ver também Polanyi, 1933b.
45. Lapworth, 1932.
46. Allemand, 1932a, b.

a alguns poucos colegas, entre os quais Hugh Taylor e, de passagem, a A. Sherman e a Eyring[47]. Embora não fosse publicamente conhecido, por certo, Langmuir já havia sido proposto, desde 1916, para o Nobel tanto em química como em física, com indicações em física, em 1928 e 1929, feitas por Niels Bohr e, em química, em 1929, pelo colega de Polanyi em Berlim, Freundlich. Entre as sugestões para o prêmio, uma especialmente influente, sem dúvida, foi a do físico-químico sueco Theodor Svedberg, em 1931, cujo trabalho sobre dimensões moleculares ajudou a estabelecer o que veio a ser denominado "realidade molecular"[48]. A abordagem de Langmuir se adequava perfeitamente à de Svedberg.

Polanyi contou mais tarde que resolvera não introduzir alunos em Manchester, nas suas investigações sobre a teoria da adsorção, porque estes não estariam, àquela altura, aptos a enfrentar com sucesso os exames exigidos: "eu não queria assumir a responsabilidade de forçá-los a adotar concepções totalmente opostas às opiniões em geral aceitas"[49]. Ele escreveu apenas mais um artigo sobre a adsorção depois de deixar a Alemanha, um texto que versava sobre adsorção e catálise para o *Journal of the Society of Chemistry and Industry*[50].

Explicando o continuado domínio da teoria de Langmuir, desde os meados dos anos 30 até os meados dos anos 50, Polanyi, em seu artigo na *Science* de 1963, observou:

> É [...] difícil entender porque, após a apresentação de meu trabalho de 1932, passaram-se mais de 15 anos, em cujo transcurso se provou que as primeiras objeções eram infundadas, até que a redescoberta e a gradual reabilitação se encaixassem. Suponho que o período anterior deixou como resto tanta confusão que houve necessidade de certo tem-

47. Langmuir, 1966.
48. Acerca das denominações, ver Crawford et al., 1987.
49. Polanyi, 1963, p. 1013.
50. Polanyi, 1935. Em 1938, Stephen Brunauer, Paul H. Emmett e Edward Teller publicaram um artigo sobre a adsorção que se tornou conhecido como a "teoria BET". Ela modificava a teoria de Langmuir em favor de uma adsorção em multicamadas, tendo como referência, entre outros, o artigo de Polanyi e Goldman, de 1928, que abordava as isotermas de adsorção do carvão vegetal (Burnauer et al., 1938).

po para que os cientistas tomassem conhecimento da nova situação e que, nesse ínterim, meu próprio trabalho, durante tanto tempo desacreditado, permanecesse ainda sob suspeição. Se o problema fosse mais importante, esse período de latência teria sido, sem dúvida, mais curto[51].

O desapontamento de Polanyi com a resistência à sua teoria da adsorção levou-o a refletir sobre a natureza da descoberta científica e da adjudicação de prioridades e reconhecimento no âmbito da comunidade científica. Não há dúvida de que ele ficou preocupado com questões de prioridade no transcurso de sua carreira científica. No tocante à teoria da adsorção, em 1929, ele expôs, em forma impressa, a originalidade de sua teoria de 1916 em comparação com o trabalho tanto de Eucken, como de Langmuir. Sua própria contribuição, como Polanyi mesmo avaliou, residia no estabelecimento do postulado, segundo o qual as forças de adsorção incluem as forças de coesão que atuam entre as moléculas adsorvidas, um ponto negligenciado por Langmuir[52].

As prioridades ajudaram a estabelecer a reputação de um cientista como um líder em seu próprio campo. "O exemplo de grandes cientistas é a luz que guia todos os trabalhadores em ciência", escreveu Polanyi em 1962, acrescentando,

> mas devemos ficar em guarda e não nos deixar cegar por ela. Tem-se falado muito do clarão da descoberta[,] e isso tem levado a obscurecer o fato de que as descobertas, por maiores que sejam, só podem fazer vigorar alguma potencialidade intrínseca da situação intelectual na qual os próprios cientistas se encontram. É mais fácil ver isso com respeito à

51. Polanyi, 1963b, p. 1012.
52. "Die Voraussetzungen 1. und 2. hat bereits vor mir A. Eucken eingefürt und verwertet; mein Beitrage bestand darin, die in der Voraussetzung 3. gelegene Approximation zu prüfen. In ihrer Verwendung liegt der grundsätzliche Unterschied gegenüber dem Ansatz von Langmuir, der die Wirkung der Kohäsionskräfte zwischen den adsorbierten Molekülen vernachlässigt". Polanyi, 1929c, p. 431. Os três postulados de Polanyi estão mencionados anteriormente no capítulo.

espécie de trabalho que eu realizei do que no concernente a descobertas maiores[53].

Assim Polanyi chegou a caracterizar o seu trabalho sobre a teoria da adsorção, e grande parte de suas outras investigações, como *típicas*, mais do que atípicas do processo científico. O trabalho não se adequava à "concepção científica da natureza das coisas, predominantemente aceita" na época[54]. É incorreto então descrever o trabalho de adsorção de Polanyi como "maluco" ou "prematuro", inclusive no sentido da prematuridade de Stent, isto é, como obra que não consegue ligar-se ao discurso científico e ao conhecimento canônico contemporâneos. O trabalho de Polanyi sobre adsorção ligava-se ao conhecimento contemporâneo e era parte de uma discussão científica vivaz e de longo prazo. Este foi um debate que Polanyi perdeu no curto prazo. No entanto, ainda assim, o trabalho de Polanyi sobre a adsorção era parte de um corpo geral de investigação científica que lhe granjeou considerável estima na comunidade científica das décadas de 1920 e 1930, muito embora não haja recebido os galardões que talvez mais cobiçasse como autor de uma grande descoberta.

Fontes

Este ensaio utilizou-se dos Michael Polanyi Papers (Artigos de Michael Polanyi), que são conservados nas Special Collections da Regenstein Library da Universidade de Chicago. Sou grato por ter recebido permissão para consultá-los. A pesquisa para este projeto também foi apoiada pela subvenção da National Science Foundation, n. SBR-9321305, e da Thomas Hart e Mary Jones

53. Polanyi, 1969, p. 97.
54. Polanyi, 1963b, p. 1012.

Horning Endowment. Quero agradecer a Mary Singleton e a Gunther Stent pelos comentários utilíssimos à primeira versão do presente capítulo. Discuti ainda o trabalho de Polanyi sobre a adsorção em um ensaio "At the Boundaries: Michael Polanyi's Work on Surface and the Solid State"(Nos Limites: O Trabalho de Michael Polanyi sobre a Superfície e o Estado Sólido) na *Chemical Sciences in the 20th Century: Bridging Boundaries*, ed. Carstein Reinhardt, p. 246-257 (Weinhein: Wiley-VSH, 2001).

Bibliografias das publicações de Michael Polanyi podem ser encontradas em E. P. Wigner e R. A. Hodgkin, "Michael Polanyi, 12 de março de 1891-22 de fevereiro de 1976", *Biographical Memoirs of Fellows of the Royal Society* 23 (1977): 413-48; Marjorie Grene, ed., *The Logic of Personal Knowledge: Essays Presented to Michael Polanyi in His Seventieth Birthday, 11 março 1961* (London: Routdlege and Kegan Paul, 1961); e Harry Prosch, *Michael Polanyi: A Critical Exposition* (Albany: State University of New York Press, 1986).

Bibliografia

Allemand, A. J. 1932a. Letter to M. Polanyi, 15 maio. Michael Polanyi Papers, University of Chicago, Regenstein Library Special Collections, Box 2, Folder 8.

______. 1932b. Letter to M. Polanyi, 29 novembro. Michael Polanyi Papers, University of Chicago, Regenstein Library Special Collections, Box 2, Folder 10.

Brunauer, S.; P. H. Emmett & E. Teller. 1938. Adsorption Gases in Multimolecular Layers. *Journal of the American Chemical Society (F. Amen Chem. Soc.)* 60:309-19.

Cash, J. M. 1977. *Guide to the Papers of Michael Polanyi*. Chicago: Joseph Regenstein Library.

Crawford, E.; et al. 1987. *The Nobel Population, 1901-1937*. Berkeley: Office for History of Science and Technology.

Daniels, F. & R. A. Alberty 1961. *Physical Chemistry*. 2 ed. New York: John Wiley.

Eucken, A. 1922. Letter to M. Polanyi, 31 março. Michael Polanyi Papers, University of Chicago, Regenstein Library Special Collections, Box 1, Folder 17.

Ewald, P. P. (ed.). 1962. *Fifty Years of X-Ray Diffraction*. Utrecht: Oosthoek.

Eyring, H. 1931. The Energy of Activation for Bimolecular Reactions Involving Hydrogen and the Halogens, According to the Quantum Mechanics. *J. Amen Chem. Soc.* 53:2537-49.

Eyring, H. & M. Polanyi. 1931. Über einfache Gasreakdonen. *Zeitschrift für physzkalische Chemie (Z. Physik. Chem.)*, ser. B, 12:279-311.

Freundlich, H. 1929. Diskussion. *Zeitschrft für Elektrochemie and angewandte physikalische Chemie (Z. Elektrochemie.)* 35:585.

______. 1932. Introductory Paper to Section II. *Transactions of the Faraday Society (Trans. Far. Soc.)* 28:195-201.

Gaines, G. 1993. Irving Langmuir (1881-1957). In: L. K. James (ed.). *Nobel Laureates in Chemistry 1901-1993*. Washington, D. C.: American Chemical Society, p. 205-10.

Gavroglu, K. 1995. *Fritz London: A Scientific Biography*. Cambridge: Cambridge University Press.

Gingras, Y. 1995. Following Scientists through Society? Yes, but at Arm's Length. In: J. Z. Buchwald (ed.), *Scientific Practice: Theories and Stories of Doing Physics*. Chicago: University of Chicago Press, p. 123-150.

Goldmann, F. & M. Polanyi. 1928. Adsorption yon Dämpfen an Kohle and die Wärmeausdehnung der Benetzungsschicht. *Z. Physik. Chem.* 132:321-70.

Grene, M. (ed.). 1961. *The Logic of Personal Knowledge: Essays Presented to Michael Polanyi on His Seventieth Birthday, 1º março 1961*. London: Routledge and Kegan Paul.

______. 1969. *Knowing and Being: Essays by Michael Polanyi*. London: Routledge and Kegan Paul.

Haber, F. 1929. Einleitung. *Zeitschrift für Elektrochemie and Angewandte Physikalische Chemie* 35:533-34.

Heyne, W. & M. Polanyi. 1928. Adsorption aus Lösungen. *Z. Physik. Chem.* 35:384-98.

Kuhn, T. S. 1962. *The Structure of Scientific Revolutions*. Chicago: University of Chicago Press.

______. 1963. The Function of Dogma in Scientific Research. In: A. C. Crombie (ed.). *Scientific Change*. New York: Basic Books, p. 347-69.

Langmuir, I. 1916. The Constitution and Fundamental Properties of Solids and Liquids. I. Solids. *F. Amer. Chem. Soc.* 38:2221-95.

______. 1917. The Constitution and Fundamental Properties of Solids and Liquids. II. Liquids. *F. Amer. Chem. Soc.* 39:1848-1906.

______. 1966. Surface Chemistry: Nobel Lecture in Chemistry in 1932. In: *Nobel Lectures: Chemistry, 1922-1941*. Amsterdam: Elsevier Publishing, p. 287-325.

Lapworth, A. 1932. Letter to M. Polanyi, 1º março. Michael Polanyi Papers, University of Chicago, Regenstein Library Special Collections. Box 2, Folder 8.

London, F.; com R. Eisenschitz. 1930. Über das Verhältnis der Van der Waalsschen Kräfte zu den homöopolaren Bindungskräften. *Zeitschrift für Physik* 60:491-527.

London, F. & M. Polanyi. 1930. Über die atomtheoretische Deutung der Adsorptionskräfte. *Die Naturwissenschaften* 18:1099-1100.

Mark, H. 1962. Recollections of Dahlem and Ludwigshafen. In: P. P. Ewald (ed.). *Fifly Years of X-Ray Diffraction*. Utrecht: Oosthoek, 1962, p. 603-7.

Mond, R. 1932. Introductory remarks to the colloquium "The Adsorption of Gases: A General Discussion" (12-13 janeiro 1932). *Trans. Far. Soc.* 28:129-447.

Nye, M. J. 2000. Laboratory Practice and the Physical Chemistry of Michael Polanyi. In: E. L. Holmes & Trevor Levere (eds.). *Instruments and Expenmentation in the History of Chemistry*. Cambridge: MIT Press, p. 367-400.

______. 2001. At the Boundaries: Michael Polanyi's Work on Surfaces and the Solid State. In: Carsten Reinhardt (ed.). *Chemical Sciences in the 20th Century: Bridging Boundaries*. Wemheim: Wiley-VCH, p. 246-57.

Palló, G. 1998. Michael Polanyi's Early Years in Science. *Bulletin for the History of Chemistry* 21:39-43.

Polanyi, M. 1913a. Eire neue thermodynamische Folgerung aus der Quantenhypothese. *Verhandlungen der deutschen physikalischen Gesellschaft (V. dent. physik. Gesell.)* 15:156-61.

______. 1913b. Neue thermodynamische Folgerungen aus der Quantenhypothese. *Z. Physik. Chem.* 83:339-69.

______. 1916. Adsorption von Gasen (Dämpfen) durch ein festes nichtpflüchtiges Adsorbens. *V. deut. physik. Gesell.* 18:55-80.

______. 1917. Gázok absorptiója szilárd, nem illanó adszorbensen [Absorption of gases by a solid non-volatile adsorbent]. Ph.D. diss.; University of Budapest.

______. 1921. Über Adsorptionskatalyse. *Z. Electrochemie* 27:143-50.

______. 1922. Letter to A. Eucken, 4 abril. Michael Polanyi Papers, University of Chicago, Regenstein Library Special Collections, Box 1, Folder 19.

______. 1929a. Betrachtungen über den Aktivierungsvorgang an Grenzflächen. *Z. Elektrochemie* 35:561-67.

______. 1929b. Diary. Michael Polanvi Papers, University of Chicago, Regenstein Library Special Collections, Box 44, Folder 4.

______. 1929c. Grundlagen der Potentialtheorie der Adsorption. *Z. Elektrochemie* 35:431-32.

______. 1932. Introductory Paper to Section III. *Trans. Far. Soc.* 28:316-33.

______. 1933a. Curriculum Vitae. Junho. Michael Polanyi Papers, University of Chicago, Regenstein Library Special Collections, Box 2, Folder 12.

______. 1933b. Letter to F. G. Dorman, 17 janeiro. Michael Polanyi Papers, University of Chicago, Regenstein Library Special Collections, Box 44, Folder 4.

______. 1933c. Letter to Arthur Lapworth, 13 janeiro. Michael Polanyi Papers, University of Chicago, Regenstein Library Special Collections, Box 2, Folder 11.

______. 1935. Adsorption and Catalysis. *F. Soc. Chem. Ins.* 54:123.

______. 1958. *Personal Knowledge: Towards a Post-critical Philosophy.* Chicago: University of Chicago Press.

______. 1962. Interview by Thomas Kuhn at Berkeley, 15 fevereiro. Archives for History of Quantum Physics, American Institute of Physics, Niels Bohr Library, Transcript, p. 9-10.

______. 1963a. Commentary by Michael Polanyi. In: A. C. Crombie (ed.). *Scientific Change*. New York: Basic Books, p. 375-80.

______. 1963b. Potential Theory of Adsorption. *Science* 14:1010-13. Reimpresso em M. Grene (ed.). *Knowing and Being: Essays by Michael Polanyi,* London: Routledge and Kegan Paul, 1969, p. 87-96.

______. 1969. My Time with X-Rays and Crystals. In: P. P. Ewald (ed.). *Fifty Years of X-Ray Diffraction.* Utrecht: Oosthoek, 1962, p. 629-36. Reimpresso em M. Grene (ed.). *Knowing and Being: Essays by Michael Polanyz*. London: Routledge and Kegan Paul, 1969, p. 97-104.

Polanyi, M. & K. Welke. 1928. Adsorption, Adsorptionswärme and Bindungscharakter von Schwefeldioxyd an Kohle bei geringen Belegungen. *Z. Physik. Chem.* 132:371-83.

Schwab, G. M. 1937. *Catalysis from the Standpoint of Chemical Catalysis*. Traduzido por H. S. Taylor e R. Spence. New York: Van Nostrand.

Scott, W. T. 1983. Michael Polanyi's Creativity in Chemistry. In: R. Aris et al. *Springs of Scientific Creativity.* Minneapolis: University of Minnesota Press, p. 279-307.

Soderbaum, H. G. 1966. Presentation Speech: Nobel Prize in Chemistry in 1932. In: *Nobel Lectures: Chemistry, 1922-1941*. Amsterdam: Elsevier Publishing, p. 283-86.

Stent, G. S. 1972a. Prematurity and Uniqueness in Scientific Discovery. *Advances in the Biosciences* 8:433-49.

______. 1972b. Prematurity and Uniqueness in Scientific Discovery. *Scientific American* 227 (dezembro): 84-93.

Taylor, H. 1932. The Adsorption of Gases: A General Discussion (12-13 janeiro 1932). *Trans. Far. Soc.* 28:132-38.

Wigner, E. P. 1992. *The Recollections of Eugene P. Wigner, as told to Andrew Szanton*. New York: Plenum.

Wigner, E. P. & R. A. Hodgkin. 1977. Michael Polanyi, 12 março 1891-22. fevereiro 1976. *Biographical Memoirs of Fellows of the Royal Sociey* 23:413-48.

Zeise, H. 1929. Die Adsorption von Gasen and Dämpfen und die Langmuirsche Theorie. *Z. Elektrochemie* 35:426-31.

12.

PREMATURIDADE E AS DINÂMICAS DA MUDANÇA CIENTÍFICA

Frederic L. Holmes

Na "página do autor" do número da *Scientific American* na qual uma versão do artigo de Gunther Stent veio à luz em 1972, "Prematurity and Uniqueness in Scientific Discovery" (Prematuridade e Supremacia na Descoberta Científica), este explicava que fizera a primeira apresentação de suas idéias em breve comentário numa reunião de 1970 da American Academy of Arts and Sciences. A forte discussão que o trabalho provocara, segundo o próprio autor afirmou, o persuadira a focar suas idéias de um modo mais incisivo[1]. Estive nesse debate e lembro-me das vívidas réplicas que as idéias de Stent suscitaram. Robert Merton, em particular, ficou com a impressão de que a concepção de descobertas prematuras era uma visão nova e reveladora. Todos nós que participamos da sessão (eu, de uma maneira antes passiva, como historiador novato) sentimos que o próprio Stent talvez tivesse realizado uma descoberta.

Ernest Hook comenta que o conceito de prematuridade de Stent recebeu "apenas modesta atenção na literatura da história, da filoso-

1. Sua nota aparece na p. 11, do mesmo número da revista em que aparece o trabalho de Stent, 1972b.

fia ou da sociologia da ciência"[2]. Às razões que ele tem aduzido para aquilo que ele sente de modo claro constituem uma resposta desapontadora a uma idéia que tem uma "poderosa atração heurística", e eu acrescento que, durante 1972 e as décadas subseqüentes, a natureza da descoberta científica, ela própria, atraiu menos atenção dos historiadores e sociólogos da ciência do que se poderia esperar se encararmos a descoberta como o principal alvo da ciência. Diz-se que os filósofos a "redescobriram" como um tema para análises filosóficas ao questionar a opinião de Karl Popper, segundo a qual a descoberta é um problema psicológico e não filosófico. Porém, durante o referido período, historiadores e sociólogos estavam mais interessados em diferentes dimensões "contextuais" da ciência do que no processo previamente visto como o âmago do empreendimento científico. Alguns historiadores e sociólogos chegaram até a considerá-la como uma categoria não apropriada para demarcar os passos dentro daquilo que eles tratam como a "construção" do conhecimento científico.

Sem aprofundar-me em questões complexas acerca do status último do conhecimento científico, creio que cientistas obviamente descobrem coisas na sua busca sistemática de conhecimento especializado, do mesmo modo que a gente comum descobre coisas no curso de suas vidas. No entanto, não é tão óbvio o que seja uma "unidade" de descoberta científica.

A significação do reconhecimento social

Como Robert Merton afirmou em 1960, o sistema de reconhecimentos, que mantém as normas por cujo intermédio a ciência funciona com êxito, requer valorização adequada das descobertas individuais feitas por cientistas. Tal apreciação não

2. Cf. Hook, cap. 1, do presente volume.

só tem conseqüências para as carreiras e oferece a oportunidade para continuar o trabalho, mas, como Merton coloca, assegura ao indivíduo que "o que realmente importa é estar à altura dos rigorosos padrões sustentados por uma comunidade de cientistas"[3]. Em 1965, Warren Hagstrom introduziu uma discussão sobre a "competição pelo reconhecimento" com a declaração: "O reconhecimento é normalmente dado a uma primeira apresentação formal de uma inovação ou descoberta à comunidade científica". Ele definiu o cientista profissional como "alguém a quem são atribuídas descobertas e a quem é concedido o reconhecimento por elas"[4]. Acontecimentos que vão desde a atribuição de prêmios Nobel até a difusão de disputas de prioridade podem ser explicados como ações intentadas com o fito de sustentar a valorização apropriada dos graus de consecução científica medidos nas descobertas.

A importância sociológica da distribuição justa e acurada de tais pacotes de reconhecimento tem contribuído muito para conservar a assunção tácita de que as descobertas científicas ocorrem em tempos e lugares discretos, numa forma passível de ser pronta e permanentemente identificada. Na sua *A Estrutura das Revoluções Científicas*, obra que, apesar de seu "paradigma" onipresente, recebeu apenas uma atenção moderada, Thomas Kuhn demonstrou quão decepcionante pode ser essa concepção. Desacordos acerca de quando e por quem uma descoberta, como a do oxigênio, teria sido inevitavelmente feita não foram resolvidos porque "a sentença 'O oxigênio foi descoberto' desencaminha ao sugerir que a descoberta de algo é um simples ato assimilável ao nosso conceito usual (e também questionável) de ver". Resumindo os vários eventos a que essa descoberta particular tem sido variadamente vinculada, de um historiador para outro, Kuhn concluiu que

> podemos afirmar com segurança que o oxigênio não foi descoberto antes de 1774, e poderemos provavelmente afirmar também que ele foi

3. Merton, 1973, p. 400.
4. Hagstrom, 1965, p. 69.

> descoberto por volta de 1777 ou pouco depois. Porém, dentro destes limites ou outros semelhantes, qualquer tentativa de datar a descoberta deve inevitavelmente ser arbitrária, pois descobrir um novo tipo de fenômeno é necessariamente um evento complexo... A descoberta é um processo que deve levar tempo[5].

Com o mesmo argumento, ninguém, de modo definitivo, pode atribuir essa descoberta a Joseph Priestley, ou a Antoine-Laurent Lavoisier ou a Carl Wilhelm Scheele, mas podemos apenas dizer que cada um deles, e alguns outros igualmente, tiveram parte nela. Muitos dos desenvolvimentos na ciência, tratados como simples descobertas, foram, de longe, processos mais complexos do que a descoberta do oxigênio e se estenderam por períodos de tempo bem mais longos.

Mesmo quando se pode declarar completa uma descoberta, seu significado não fica firmado. Por volta de 1777, o oxigênio não adquirira ainda sequer o seu nome permanente. Lavoisier chamou-o, àquela altura, de "a parte mais pura do ar" e, logo depois, de "ar eminentemente respirável", palavras que associavam de modo claro o novo ar com propriedades diferentes daquele implicado pelo termo "princípio acidificante", que ele adotou um ano depois. Lavoisier ocultava no vocabulário permanente da química, em 1780, o conceito engastado nessa última sentença, traduzindo-o do grego como "princípio do oxigênio". Teria a descoberta do oxigênio terminado neste ponto, ou ela deveria ser estendida no tempo, para cobrir todas as mudanças subseqüentes no significado daquilo que entendemos pelo vocábulo "oxigênio"?

A descoberta é, portanto, um processo mais complexo do que é considerado comumente, e as identidades de descobertas são mais fluídas do que os pacotes que de costume embrulhamos em torno de seu suposto advento histórico. Tais reflexões são pertinentes à determinação presente da validade e do valor da concepção de descobertas prematuras. Reconhecimento retrospectivo e classificação de

5. Kuhn, 1970, p. 53-55.

uma descoberta como prematura implicam que ela é vista como equivalente a uma descoberta subseqüente reconhecida em seu próprio tempo. Mas, como podemos nos assegurar de que a descoberta anterior era, no seu próprio tempo, a mesma descoberta que pareceu ser depois? Vou ilustrar esse problema discutindo brevemente os dois casos nos quais Stent concentrou sua própria análise.

Mendel e o mendelismo

O mais famoso caso de descoberta não reconhecido em seu próprio tempo foi, como Stent assinalou, o de Gregor Mendel, cujo artigo "Experimentos com Plantas Híbridas", publicado em 1865, passou quase despercebido até a sua redescoberta em 1900. A característica mais excepcional do caso de Mendel é que, após um intervalo tão longo de tempo para que o conhecimento canônico o apreendesse, o trabalho de Mendel não só era citado retrospectivamente, como exerceu influência direta na subseqüente investigação que havia escapado em sua própria época. Mas qual foi esta descoberta de Mendel? Que há alguma incerteza a esse respeito é insinuado na própria abordagem de Stent. Na versão resumida de seu artigo, publicada na *Scientific American*, este escreveu que a "descoberta" de Mendel "do gene em 1865 teve de esperar 35 anos antes de ser 'redescoberta' na virada do século"[6]. Na versão ampliada do artigo, Stent mudou essa passagem e referiu-se à "descoberta da natureza particulada da hereditariedade" feita por Mendel[7].

Em seu trabalho, Mendel não menciona nem genes, nem a natureza particulada da hereditariedade, e se faz necessário considerável remissão de visão para inferir tais concepções do escrito de Mendel, que não invoca tais termos. Em 1865, não teria sido possí-

6. Stent, 1972b, p. 86.
7. Stent, 1972a, p. 437.

vel, para ele ou para seus contemporâneos, descrever desta maneira o que quer que ele havia descoberto. Na sua própria linguagem, sua tarefa era "observar o desenvolvimento de... híbridos em sua progênie"[8]. Embora não sumariasse os resultados de seus experimentos em um conjunto específico de conclusões, ele se referiu repetidas vezes a "leis" de desenvolvimento formuladas para o caso do *Pisum*, cuja aplicabilidade a outras plantas pretendia estudar ulteriormente[9].

Robert Olby observou que os redescobridores dos artigos de Mendel reescreveram aquelas leis de maneira a lhes vincular significados que não podem ser encontrados nos próprios escritos de Mendel. Em suma, ampliaram a aplicabilidade das leis a partir da formação de híbridos, convertendo-as em leis gerais da herança e dotando-as de uma linguagem que implicava a existência de "fatores" pareados em células somáticas, estivessem ou não os fatores associados com caracteres idênticos ou com contraste (que os redescobridores exprimiram nos termos "heterozigoto" e "homozigoto", que foram cunhados na época). Eles assim procederam, como Olby mostra, porque associaram os fatores à evidência citológica para cromossomos pareados. Mendel, que trabalhou antes mesmo de os cromossomos terem sido sequer observados, e muito menos identificados com potenciais substratos materiais dos fatores, não estava preocupado com a natureza desse substrato. A razão para ele ter escrito A + 2 Aa + a, enquanto os mendelianos pós-1900 escreveram AA + 2 Aa + aa, é que Mendel estava estribando suas leis na conformidade de seus resultados com um formalismo matemático, enquanto os seus sucessores estavam conectando os mesmos resultados ao conceito de unidades discretas que entravam na composição das células-germe e dos zigotos. Mesmo aqueles que hesitaram, como William Bateson, em aceitar a completa identificação destas unidades – que Bateson denominou "fatores", com cromossomos ou porções destes –, conceberam-nas como particuladas. Mendel escrevera que "as características constantes que ocorrem em diferentes formas de uma tribo de plantas podem apa-

8. Mendel, 1865, p. 3.
9. Idem, p. 3, 32, 35, 42.

recer, por meio de repetidas fertilizações artificiais, em todas as uniões que são possíveis conforme as regras de combinação". Batenson descreveu o *processo* segundo o qual todas essas associações resultam "segregação" – um termo que implica a natureza particulada daquilo que está sendo separado no processo. Por meio destas mudanças na linguagem, Batenson e seus contemporâneos mendelianos transformaram as conclusões de Mendel na "descoberta da herança particulada" que o artigo ampliado de Stent atribui ao próprio Mendel[10].

O fato de Stent não ter feito qualquer distinção entre a descoberta de Mendel e as ulteriores interpretações dos resultados por ele obtidos não se deu porque Stent apagou o que antes estava claro, mas por terem os próprios mendelianos incorporado às leis de Mendel inferências posteriores que eles extraíram delas. Eis como Bateson colocou a questão:

> A verdade é que a *segregação* foi a descoberta essencial efetuada por Mendel. Como sabemos agora, tal segregação é um dos fenômenos normais da natureza. É a segregação que determina a regularidade perceptível na transmissão hereditária de diferenças, e o caráter definitivo ou descontínuo, tão amiúde conspícuo nas variações de animais e plantas, é uma conseqüência do mesmo fenômeno. Assim, a segregação define as unidades envolvidas na constituição dos organismos e proporciona a chave pela qual se pode começar uma análise da complexa heterogeneidade das formas vivas[11].

Bateson, nessa passagem, redefiniu de pronto uma das leis centrais propostas por Mendel, e velou a mudança chamando a sua própria versão da lei de "descoberta essencial efetuada por Mendel". Com isso, pergunta-se, realizou Bateson um deliberado passe de mão? Minha sugestão é que se tratou, ao invés, de uma distorção inconsciente explicável pela norma geral, segundo a qual os cientistas precisam ser devidamente reconhecidos por contribuições ti-

10. Idem, p. 23; Olby, 1985, p. 234-258.
11. Bateson, 1913, p. 3.

das como descobertas. Bateson estava particularmente preocupado com que Mendel recebesse tal crédito, pois este lhe fora por tão longo tempo negado. Por serem as descobertas vistas em ciência como estáveis, uma vez que tenham sido feitas, é provável que Bateson não percebeu que, adequando a descoberta de Mendel a uma nova linguagem e associando-a a conceitos que haviam emergido a partir da época de Mendel, ele estava convertendo-a numa descoberta um tanto diferente daquela que Mendel originalmente fizera.

Olby conclui que "o problema da negligência da *Versuche* é, em larga medida, um pseudoproblema. *Quando encarado dentro do contexto do período*, a discussão dos híbridos empreendida por Mendel, conquanto rigorosa, brilhante e sistemática, não pareceria haver lavrado inteiramente o novo terreno"[12]. Não concordo que o caso seja tão facilmente resolvido. Situar Mendel no contexto dos anos de 1860 mostra que ele não foi, sem um bocado de mediação posterior, o fundador da genética do século XX, porém deixa intocado o problema da razão por que os experimentos mesmos, a cujo respeito todos os comentadores concordam que eram surpreendentemente originais em sua concepção e execução, receberam tão escassa atenção. Na realidade, mostrar que Mendel estava preocupado com a reprodução de plantas e com a natureza dos híbridos, problemas característicos dos meados do século XIX mais do que do início do XX, apenas acentua a questão, porque remove a explicação – de que o requisito do "conhecimento canônico" com o qual se deve ligar a obra de Mendel só se tornou disponível bem mais tarde.

Um modo de evitar a conclusão de que Mendel não descobriu as mesmas leis que constituem o fundamento da genética mendeliana do século XX seria adotar a concepção de que uma descoberta pode incluir implicações que não eram aparentes aos seus descobridores. Se os leitores do artigo de Mendel, publicado em 1900, e os pósteros encontraram nele significados que Mendel não declarara explicitamente, cabe-nos afirmar que tais significados sempre fizeram parte inerente de sua descoberta e foram apenas "trazidos à luz" pela

12. Olby, 1985, p. 253. O grifo é do original.

disponibilidade do conhecimento posterior? Semelhante abordagem poderia sugerir uma ulterior articulação do conceito de Stent sobre prematuridade: uma descoberta pode ser prematura numa tal extensão que seu pleno significado escapa até ao seu próprio autor.

Não vejo objeção, em princípio, a semelhante estratégia, mas ela é perigosa porque é muito difícil saber quando alcançamos o limite daquilo que talvez possamos atribuir em remissão de visão aos cientistas à luz de conhecimento que eles não dispõem. Isto é uma receita para aquilo que era chamado, algumas décadas atrás, de "precursorites". Para mim, parece-me mais realista aplicar a concepção de descoberta desenvolvida por Kuhn. A descoberta do gene, ou da natureza particulada da hereditariedade – aceitando-se a formulação de Stent com respeito àquilo que foi a descoberta –, era um processo que se estendia por um pouco mais de quarenta anos, em que os experimentos de Mendel em hibridização de plantas e as leis constantes daí inferidas desempenharam um amplo papel.

Será que tais considerações lançam dúvida sobre a concepção geral de Stent a respeito da prematuridade na descoberta científica? Será que elas eliminam a obra de Mendel como um exemplo, ou apenas nos conduzem, nesse caso, a redefinir os elementos da prematuridade? Até em seu próprio tempo, era óbvio que Mendel havia descoberto *algo* pouco percebido então de pronto, porém que foi visto mais tarde como sendo muito importante. A descoberta mais próxima de um resultado imediato dos experimentos era que, na descendência da primeira geração híbrida, as "formas constantes" apareceram em razões fixas, e que estas formas poderiam ser ulteriormente segregadas conforme dessem nascimento ou não a formas constantes na geração seguinte, de novo em proporções fixas. Sendo tais proporções estatísticas, Stent sugeriu que sua significação passara despercebida porque os elementos estatísticos não eram, naquela época, empregados nem na botânica nem na biologia. O fato de Mendel estar familiarizado com eles devia-se ao seu treino em matemática e física. Mas, o que não fica claro é se a falta contemporânea de atenção representa um problema na disposição do tempo ou na especialização disciplinar. O cruzamento de disciplinas levou amiúde, na história da ciência, a soluções inovadoras para problemas então não plenamente compreendidos ou apreciados pelos pesquisadores pertencentes ao campo no qual o intrometido havia cruzado. Se o conhecimento canônico necessário, para conectar a descoberta com as preocupações correntes dos praticantes no terreno em questão, estivesse disponível, porém, num campo para eles não familiar, a prematuridade pode não ter sido a melhor categoria à qual consignar os motivos da desatenção em que incorreram.

Avery e a transformação

O caso que deu nascimento à concepção de prematuridade de Stent foi, por certo, a posição de Oswald Avery na descoberta de que o DNA é o material genético. Na tentativa de responder à pergunta: "*Por que* a descoberta de Avery não foi valorizada em seu tempo?", Stent chegou à conclusão de que suas implicações não podiam ser ligadas por uma série de passos lógicos simples ao conhecimento canônico contemporâneo. Embora a descoberta não passasse despercebida, "ninguém parecia estar apto a fazer muita coisa com ela, ou construir com base nela, exceto no tocante aos estudantes do fenômeno de transformação. Isso quer dizer que a descoberta de Avery não exerceu virtualmente nenhum efeito sobre o discurso genético geral"[13].

As assertivas de Stent foram rapidamente desafiadas. *O Caminho da Dupla Hélice* de Olby, publicado em 1974, apresentava a descoberta de Avery como uma daquelas cuja significação foi prontamente apreendida por figuras de prestígio como Theodosius Dobzhansky, Hermann Muller, Sir Henry Dale e Macfarlane Burnet; dizia ainda que ela foi amplamente discutida; e que conduziu a experimentos em outros laboratórios que confirmaram seus resultados[14]. Numa biografia

13. Stent, 1972a, p.434-35. (Esse artigo acha-se em parte reimpresso no cap. 2 deste livro.)
14. Olby, 1974, p. 181-206.

de Avery editada em 1976, René Dubos invocou os mesmos eventos para argumentar que "ao contrário da afirmação de Stent, o 'discurso genético geral' foi imediatamente afetado pela concepção de que o DNA está envolvido no fenômeno genético"[15].

Em 1979, Rollin Hotchkiss, o último assistente de pesquisa de Avery, apresentou o artigo "The Identification on Nucleic Acids as Genetic Determinants" (A Identificação de Ácidos Nucléicos como Determinantes Genéticos), que também contradiz a concepção de Stent. Não foi a descoberta de Avery que foi prematura, de acordo com Hotchkiss, mas tão-somente algumas das primeiras generalizações dela derivadas. O fato de ter sido necessário "5-8 anos" para ir da transformação do DNA de Avery ao modelo de replicação de Watson-Crick não se deveu à falta de reconhecimento ou à inabilidade para construir com base na descoberta de Avery, mas simplesmente a "processos lentos... [de] imaginar e projetar as novas espécies de experimentos que poderiam dar força e generalidade àquelas idéias"[16]. Erwin Chargaff deu peso ao argumento contra a interpretação de Stent, acentuando que "a descoberta de Avery causou" uma "profunda impressão" nele, induzindo-o a empreender estudos sobre a variabilidade do DNA que levaram às razões encontradas por Chargaff e, portanto, à "proposta da dupla hélice de Crick e Watson"[17].

Numa referência acalorada às "flamejantes enunciações teóricas do grupo do fago", que incluía Stent, Dubos os acusou, dizendo que a não apreciação, de parte *deles*, da obra de Avery sobre o DNA decorreu da preferência do grupo por "enigmas cósmicos" acerca de "organismos vivos", do fato de desaprovarem e evitarem o tipo de pesquisa bioquímica, paciente e disciplinada, que Avery adotava para chegar à prova de que o princípio transformador é o DNA[18]. Numa animadoramente cândida admissão da subjetividade de sua concepção, Stent havia declarado que apresentara o caso de Avery como um exemplo de descoberta prematura, "principalmente por causa de meu próprio

15. Dubos, 1976, p. 155-159.
16. Hotchkiss, 1979, p. 321-342.
17. Chargaff, 1979, p. 348, 354.
18. Dubos, 1976, p. 155-158.

malogro em apreciá-la quando me juntei ao grupo de fago *Delbrück* e fiz o curso sobre fagos em Cold Spring Harbor em 1948"[19]. Em uma autobiografia inédita, ele elucidou ainda mais a natureza desta experiência. Não se tratou apenas de seu malogro pessoal, mas do fato de que o trabalho de Avery não veio à discussão em Cold Spring Harbor na época, o que explicava a sua crença de que o referido trabalho "não [exercera] efeito sobre o discurso genético geral". Deixando de lado o tom polêmico dos reparos de Dubos, parece claro que os membros do grupo do fago ficaram, por causa de suas próprias predileções, fora de um discurso que estava ocorrendo algures.

Como no caso de Mendel, portanto, a dificuldade de vincular a descoberta de Avery ao conhecimento canônico parece ser mais uma questão disciplinar do que temporal. Os dois casos encontram-se também ligados por problemas nas definições retrospectivas do que era a descoberta. Numa carta em que Carl Lamanna se queixa de que no ensaio anterior sobre a origem da biologia molecular Stent omitira a menção a Avery ou à "transformação bacteriana mediada pelo DNA", o missivista considerou o artigo de 1944, apresentado por Avery, C. M. MacLeod e M. McCarty, "a prova definitiva do DNA como sendo a substância hereditária básica"[20]. Aceitando tanto a crítica como também essa definição do assunto que estava em pauta, Stent concordou que ele "deveria ter de fato mencionado... a prova de Avery de 1944, segundo a qual o DNA é a substância da hereditariedade".

Leitores do artigo original hão de saber, por certo, que Avery e seus co-autores não fizeram tal vindicação. A conclusão deles era: "A evidência ampara a crença de que um ácido nucléico do tipo desoxirribose é a unidade fundamental do princípio transformador do pneumococo Tipo III". Eles anteciparam explicitamente a possibilidade de que a interpretação de sua prova implicasse na sugestão de que o DNA é o material genético. "A substância indutora tem sido assemelhada a um gene", escreveram, "e o antígeno capsular que é produzido em resposta a ela tem sido considerado um produto-

19. Stent, 1972a, p. 436.
20. Lamanna, 1968, p. 1397-1398.

gene". Entretanto, eles não se identificaram com essa interpretação, que atribuíram a Dobzhansky, e discutiram, como uma possibilidade alternativa, a analogia traçada por Wendell Stanley entre a "atividade do agente transformador e a de um vírus"[21].

Os partidários de Avery argumentaram que foi apenas seu "puritanismo científico", sua reticência em especular para além do que a evidência lhe comprovara, que impediu Avery de expressar publicamente sua opinião particular de que o DNA era o material hereditário. Mas, opiniões privadas e antecipações compreensivas não constituem descobertas. Foi somente à luz de eventos subseqüentes que a "descoberta" de Avery pôde ser redefinida como a descoberta de que o DNA é o material hereditário. Como no caso de Mendel, parece ser uma preocupação o reconhecimento apropriado de contribuições individuais ao avanço da ciência que induziram tanto cientistas quanto historiadores a ampliar a demonstração de Avery sobre a natureza de um princípio transformador bacteriano para a descoberta de que o DNA é o "material genético". Essa preocupação com o reconhecimento individual é vivamente ilustrada na ávida defesa que Dubos faz de Avery.

> Nos últimos anos da década de 1930, Avery foi indicado para o Prêmio Nobel em reconhecimento aos seus estudos de imunoquímica. Após a publicação em 1944 de seu artigo, a comissão do Nobel foi imediatamente alertada para o fato de que ele efetuara, uma vez mais, uma contribuição fundamental para a ciência biológica. Mas o artigo de 1944 foi ineficiente, do ponto de vista das relações públicas; [...] não conseguiu extrapolar do papel do DNA em uma única espécie bacteriana para o papel do DNA em demais coisas vivas. Em outras palavras, não tornou óbvio que os achados abriam a porta para uma nova era na biologia... No entanto, o próprio fenômeno da transformação, representando como representava o primeiro exemplo de uma mudança dirigida nas características hereditárias, era em si mesmo um marco biológico digno do Prêmio Nobel[22].

21. Avery et al., 1944, p. 155.
22. Dubos, 1976, p. 159.

Assim como 35 anos após a publicação da obra de Mendel, suas leis da formação híbrida pareceram ser leis gerais da hereditariedade e implicar partículas segregadoras, do mesmo modo a identificação feita por Avery do princípio transformador pareceu, uma década mais tarde, ser a identificação do material que controla em geral características hereditárias. Aqui, cabe perguntar, de novo, se se justifica introduzir retrospectivamente numa descoberta anterior implicações que dependam de desenvolvimentos ulteriores, ou se é melhor indagar se a generalização de que o DNA é o material genético pode ser atribuída a qualquer descoberta singular, se se considera que uma descoberta ocorreu em um tempo e lugar específicos. Rollin Hotchkiss adotou a concepção do andamento mais longo: "A Revolução do DNA" – declarou ele – "concernia à identificação operacional da molécula de DNA como o próprio material genético. Ela se deu em um quarto de século, entre 1930 e 1956"[23].

Se compararmos esse caso à discussão de Kuhn sobre a descoberta do oxigênio, podemos dizer que antes de 1930 não tinha sido descoberto que o DNA é o material genético, e que, por volta de 1956, isto já o havia sido, mas que localizar a descoberta em qualquer ponto entre esses limites seria arbitrário.

Identificação de critérios para a prematuridade

Os casos de Mendel e Avery são similares na medida em que para cada um deles foi atribuído, retrospectivamente, uma "descoberta" que parece, ao invés, o resultado de processos mais complexos em que cada um deles desempenhou uma parte. As duas descobertas diferem na medida em que uma parece genuinamente não ter sido reconhecida em seu próprio tempo, enquanto a outra

23. Hotchkiss, 1979, p. 321.

foi descurada unicamente por um grupo particular dentro de uma comunidade científica mais ampla. As aplicações feitas por Stent de seu conceito de prematuridade exigem, portanto, revisão. A pergunta permanece: Se tomarmos o cuidado de definir as descobertas como seus autores as definiram e se encaminharmos toda evidência disponível concernente à atenção contemporânea que elas receberam, seremos ainda capazes de identificar contribuições históricas à ciência que se ajustem ao critério: "É uma descoberta prematura se suas implicações não puderem ser ligadas, por uma série de simples passos lógicos, ao conhecimento canônico contemporâneo"?

Tal questão não deveria ser respondida *a priori*. Se há poucos outros exemplos tão espetaculares como o de Mendel, com respeito a uma obra contemporânea negligenciada que é vista mais tarde como sendo de importância fundamental, os historiadores não deveriam pôr de lado o sentimento difundido entre cientistas de que algumas descobertas, potencialmente importantes, são descuradas ou se lhes opõem resistência, ou são aceitas apenas após períodos anormalmente longos de demora. Antes de procurarmos as razões para os exemplos individuais dessa espécie, precisamos, todavia, examinar algumas das assunções tácitas subjacentes tanto ao conceito de prematuridade quanto à intuição de que as acolhidas de certas descobertas são "retardadas". Todas essas idéias presumem alguma proporção "normal" de avanço científico e um lapso normal de tempo entre a primeira apresentação de uma descoberta e a sua assimilação pelo campo que lhe é próprio. Tanto a idéia de descobertas prematuras quanto a proposta inversa de Harriet Zuckerman e Joshua Lederberg, segundo a qual existem descobertas pós-maturas, implicam desvios de uma taxa normal de progresso, resposta, ulterior exame, confirmação e integração no conhecimento canônico[24]. Não há, entretanto, controles em face dos quais se possam medir os desvios. Podemos usar índices de citação para construir uma meia-vida média para uma comunicação científica e concluir que a maioria das descobertas é acolhida dentro de certo intervalo de tempo ou esquecida. Qualquer artigo científico,

24. Zuckerman e Lederberg, 1986.

cuja curva de citação começa a subir apenas após um longo intervalo subseqüente à sua publicação, poderia ser candidato à prematuridade. Afora o fato de que tal informação só é disponível ao passado mais recente, semelhante procedimento pode constituir o meio menos eficiente para apreender esses acontecimentos de largo significado histórico que parecem ser o que Stent visava explicar.

Se o acolhimento de uma descoberta parece ser rápido ou lento, acelerado ou retardado, ou se é recebido com entusiasmo ou resistência, não depende apenas do intervalo mensurado em meses, anos, ou gerações científicas, mas também das perspectivas subjetivas dos que estão envolvidos ou daqueles que interpretam tais eventos em termos históricos. Durante muito tempo era costumeiro entre historiadores que descreviam a descoberta da circulação do sangue, de William Harvey, enfatizar a oposição com que este se defrontou e o longo tempo que decorreu entre a publicação do *De Motu Cordis*, em 1628, e a aceitação geral da circulação por volta dos anos de 1650. Este ponto de vista se ajusta à imagem que o próprio Harvey promulgou, uma imagem sustentada até tempos recentes, de que, sendo o primeiro moderno, ele se defrontou com o peso morto de uma tradição canônica, na qual a circulação não se adequava. Olhando para os mesmos eventos, hoje, e levando em conta o passo da investigação no século XVII e a extensão da necessária revisão para adaptar concepções mais antigas à descoberta, podemos, de fato, ficar espantados ante a rapidez com que outros vieram a apoiar, confirmar e estender sua descoberta.

De maneira análoga, relatos sobre a recepção da teoria do oxigênio de Lavoisier têm realçado, com freqüência, a longa campanha que ele e seus seguidores se viram obrigados a desenvolver até que suas descobertas fossem acolhidas no quadro canônico da química. Se, entretanto, compararmos a extensão do tempo entre a apresentação inicial feita por Lavoisier de uma mui imperfeita teoria da combustão em 1773, e a descoberta da composição da água nos inícios dos anos de 1780 – que superou as derradeiras dificuldades profundas remanescentes em sua estrutura teórica –, com o tempo adicional necessário a fim de ganhar o apoio da maioria dos químicos para a nova concepção, então o último processo também parece relativamente rápido.

Como estes exemplos sugerem, não é assunto fácil decidir quando o acolhimento de uma descoberta é suficientemente "retardado" para convertê-la em candidata à "prematuridade". Não obstante, continua sendo uma tarefa que vale a pena para buscar exemplos históricos inequívocos de descobertas não apreciadas em seu próprio tempo, porém mais tarde reconhecidas como importantes, e pô-las à prova em face da estimulante alegação de Gunther Stent, segundo a qual elas irão comprovar que carecem de ligações simples com o conhecimento canônico contemporâneo. Seja o resultado de tais pesquisas positivo ou negativo, o esforço pode ainda iluminar nosso entendimento da dinâmica da mudança científica.

Bibliografia

Avery, O. T.; C. M. MacLeod & M. McCarty. 1944. Studies on the Chemical Nature of the Substance Inducing Transformation of Pneumococcal Types. *Journal of Experimental Medicine* 79:137-57.

Bateson, W. 1913. *Mendel's Principles of Heredity*. Cambridge: Cambridge University Press.

Chargaff, E. 1979. How Genetics Got a Chemical Education. In: P. R. Srinivasan; J. S. Fruton & J. T. Edsall (eds.). *The Origins of Modern Biochemistry: A Retrospect on Proteins*. New York: New York Academy of Sciences.

Dubos, R. J. 1976. *The Professor the Institute and* DNA. New York: Rockefeller University Press.

Hagstrom, W. O. 1965. *The Scientific Community*. New York: Basic Books.

Hotchkiss, R. D. 1979. The Identification of Nucleic Acids as Genetic Determinants, In: P. R. Srinivasan; J. S. Fruton & J. T. Edsall (eds.). *The Origins of Modern Biochemistry: A Retrospect on Proteins*. New York: New York Academy of Sciences.

Kuhn, T. S. 1970. *The Structure of Scientific Revolutions*. 2 ed. Chicago: University of Chicago Press.

Lamanna, Carl. 1968. DNA Discovery in Perspective. *Science* 160:1397-98.

Mendel, G. 1865. Versuche üiber Pflanzen-Hybriden. *Verhandlungen des naturforschenden Vereines in Brünn 4: Abhandlungen*, 1-47.

Merton, R. K. 1973. *The Sociology of Science: Theoretical and Empirical Investigations*. Edição de N. W. Storer (ed.). Chicago: University of Chicago Press.

Olby, R. 1974. *The Path to the Double Helix*. Seattle: University of Washington Press.

______. 1985. *Mendelism*. 2 ed. Chicago: University of Chicago Press.

Stent, G. S. 1972a. Prematurity and Uniqueness in Scientific Discovery. *Advances in the Biosciences* 8:433-49.

______. 1972b. Prematurity and Uniqueness in Scientific Discovery. *ScientificAmerican* 227 (dezembro): 84-93.

Zuckerman, H. A. & J. Lederberg. 1986. Postmature Scientific Discovery?. *Nature* 324:629-31.

13.

OS ELEMENTOS CONTROLADORES DE BARBARA McCLINTOCK

Descoberta prematura ou teoria natimorta?

Nathaniel C. Comfort

A descoberta, de Barbara McClintock, de elementos genéticos móveis parece prover um estudo de caso no campo da prematuridade[1]. A versão padronizada da história foi primeiro articulada na biografia amplamente lida, escrita por Evelyn Fox Keller[2]. Consta, nesta apresentação, que o achado de McClintock, nos fins dos anos de 1940, segundo o qual os elementos genéticos do milho eram capazes de transpor-se ou mover-se, foi recebido inicialmente com uma explosão de ceticismo e derrisão. A descoberta foi saudada com "um silêncio pétreo"; ela "caiu como um balão de chumbo"; "com uma ou duas exceções, ninguém entendeu nada"[3]. Os cientistas reagiram aos achados da pesquisadora com "perplexidade, frustração e até hostilidade"[4]. Esse ceticismo converteu-se logo em um humilhante silêncio. A transposição, como foi dito, era demasiado chocante para que a

1. Ver Stent, cap. 2, neste volume.
2. Keller, 1983.
3. A primeira citação e a terceira são de Keller, 1983, p. 139; a segunda é McGrayne, 1993, p. 169.
4. McGrayne, 1993, p. 169.

maioria dos pesquisadores a aceitasse; ela desafiou a teoria do gene de "cordão de contas", que sustentava que tais genes deviam ser unidades estáticas, independentes e autônomas. Os geneticistas, então, supostamente ignoraram McClintock e "marginalizaram-na" na comunidade científica[5].

Nos anos que se seguiram ao livro de Keller, reelaborou-se a versão padrão, romantizando a pesquisadora como uma pessoa reclusa em seu trabalho e uma mártir da verdade, que teria passado sua vida se esfalfando sem o devido reconhecimento. Ela "permaneceu longo tempo na periferia de seu campo"[6] – uma paisagem improdutiva para uma geneticista do grão –, atuando "praticamente isolada por mais de trinta anos, presa à sua visão da... genética, antes que seu trabalho fosse reconhecido. Durante décadas, ela persistiu com um mínimo de subsídios"[7].

Nessa última passagem fica implícito o eventual – e o atrasado – reconhecimento. Nos fins de 1970, prossegue a versão padrão, biólogos moleculares descobriram a transposição em bactérias. A comunidade dos geneticistas não mais poderia ignorar os achados de McClintock. Por fim, admitiram estar a pesquisadora com razão o tempo todo, e logo começaram a conceder-lhe prestigiosos prêmios científicos que culminaram, em 1983, com o Nobel em fisiologia ou medicina. Na dita versão, a cientista tornara-se a "tardiamente indicada para o Nobel e finalmente laureada", que não fora "adequadamente reconhecida na ciência"[8]. Esta versão sofreu a ampliação de numerosos biógrafos, de autores feministas que criticavam a ciência "machista" ou celebravam a ciência "feminista", bem como de uma série inteira de cientistas, desde os cabeças frias até os corações moles, e mesmo de escritores de livros infantis[9].

5. Keller, 1985, p. 160, 173.
6. Shteir, 1987, p. 31.
7. Shepherd, 1993, p. 88.
8. Shteir, 1987, p. 31; Rose, 1994, p. 162.
9. Com respeito às biografias, cf. Dash, 1991; Felder, 1996, McGrayne, 1993, p. 144-175; Opfell, 1986; Shiels, 1985. Para autores feministas, ver Arianrhod, 1992, p, 43; Keller, 1983, p. 139; 1985, p. 154; Morse, 1995, p. 12; Rose, 1994, p. 157, 163; Shepherd, 1993, p. 88; Shteir, 1987, p. 31;

O conceito de prematuridade está implícito na versão padrão. A linguagem da história de McClintock é a da prematuridade: "ignorada"; "à frente de seu tempo"; "reconhecida com atraso"; "tardiamente indicada para o Nobel e laureada". O diagnóstico de prematuridade, no caso dela, baseia-se em duas suposições: primeira, que McClintock foi ignorada e seu trabalho não foi aceito nos anos de 1950 e 1960; segundo, que o trabalho dela foi acolhido no fim da década de 1970. Estas suposições alicerçam-se, por seu turno, na assunção de que o conceito ou a evidência de que aquilo que foi rejeitado nos anos de 1950 era a mesma coisa do que foi aceito posteriormente.

Nenhuma dessas hipóteses é válida. O exame das coleções dos arquivos recém-abertos, especialmente as anotações de pesquisa da cientista, mas também as notas e a correspondência de seus associados mais próximos, obrigam a uma re-interpretação da narrativa de tipo padrão acerca da descoberta dos elementos genéticos móveis. Tal re-interpretação é amparada por entrevistas com McClintock e seus amigos e colegas, bem como por uma leitura cuidadosa de sua obra publicada. A evidência apresentada pela geneticista em favor da transposição foi aceita imediatamente. Sua interpretação relativa ao significado mais amplo deste conceito, entretanto, foi e permanece duvidosa na mente da maioria dos cientistas. O argumento de prematuridade com respeito à McClintock soçobra em dois pontos: ela não foi nem ignorada na época, nem mais tarde "foi provado que ela estava com a razão".

Um sistema de controle

McClintock descobriu a transposição enquanto se empenhava em um programa sistemático de pesquisa que estava desenvolvendo desde os anos de 1930, e que era muito

Schiebinger, 1987, p. 16. Para cientistas frios, ver Fedoroff e Botstein, 1992; Fincham, 1992; Spradling, 1993. Para cientistas de coração mole, ver Hofstetter, 1992; MacColl, 1989. Para autores infantis, cf. Heiligman, 1994; Fine, 1998; Kittredge, 1991.

bem conhecido por seus colegas. A descoberta não estava fora do corpo do conhecimento canônico ou das teorias prevalentes. Para McClintock, a mobilidade dos elementos genéticos nunca se constituiu em algo especialmente fascinante em si e por si. Para ela, esse movimento sempre possuiu um significado mais amplo. De início, a transposição serviu para explicar o problema genético, há muito existente, das mutações espontâneas.

Em 1942, Barbara juntou-se à equipe permanente da Carnegie Institution do Departamento de Genética de Washington, em Cold Spring Harbor, Nova York. À época ela era uma das principais geneticistas do país e uma dentre os dois ou três pesquisadores proeminentes a trabalhar com o milho. McClintock fora uma das primeiras a distinguir os dez cromossomos do milho e a desenvolver técnicas histológicas e microscópicas para observá-los. Inaugurando o estudo microscópico dos cromossomos do milho, ela realizou, em relação a este grão, aquilo que o grupo de Thomas Hunt-Morgan fizera com a *Drosophila* (drosófila), capacitando a citologia a aliar-se à genética, o que resultou no poderoso conjunto de ferramentas conhecido como citogenética. Usando tais técnicas, ela e sua colega Harriet Creighton proporcionaram uma confirmação crítica, mesmo se longamente esperada, de que a troca de genes entre grupos de ligação (*linkage*) genéticos correspondia à troca física de regiões cromossômicas[10]. A *linkage* genética, de fato, representava a proximidade física dos genes. Subseqüentes artigos de pesquisa fortaleceram a reputação da cientista como uma observadora notavelmente perceptiva e uma experimentadora confiável e imaginativa.

Seu trabalho em Cold Spring Harbor estendeu a pesquisa, que iniciara na Universidade de Missouri, em que examinara a citologia e a genética do milho. Seu achado mais admirável em Missouri foi o ciclo de quebra-fusão-formação de pontes (QFP) [em inglês, breakage-fusion-bridge cycle (BFB)] (ver fig. 13.1.). Nesse ciclo QFP, cromossomos especialmente construídos sofrem um rompimento cromossômico e se refundem em sucessivas divisões celulares. Repetidos ciclos QFP

10. Creighton e McClintock, 1931.

podem resultar numa confusão de inusitados fenômenos cromossômicos. Embora McClintock encontrasse primeiro o QFP em fieiras de grãos irradiados por raios X, ela logo desenvolveu provisões especiais de grãos que sofreram o ciclo QFP espontaneamente. Desde 1938, ela estava estudando o ciclo QFP e seus conseqüentes efeitos[11]. Seu trabalho a respeito foi reconhecido como um *tour de force* e fortaleceu a reputação de sua autora como uma das principais citogeneticistas do país.

No verão de 1944, McClintock levou a efeito um experimento destinado a explorar o ciclo QFP como um substitutivo dos raios X ou de produtos químicos para produzir mutações. A progênie resultante apresentou tal abundância de mutações novas e estranhas que a própria pesquisadora ficou surpresa. "A coisa desandou", ela recordou anos mais tarde. "O genoma desandara"[12].

Entre o enxame de novas mutações havia um aglomerado dos assim chamados genes mutáveis. Essas formas variantes de um gene parecem ligar e desligar à medida que a planta cresce, resultando em listras, pintas e outras variegações. Embora bem conhecidos na *Drosophila*, os genes mutáveis eram raros no milho e, por isso, especialmente dignos de nota. Entre eles, entretanto, havia um gene ainda mais singular: em vez de produzir um traço visível, como uma cor de folha, esse gene causava a quebra do cromossomo. A pesquisadora compreendeu de imediato que, para que o gene agisse, seria necessário um segundo gene que o fizesse "entrar em ação"[13]. Ela denominou o gene do cromossomo de gene quebrado *Ds*, ligado à palavra "dissociação" (*dissociation*) e denominou o gene auxiliar de *Ac*, ligado ao termo "ativação" (*activation*)[14].

11. McClintock, 1938, 1941, 1942.
12. McClintock, 1980. Para uma análise detalhada da descoberta dos genes mutáveis e da transposição de McClintock, ver Comfort, 2001, especialmente os capítulos 4 a 6.
13. Pasta "Perda cromossômica – não classificada" e Pasta "Reuniões de equipe 28/10/46", Caixa 8, Série V, Barbara McClintock Collection, American Philosophical Society Library, Filadélfia (daqui em diante MC).
14. Em outubro de 1946, McClintock atribuiu a letra *D* aos elementos da "dissociação" e a letra V aos elementos da "variegação", de acordo com uma convenção estabelecida por Rollins Emerson nos anos de 1920. No outono de 1947, ela mudou a notação para *Ds* e *Ac*, respectivamente.

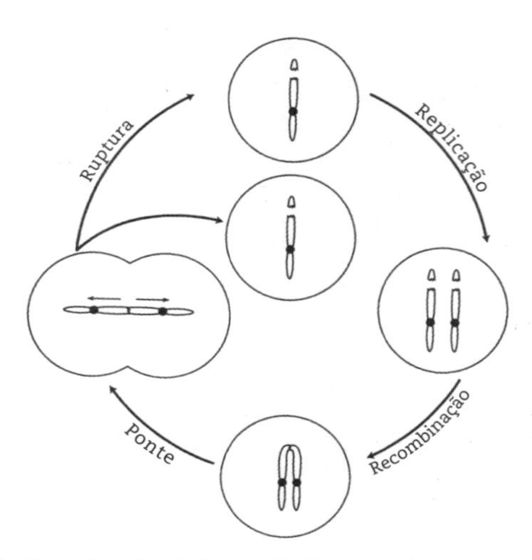

Fig. 13.1: *Ciclo de quebra-fusão-formação de pontes* (QFP)

O *Ds* era fácil de mapear; por volta do verão de 1947, Barbara já o havia localizado muito bem[15]. O *Ac*, todavia, mostrou-se enigmático. No início de 1948, tudo o que ela poderia dizer era que o *Ac* não estava ligado ao *Ds*, isso significava que ou o *Ac* achava-se muito longe no mesmo cromossomo ou situava-se inteiramente em outro cromossomo. Depois, mesmo essa certeza erodiu-se: a pesquisadora encontrou plantas em que o *Ac* parecia estar muito perto do *Ds*. Onde estava ele? Longe ou perto? Ao mesmo tempo, o *Ds* começou a mostrar estranho comportamento. Um outro novo gene mutável surgiu, parecendo interagir com o *Ds*: quando presente, o *Ds* parecia desaparecer ou ficar inativo e vice-versa. Será que os dois genes mutáveis inibiam-se um ao outro? Estava o *Ds* em dois lugares ao mesmo tempo?[16]

Na primavera de 1948, a pesquisadora reconheceu que uma solução dava conta de ambos os conjuntos de problemas. O estranho comportamento tanto do *Ds* como do *Ac* poderia ser explicado

15. Pasta "Verão – conclusões dos meados do verão", Caixa 8, Série V, MC.
16. Notas manuscritas, 20 de janeiro de 1948, Pasta "Modificadores da ação do *Ds*", Caixa 8, série V, MC.

se os dois genes se movessem fisicamente sobre os cromossomos, de um sítio para o outro[17] (ver fig. 13.2). McClintock adotou para o referido comportamento o termo genético "transposição", usado anteriormente para descrever alterações cromossômicas em larga escala, tais como a translocação e a inversão. A transposição *per se* não pareceu ter ocorrido, particularmente, como um choque para a geneticista. Suas anotações de pesquisa indicam que ela não ficou grandemente surpresa com o fato de existirem elementos genéticos móveis. Escrevendo a respeito disso, e discutindo o seu trabalho, ela descreveu o mecanismo da transposição em termos convencionais, como uma quebra e refusão de terminais cromossômicos, familiar, naquele tempo, a todos os geneticistas[18]. O que evocou o seu entusiasmo foi o conjunto das implicações da transposição.

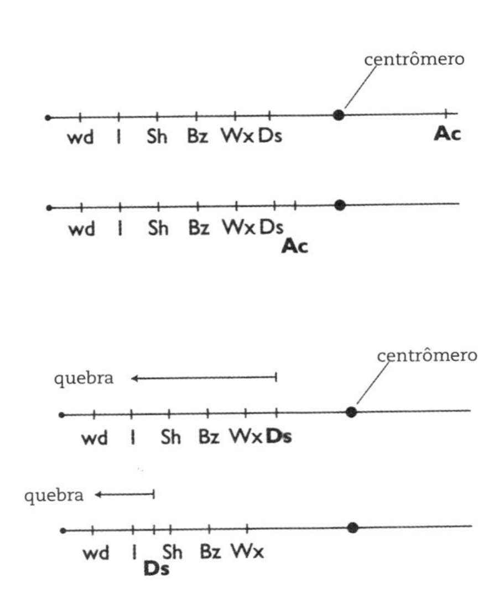

Fig. 13.2: *Transposição*

17. Primeira descrição de transposição do Ac: "Problemas principais 1948", Caixa 9, série V, MC; transposição do Ds: pasta sem título, 28 de abril de 1948, Caixa 15, Série V, MC.
18. McClintock, 1950a, p. 161-163.

McClintock reconheceu imediatamente que a transposição explicava o continuado aparecimento de novos genes mutáveis. A transposição do *Ac* ou *Ds* em, ou para, um gene normal próximo poderia inibir aquele gene, causando na planta uma aparência indistinguível de uma mutação propriamente dita. Porém, se o *Ac* ou o *Ds* saltasse de volta novamente, o gene afetado ficaria desinibido e reverteria à sua condição dominante. Uma única transposição resultaria em uma única mutação. Transposições repetidas no interior, ou para fora, do mesmo gene resultariam em uma forma mutável do gene[19].

Uma teoria para ser usada

O reconhecimento por McClintock do *Ac* e *Ds* transposto começou logo a romper o laço da pesquisadora com o modelo-padrão dos genes como "cordão de contas". Quando ela compreendeu que o *Ds* se movera do *locus Ds* para o *locus C*, o próprio termo "locus" tornou-se menos significativo. Barbara começou a referir-se ao *Ds* como sendo uma "posição padrão", quando isso ocorria no local em que ela o mapeara primeiro[20]. Convenceu-se de pronto que o *Ds* e o *Ac* funcionavam de maneira diferente da de outros genes. Entre 1948 e 1950, McClintock empregou elementos genéticos móveis para explicar um espectro crescentemente mais amplo de fenômenos biológicos: em primeiro lugar, genes mutantes; depois, todas as mutações; finalmente, desenvolvimento biológico e até evolução. Sua descoberta da transposição coloca-a numa rota de especulação teórica que constituiu um dramático afastamento de seu meticuloso trabalho empírico anterior.

McClintock começou a considerar o *Ds* e o *Ac* não como genes móveis, mas como sendo uma outra classe de elemento cromossô-

19. "Ensaio de junho de 1948", Caixa 9, Série V, MC.
20. Por exemplo, "O locus Ds – Relatório pormenorizado [esboço]", sem data, provavelmente de 1949, Caixa 7, Série V, MC.

mico que regulava os genes[21]. Por transposição para dentro e para fora dos genes, tais elementos móveis poderiam "criar" um gene mutável (um gene mutante) a partir de qualquer gene normal e estável. Isto – ela compreendeu – poderia explicar a produção de genes mutáveis não só no milho, mas em todos os organismos.

Outros geneticistas saudaram esses resultados. A teoria dos genes mutáveis de McClintock parecia preencher uma lacuna na teoria aceita da mutação. Acreditava-se, em geral, que as mutações eram produzidas por mudanças físico-químicas da molécula do gene. A maior parte das mutações representa perdas de função em sentido único, que podiam ser explicadas por danos infligidos ao gene. Hermann J. Muller, que em 1946 ganhou um prêmio Nobel por seu trabalho demonstrativo sobre mutações genéticas induzidas por raios X, patrocinava a mudança química no modelo do gene. Entretanto, genes mutáveis colocavam um problema. Eles perdem e reconquistam funções repetidamente. Para explicar a mutação de genes sob a égide do modelo de mudança química, e "irradiação" – raios X, radiação ultravioleta, agentes químicos que incrementam a ocorrência e a extensão da mutação, e assim por diante –, teriam de atingir muitas vezes o mesmo e diminuto alvo cromossômico, danificando e reparando o gene. A probabilidade militava contra esta posição. Como então explicar a mutação espontânea de genes no modelo de mutação por mudança química?

Quando Muller ouviu falar dos novos achados de McClintock no tocante aos genes mutantes, ele julgou que ela havia resolvido o problema. Ele soube dos resultados obtidos por Barbara em fins de 1948, ocasião em que o geneticista do fago, Salvador Luria, colega de Muller na Universidade de Indiana, deu um seminário sobre o trabalho de McClintock, baseado numa carta que ela escrevera ao geneticista do algodão, S. G. Stephens. Este pesquisador estava ligado à Universidade do Texas, mas passara um ano sabático em Cold Spring Harbor e travara amizade com McClintock. O trabalho

21. McClintock para S. G. Stephens, 28 de junho de 1948, Caixa 12, Marcus Rhoades Collection, Lilly Library, Universidade de Indiana, Bloomington (daqui em diante RC); "Esboços, junho de 1948 – ensaio", Caixa 9, Série V, MC. Ver Comfort, 2001, cap. 6, para mais detalhes.

dele sobre os pseudo-alelos – famílias de genes que atuam com funções relacionadas – a fascinara. Luria ficou de posse de uma longa carta de McClintock a Stephens em que ela não só resumia os seus recentes achados, mas também elaborava sua teoria dos genes mutáveis. Quando Muller ouviu a apresentação de Luria no seminário, ficou tão excitado que se precipitou sala afora e dirigiu-se diretamente à Western Union (companhia de telégrafo): "Tentei telegrafar-lhe logo depois", escreveu-lhe, "mas a agência telegráfica estava, evidentemente, fechada, de modo que estou lhe enviando isto agora"[22]. Ele congratulava-se com Barbara pela "magnífica realização", pela resolução do velho problema dos genes mutantes – "ao menos no milho". McClintock respondeu-lhe com um exemplar anotado de seu relatório Carnegie, prestes a ser publicado, que ela redigira no mês de agosto, com fotos que ilustravam algumas das amostras de sementes e folhas produzidas pelas unidades de controle[23].

Por volta de 1950, ela havia ampliado sua teoria ainda mais. Adotando uma idéia então em voga entre os geneticistas, argumentava que tais elementos móveis eram feitos de heterocromatina, um tipo de material cromossômico com manchas escuras, associado ao bem conhecido fenômeno denominado efeito de posição[24]. Desde 1923, sabia-se que os genes localizados perto da heterocromatina tinham sido silenciados[25]. Esse efeito foi percebido quando um movimento em larga escala, qual uma translocação ou uma inversão, trouxe um gene para perto da heterocromatina. McClintock inverteu o mecanismo e trouxe a heterocromatina para perto dos genes, em vez do caminho contrário. Seus elementos móveis – raciocinou ela – devem ser minúsculos pedaços de heterocromatina, investidos de algum modo com o poder de movimento. Pulando para dentro e para fora dos genes, o *Ds* e o *Ac* poderiam inibir e desinibir a ação do

22. Muller para McClintock, 27 de outubro de 1948, Muller Correspondence, Lilly Library, Universidade de Indiana, Bloomington (daqui em diante LL).
23. McClintock para Muller, 12 de novembro de 1948, Muller Correspondence, LL.
24. Para uma história interna do efeito de posição, cf. Carlson, 1966, cap. 13-15; Dunn, 1965, p. 162-163.
25. Sturtevant e Morgan, 1923; Sturtevant, 1925.

gene. Assim, ela se afastou com dois saltos da teoria aceita da heterocromatina: suas submicroscópicas peças de heterocromatina moveram-se na direção dos genes, em vez de levar os genes a virem na direção delas; e esse movimento era sistemático e não aleatório.

Considerar tais elementos como controlados levou a cientista a uma solução de um problema que estava fora do domínio da corrente principal da genética dos anos de 1940. Os embriologistas, por muito tempo, permaneceram intrigados com a relação entre a genética e o desenvolvimento biológico. A genética convencional tratava os genes como se fossem unidades autônomas, com uma ação binária liga/desliga. Já os embriologistas haviam provado que todas as células do corpo provinham de um único progenitor e deveriam, portanto, compartilhar do mesmo conjunto de genes. Se todas as células têm os mesmos genes e estes estão sempre "ligados", como é que o organismo produz diferentes tecidos? Os embriologistas procuraram a resposta fora do núcleo: argumentavam que o citoplasma deveria afetar a ação do gene. Diferentes ambientes celulares produziriam diferentes exemplos de atividade do gene, resultando na diferenciação dos variados tecidos durante o desenvolvimento[26].

McClintock estava familiarizada com o problema da embriologia. Seu interesse inicial na biologia havia sido a zoologia e a embriologia, e, em 1932, ela fora a Berlim para trabalhar com o iconoclástico Richard Goldschmidt, cuja *Genética Fisiológica*, datada de 1938, tentaria conciliar a embriologia e a genética[27]. Embora as investigações de Barbara McClintock, desde os anos de 1930, a tivessem conduzido para longe de tais questões, ela viu-se, uma vez mais, defronte ao problema da ação do gene durante o desenvolvimento. Era uma questão que a maioria dos geneticistas considerava, na época, insolúvel. O grande geneticista Thomas Hund Morgan era citado com a afirmação: "Com exceção do caso raro da hereditariedade do plastídio [i. e., do cloroplasto que possuía, como se sabia então, o seu próprio genoma] [,] todos os caracteres conhecidos podem ser sufi-

26. Ver Sapp, 1987, cap. 2 e 3; 1994; Gilbert, 1978.
27. Goldschmidt, 1938. Acerca deste autor, cf. Dietrich, 1995, p. 436-438; 1996; Gilbert, 1988.

cientemente esclarecidos pela presença de genes em cromossomos. Numa palavra, o citoplasma pode ser ignorado geneticamente"[28].

McClintock tomou de empréstimo dos embriologistas um problema, mas, ao contrário deles, procurou dentro do núcleo a base da regulação do gene. Suas pequeníssimas porções de heterocromatina móvel poderiam constituir-se em um meio para controlar a ação do gene. Para que isso ocorresse, as transposições deveriam ser não aleatórias; algo tinha de controlá-las. A maneira pela qual a ação normal do gene nas plantas, por ela pesquisadas, parecia ter sido desestabilizada, sugeria-lhe que um tal sistema de controle existia realmente, e que ela o havia inadvertidamente rompido durante o experimento de 1944. Numa louca explosão de cartas a Marcus Rhoades, na primavera de 1950, McClintock delineou uma teoria daquilo a que se referira no início como "unidades controladoras" e, mais tarde, como "elementos controladores"[29].

Recepção

Foi essa teoria do controle genético por transposição, mais do que a transposição *per se*, que se defrontou com a resistência da comunidade de geneticistas. A transposição parece ter sido acolhida quase que de imediato e, em grande parte, com confiança. Essa situação ocorreu algum tempo depois que Barbara McClintock tornou público os seus dados. Deliberadamente, ela os reteve no primeiro artigo sobre o fenômeno que apareceu impresso em revista, nos *Proceedings of the National Academy of Science* (PNAS), em 1950. Enquanto preparava este artigo, ela explicou a Marcus Rhoades que, "Eu gostaria muito de ver essa informação distribuída por aí enquanto se encontra no estado em que está, sem passar por uma

28. Morgan, 1926, mencionado em Sapp, 1944, p. 231.
29. McClintock para Rhoades, 3 de março de 1950, 4 de março de 1950, 3 de abril de 1950, 12 de abril de 1950, Pasta 21, Caixa 12, RC.

discussão pormenorizada com todos os dados"[30]. O artigo de 1950 apresentava-se de fato surpreendentemente livre de dados. Não continha tabelas, nem fotografias, nem estudos com microscópio, nem diagramas. Ela resumiu seus achados em forma de narrativa, acreditando que seu leitor confiaria nela. Planejava oferecer um pleno relato com todos os dados, e chegou até a redigir vários capítulos de uma grande monografia que nunca completou. Apenas Rhoades e seus alunos chegaram a vê-la[31].

O artigo de McClintock para o Simpósio de Cold Spring Harbor, no ano seguinte, convenceu os seus colegas no que se refere à transposição. Trata-se de um trabalho que é uma pedra angular da versão oficial da história desta pesquisadora, sendo crucial para aceitação da idéia de que a transposição era prematura. Essa narrativa oficial sustenta que a cientista ficou surpresa e desapontada com a recepção dada ao seu trabalho acerca dos elementos móveis. A comunicação – escreve Keller – foi recebida com um "silêncio pétreo. Com uma ou duas exceções, ninguém entendeu nada"[32]. O "desapontamento [de McClintock] deve ter sido enorme", prossegue Keller[33]. Sua interpretação proveio de uma citação de McClintock que, numa entrevista de 1979, declarou: "Constituiu simplesmente uma surpresa para mim que eu não pudesse comunicar [a minha teoria]; constituiu uma surpresa que estivesse sendo ridicularizada ou estivessem me dizendo que eu estava realmente louca"[34].

Seja como for, em 1951 McClintock não alimentava esperança de que sua teoria fosse compreendida[35]. Apenas um ano antes, ela comentara com Marcus Rhoades que não ficava à vontade realizando tão especulativo "mergulho na profundeza"[36], porém sentia-

30. McClintock para Marcus Rhoades, 3 de abril de 1950, Pasta 21, Caixa 12, RC.
31. Estes capítulos podem ser encontrados na Rhoades Collection na Lilly Library da Universidade de Indiana e na McClintock Collection da American Philosophical Society Library.
32. Keller, 1983, p. 139.
33. Ibidem.
34. Idem, p. 140.
35. Por exemplo, McClintock para Rhoades, 3 de abril de 1950; McClintock para Rhoades, 6 de julho de 1950, Pasta 21, Caixa 12, RC.
36. McClintock para Rhoades, 6 de julho de 1950, Pasta 21, Caixa 12, RC.

se com bastante força para afirmar que a genética necessitava de uma sacudida e que ela iria à frente com este propósito. No espírito da pesquisadora, o artigo de Cold Spring Harbor significava também um argumento a favor do controle genético. Tratava-se, diria ela mais tarde, "de um trabalho muito importante de certo modo em que tentei expor que os genes deviam ser controlados"[37]. Embora o encontro de 1951 tivesse lhe deixado a lembrança de um forte desapontamento, torna-se claro que McClintock desenvolveu esse sentimento de pesar numa compreensão tardia daquilo que ela deveria ter feito antes.

Na versão oficial, ninguém da audiência, no simpósio de 1951 de Cold Spring Harbor, possuía um conhecimento tão cabal do milho quanto esta pesquisadora[38]. Talvez sim, mas o recinto estava repleto de cientistas cujo entendimento era suficiente para avaliar os argumentos de McClintock. Muitos já tinham ouvido falar dela, antes, acerca da história do gene mutável, e conversado longamente com ela sobre o tema, bem como visto seus *slides* e as amostras dos grãos. Ainda que o número de geneticistas do grão e da mosca da fruta fosse menor do que em anos anteriores, eles estavam representados por alguns dos líderes na matéria, entre os quais figuravam L. F. Randolph, Lewis Stadler, Jack Schultz e Milislav Demerec. A maioria dos drosofilistas da época possuía, ao menos, uma ligeira familiaridade com a literatura e com os pesquisadores do milho. Investigadores do milho e da mosca da fruta formavam comunidades irmãs, que haviam crescido juntas e que, por volta dos anos de 1950, estavam envelhecendo juntas: seus organismos eram o cerne daquilo que rapidamente veio a ser a genética clássica.

A genética ainda era um campo bastante restrito, de modo que até geneticistas dedicados ao estudo das bactérias e dos vírus podiam estar familiarizados com as pesquisas do milho. Joshua Lederberg e seu aluno Norton Zinder, por exemplo, foram para Cold Spring Harbor, vindos de Madison, Wisconsin – recordava Zinder,

37. McClintock, 1980.
38. Por exemplo, Keller, 1983, p. 145; Dash, 1991, p. 90.

anos mais tarde –, e não apenas eles, mas outros geneticistas bacteriologistas foram convocados aos trigais e milharais, não só para ajudar durante o plantio ou a colheita, mas também para se familiarizar com as análises e os argumentos dos geneticistas do milho[39]. Milislav Demerec, diretor dos laboratórios de Cold Spring Harbor, estava naquela época trabalhando primordialmente na genética bacteriológica, mas já havia se dedicado à *Drosophila* durante anos e tinha treinamento no domínio da genética do milho. Conversas cruzadas entre as subdisciplinas estavam largamente difundidas. Muitos, na audiência da palestra de McClintock, mantinham outras conexões com ela ou com a genética do milho e, ao menos em termos gerais, tinham conhecimento dos novos achados da cientista no tocante aos genes mutáveis. No todo, mais trinta participantes do simpósio de 1951 possuíam, sabidamente, ou pode-se supor com segurança, familiaridade pelo menos com os resumos do recente trabalho de McClintock[40].

Um deles, Royal Alexander Brink, já observara, ele mesmo, a transposição em suas próprias plantas de milho. Em 1950, Robert A. Nilan, seu orientando, mostrara que um elemento móvel como o *Ac* de McClintock era responsável pela variegação em outro *locus*, aliás, bem conhecido, o *locus P* (pericarpo). Brink e Nilan deram o nome a esse novo elemento de "modulador", um termo de caráter mais descritivo, julgaram eles, do que o termo "controlador" de McClintock. Nilan defendeu sua tese na primavera de 1951 e ele, com seu orientador, publicou o trabalho em 1952[41]. Neste artigo, fizeram notar que o modulador conformava-se "em certos aspectos também ao comportamento genético dos *loci* mutáveis... engenhosamente analisados por McClintock (1950)"[42].

39. Zinder, 1996.
40. A lista inclui Edgar Altenburg, David Bonner, Royal A. Brinck, Vernon Bryson, Ernst Caspari, Harriet Creighton, Milislav Demerec, E. H. Dollinger, Margaret Emmerling, Boris Ephrussi, Harriet Ephrussi-Taylor, Bentley Glass, Richard Goldschmidt, Alfred Hershey, Rollin Hotchkiss, Esther Lederberg, Joshua Lederberg, Ed Lewis, Salvador Luria, Hermann J. Muller, Kenneth Paigen, L. F. Randolph, Ruth Sager, Tracy Sonneborn, Lewys Stadler, S. G. Stephens, Patricia St. Lawrence, Waclaw Szybalski, Martha Taylor, Bruce Wallace, Evelyn Witkin e Norton Zinder.
41. Nilan, 1951; Brink e Nilan, 1952.
42. Brink e Nilan, 1952.

Conquanto Brink, claramente, não duvidasse da realidade da transposição, tampouco aceitava a interpretação de McClintock a respeito dos elementos móveis como controladores do desenvolvimento. Se, de um lado, sua admiração por ela jamais enfraquecesse, o certo é que, de outro lado, ele debateu com a cientista, durante toda a década de 1950, a interpretação que ela dera ao fenômeno. Num discurso de formatura, em 1960, argumentou que o desenvolvimento controlava a transposição mais do que o contrário. Podia-se, escreveu ele, "inverter o argumento de McClintock sobre o controlador, sem comprometer os fatos, e assumir que aquilo que ela considera como causas primárias são, elas próprias, efeitos"[43]. Segundo um dos antigos alunos de Brink, este questionava aquilo que ele encarava como uma interpretação excessivamente especulativa dos "elementos controladores". Ele adotou o termo "elementos transponíveis" a fim de contrastar suas concepções com as da pesquisadora[44]. O ponto de vista de Brink, a interpretação mais conservadora, foi amplamente adotado.

Em 1953, a transposição era de novo confirmada. O jovem geneticista do milho, Peter Peterson, de Iowa, trabalhando com linhagens de milho irradiadas pelas explosões atômicas no atol de Bikini, descobriu outro elemento transponível, ao qual deu o nome de *En* (iniciais de *enhancer*), na verdade um elemento intensificador[45]. O elemento *En* operava no *locus* verde-claro e era claramente diferente dos elementos de McClintock. Todavia, Peterson, como Brink, evitou o emprego da palavra "controlador" da terminologia da cientista.

Em entrevistas concedidas durante a década de 1990, certo número de cientistas expressou perplexidade em face da teoria do controle desenvolvimental de McClintock, mas manifestou acolhida total à transposição. "Ela estava falando da regulação e do desenvolvimento", disse Zinder, em 1996. "É por isso que ela [estava aborrecida conosco], e ninguém queria levar a sério o fato. *Todo mundo* levou a sério a transposição. O que ela pretendia era que a transpo-

43. Brink, 1960.
44. Kermicle, 1996; Brink, 1960.
45. Peterson, 1953.

sição fosse o controle regulador do desenvolvimento. E ninguém, ou pelo menos os mais brilhantes geneticistas ali presentes, conseguiu entender como processos estocásticos poderiam realmente estar envolvidos em algo tão organizado como os estágios reguladores desenvolvimentais"[46]. Essa reação, que se repetiu em muitas entrevistas, veio de maneira espontânea e era inesperada. Não constitui parte da história padrão a respeito de McClintock.

Em 1953, a cientista demonstrou que um elemento transponível ou controlador poderia causar mutabilidade no *locus Pontilhado* de Rhoades[47] e, no ano seguinte, ela descobriu um novo elemento controlador que cognominou de *Supressor-mutacional* (o qual – como se verificou posteriormente – era idêntico ao *En* de Peterson). Embora a transposição não tivesse sido confirmada fora do milho, constituiu, por volta dos anos de 1950, um fenômeno bem estabelecido, com ampla evidência experimental. Se ela era geral para todos os organismos – e se era adaptativo – isso remanesceu uma questão aberta.

McClintock não foi ignorada no decurso das décadas de 1950 e 1960. Convidaram-na a proferir numerosas palestras e preleções válidas como cursos semestrais, em prestigiosas universidades, entre elas o Institute of Technology da Califórnia, para estudantes de pós-graduação em biologia[48]. Ela prelecionou em importantes universidades durante os anos de 1950 e 1960, inclusive nas grandes escolas de agricultura do Meio-Oeste americano, e em inúmeras outras da costa leste, pertencentes à Ivy League. Cada uma dessas conferências concernia ao controle genético, à ação genética ou à regulação desenvolvimental; nenhuma enfocava exclusivamente o fato e o mecanismo da transposição[49]. O seu trabalho sobre o gene mutável era citado nos principais artigos de resenha crítica, assim como no discurso de despedida proferido pelo geneticista do milho, Lewis Stadler, em 1954, e em pelo menos

46. Zinder, 1996.
47. McClintock, 1953.
48. "Conferências no Caltech 1954", Caixa Cromossomo-Ac, Série III, MC.
49. As notas acerca da conferência estão guardadas na série III, MC.

quatro manuais de genética[50]. J. A. Peters incluiu o artigo que ela apresentou em 1950, no PNAS, na antologia que organizou em 1959, reunindo trabalhos clássicos da genética, *Classic Papers in Genetics* (Artigos Clássicos em Genética)[51]. Certo número de cientistas, sobretudo jovens pesquisadores, começou a empregar os elementos controladores de McClintock em seus próprios experimentos[52]. Em suma, o argumento dela foi ouvido, seus dados foram aceitos, mas sua interpretação foi objeto de dúvida.

Virando molecular

O argumento em favor da prematuridade requer afinal que uma descoberta "amadureça" ou venha a ser aceita entre cientistas. A versão oficial da história de McClintock sustenta que, depois de ignorada por um longo período, os biólogos moleculares, por fim, descobriram a transposição em seus próprios organismos de estudo e compreenderam que a pesquisadora estivera com a razão o tempo todo. A evidência para esta aparente reviravolta parece notável. Em 1976 foi organizado um encontro em Cold Spring Harbor tendo como tema os elementos de inserção, plasmódios e epissomos, e nele foram consignados especiais deferências e reconhecimentos a McClintock. Citações dos trabalhos dessa pesquisadora começaram a crescer (ver tabela 13.1). As suas quatro principais publicações, da década de 1950, foram mencionadas num total de setenta vezes entre 1970 e 1974, 166 vezes entre 1975 e 1979, e 308 vezes entre 1980 e 1984. As duas revisões críticas dos simpósios que ocorreram em 1951 e 1956, em Cold Spring Harbor, por ela apre-

50. Stadler, 1954, p. 818. Os compêndios sobre genética incluem Serra, 1965, p. 454; Sager e Ryan, 1961; King, 1962, p. 187-188; Srb et al., 1965, p. 341.
51. Peters, 1959.
52. Alguns exemplos da literatura do milho, que empregam ou consideram elementos controladores, incluem Nuffer, 1955, 1961; Emmerling, 1958; Laughnan, 1955; Schwartz, 1960a, b, 1962; Fabergé, 1958; Manglesdorf, 1958, p. 419; Coe, 1962; Nelson, 1959.

sentadas, representam 85% das 308 menções verificadas nos anos de 1980 a 1984, e respondem pela maior parte do incremento das referências a partir de 1970[53]. É impressionante notar que as citações de seu artigo de 1953, trabalho em que a geneticista julgava haver demonstrado de modo conclusivo sua teoria do controlador, não sofreu acréscimos entre o ano de 1970 e o de 1984, e foi responsável por exatamente 2% do total das menções entre os anos de 1980 e 1984. Cinco anos mais tarde, em 1981, ela conquistou um grande número de prêmios importantes, seguidos, dois anos mais tarde, pela láurea mais prestigiosa em ciência, um prêmio Nobel não compartilhado, na categoria de fisiologia ou medicina. Após décadas, durante as quais, segundo sua própria confissão, declinou de convites para publicar artigos por achar que ninguém lhe estava dando ouvidos, essa seqüência de prêmios e honrarias marcou, de fato, notável mudança de fortuna[54].

Entretanto, subjacente à superfície dos eventos, há uma história, ao mesmo tempo, mais simples e mais complexa. Mais simples, na medida em que a concepção de consenso sobre o trabalho de McClintock não mudou em substância. E mais complexa, na medida em que os biólogos moleculares ulteriores redefiniram a transposição de modo que ela entrou em consonância com a teoria contemporânea, rejeitando a interpretação da cientista e adotando uma nova. Com essa redefinição, a transposição – mas não o controle desenvolvimental por transposição – entrou no cânone dos fatos biológicos aceitos.

O controle genético tornou-se canônico com o modelo *operon* do gene, de François Jacob e Jacques Monod. O *operon* – proposto em 1961, por Jacob, Monod, André Lwoff, Elie Wollman, e outros do Instituto Pasteur de Paris – era parte de um largo corpo de trabalhos sobre os assim chamados vírus bacterianos temperados, ou bacteriófagos. Em contraposição com os fagos virulentos, estudados pelo famoso grupo americano do fago, os fagos temperados se lisogenizam

53. Os números tabulados foram extraídos do *Science Citation Index*. Os quatro artigos mencionados são McClintock, 1950b, 1951, 1953 e 1956.
54. McClintock, não datado.

ou se integram na hoste de cromossomos e permanecem dormentes. O modelo *operon* oferece um mecanismo simples e linear para o controle genético (ver fig. 13.3). Este coloca um gene estrutural, responsável pela produção de uma proteína, flanqueado por regiões controladoras. Proteínas especiais, unidas às regiões controladoras, para ligar e desligar o gene, regulando a respectiva produção de proteína. O impacto da descoberta do *operon* foi imediato e imenso. Desencadeou uma lufada de novas pesquisas e trouxe aos seus descobridores um prêmio Nobel em 1965, exatamente quatro anos após a publicação da descoberta. De qualquer modo, o *operon* foi rapidamente integrado ao cânone dos fatos aceitos.

TABELA 13.1: *Número de citações dos mais importantes artigos sobre transposição de McClintock, em intervalos de cinco anos, de 1970 a 1984.*

	Fonte				
	Anais da Academia Nacional de Ciência (1950)	*Simpósio de Cold Spring Harbor (1951)*	*Genetics (1953)*	*Simpósio de Cold Spring Harbor (1956)*	*Total*
1970-1974	0	32	6	32	70
1975-1979	23	72	2	69	166
1980-1984	38	141	6	123	308

Quando Jacob e Monod publicaram o modelo *operon*, McClintock "foi ao céu" com deleite[55]. Ela achou que a comunidade de estudos bacteriológicos reconhecera finalmente a realidade da regulação genética. O modelo *operon* não continha nenhuma transposição, mas isso era para ela desimportante. "Não havia transposição" nas paralelas entre elementos controladores e o *operon*, disse a geneticista. "A coisa principal era o controle... Eles mostraram que havia um con-

55. McClintock, 1980.

trole"[56]. McClintock publicou um artigo no *American Naturalist*, em 1961, descrevendo tais paralelos[57]. A fim de ganhar aceitação para a sua teoria, ela chamou por algum tempo seus elementos de "operadores" e "reguladores"[58]. Jacob e Monod reconheceram o trabalho de McClintock, mas argumentaram que os seus elementos eram mais provavelmente exemplos de "epissomos" – elementos não cromossômicos que estão ligados aos cromossomos – do que partes dos próprios cromossomos[59].

Ironicamente, foi o *operon* e o gene bacteriano a ele relacionado, e não o modelo de McClintock, que deu origem à moderna concepção da transposição. Um dos problemas centrais que emergiu do *corpus* do Instituto Pasteur era o da integração dos vírus temperados como o bacteriófago λ no cromossomo hospedeiro. Será que o vírus se inseria no genoma hospedeiro ou continuava sendo um epissomo distinto? Caso se inserisse, seriam a inserção e a excisão a mesma reação molecular a correr em direções opostas, ou seriam processos distintos? Em 1959, e possivelmente mais tarde, Jacob argumentaria que o λ atuaria como um epissomo "fisgando" o cromossomo mais do que se inserindo nele[60]. Em 1962, contudo, Allan Campbell considerou que o λ se inseria, do mesmo modo que os elementos controladores de McClintock pareciam fazer[61]. Isto se tornou conhecido como o "modelo Campbell" de integração epissômica.

56. Ibidem.
57. McClintock, 1961.
58. Reunião da equipe, de 28 de novembro de 1960, Pasta "Conferências de Cold Spring Harbor", Caixa "Cromossomo Const. de R. de M. – Ms. #5" – Dis. & Char. of Trans. El. #1, Série III, MC; McClintock para Oliver Nelson, de 15 de abril de 1965; McClintock para Oliver Nelson, de 28 de março de 1968, Pasta "Nelson, O. E. #1", Caixa "Mo – Ne", Série I, MC.
59. Jacob, 1959; Jacob e Monod, 1961a, c; Horace Freeland Judson (1996, p. 445) disse que Monod lhe contara que havia cometido uma infeliz omissão ao não citar McClintock no resumo ampliado da conferência proferida por eles (Jacob e Monod 1961b).
60. Jacob, 1959, p. 14.
61. Campbell, 1962.

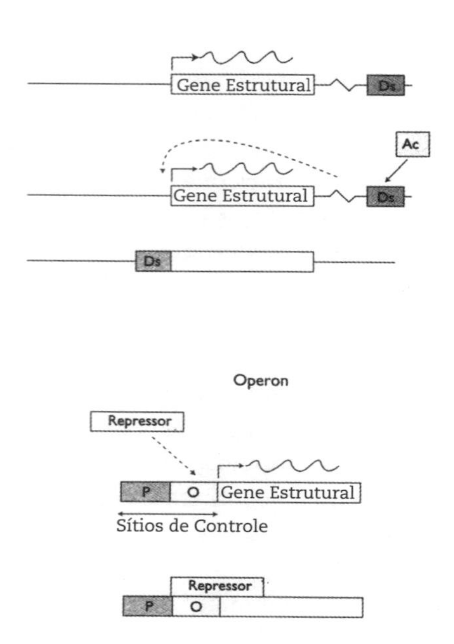

Figura 13.3: *Elementos de Controle*

Entre 1967 e 1969, dois grupos de cientistas, estudando o *operon* para o gene *gal* (galactose) na bactéria *E. coli*, descobriram mutações que só conseguiriam explicar postulando que segmentos de DNA foram inseridos no genoma à montante (enquanto a polimerase flui) a partir do gene que sofreu mutação[62]. O modelo de Campbell foi invocado para explicar como esses elementos poderiam integrar-se no cromossomo bacteriano. Tais elementos ficaram conhecidos como elementos de seqüência de inserção (SI), ou simplesmente elementos de inserção. Mais tarde, eles foram identificados, graças ao microscópio eletrônico e, no começo dos anos de 1970, isolados pelo emprego de novas técnicas relacionadas à tecnologia do DNA recombinante. Só então, em 1972, os elementos de inserção foram

62. Adhya e Shapiro, 1969; Shapiro, 1969; Jordan et al., 1967; Jordan e Saedler, 1967.

reconhecidos como sendo os elementos de transposição e superficialmente similares aos de McClintock[63].

Em contraste com o interesse dessa cientista pelas camadas de regulação e execução do programa desenvolvimental, os pesquisadores do elemento de inserção concentraram-se nas seqüências do DNA. Sua definição operacional da transposição era mais mecânica e menos interpretativa do que o modelo do elemento controlador de McClintock. Este era facilmente aplicável a outros problemas e observações, e gerou muitos novos experimentos. Que seqüências os elementos de inserção reconhecem? Que sítios vinculantes eram usados pelas enzimas que cortam e grudam os elementos? Por volta dos meados da década de 1970, os elementos de inserção foram reconhecidos como uma "ferramenta" padrão que as células utilizavam para mover pedaços de DNA ao redor do genoma.

Pesquisadores, trabalhando em vários organismos, verificaram logo que essa ferramenta era surpreendentemente adaptável. Em 1974 e 1975, cinco grupos de investigação publicaram artigos em que ligavam elementos de inserção à transferência de genes resistentes a antibióticos entre cromossomos bacterianos e anelzinhos extra-cromossômicos de DNA, denominados plasmídeos[64]. Verificou-se que os genes resistentes estavam ensanduichados entre elementos de inserção. Estes se excisavam do plasmídeo e inseriam-se no cromossomo, levando com eles os genes resistentes. Nenhum dos cinco grupos citou McClintock em seus primeiros artigos sobre a transposição.

Os vírus também poderiam ser transponíveis. O fago μ, um bacteriófago descoberto em 1963 por A. L. Taylor, diferia da maior parte dos fagos temperados por causar mutações em seu hospedeiro e por poder integrar-se em múltiplos sítios no cromossomo bacteriano[65]. Em fins de 1960, um pequeno grupo de "muologistas"

63. Starlinger e Saedler, 1972; Malamy et al., 1972. O grupo de Szybalski estava colaborando com o de Shapiro. Neste ano, portanto, ambas as descobertas originais dos elementos de inserção expressaram reconhecimento a McClintock.
64. Kleckner *et al.*, 1975; Berg et al., 1975; Heffron et al., 1975; Hedges e Jacob, 1974; Gottesman e Rosner, 1975.
65. Taylor, 1963; Toussaint, 1987, p. 3.

(estudiosos do fago μ) aglutinara-se e começara a explorar o uso do μ para abordar alguns dos problemas de excisão e inserção do DNA[66]. Embora Taylor tivesse tomado conhecimento dos trabalhos de McClintock e divisado paralelos entre as grandes linhas dos elementos controladores propostos pela pesquisadora e o novo vírus por ele detectado, os muologistas estavam imersos nos mecanismos moleculares de corte e aglutinação do DNA. A conexão entre o μ e os elementos controladores dissolveu-se em meados dos anos de 1960 e, por volta da década de 70, uma nova conexão emergiu entre o μ e os elementos de inserção. O fago μ empregava seqüências de elementos de inserção para integrar-se ao cromossomo hospedeiro. Em 1976, o muologista Ahmad Bukhari chamou o μ de um "elemento de transposição"[67].

Geneticistas da levedura usaram elementos de inserção para explicar o complicado problema da mudança do tipo sexual de levedura. Sabia-se, desde os anos de 1960, que o fermento podia "mudar o sexo" de (+) para (-). Em 1977, o pesquisador chefe Ira Herskowitz, juntamente com Jeffrey Stratherm e James Hicks, na Universidade de Oregon, propôs para a mudança do tipo sexual da levedura um modelo "cassete"[68] (Note-se que cassete significa um elemento do DNA relacionado à mudança de sexo em levedura. Quando esse segmento de DNA (cassete) é transposto, o sexo muda)*. O modelo cassete continha a transposição, mas não elementos controladores. No modelo deles os genes (+) e os (-) eram cassetes de transposição de DNA distintos, inseríveis na frente de um gene regularizador. Dependendo do cassete no qual fosse inserida no sítio regularizador, a célula de lêvedo assumiria um tipo de acasalamento (+) ou (-). Flanqueando os cassetes havia um elemento de inserção do tipo seqüência de DNA que parecia mediar os eventos de inserção e excisão. Hicks, Strathern e Herskowitz citaram propostas anteriores que mencionavam McClintock, bem como geneticistas bacteria-

66. Toussaint, 1987, p. 3.
67. Bukhari, 1976.
68. Hicks et al., 1977.
*. Contribuição, para esclarecimento de termos técnicos, da Dra. Eliana Dessen (I.B. da USP).

nos que trabalhavam com a excisão e a inserção, mas não a própria McClintock. Um dos primeiros artigos dos três citava McClintock[69], porém unicamente para reconhecer o uso, feito por Yashi Oshima e Isamu Takano, dos elementos controladores como um conceito estabelecido por ela; Hicks e Herskowitz argumentaram que o modelo de elemento controlador não explicava todos os dados disponíveis. Uma vez mais, a conexão transiente aos elementos de McClintock estava presente nos fundamentos desse modelo, mas dissolvera-se na época em que o próprio modelo fora elaborado.

Em 1976, McClintock foi indicada pela primeira vez para o prêmio Nobel. Nessa época, vários laboratórios de biologia molecular haviam feito uma ligação entre elemento de inserção-transposição mediada e elementos controladores de McClintock. Entretanto, o trabalho dela era entendido, sobretudo, no quadro de um controle desenvolvimental no qual a própria pesquisadora o havia enquadrado. Como precursora do modelo molecular de regulação genética bacteriana de Jacob e Monod, o modelo da cientista americana ainda parecia insuficientemente convincente. Um crítico contestou a indicação do nome de McClintock para o prêmio Nobel, alegando que o trabalho dela não explicava o controle genético em organismos superiores com a mesma clareza que a obtida na bactéria[70].

No mesmo ano, o trabalho de McClintock começou a ser refundido. As linhas independentes de pesquisa da transposição molecular foram unificadas em 1976 numa reunião em Cold Spring Harbor, cujos anais vieram a público em 1977[71]. Como resultado das conversações sobre plasmídeos ocorridas em um encontro em Squaw Valley, Califórnia, no ano anterior, organizado por Jim Shapiro e Sankhar Adhya, uma das primeiras equipes a trabalhar o elemento-inserção, e o muologista Ahmad Bukhari[72]. Uma vez que o encontro iria realizar-se em Cold Spring Harbor, McClintock foi convidada como conselheira. Por volta desta época, os geneticistas

69. Hicks e Herskowitz, 1977.
70. Wettstein, 1999.
71. Shapiro et al., 1977.
72. Shapiro, 1992, p. 214.

bacterianos, do vírus e do fermento, haviam reconhecido paralelos entre os trabalhos deles e os dela. Pelo menos desde os anos de 1960 ela vinha argumentando que uma interpretação molecular da transposição seria eminente e necessária antes que fosse possível alcançar qualquer entendimento pormenorizado sobre o mecanismo do processo[73]. No entanto, provavelmente, foi ela quem sugeriu o convite a vários geneticistas clássicos que trabalhavam com elementos móveis[74]. Neste encontro, McClintock apresentou um artigo e foi objeto de agradecimentos no prefácio do volume que reuniu os trabalhos. Porém declinou de sua participação com um artigo no referido volume[75].

Esse encontro selou um reconhecimento explícito das conexões entre essas diferentes áreas e constituiu um esforço deliberado para edificar uma nova subdisciplina em torno dos elementos transponíveis. Uma equipe de geneticistas bacterianos, liderada por Allan Campbell, definiu os elementos de transposição como "segmentos de DNA que podem ser inseridos nos vários sítios em um genoma"[76]. O termo "transposon" foi adotado como um sinônimo, dando aos elementos um elegante anel bacteriano. A definição é surpreendente tanto por sua generalidade como por seu mecanismo: um elemento de transposição é simplesmente uma peça móvel de DNA. Ele nada diz acerca do que os elementos de transposição fazem, ou por quê; e, embora incluísse os elementos controladores de McClintock, incorporava muitos fenômenos além daqueles elementos: vírus, epissomos, cassetes de fermento e elementos de inserção. Mais ainda, a própria transposição era um conceito mais amplo do que fora antes. A transposição podia incluir não somente a excisão e a reinserção físicas de um segmento cromossômico como também, na concep-

73. Barbara McClintock para Mel Green, 13 de fevereiro de 1967, Pasta "Green, MM", Caixa "Cat – G"; McClintock para Oliver Nelson, 20 de março de 1968, Pasta "Nelson, O. E. #1", Caixa "Mo – Ne", Série I, MC.

74. Green, 1967, 1969; Peterson, 1953.

75. Programa da conferência, "Inserções do DNA", de 18 a 21 de maio de 1976, Laboratório de Cold Spring Harbor, N. Y. Cortesia de David Stewart, Laboratório de Cold Spring Harbor, N. Y.; Shapiro, 1997.

76. Campbell et al., 1977, p. 16.

ção original de McClintock, uma transposição "replicativa" – em que o transposon permanece em posição, mas deposita uma cópia dele próprio no novo sítio – e, mesmo, a inserção de DNA forâneo que originalmente não era parte do cromossomo.

A nova definição despojou os elementos de transposição das conotações funcionais, que para McClintock eram de importância primordial. Sentimentalmente, o relatório lhe creditava a expressão "elementos transponíveis"[77] – o termo que Brink utilizou para distinguir a sua interpretação da aventada pela pesquisadora. Que tenha sido creditado a ela a expressão, isto, sem dúvida, reflete o fato de que McClintock era a cientista mais famosa e brilhante, de que nos idos de 1970 muitos dos que trabalhavam no novo campo dos elementos de transposição eram seus amigos ou acólitos, e de que, talvez, ela tenha sido, e não Brink, o precursor residente em Cold Spring Harbor.

Nos três anos seguintes a pesquisa sobre os elementos de transposição ampliou-se ainda mais. O modelo sobre a mudança do tipo sexual de levedura (cassete) foi descrito com maior profundidade[78]. Em 1979 e 1980, o geneticista do fermento Gerald Fink, da Universidade de Cornell, publicou sua descoberta de um transposon que afetava a atividade de um gene de uma proteína histona, chamando-a de Ty1, o correspondente a "yeaste transpososn one", ou seja, "transposon do lêvedo um"[79]. De acordo com Fink, sua busca de elementos de transposição no lêvedo foi sugerida por McClintock[80]. Outro trabalho de um campo mais afastado também se lhe vinculou: verificou-se que os retrovírus – identificados na década de 1970 – se integravam no DNA hospedeiro por meio de um RNA intermediário. Pelo fato de se enquadrarem numa definição mais ampla de 1977, eles foram introduzidos ao redil. Além disso, os imunologistas haviam descoberto um complexo sistema de rearranjamentos de genes que levava à espe-

77. Idem, n. 1.
78. Hicks et al., 1979; Klar e Fogel, 1979; Nasmyth e Tatchell, 1980.
79. Greer e Fink, 1979; Roeder e Fink, 1980.
80. Fink, 1992, p. 283.

cificidade antígena das imunoglobulinas. Estas também foram consideradas elementos de transposição[81].

Por volta de 1980, os elementos de transposição converteram-se num novo domínio importante da biologia. Na qualidade de diretor do Laboratório de Cold Spring Harbor, James Watson escreveu que a realização de um simpósio em Cold Spring Harbor sobre elementos genéticos móveis era "inteiramente inevitável"[82]. A transposição penetrava agora em muitos campos da pesquisa básica, inclusive no da genética do fermento, das bactérias e dos vírus. Ele tocava em importantes considerações médicas, inclusive na resistência a antibióticos, no câncer (via retrovírus) e na imunologia. Estava mesmo ligada à área comercial e à política explosiva da tecnologia do DNA recombinante: transposons fabricados pelo homem estavam agora transportando genes de uma espécie para outra, produzindo quimeras genéticas e criando a possibilidade de fábricas biológicas para a produção de insulina e de outros produtos químicos, importantes do ponto de vista médico.

Em 1981, McClintock ganhou sete prestigiosas láureas e prêmios, entre os quais o Prêmio T. H. Morgan, uma bolsa vitalícia MacArthur, o Prêmio Wolf de Medicina e o Prêmio Lasker. Ela também foi de novo indicada para o Prêmio Nobel, porém sem êxito (uma vez que muitos dos eventuais premiados pela Academia sueca foram várias vezes indicados antes de conquistá-lo, o que sugere a força e não a fraqueza da reputação da cientista – ela era, no fim das contas, uma geneticista de plantas que disputava o prêmio de fisiologia ou medicina!). No ano seguinte, McClintock tornou a ser proposta para o Nobel. Num relatório de dezessete páginas, que justificava a sua indicação, o autor escreveu: "Desempenhem ou não as transposições dos elementos de cromatina descobertos por McClintock um papel na fisiologia de um organismo tal como a diferenciação, como foi sugerido por ela, isso

81. Cf. "Retroviruses as Insertion Elements" e "Rearrangements in Antibody Genes", em *Cold Spring Harbor Symposia on Quantitative Biology* 45 (1981). Howard Temin, co-descobridor da transcriptase reversa, mencionou os paralelos entre a transcriptase reversa e os elementos controladores já em 1970, embora os interpretasse frouxamente. Ver Temin, 1970.
82. Watson, 1981, p. XIII.

não pode ser decidido a esta altura"[83]. Em 1983, McClintock conquistou um Nobel não compartilhado em fisiologia ou medicina por "sua descoberta dos elementos genéticos móveis"[84].

Enquanto seus colegas tentaram vincular McClintock à regulação genética, ela não conseguiu ganhar honras maiores; só quando a transposição foi separada do controle genético, ela conquistou galardões por seu trabalho. Celebrando McClintock e a transposição, os cientistas descartaram a teoria que era tão importante para ela. Agora a transposição, universalmente aceita desde 1950 como um evento peculiar, restrito ao milho, foi aceita como um fenômeno de larga difusão e importância fundamental. A regulação desenvolvimental por elementos controladores, em contraste, foi tratada ceticamente a princípio e finalmente rejeitada por inteiro.

Conclusão

Nas décadas de 1940 e 1950, Barbara McClintock encontrava-se cabalmente conectada ao conhecimento canônico de seu período. Ela estava bem informada de toda a literatura genética, tinha ciência dos problemas correntes nesse campo e estava nele integrada por suas próprias interpretações e teorias. A rápida confirmação da transposição e a citação nos compêndios comprovam que este conceito havia sido incorporado imediatamente ao conhecimento em construção da genética do milho. Entretanto, seu entendimento da transposição como um mecanismo de regulação genética não foi integrado dessa maneira. McClintock nunca conseguiu persuadir mais do que a um punhado de seus colegas de que a transposição estava orquestrada em células normais de modo a determinar o destino dos tecidos em desenvolvimento. Até mesmo catorze anos após o Nobel

83. Wettstein, 1999.
84. Para um apanhado mais completo de McClintock e o prêmio Nobel, cf. Comfort, 2001a, cap. 9; Comfort, 201b.

que lhe fora outorgado, poucos cientistas aceitavam essa interpretação sobre o papel da transposição[85].

Para McClintock, elementos controladores e transposição constituíam uma só coisa. Ela não distinguia entre evidência e interpretação. Assim, se alguma parte de seu trabalho era posto em dúvida, a pesquisadora estava propensa a tomar isto como uma rejeição global. Seus colegas, porém, distinguiam entre evidência e interpretação. Aos olhos deles, Barbara era uma brilhante cientista que efetuara uma descoberta da maior importância. A transposição ocorre indiscutivelmente e é fundamental do ponto de vista biológico – em modos com os quais McClintock não poderia ter sonhado. Mas, na opinião de seus colegas, ela estendera em demasia as suas evidências, situando os achados no contexto de uma teoria especulativa. Nos anos de 1950, a teoria afigurava-se não dispor de suporte; subseqüentes evidências não conseguiam corroborá-la. Em suma, a transposição não era prematura por não se duvidar dela; sua teoria do controle genético não era prematura por não se acreditar nela.

Uma coda à prematuridade

Abordei com uma postura cética esse estudo sobre o conceito de prematuridade. Pareceu-me então, e ainda me parece, ser uma abordagem whiguista desta história. Parti para essa conferência com uma pressuposição de que nenhuma descoberta é prematura; cada uma delas é, por natureza, feita no seu tempo e pertence a seu tempo. Norton Zinder chegou à uma conclusão oposta, decidindo que *todas* as descobertas são prematuras, pois, do contrário, não seriam descobertas.

Parece-me que Zinder e eu poderíamos estar ambos certos, e aí reside o que se afigura ser o real problema no tocante à prema-

85. Poucos, mas não nenhum: ver, por exemplo, Martienssen, 1996; Martienssen e Richards, 1995.

turidade. Embora a narrativa de tipo padrão acerca de McClintock seja falsa, há modos em que os elementos controladores poderiam ser descritos como prematuros. Os cientistas que estavam por fora da genética do milho não descobriram a transposição senão vinte anos depois do achado de McClintock em 1948. A visão que a levou a integrar a genética ao desenvolvimento estava além do escopo da maioria dos geneticistas nos anos de 1950; tal integração só começou a ser realizada em fins de 1960[86].

E daí? Minha dificuldade com a prematuridade é metodológica e não teórica. Embora meus colegas, nesse simpósio, tenham me convencido de que, ao menos, algumas descobertas podem ser encaradas como prematuras, o benefício de semelhante ponto de vista para o historiador permanece, no meu entender, obscuro. Um viés a favor da prematuridade reforça a interpretação canônica da história. Faz com que as narrativas históricas pareçam não problemáticas. Leva qualquer pessoa a uma restauração heróica da história da ciência que converte os historiadores mais contemporâneos em cabeças na linha de tiro. A assunção da prematuridade torna desnecessária ou ao menos não óbvia a contextualização que constrói a boa história.

Há, entretanto, um modo no qual a prematuridade poderia ser útil aos historiadores: como uma espécie de hipótese nula. Aparentes exemplos de prematuridade servem como flamejantes bandeiras rubras a chamar os historiadores para olhar mais fundo nas interpretações aceitas. Que documentos podemos revelar, que vieses podemos detectar que nos permitam rejeitar a hipótese da prematuridade e colocar uma descoberta no contexto de seu tempo, lugar e idéias contemporâneas? Erigindo marcos indicadores para temas merecedores de estudos mais profundos, a prematuridade poderia promover uma boa e empírica história revisionista. Será que esta abordagem pegará? É muito cedo para se afirmar.

86. Ver Keller, 1995.

Agradecimentos

Este trabalho foi patrocinado pela National Science Fondation, pela Carnegie Institution de Washington, pela American Philosophical Society e pela Lilly Library da Universidade de Indiana. O autor deseja agradecer a Carol Greider, a Horace Freeland Judson, a Mark Lesney, a Steve Weiss e aos participantes do simpósio sobre prematuridade e descoberta científica pelos valiosos comentários a este trabalho e às conversações que o referido encontro ensejou.

Bibliografia

Adhya, S. L. & J. A. Shapiro. 1969. The Galactose Operon of *E. coli* K-12. I. Structural and Pleiotropic Mutations of the Operon. *Genetics* 62:231-47.

Arianrhod, R. 1992. Physics and Mathematics, Reality and Language. In: C. Kramarae & D. Spender (eds.). *The Knowledge Explosion: Generations of Feminist Scholarship*. New York: Teachers College Press.

Berg, D. E.; J. Davies; B. Allet & J. D. Rochaix. 1975. Transposition of R Factor Genes to Bacteriophage Lambda. *Proceedings of the National Academy of Sciences* USA 72:3628-32.

Brink, R. A. 1960. Paramutation and Chromosome Organization. *Quarterly Review of Biology* 35:120-37.

Brink, R. A. & R. A. Nilan. 1952. The Relation between Light Variegated and Medium Variegated Pericarp in Maize. *Genetics* 37:518-44.

Bukhari, A. I. 1976. Bacteriophage Mu as a Transposition Element. *Annual Review of Genetics* 10:389-412.

Campbell, A. 1962. Episomes. *Advances in Genetics* 11:101-45.

Campbell, A.; D. E. Berg, D. Botstein; E. M. Lederberg; R. P. Novick; P. Starlinger & W. Szybalski. 1977. "Nomenclature of Transposable Elements in Prokaryotes". In: J. A. Shapiro; A. I. Bukhari & S. L. Adhya (eds.). *DNA Insertion Elements, Plasmid and Episomes*. Cold Spring Harbor, N.Y: Cold Spring Harbor Laboratory Press, p. 15-22.

Carlson, E. A. 1966. *The Gene: A Critical History*. Philadelphia: Saunders.

Coe, E. H. 1962. Spontaneous Mutation of the Aleurone Color Inhibitor in Maize. *Genetics* 47:779-83.

Comfort, N. 2001a. *The Tangled Field Barbara McClintock's Search for the Patterns of Genetic Control*. Cambridge: Harvard University Press.

______. 2001b. From Controlling Elements to Transposons: Barbara McClintock and the Nobel Prize. *Trends in Biochemical Sciences* 26:454-57. Publicado simultaneamente em *Trends in Genetics* 17:475-78.

Creighton, H. & McClintock, B. 1931. A Correlation of Cytological and Genetical Crossing-Over in *Zea mays*. *Proceedings of the National Academy of Sciences USA* 17:492-97.

Dash, J. 1991. *The Triumph of Discovery: Women Scientists Who Won the Nobel Prize*. Englewood Cliffs, NJ.: Julian Messner.

Dietrich, M. R. 1995. Richard Goldschmidt's "Heresies" and the Evolutionary Synthesis. *Journal of the History of Biology* 28:431-61.

_____. 1996. On the Mutability of Genes and Geneticists: The "Americanization" of Richard Goldschmidt and Victor Jollos. *Perspectives on Science: Historical, Philosophical, Social* 4:321-45.

Dunn, L. C. 1965. *A Short History of Genetics*. New York: McGraw-Hill.

Emmerling, M. H. 1958. An Analysis of Intragenic and Extragenic Mutations of the Plant Color Component of the Rr Gene Complex in *Zea mays*. *Cold Spring Harbor Symposia on Quantitative Biology* 23:393-407.

Fabergé, A. C. 1958. Relation between Chromatid-Type and Chromosome-Type Breakage-Fusion-Bridge Cycles in Maize Endosperm. *Genetics* 43:737-49.

Fedoroff, N. & D. Botstein (eds.). 1992. *The Dynamic Genome: Barbara McClintock's Ideas in the Century of Genetics*. Cold Spring Harbor, NY: Cold Spring Harbor Laboratory Press.

Felder, D. 1996. *The 100 Most Influential Women of All Time*. New York: Citadel Press.

Fincham, J. R. S. 1992. Moving with the Times. *Nature* 358:631-32.

Fine, E. H. 1998. *Barbara McClintock, Nobel Prize Geneticist*. Springfield, N .J.: Enslow Publishers.

Fink, G. 1992. Transposable Elements (Ty) in Yeast. In: N. Fedoroff & D. Botstein (eds.). *The Dynamic Genome: Barbara Mc-Clintock's Ideas in the Century of Genetics*. Cold Spring Harbor, N.Y: Cold Spring Harbor Laboratory Press, p. 281-87.

Gilbert, S. E. 1978. The Embryological Origins of the Gene Theory. *Journal of the History of Biology* 11:307-51.

_____. 1988. Cellular Politics: Ernest Everett Just, Richard B. Goldschmidt & the Attempt to Reconcile Embryology and Genetics. In: R. Rainger, K. Benson & J. Maienschein (eds.). *The American Development of Biology*. New Brunswick, N.J.: Rutgers University Press, p. 311-46.

Goldschmidt, R. B. 1988. *Physiological Genetics*. New York: McGraw-Hill.

Gottesman, M. M. & J. L. Rosner. 1975. Acquisition of a Determinant for Chloramphenicol Resistance By Coliphage Lambda. *Proceedings of the National Academy of Sciences* USA 72:5041-45.

Green, M. M. 1967. The Genetics of a Mutable Gene at the White Locus of *Drosophila melanogaster*. *Genetics* 56:467-82.

_____. 1969. Controlling Element Mediated Transpositions of the White Gene in *Drosophila melanogaster*. *Genetics* 61:429-41.

Greer, H. & G. R. Fink. 1979. Unstable Transpositions of His4 in Yeast. *Proceedings of the National Academy of Sciences* USA 76:4006-10.

Hedges, R. W & A. E. Jacob. 1974. Transposition of Ampicillin Resistance from RP4 to Other Replicons. *Molecular and General Genetics* 132:31-40.

Heffron, F.; C. Rubens & S. Falkow 1975. Translocation of a Plasmid DNA Sequence Which Mediates Ampicillin Resistance: Molecular Nature and Specificity of Insertion. *Proceedings of the National Academy of Sciences* USA 72:3623-27.

Heiligman, D. 1994. *Barbara McClintock. Alone in Her Field*. New York: W.H. Freeman.

Hicks, J. B. & I. Herskowitz. 1977. Interconversion of Yeast Mating Types. II. Restoration of Mating Ability to Sterile Mutants in Homothallic and Heterothallic Strains. *Genetics* 85:387-88.

Hicks, J. B.; J. N. Strathern & I. Herskowitz. 1977. The Cassette Model of Mating-Type Interconversion. In: J. A. Shapiro; A. I. Bukhari & S. L. Adhya (eds.). *DNA Insertion Elements, Plasmids & Episomes*. Cold Spring Harbor, N.Y: Cold Spring Harbor Laboratory Press, p. 457-62.

Hicks, J. B.; J. N. Strathern & A. J. S. Klar. 1979. Transposable Mating Type Genes in *Saccharomyces cerevisiae*. *Nature* 282:478.

Hofstetter, A. M. 1992. The New Biology: Barbara McClintock and an Emerging Holistic Science. *Teilhard Studies* 26:1-15.

Jacob, F. 1959. Genetic Control of Viral Functions. *Harvey Lectures* 1959 1:1-39.

Jacob, F. & J. Monod. 1961a. Genetic Regulatory Mechanisms in the Synthesis of Proteins. *Journal Molecular Biology* 3:318-56.

_____. 1961b. Regulation of Gene Activity Cold *Spring Harbor Symposia on Quantitative Biology* 26:193-211.

Jordan, E. & H. Saedler. 1967. Polarity of Amber Mutations and Suppressed Amber Mutations in the Galactose Operon of *E. coli*. *Molecular and General Genetics* 100:283-95.

Jordan, E.; H. Saedler & P. Starlinger. 1967. Strong-Polar Mutations in the Transferase Gene of the Galactose Operon in *E. coli*. *Molecular and General Genetics* 100:296-6.

Judson, H. F. 1996. *The Eighth Day of Creation: Makers of the Revolution in Biology*. Edição ampliada, Cold Spring Harbor, N.Y: Cold Spring Harbor Laboratory Press.

Keller, E. F. 1983. *A Feeling for the Organism*. New York: W. H. Freeman.

______. 1985. *Reflections on Gender and Science*. New Haven: Yale University Press.

______. 1995. *Refiguring Life: Metaphors of Twentieth Century Biology*: New York: Columbia University Press.

Kermicle, J. 1996. Interview by author. Tape recording. Madison, Wis; 15 outubro. American Philosophical Society Library, Philadelphia.

King, R. 1962. *Genetics*. New York: Oxford University Press.

Kittredge, M. 1991. *Barbara McClintock*, New York: Chelsea House.

Klar, A. J. S. & S. Fogel. 1979. Activation of Mating Type Genes by Transposition in *Saccharomyces cerevisiae*. *Proceedings of the National Academy of Sciences USA* 76:4539.

Kleckner, N. R.; K. Chan, B. K. Tye & D. Botstein. 1975. Mutagenesis by Insertion of a Drug-Resistance Element Carrying an Inverted Repetition. *Journal of Molecular Biology* 97:561.

Kohler, R. 1994. *Lords of the Fly: Drosophila Genetics and the Experimental Life*. Chicago: University of Chicago Press.

Laughnan, J. 1955. Structural and Functional Basis for the Action of the A Alleles in Maize. *American Naturalist* 89:91-103.

MacColl, S. 1989. Intimate Observation. *Metascience* 7:90-98.

Malamy, M. H.; M. Fiandt & W. Szybalski. 1972. Electron Microscopy of Polar Insertions in the Lac Operon of *Escherichia coli*. *Molecular and General Genetics* 119:207-22.

Mangelsdorf. P. C. 1958. The Mutagenizing Effect of Hybridizing Maize and Teosinte. *Cold Spring Harbor Symposia on Quantitative Biology* 23:409-21.

Martienssen, R. A. 1996. Epigenetic Phenomena: Paramutation and Gene Silencing in Plants. *Current Biology* 6:810-13.

Martienssen, R. A. & E. J. Richards. 1995. DNA Methylation in Eukaryotes. *Current Opinions in Genetics and Development* 5:234-42.

McClintock, B. 1938. The Fusion of Broken Ends of Sister Half-Chromatids Following Chromatid Breakage at Meiotic Anaphases. *Missouri Agricultural Experiment Station Research Bulletin* 290:1-48.

______. 1941. The Stability of Broken Ends of Chromosomes in *Zea mays*. *Genetics* 26:234-82.

______. 1942. The Fusion of Broken Ends of Chromosomes Following Nuclear Fusion. *Proceedings of the National Academy of Sciences* USA 28:458-63.

______. 1950a. Mutable Loci in Maize. *Carnegie Institution of Washington Year Book* 49:157-67.

______. 1950b. The Origin and Behavior of Mutable Loci in Maize. *Proceedings of the National Academy of Sciences USA* 36:344-55.

______. 1951. Chromosome Organization and Gene Expression. *Cold Spring Harbor Symposia on Quantitative Biology* 16:13-47.

______. 1953. Induction of Instability at Selected Loci in Maize. *Genetics* 38:579-99.

______. 1956. Controlling Elements and the Gene. *Cold Spring Harbor Symposia on Quantitative Biology* 21:197-216.

______. 1961. Some Parallels between Gene Control Systems in Maize and in Bacteria. *American Naturalist* 95:265-77.

______. 1980. Interview by W. B. Provine and P. Sysco. Transcrita. Ithaca, N.Y. & Cold Spring Harbor, N.Y. Cornell University Archives, Ithaca, N.Y.

______. (s.d.) Interview by N. Symonds. Tape recording. Cold Spring Harbor, N.Y. Transcrita pelo autor, em material de sua propriedade.

McGrayne, S. B. 1993. *Nobel Women in Science*. New York: Birch Lane.

Monod, J. & F. Jacob. 1961. General Conclusions. *Cold Spring Harbor Symposia on Quantitative Biology* 26:389-401.

Morgan, T. H. 1926. Genetics and the Physiology of Development. *American Naturalist* 60:489-515.
Morse, M. 1995. *Women Changing Science: Voices from a Field in Transition*. New York: Plenum.
Nasmyth, K. A. & K. Tatchell. 1980. The Structure of Transposable Yeast Mating Type Loci. *Cell* 19:753.
Nelson, O. E. 1959. Intracistron Recombination in the Wx/wx Region in Maize. *Science* 130:794-95.
Nilan, R. A. 1951. Genie Control of Mutation Frequency of the Variegated Pericarp Gene in Maize. Ph.D. diss.; University of Wisconsin.
Nuffer, M. G. 1955. Dosage Effect of Multiple *Dt* Loci on the Mutation of *a* in the Maize Endosperm. *Science* 121:399-400.
______. 1961. Mutation Studies at the A. Locus in Maize I. A Mutable Allele Controlled by Dt. *Genetics* 46:625-40.
Opfell, O. 1986. *The Lady Laureates: Women Who Have Won the Nobel Prize*. 2 ed. Metuchen, N.J.: Scarecrow Press.
Peters, J. A. (ed.). 1959. *Classic Papers in Genetics*. Englewood Cliffs, NJ.: Prentice-Hall.
Peterson, P. A. 1953. A Mutable Pale Green Locus in Maize. *Genetics* 38:682-83.
Roeder, G. S. & G. R. Fink. 1980. DNA Rearrangements Associated with a Transposable Element in Yeast. *Cell* 21:239-49.
Rose, H. 1994. *Love, Power & Knowledge: Towards a Feminist Transformation of the Sciences*. Bloomington: Indiana University Press.
Sager, R. & F. Ryan. 1961. *Cell Heredity*. New York: John Wiley and Sons.
Sapp, J. 1987. *Beyond the Gene: Cytoplasmic Inheritance and the Struggle for Authority in Genetics*. New York: Oxford University Press.
______. 1994. Concepts of Organization: The Leverage of Ciliate Protozoa. In: S. Gilbert (ed.). *A Conceptual History of Modern Embryology*. Baltimore: Johns Hopkins University Press, p. 229-58.
Schiebinger, L. 1987. "The History and Philosophy of Women in Science: A Review Essay". In: S. Harding & J. O'Barr (eds.). *Sex and Scientific Inquiry*. Chicago: University of Chicago Press.
Schwartz, D. 1960a. Analysis of a Highly Mutable Gene in Maize: A Molecular Model for Gene Instability. *Genetics* 45:1141-52.
______. 1960b. Electrophoretic and Immunochemical Studies with Endosperm Proteins of Maize Mutants. *Genetics* 45:1419-27.
______. 1962. Genetic Studies on Mutant Enzymes in Maize. III. Control of Gene Action in the Synthesis of pH 7.5 Esterase. *Genetics* 47:1609-15.
Serra, J. A. 1965. *Modern Genetics*. Vol. 1. London: Academic Press.
Shapiro, J. A. 1969. Mutations Caused by the Insertion of Genetic Material into the Galactose Operon of *Escherichia coh*. *Journal of Molecular Biology* 40:93-105.
______. 1992. Kernels and Colonies: The Challenge of Pattern. In: N. Fedoroff & D. Botstein(eds.). *The Dynamic Genome: Barbara McClintock's Ideas in the Century of Genetics*. Cold Spring Harbor, N.Y: Cold Spring Harbor Laboratory Press, p. 213-21.
______. 1997. Interview by the author. gravada em fita. Chicago, 27-28 janeiro. American Philosophical Society Library, Philadelphia.
Shapiro, J. A.; A. I. Bukhari & S. L. Adhya (eds.). 1977. *DNA Insertion Elements, Plasmids & Episomes*. Cold Spring Harbor, N.Y: Cold Spring Harbor Laboratory Press.
Shepherd, L. J. 1993. *Lifting the Veil: The Feminine Face of Science*. Boston: Shambhala.
Shiels, B. 1985. *Winners: Women and the Nobel Prize*. Minneapolis: Dillon Press.
Shteir, A. B. 1987. Botany in the Breakfast Room: Women in Early Nineteenth Century British Plant Study. In: P Abir-Am & D. Outram (eds.). *Uneasy Careers and Intimate Lives: Women in Science, 1789-1979*. New Brunswick, NJ: Rutgers University Press.
Spradling, A. 1993. McClintock Myths: Review of *The Dynamic Genome: Barbara McClintock's Ideas in the Century of Genetics*. *Science* 259:1206-8.
Srb, A.; R. Owen & R. Edgar. 1965. *General Genetics*. San Francisco: W. H. Freeman.
Stadler, L.J. 1954. The Gene. *Science* 120:811-19.

Starlinger, P. & H. Saedler. 1972. Insertion Mutations in Microorganisms. *Biochimie* 54:177.

Stent, G. 1972. Prematurity and Uniqueness in Scientific Discovery. *Scientific American* 227 (dezembro): 84-93.

Sturtevant, A. H. 1925. The Effects of Unequal Crossing Over at the Bar Locus in *Drosoprhila*. *Genetics* 10:117-47.

Sturtevant, A. H. & T. H. Morgan. 1923. Reverse Mutation of the Bar Gene Correlated with Crossing Over. *Science* 57:746-47.

Taylor, A. L. 1963. Bacteriophage-Induced Mutation in *Escherichia coli*. *Proceedings of the National Academy of Sciences* USA 50:1043-51.

Temin, H. M. 1970. Malignant Transformation of Cells by Viruses. *Perspectives in Biology and Medicine* 14:11-26.

Toussaint, A. 1987. A History of Mu. In: N. Symonds; A. Toussaint; P. van de Putte & M. Howe (eds.). *Phage Mu*. Cold Spring Harbor, N.Y: Cold Spring Harbor Laboratory Press, p. 1-23.

Watson, J. D. 1980. Foreword to *Cold Spring Harbor Symposia on Quantitative Biology* 45:xiii.

Wettstein, D. von. 1999. Telephone interview by author. 1º julho.

Zinder, N. 1996. Interview by author. Tape recording. New York, 12 março. American Philosophical Society Library, Philadelphia.

14.

O TRABALHO DE JOSEPH ADAMS E ARCHIBALD GARROD

Exemplos possíveis de prematuridade na genética humana

Arno G. Motulsky

Dois médicos britânicos, Joseph Adams (1756-1818) e Archibald Garrod (1857-1936), estabeleceram princípios e fatos pertinentes à moderna genética humana e médica, mas suas percepções só foram reconhecidas em época recente. A contribuição desses dois homens pode ser examinada com base no conceito de Gunther Stent sobre a prematuridade na descoberta científica.

Na qualidade de cientista e médico tive a vantagem de efetuar tanto pesquisas como também trabalhos clínicos em genética humana e médica, e continuo a atuar em ambas as áreas. Num sentido, compreender a ciência e o arcabouço prático de um campo técnico constitui uma primazia quando se trata de explorar a história da ciência e da medicina. Mas a abordagem da história por alguém que não é historiador e pode estar menos informado acerca do meio intelectual, social e econômico no qual o trabalho histórico foi realizado, pode levar a muitas distorções na avaliação do significado último deste labor. Tendo lidado com pacientes em aconselhamento e diagnóstico genéticos, sinto-me intelectualmente próximo ao trabalho feito por Adams e Garrod. Alguns observadores poderiam salientar que médicos que analisam a obra de pioneiros em seu próprio domínio correm o risco de ser menos objetivos, por causa do culto ao herói, e de tirar inferências indevidas de escritos anteriores. Concordo, em certa medida, com tais críticas, porém, com freqüência, um indivíduo com uma perspectiva de seu próprio campo pode adicionar interpretações válidas, que sejam menos aparentes a historiadores despidos de base técnica. As duas abordagens complementam-se reciprocamente.

Joseph Adams (1756-1818)

De todos que levantaram a história da genética, ninguém se referiu a Joseph Adams antes que aparecesse o meu registro no artigo que escrevi em 1959. Além do mais, eu não o publiquei numa revista que tratasse da história da ciência ou da medicina. Como jovem membro do corpo docente em medicina interna de uma escola médica, eu selecionei os *Archives of Internal Medicine*[1]. Alguns poucos leitores dessa revista estavam interessados no novo campo da medicina genética. Mais tarde, o artigo foi mencionado em compêndios sobre a nossa área específica, e Adams entrou finalmente na literatura sobre a história da genética humana.

Em meu escrito referi-me a Joseph Adams como "um esquecido fundador da genética médica". Entre 1956-1957, numa licença sabática que passei no Galton Laboratory do University College de Londres, despendi um bocado de tempo esquadrinhando as prateleiras da biblioteca dessa universidade. Encontrei, aí, um velho livro que nunca fora retirado da estante para consulta. Este livro, de autoria de Adams, publicado em 1814, trazia o título *A Treatise on the Supposed Hereditary Properties of Disease containing Remarks on the unfounded terrors and ill-*

1. Motulsky, 1959.

judged cautions consequent on such erroneous opinions; with notes illustrative of the subject, particularly in madness and scrofula[2] (Um Tratado sobre as Supostas Propriedades Hereditárias de Doenças contendo observações sobre terrores infundados e precauções precipitadas conseqüentes de tais opiniões errôneas; com notas ilustrativas do assunto, particularmente em relação à loucura e à escrófula). O volume incluía 41 páginas de "princípios" – isto é, generalidades – e eram acompanhados de extensos comentários e documentação. Fiquei espantado com o fato de Adams ter podido identificar conceitos relativos às características genéticas de moléstias que só foram plenamente explicados um século mais tarde. Não tenho ciência de arquivos relevantes, papéis pessoais ou outros documentos inéditos capazes de lançar uma luz adicional sobre o desenvolvimento das idéias de Adams. Uma obra desse gênero seria de interesse.

Baseado em observações pessoais e familiaridade com a literatura médica de seu tempo, Adams articulou conceitos, hoje sabidamente corretos, mas que, naquela época, não poderiam ser firmados de maneira científica, porquanto não existia então uma subjacente teoria da hereditariedade. Ao lado de outros exemplos, ele diferenciava entre ocorrências "familiais" e "hereditárias" de algumas doenças. "Familial" significava, para este médico, doenças que ocorriam entre irmãos, mas não entre outros parentes, ou seja, que se manifestavam somente na mesma geração. Por "hereditariedade" entendia doenças transmitidas de geração em geração. Hoje, podemos interpretar seu conceito de familial como denotando o que denominamos de doenças recessivas mendelianas autossômicas, que requerem duas porções do gene mutante para a sua manifestação, cada qual vinda de um genitor não afetado. Dominantes mendelianas (como as designamos atualmente) são equivalentes às doenças que Adams identificou como hereditariamente transmitidas de geração em geração.

Adams discutiu tipos de doenças congênitas, ou seja, aquelas que se manifestam ao nascimento. Declarou que as doenças familiais ocorrem com mais freqüência de modo congênito do que as

2. Adams, 1814.

transmitidas de geração em geração. Isso, hoje, ajusta-se ao nosso conhecimento das enfermidades recessivas e dominantes em seres humanos. Ele também salientou que o contágio por "envenenamento mórbido", por exemplo, sífilis, poderia também produzir doença congênita, que não seria necessariamente familial.

Adams salientou que era importante, em termos práticos, distinguir estes dois tipos de enfermidades: "Confundindo a doença hereditária com a familial, provocamos uma apreensão desnecessária na geração ascendente" (p. vi-vi). Ele escreveu sobre tais assuntos a fim de ajudar a aconselhar pessoas acerca do que poderia acontecer no futuro, para auxiliar a vencer o medo que poderia impor o celibato devido ao "segredo vergonhoso" e para superar temores passíveis de serem desnecessariamente adquiridos. Em certo sentido, Adams foi o precursor do que chamamos hoje de "aconselhamento genético".

Ele também indicou que algumas doenças familiais ocorrem mais amiúde em "uma raça única" da população, segundo a sua denominação. Argumentando a partir desse prenúncio e das observações de ovelhas em que o cruzamento consangüíneo produziu deformações ósseas e outras, Adams sugeriu que [em seres humanos] "peculiaridades endêmicas podem ser encontradas em certos distritos isolados" – ou seja, que as doenças "familiais" poderiam muito bem aglomerar-se em algumas áreas. E ele escreveu que acasalamentos entre parentes próximos resultariam num aumento das doenças familiais e tenderiam a deteriorar a raça.

Acho particularmente notável que Adams tenha distinguido entre "disposição" e "predisposição" (p. 25-26). Ele definiu a disposição como uma doença hereditária que surge espontaneamente em certa idade, sem causa externa que a provoque, enquanto a predisposição requereria uma causa externa para a sua manifestação. Poderia existir uma predisposição para enfermidades tais como a gota e a "loucura" durante muitas gerações sem manifestação alguma, até que, como declararíamos hoje, algum fator precipitante desencadeasse a doença. Os geneticistas médicos concordariam, por certo, com esse pressuposto da interação entre hereditariedade e meio ambiente. Adams chegou até a sugerir que predisposições hereditárias poderiam ser prevenidas ou tratadas mediante a remoção da causa externa da manifestação da moléstia.

Adams também escreveu a respeito daquilo que hoje chamamos de correlação intrafamilial. Ele notou que, na fase inicial das doenças hereditárias, a idade é similar em algumas famílias (p. 21-22). E, aludindo ao que atualmente designamos como uma nova mutação, Adams escreveu que algumas enfermidades "cessariam completamente não fosse o fato de que os progenitores, livres de semelhante suscetibilidade, produzem ocasionalmente um descendente em que se origina a suscetibilidade" (p. 32).

Do mesmo modo, demandou por algo que ainda hoje é discutido: registros de doenças familiais devem estar à disposição para estudos mais extensivos (p. 41).

Embora perspicaz, e muitas vezes preciso, seus achados eram estritamente empíricos. Adams estava equivocado em muitos exemplos de moléstias específicas. Propôs também algumas idéias que hoje não fazem muito sentido. Ainda assim, estabeleceu os princípios da manifestação da doença genética que se afiguram notavelmente modernos a partir de uma perspectiva atual. Como foi que ele o conseguiu? Adams deve ter sido um excelente observador clínico, não onerado pela filosofia e teorias médicas de seu tempo.

Biografia

Pormenores sobre a vida de Adams aparecem em um obituário e no *Dictionary of National Biography* (Dicionário de Biografia Nacional)[3]. Ele nasceu em 1756 e foi preparado para ser boticário. Os boticários aviavam remédios, mas, na Grã-Bretanha de sua época, amiúde assumiam os encargos dos primeiros cuidados médicos. Perto do fim do século XVIII, alguns deles estavam aptos a obter certo treinamento médico. Adams assistiu a preleções no St. Bartholomew's Hospital e, posteriormente, no St. George Hospital, onde sofreu a influência de John

3. Obituário de Joseph Adams, 1818; "Joseph Adams", 1886.

Hunter. O primeiro livro de Adams, *Morbid Poisons* (Venenos Mortais), veio à luz em 1795[4]. Em 1796, aos quarenta anos de idade, conseguiu um M. D. honorário, *in absentia*, da Universidade de Aberdeen, e depois se transferiu para a ilha da Madeira, no Oceano Atlântico, onde praticou medicina durante oito anos e, com sua esposa, dirigiu uma casa de convalescença para inválidos.

Em 1801 publicou um livro sobre o câncer de mama[5]. Em 1805, regressando à Inglaterra, escolheram-no para integrar o corpo médico do hospital de varíola, uma nomeação honrosa. Como o seu preparo formal era de boticário, esse cargo exigia uma certificação. Assim, em 1809, foi admitido como licenciado do Royal College of Physicians sem exame, por recomendação do presidente da instituição. Seis anos após a publicação de seu acima mencionado livro sobre doenças hereditárias, em 1814, ele o reeditou e tornou a imprimir em 1815, em essência, a mesma obra, sob o título *A Philosophical treatise on the Hereditary Peculiarities of the Human Race: with notes illustrative of the subject, particularly in gout, scrofula, and madness*[6] (Um Tratado Filisófico sobre Peculiaridades Hereditárias da Raça Humana: com notas ilustrativas do tema, particularmente com respeito à gota, à escráfulo, e à loucura). É provável que ele esperasse atrair a atenção de um público mais amplo, ao enfatizar a relevância geral de seus achados, referindo-se ao caráter hereditário da raça humana, mais do que apenas às propriedades hereditárias da doença. Em termos modernos, a genética médica tornou-se genética humana. Adams morreu em 1818, aos sessenta e seis anos de idade. A divisa *Vir justus et bonus* aparece escrita em sua lápide.

Prematuridade e negligência

O que podemos aprender do livro de Adams em relação à prematuridade e à negligência no tocante a novos conceitos? Adams recebeu lições do grande cirurgião experimental John Hunter, que dava ênfase

4. Adams, 1796.
5. Adams, 1801.
6. Adams, 1815.

a fatos experimentais, a observações, a dados e à retidão. Sob a sua influência, ignorou a teoria. As observações empíricas em medicina podem ser úteis e válidas, mas, para serem incorporadas ao *corpus* do conhecimento científico, precisam aguardar até que lhes seja conferida uma infra-estrutura científica capaz de permitir sua explanação. Descobertas tão notáveis como as observações de Adams poderiam existir na velha literatura médica e ser ignoradas por muitos anos, mas, no fim das contas, serem julgadas corretas.

Se dermos o nome de paradigma a uma disposição mental, então não poderemos dizer que Adams tivesse um paradigma errado, que poderia conduzi-lo a observações tendenciosas. Ele não tinha paradigma nenhum, no sentido de Kuhn. Limitou-se a descrever e, depois, a estabelecer conclusões apropriadas.

Teria sido a descrição de Adams uma descoberta prematura? Não penso assim. Eu o chamaria de precursor. Seu trabalho precisou esperar o desenvolvimento da teoria até que pudesse ser explicado. A pesquisa científica em genética humana do século XX permitiu adequar suas observações às explanações coerentes.

Isso aponta para uma interessante questão atual. É fato corrente que, na pesquisa médica na qual tem havido avanços maiores no entendimento da biologia molecular, os cientistas com graduação em medicina trabalhem, com freqüência, sobre os mesmos problemas de pesquisa fundamental de que se ocupam os seus mentores na ciência básica, de quem eles recebem o seu treino. Joseph Goldstein e Michael Brown classificaram as investigações feitas por médicos em três categorias: pesquisa básica; investigações orientadas para moléstias, sem envolver contato direto com pacientes; e pesquisa clínica efetiva dirigida para pacientes[7]. Entre os cientistas médicos ocorre pouquíssimo trabalho nesta última área. Desenvolver tais estudos é mais difícil do que se debruçar sobre sistemas limpos no laboratório como células, tecidos e fluidos do corpo. O exemplo de Adams ilustra que perspicazes observações clínicas de pacientes humanos e suas doenças podem revelar ainda desconhecidos, porém significativos, *insights* biológicos

7. Goldstein e Brown, 1997.

e médicos. Mas para que semelhante labor seja reconhecido, ele deve ser integrado ou "conectado", na acepção de Gunther Stent, ao conhecimento geralmente aceito na área em que o trabalho se desenrola.

Archibald E. Garrod (1857-1936)

Considerado o fundador da genética bioquímica e, em particular, da genética bioquímica humana, Archibald E. Garrod teve percepções profundas, muito à frente de seu tempo, acerca do papel dos fatores genéticos na doença e na variação humana[8]. Ele enunciou claramente o conceito de individualidade química de cada ser humano, e afirmou que essa singularidade determina como o organismo irá interagir com o meio ambiente, incluindo especificamente infecções e drogas. Ele descreveu primeiro seus conceitos em 1902, na revista médica britânica *Lancet*, na qual fez um relato da alcaptonúria, uma rara condição que mais tarde considerou como um erro inato do metabolismo[9]. Subseqüentemente, estudou o albinismo e muitos outros enganos inerentes. Publicou uma série de quatro aulas a respeito de enganos inerentes do metabolismo, em 1908; a série foi republicada com revisões, em forma de livro, e ulteriormente expandida, em 1923[10]. O livro de 1909 foi reeditado pela Oxford University Press em 1963[11], com um complemento escrito pelo geneticista bioquímico inglês, Harry Harris, que discutiu o estatuto contemporâneo dos erros inatos. Em 1931, perto do fim de sua carreira, Garrod deu ao público uma obra intitulada *The Inborn Factors in Disease* (Os Fatores Inatos na Doença), na qual generalizava desde os discretos defeitos bioquímicos até a individualidade química que afeta *todas* as moléstias[12]. Este livro

8. Bearn, 1993.
9. Garrod, 1979.
10. Garrod, 1908, 1909, 1923.
11. Harris, 1963.
12. Garrod, 1931.

é altamente moderno e está muito à frente de seu tempo. Mas também ele caiu no vazio e atraiu pouca atenção. Em 1989, Charles Scriver e Barton Childs, ambos conhecidíssimos geneticistas bioquímicos humanos, reeditaram o livro de 1931, com extenso comentário[13]. Outro geneticista humano, Alexander Bearn, publicou, em 1993, uma biografia competente de Garrod, que vale a pena ser lida[14].

Erros inatos do metabolismo e individualidade química

Garrod tinha formação em medicina e por muitos anos dedicou-se à profissão, como médico de ambulatório. Seu interesse estava voltado para o estudo da química da urina e tinha plena familiaridade com a literatura continental sobre a química. Garrod observou um bebê cujas fraldas se apresentavam sempre com manchas pretas na urina[15]. Ele mostrou que a causa da urina escurecida era devido à alcaptonúria, e isto por uma falha na oxidação do ácido homogentísico. Mais tarde, o defeito da enzima específica foi demonstrado diretamente pela biópsia do fígado[16]. Garrod notou que a condição era congênita e, muitas vezes, familial, porém, detectada apenas em uma geração, apresentando os pais resultados normais na análise da urina. Tanto os meninos quanto as meninas eram afetados. A condição, em geral, mostrava-se inofensiva e compatível com uma vida longa. Em uma grande proporção de pacientes, os pais eram primos em primeiro grau. Garrod procurou William Bateson, um dos primeiros geneticistas (o homem que, de fato, cunhou a palavra "genética"), a fim de receber conselho a respeito da natureza da anormalidade. Bateson explicou os achados como produtos de um raro gene recessivo, no sentido mendeliano, o que se ajustava à freqüente consangüinidade parental.

13. Scriver e Childs, 1989.
14. Bearn, 1993.
15. Garrod, 1979.
16. La Du et al., 1958.

Garrod tomou o cuidado de referir a essas anormalidades comportamentos alternativos de metabolismo. Além da alcaptonúria, ele propôs outros exemplos: a cistinúria, em que o corpo excreta grandes quantidades do aminoácido cistina, o albinismo associado à falta de pigmentação da pele e a pentosúria, na qual há uma excreção, acima do normal, de um açúcar com cinco carbonos. Ele apontou a alta freqüência de pentosúria entre os judeus, algo consistente com o que Adams (cujos escritos eram desconhecidos por Garrod) havia sugerido, quase cem anos antes, a respeito de certas condições familiais que ocorriam mais amiúde em populações "segregadas". Como sabemos hoje, mutações dos genes, que especificam enzimas particulares, provocam estes e outros erros inatos. Entretanto, Garrod não sugere alterações específicas de enzimas como uma explicação.

Em seu livro de 1931, Garrod delineou claramente o conceito de que os nossos determinantes genéticos, variáveis entre indivíduos, resultam em individualidade química que governa nossas respostas a agentes ambientais[17]. Ele sugeriu que erros inatos não eram meras idiossincrasias, porém constituíam claros exemplos de difundidas diferenças humanas na maquilagem química. A existência de variação humana o levou a suspeitar de que o fenômeno ocorria largamente. De fato, este médico proporcionou a base conceitual de um campo que chamamos hoje de farmacogenética. Como se tornou claro bem mais tarde, existe uma ampla heterogeneidade na resposta à droga devido à variação genética[18].

Biografia

Garrod era um médico pediatra. Sua biografia sugere que estava mais interessado nas doenças raras e seus mecanismos do que nas enfermidades comuns da prática clínica[19]. Gozava de excelente reputação nos círculos médicos. Aos sessenta e três anos, sucedeu ao famoso

17. Garrod (1931).
18. Weber, 1997.
19. Bearn, 1993.

William Osler como *Regius Professor* de Medicina, na Universidade de Oxford, uma das maiores posições na medicina acadêmica britânica. Aposentou-se aos setenta anos, falecendo nove anos depois, em 1936.

Entretanto, embora o *establishment* médico concedesse a Garrod importante posição, convidando-o para proferir prestigiosas preleções e o premiando com numerosas honrarias[20], nenhuma academia médica, nem médicos praticantes de sua época pareciam entender ou apreciar os seus conceitos relativos à individualidade química. Ele era visto como alguém que estudou doenças raras por métodos químicos. A significação geral de seu trabalho, para aquilo que foi mais tarde chamado de hipótese de um gene, de uma enzima, escapou a todo mundo.

A hipótese de um gene, de uma enzima

O conceito de um gene de uma enzima foi proposto nos primeiros anos da década de 1940 por George Beadle e Edward Tatum[21]. Eles, ao contrário de Garrod, que estudara famílias humanas, investigaram o bolor *Neurospora*, em que puderam induzir mutações. Removendo certos nutrientes do meio de cultura, conseguiram testar a perda de funções fisiológicas específicas. Com culturas subseqüentes provaram que algumas dessas variantes possuem uma base genética associada à perda de atividade enzimática. Como conseqüência, eles postularam que cada gene especificava uma enzima diferente, a assim chamada hipótese de um gene, de uma enzima. Mais tarde, esse conceito foi ampliado para a hipótese de "um gene, uma proteína" e para a de "um gene, um polipeptídeo". Tal conceito constituiu uma ruptura maior que reconhecia o papel dos genes na especificação da estrutura da proteína.

Beadle declarou que não tinha ciência da formulação conceitual de Garrod, e encontrara os escritos deste último só depois de

20. Acerca da posição, das conferências e honrarias de Garrod, ver, Idem.
21. Beadle e Tatum, 1941.

ter efetuado o seu trabalho[22]. No seu discurso, ao receber o prêmio Nobel, em 1958, ele disse que Garrod havia, em essência, enunciado tudo, e que ele e Tatum proporcionaram mais pormenores com seus sistemas experimentais[23]. Os bioquímicos, porém, conheciam o trabalho de Garrod. Joshua Lederberg afirma que lera, a respeito de Garrod, aos treze anos de idade, em 1938, no compêndio de bioquímica de Bodansky[24]. O famoso geneticista Sewall Wright, já em 1925, dedicara três de suas aulas a Garrod, no curso de genética fisiológica que ministrava na Universidade de Chicago[25]. Edward Tatum, que compartilhou o Nobel com Beadle, discorrera em suas preleções sobre as descobertas de Garrod, no curso de bioquímica comparada, na Universidade de Standford, antes de começar seus experimentos com a *Neurospora*[26]. Anteriormente a este trabalho, Beadle e Tatum haviam malogrado na tentativa de elucidar o problema da ação do gene no pigmento do olho da drosófila. No entanto, em 1941, numa conferência publicada com referência a esta última pesquisa, eles mencionaram os achados de Garrod[27]. Ao que parece, tinham vagos conhecimentos dessas descobertas, mas o significado geral para o trabalho deles não causou impacto, senão posteriormente.

Um historiador revisionista da ciência biológica, Jan Sapp, sugere que, ao contrário da percepção corrente, a teoria de um gene, uma enzima, não foi em geral aceita quando proposta pela primeira vez, em 1941[28]. Sapp acha que a menção proeminente de Garrod, efetuada por Beadle, constitui um expediente retórico para fortalecer a hipótese do próprio Beadle. De um modo geral, Sapp propõe que, quando os cientistas apelam para a história, amiúde eles o fazem para amparar o seu próprio lugar nela. Ele afirmou também "A escolha de Archibald Garrod para o papel de 'pai da genética bioquímica' foi efetuada por Beadle a fim de prover sua evidência experimental,

22. A este respeito, ver Bearn, 1993.
23. Beadle, 1965.
24. Lederberg, 1990.
25. Idem; Bearn, 1993.
26. Lederberg, 1990; Beadle, 1965.
27. Beadle e Tatum, 1941.
28. Sapp, 1990.

no tocante à teoria de um gene, uma enzima, de um enredo que se compararia ao da redescoberta do trabalho de Mendel"[29].

As contribuições de Garrod

Quais foram as reais contribuições de Garrod? Terá ele enunciado plenamente, ou mesmo avaliado totalmente a relação um gene, uma enzima? Nem Garrod, nem Bateson – seu conselheiro em matéria de genética – inferiram que o alelo normal do gene mutante nos erros inatos tinha uma função "normal". Não se pode encontrar uma afirmação plena do conceito de um gene, uma enzima, no que Garrod escreveu e, por mais importantes que seus *insights* tenham sido, deve-se concluir que, apesar de tudo, ele não enunciou o conceito em sua totalidade.

Garrod era um médico interessado em química, e acompanhou de perto esse campo. A despeito de suas descobertas e consultas ao geneticista Bateson, não mostrou manifesto interesse no desenvolvimento ulterior da genética[30]. Conquanto divisasse claramente uma relação metabolismo-herança, não se sentiu motivado a estudar mais genética a fim de desenvolver suas idéias, assim como outros médicos tampouco se sentiram. Algumas das razões deste fato relacionam-se às barreiras disciplinares. A medicina estava interessada em moléstias comuns. Garrod estudava condições muito raras, dificilmente encontráveis. Ninguém mais na medicina viu a relação dessas doenças raras com a ciência e a prática médicas. Mais importante ainda, talvez, é que a genética e a medicina desenvolveram-se apartadas uma da outra[31]. Só recentemente a genética foi aceita como um campo significativo de importância para avanços de natureza teórica ou prática. A medicina, portanto, não se mostrava receptiva a um princípio-chave que se aplicava não apenas a erros inatos, mas era importante para o domínio total da medicina. A maioria dos

29. Ibidem.
30. Bearn, 1993.
31. Motulsky, 1983.

geneticistas possuía um vago conhecimento do médico Garrod, porém ignorava a natureza de seu trabalho, porquanto este se originava fora do campo deles. Mais ainda, a manipulação experimental em seres humanos não era factível, nem tampouco estavam disponíveis modelos animais para investigar tais achados[32]. J. B. S. Haldane, um geneticista bem versado em bioquímica e autor de um livro sobre genética bioquímica publicado em 1954, não comentou os estudos a respeito de Garrod até 1937[33]. Embora os bioquímicos louvassem Garrod da boca para fora, seu trabalho não foi incluso na corrente principal da bioquímica e da genética bioquímica até que a hipótese de um gene, uma enzima se tornasse amplamente acolhida, nos anos de 1960, e posteriormente.

Garrod, como Adams, é um precursor. Teria sido o seu trabalho prematuro? No seu tempo, métodos apropriados não estavam disponíveis para dar seguimento às suas observações. Métodos para investigar a enzimologia e a variação de proteína que pudessem ser aplicados à medicina só se desenvolveram bem mais tarde. A prova da doença molecular apresentada por Linus Pauling e seus colaboradores apareceu apenas em 1949[34]; quando eles provaram que a anemia falciforme era causada por uma mutação que alterava a estrutura da hemoglobina, fato demonstrável por eletroforese. Muitas outras mutações de várias enzimas e proteínas foram descobertas posteriormente, e o conceito de um gene, uma proteína tornou-se a pedra de toque da genética bioquímica humana[35].

32. Harris, 1963.
33. Haldane, 1937, 1954.
34. Pauling et al., 1949.
35. A demonstração de Pauling a respeito de uma doença molecular, entretanto, não é a primeira. Em 1949, um ano antes de Pauling e seus colegas terem publicado um artigo sobre um defeito molecular da hemoglobina de pacientes com anemia falciforme, um bioquímico alemão (H. Hörlein) e um estudante de medicina (G. Weber) mostraram que o defeito em outra doença da hemoglobina – metemoglobinemia hereditária – era causado por um defeito na globina e não na proteína heme da molécula de hemoglobina (Hörlem e Weber, 1948). Ao contrário de Pauling, estes investigadores não compreenderam o significado fundamental e teórico de seu trabalho em relação à genética bioquímica. Portanto, o artigo não atraiu a atenção geral, e sua publicação numa revista médica alemã logo depois da guerra (1948) reduziu ainda mais sua visibilidade.
O clima científico intelectual estava maduro nos anos de 1940 para testar a validade das mudanças mutacionais numa proteína, como foi demonstrado por uma experiência pessoal.

R. J. Williams (1893-1988)

A discussão do papel de Archibald Garrod no desenvolvimento da genética bioquímica humana não será completa sem uma referência a um contribuinte mais recente ao estudo da individualidade humana. J. R. Williams foi um bioquímico altamente produtivo, da Universidade do Texas, que desfrutava de excelente reputação científica e era membro da National Academy of Sciences e foi presidente da American Chemical Society, em 1957. Em 1956, Williams publicou um livro intitulado *Biochemical Individuality: The Basis for the Genetotrophic Concept* (Individualidade Bioquímica: A Base para o Conceito Genetotrófico)[36]. Ele reunira dados de diferentes áreas tais como da anatomia, enzimologia, endocrinologia, nutrição e da farmacologia a fim de documentar a notável diferença entre indivíduos, mantendo que, praticamente, todo ser humano é, em algum sentido, um "desviado". Conquanto citasse Garrod, bem como Beadle e Tatum, Williams escreveu como um bioquímico menos instruído a respeito da genética, muito embora acentuasse o forte papel da herança. O "conceito genetotrófico" do título de seu livro refere-se à nutrição e implica que todo indivíduo possui um plano de fundo genético com diferentes necessidades nutricionais. Muitas de suas publicações eram dirigidas ao grande público. Mas parece que sua obra exerceu pouco impacto sobre a pesquisa subseqüente em bioquímica, nutrição e medicina, ou no público em geral, nas décadas que se seguiram à publicação de 1956. A carreira de Williams mostra que conceitos válidos podem obter plena ressonância unicamente se pesquisas convincentes para esteá-los forem levadas a cabo.

Trabalhando no laboratório de Karl Singer, no Hospital Michael Reese em Chicago, em 1948, tentei demonstrar que havia um defeito na hemoglobina de pacientes com anemia falciforme. Hemoglobina de indivíduos de grupo de controle e de pacientes com anemia falciforme foi injetada em coelhos para cultivar anticorpos, e eu esperava que fosse diferente nos animais em que se injetou hemoglobina falciforme. Todavia, nenhum anticorpo foi criado, e uma comparação entre indivíduos normais e pacientes pôde ser realizada. A demonstração da anomalia da hemoglobina falciforme, que Pauling e seus colegas efetuaram, logo depois (em 1949), empregando a eletroforese, deixou tudo claro e convenceu a todos.

36. Williams, 1956.

Conceitos corretos que não podem ser provados com fatos não poderão ser captados. A metodologia apropriada para demonstrar a variação bioquímica estava, então, em desenvolvimento. O malogro dos cientistas em um campo (nutrição) para vir a conhecer as abordagens de outra especialidade "genética" retarda os avanços, uma vez que poucos investigadores estão aptos a trabalhar confortavelmente com técnicas e conceitos de ambos os campos. O insucesso de Williams em influenciar cientistas da nutrição deve-se em grande parte ao malogro geral em ensinar conceitos genéticos a nutricionistas. Seu trabalho com as abordagens tradicionais de pesquisa em bioquímica e nutrição não levou a nenhum contato com o campo emergente da genética bioquímica humana nas escolas médicas. Quarenta anos após a publicação de seu livro, as idéias de Williams acerca da genética e da nutrição estão se tornando de novo populares[37], porém muito labor adicional será necessário para elucidar a interação de genes com a nutrição.

Bibliografia

Adams, J. 1796. *Observations on Morbid Poisons; Phagedena & Cancer*. 2 ed. London: J. Callow. Primeira edição, 1795.

______. 1801. *A Treatise on the Cancerous Breast*. London: J. Callow.

______. 1814. *A Treatise on the Supposed Hereditary Properties of Disease containing Remarks on the unfounded terrors and ill-judged cautions consequent on such erroneous opinions; with notes illustrative of the subject, particularly in madness and scrofula*. London: J. Callow.

______. 1815. *A Philosophical Treatise on the Hereditary Peculiarities of the Human Race*. London: J. Callow.

Beadle, G. W. 1965. Genes and Chemical Reactions in *Neurospora*. In: *Nobel Lectures, Including Presentation Speeches and Laureates' Biographies: Physiology or Medicine, 1942-1962*, por Nobel Foundation, p. 587-97. Amsterdam: Elsevier, 1965.

37. Ver Motulsky, 1996.

Parte IV

SELEÇÃO NATURAL E EVOLUÇÃO NA PERSPECTIVA DA PREMATURIDADE

15.

A PREMATURIDADE DA TEORIA DA SELEÇÃO NATURAL DE DARWIN

Michael Ruse

É costumeiro e conveniente, quando se fala de evolução, fazer uma divisão tripartite entre o *fato*, o *caminho* e o *mecanismo* ou a *causa* (ou as *causas*) da evolução[1]. Definindo essas três alternativas, somos conduzidos ao tópico principal da discussão: em que medida a seleção natural pode ser considerada uma idéia que apareceu antes de seu tempo? A resposta é ainda mais intrigante do que se poderia esperar.

O *fato* da evolução é simplesmente a idéia de que todos os organismos vivos e mortos foram produzidos por processos naturais (quer dizer, governados por leis) a partir de formas muito diferentes[2]. O diagrama da evolução é, em geral, concebido na forma de uma árvore – ou seja, ela se ramifica para cima e para fora, a partir de uma ou de algumas poucas formas –, mas para se qualificar algo como evolução na categoria *fato*, esta ramificação não necessita ocorrer. No início do século XIX, o biólogo francês Jean-Baptiste de Lamarck propôs uma

1. Ruse, 1984.
2. R. J. Richards, 1992.

evolução que viu novas formas sendo geradas espontaneamente todo o tempo a partir de materiais inorgânicos, e depois uma espécie de processo a continuar em paralelo até os dias de hoje[3]. No seu modo efetivo de pensar, deviam existir alguns atalhos que levavam aos caminhos principais, mas estes, por sua vez, eram demasiado secundários e não essenciais.

O *caminho* da evolução (ou *caminhos*, ou, como são conhecidos tecnicamente, as "filogenias") é a senda particular em que os processos evolutivos atuam[4]. Falando em termos estritos, a discussão sobre se o diagrama da evolução é em forma de árvore ou progride em paralelo para cima, entra nesta categoria, a exemplo das discussões acerca de questões como as do primeiro surgimento de organismos multicelulares e de formas de organismos que ocorreram posteriormente, como répteis, mamíferos e primatas. Essa tão debatida questão sobre se os pássaros provieram dos dinossauros, ou diretamente de outras formas de répteis, também recai neste título.

O *mecanismo* ou a *causa* (ou causas) da evolução é o real processo que impele os organismos ao longo de sua trilha evolutiva particular. Aqui, encontra-se, por exemplo, incluída a sugestão de Lamarck, de que uma causa maior da mudança evolutiva é a herança de caracteres adquiridos. É claro que, quando se fala de mecanismos, haverá muita coisa implícita acerca da evolução como fato e caminho. Se encararmos a evolução como uma senda ramificadora, isto estará refletido nas nossas especulações causais e, inversamente, o nosso pensamento causal há de influir nas nossas concepções a respeito do caminho da evolução. No entanto, não obstante todas essas interligações – e por causa delas mesmas – é válido separar as três categorias, *fato*, *caminho* e *mecanismos*, ainda que não se possa traçar uma linha estrita entre elas.

3. Lamarck, 1809; Burkhardt, 1977.
4. Bowler, 1976.

O fato da evolução

Vindicações acerca do fato da evolução remontam ao século XVIII. Poder-se-ia argumentar – e eu o fiz extensamente – que a evolução neste sentido é muito mais fruto da ideologia do progresso[5]. No século XVIII, na época da Ilustração, muitos pensadores na Europa (principalmente na Grã-Bretanha, França e Alemanha) sustentaram com ênfase que, através do esforço humano, é possível melhorar o entendimento intelectual, assim como o nosso bem-estar material, social e industrial[6]. Graças aos triunfos da ciência e de áreas correlatas, como a tecnologia, as pessoas viram grandes ganhos serem alcançados no âmbito material e intelectual e começaram a acreditar que este movimento para frente e para cima era capaz de, senão percorrer extensão infinita, ao menos escalar alturas bem mais elevadas do que as até então atingidas. Restolhos dessa crença incluem o crescente número de notáveis a argumentar que no mundo orgânico – o mundo dos animais e das plantas – dever-se-ia encontrar, e de fato se encontra, uma correspondente progressão contínua para o alto, uma idéia em geral utilizada então para justificar vindicações sobre o progresso intelectual e social!

O primeiro a argumentar dessa maneira foi o avô de Charles Darwin, o médico britânico Erasmus Darwin. Ele era amigo íntimo de industriais de proa da segunda metade do século XVIII, tendo ampliado os seus compromissos para o progresso social e intelectual no mundo dos organismos, ao afirmar que também aí se vê um progresso para cima, como se lê no poema que se segue:

> VIDA ORGÂNICA abaixo das ondas sem praia
> Nasceu e cresceu nas aperoladas grutas oceânicas;
> Diminutas formas primeiras, invisíveis ao vidro esférico (à lupa),

5. Ruse, 1996.
6. Bury, 1920.

Movem-se na lama, ou perfuram a massa aquosa;
Estas florescem como sucessivas gerações,
Novos poderes adquirem e assumem pernas mais longas;
De onde brotam incontáveis grupos de vegetação,
E reino arfante de nadadeiras, de pés e de asas.
Assim o alto carvalho, o gigante da floresta,
Que na cheia enfrenta os trovões da Bretanha;
A baleia, monstro desmedido do alto mar,
O leão senhoril, soberano da planície,
A águia planando nos reinos do ar,
Cujo olho inofuscado sorve o brilho solar,
O Homem Imperioso, que rege a multidão bestial,
Da linguagem, da razão e do orgulho reflexivo,
Com a fronte ereta que desdenha esse terroso gramado,
E se diz imagem de seu Deus;
Brotado dos rudimentos da forma e do sentido,
Um ponto embrionário, ou ente microscópico[7]!

Em troca, Darwin usou a idéia de progresso, tal como está expressa nesse poema, para amparar as suas crenças e também as de seu círculo social nas possibilidades de aperfeiçoamento intelectual e industrial[8].

Quando o século XIX começou, idéias similares foram promulgadas em outras partes da Europa. Não obstante a promoção de Lamarck da herança de caracteres adquiridos (de fato, hoje conhecida como lamarckismo), o principal aspecto de seu evolucionismo era um progresso para cima, a partir de organismos primitivos, espontaneamente produzidos, até os mais sofisticados organismos vistos hoje, ou seja, nossa própria espécie, *Homo sapiens*[9]. Nos anos subseqüentes, idéias parecidas foram promovidas algures na Europa, talvez mais notoriamente pelo autor anônimo (o editor escocês Robert

7. E. Darwin, 1791, 1794-1796, 1798, 1803; King-Hele, 1963; McNeil, 1987.
8. E. Darwin, 1803, p. 26-28.
9. Ruse, 1979.

Chambers) de *Vestiges of the Natural History of Creation* (Vestígios da História Natural da Criação)[10].

Todavia, por mais espalhadas que estivessem essas idéias (quer dizer, crenças acerca do fato da evolução), em meados do século XIX, é justo dizer que elas tinham apenas um estatuto de quase ou pseudo-ciência, algo semelhante à frenologia naqueles tempos e à cientologia ou à meditação transcendental em nosso próprio tempo[11]. Havia várias razões que justificavam a natureza largamente difundida das crenças evolucionárias e seu baixo status. Em particular, a evolução continuou a ser intimamente associada a compromissos com a ideologia do progresso. Tratava-se de uma filosofia que, por volta da metade do século XIX, constituía quase um lugar-comum em muitos círculos e, no entanto, carregava (como sempre o fizera) a mácula do caráter subversivo ou da não ortodoxia. Por certo, o progresso era visto como um desafio à religião cristã estabelecida, a qual depositava suas esperanças na intervenção providencial do Criador, mais do que nas realizações devidas à natureza e ao esforço dos homens, e somente a estes[12]. Poder-se-ia afirmar, de modo razoável, que são precisamente aqueles que queriam atacar o *establishment* de todas as maneiras que se sentiam atraídos tanto pela filosofia do progresso, como também por seu fruto material, a evolução.

As coisas mudaram dramaticamente em 1859. Neste ano, Charles Robert Darwin publicou sua grande obra *On the Origin of Species* (Sobre a Origem das Espécies). Nela, estabeleceu de uma vez por todas a razoabilidade da crença na evolução, transformando-a, de uma idéia dependente da ideologia do progresso – e, portanto, carregando o status de pseudo ou quase ciência – em um fato científico firmado, com a mesma posição, digamos, da teoria heliocêntrica do sistema solar de Copérnico. Ele o fez em grande parte empregando aquilo que foi por vezes rotulado, por seu amigo e mentor William Whewell, de uma "concordância de induções"[13]: Darwin trouxe, por baixo das hipóte-

10. Chambers, 1844.
11. Ruse, 1996.
12. Sedgwick, 1833.
13. Whewell, 1840; Ruse, 1975b.

ses da evolução como fato, muitas áreas subsidiárias de investigação biológica: comportamento, paleontologia, biogeografia, sistemática, anatomia, embriologia e muito mais. O naturalista utilizou-se da idéia de evolução para justificar diferentes fenômenos e as intrigantes questões no interior dessas áreas subsidiárias, como quando explicou, por exemplo, as distribuições de répteis e aves no arquipélago de Galápagos, como produto da migração, a partir da terra firme do continente sul-americano e subseqüente separação à medida que os animais se moviam de ilha para ilha. Então, inversamente, Darwin aplicou os seus sucessos explanatórios em várias áreas com vistas à confirmação coletiva da veracidade da evolução como um fato. Como poderia uma falsa vindicação explicar tanta coisa?

De certo modo, a concordância apontada funcionou como alegações de evidência num tribunal[14]. Supõe-se que um determinado suspeito é o réu culpado. Mediante essa suposição, consegue-se explicar várias pistas ou peças de prova: manchas de sangue, panos dilacerados, álibis inconsistentes e assim por diante. Depois, esses sucessos explicativos são empregados coletivamente, como comprovação geral das acusações que se fazem sobre a culpa do suspeito. Para Darwin, os fatos da biogeografia, a informação proveniente da paleontologia etc. eram as pistas do fato da evolução. Inversamente, sua habilidade em explanar esses vários fenômenos em termos coletivos sustentava a crença na evolução como um fato.

Em resumo, Charles Darwin não foi o primeiro a propor o fato da evolução: reivindicações a esse propósito remontam, no mínimo, há cem anos, figurando com proeminência entre os primeiros a advogá-la o avô do naturalista, Erasmus Darwin. Não obstante, foi Charles Darwin quem tornou uma vindicação razoável o *fato* da evolução. Quase de imediato, o evolucionismo em si veio a ser parte do sistema de crenças das pessoas cultas.

14. Ruse, 1973.

Os caminhos da evolução

Charles Darwin tem muito menos a dizer acerca da segunda parte da tríade evolucionária, o caminho ou os caminhos da evolução (filogenias). Muitos outros, porém, estavam dispostos a assumir essa questão[15]. De fato, desde os inícios do século XIX, biólogos, inclusive muitos dos que se opunham violentamente ao evolucionismo como fato, estavam trabalhando tanto no problema da estrutura geral da história da vida aqui na terra como nos pormenores específicos. A natureza fragmentária do registro foi considerada um signo de lacunas reais mais do que de transições evolutivas que não deixaram nas suas pegadas marca fossilizada.

Um dos primeiros e mais importantes pesquisadores nesse terreno, no início do século XIX, foi o maior dos biólogos franceses, o assim chamado pai da anatomia comparada, Georges Cuvier. Embora não fosse evolucionista, Cuvier começou por detalhar estudos do registro de fósseis, mostrando que, evolucionárias ou não, as formas reptilianas haviam aparecido antes das formas dos mamíferos. Ao mesmo tempo, mediante seu trabalho sobre anatomia comparada, demonstrou que era possível relacionar e classificar diferentes formas com base em suas similaridades e diferenças físicas[16]. Outros assumiram este labor, em particular os influenciados pelas descobertas alemãs em embriologia[17]. Vê-se, portanto, que, mesmo durante a época de Darwin, já estavam sendo articulados muitos dos elementos básicos da história da vida.

Após a publicação da *Origem*, tais elementos eram sempre interpretados dentro de um quadro evolutivo, e o trabalho prosseguiu a um passo cada vez mais rápido. Isto foi primordialmente o resultado das fabulosas descobertas de fósseis no Novo Mundo. Assim, por exemplo, o maior partidário de Darwin, Thomas Henry Huxley, utilizou as descobertas de fósseis eqüinos na América para traçar os

15. Bowler, 1976.
16. Cuvier, 1813, 1817; Coleman, 1964.
17. Lenoir, 1982; R. J. Richards, 1987.

caminhos filogenéticos trilhados pela família dos cavalos, partindo da mais antiga forma conhecida – o assim chamado *eohippus*, um animal parecido com o cachorro que corria sobre cinco dedos – até os representantes de nossos dias, animais bem maiores com patas que terminam em um único dígito[18].

Conquanto isso não seja realmente parte de nossa história – ao menos não ainda – devo dizer que nos cem anos subseqüentes, o traçado das filogenias não amadureceu na maneira que os primeiros evolucionistas esperavam e anteciparam. Veio a ser cada vez mais difícil coordenar várias peças de evidência extraídas da embriologia, da anatomia comparada, da paleontologia, da biogeografia, e mais. De fato, parece correto afirmar que houve um século ou mais de conflito, não sobre as linhas gerais, porém certamente sobre os pormenores[19]. Se as coisas mudaram dramaticamente nos anos recentes como produto de novas técnicas, – das quais as não menos importantes são as baseadas em estudos moleculares – e emprego de bancos de dados vastamente superiores mantidos nos computadores, é algo que ainda resta ser visto. O debate ainda não resolvido sobre a evolução dos pássaros e suas possíveis origens dinossáuricas não inspira confiança.

O mecanismo da evolução

O terceiro aspecto da evolução, seu mecanismo ou suas causas, constitue o foco deste ensaio. Aqui, de novo, o nome de Charles Darwin vem à baila. Na *Origem das Espécies*, baseando-se no trabalho por ele realizado cerca de vinte anos antes, Darwin propôs o mecanismo que hoje é quase universalmente aceito como a principal força causal por trás da mudança evolucionária: a seleção na-

18. Huxley, 1876, 1881, 1888.
19. Bowler, 1996.

tural, ou, como era amiúde denominada (conforme uma sugestão de Herbert Spencer), "a sobrevivência do mais apto".

Na *Origem*, Darwin introduziu a seleção natural como um argumento bipartido, defendendo primeiro a luta pela existência e depois, a partir daí (junto com a variação que ele supunha largamente difundida no mundo natural), a seleção natural. Assim, no capítulo 3, escreveu:

> A luta pela existência segue-se inevitavelmente da alta taxa com que todos os seres orgânicos tendem a crescer. Todo ser que durante o seu tempo de vida natural produz diversos ovos ou sementes tem de sofrer destruição durante algum período de sua vida, e durante alguma estação ou ano ocasional, do contrário, devido ao princípio do crescimento geométrico, seu número tornar-se-ia logo tão anormalmente grande que nenhum território poderia agüentar o produto. Portanto, na medida em que mais indivíduos são produzidos do que possivelmente poderiam sobreviver, deve haver em cada caso uma luta pela existência, seja de um indivíduo com outro da mesma espécie, seja com indivíduos de espécies distintas ou, ainda, seja com as condições físicas de vida. Esta é a doutrina de Malthus aplicada com força desdobrada ao conjunto dos reinos animal e vegetal; pois, nesse caso, não pode haver aumento artificial de alimento, e nenhuma restrição cautelosa ao casamento[20].

Em seguimento a isso, no capítulo 4, ele passa à seleção natural:

> Que se tenha em mente no que um número infinito de estranhas peculiaridades varia nossas produções domésticas e, em grau menor, as da natureza; e quão forte é a tendência hereditária. Sob a domesticação, pode-se realmente dizer que toda organização se torna plástica em algum grau. Que se tenha em mente, quão infinitamente complexa e estreitamente afinadas são as relações mútuas de todos os seres orgânicos entre si e com suas condições físicas de vida. Pode-se, então, considerá-las improváveis, vendo-se que variações úteis ao homem ocorreram sem dúvida,

20. Darwin, 1859, p. 63.

> que outras variações úteis de algum modo a cada ser, na grande e complexa batalha da vida, deveriam algumas vezes ocorrer no curso de milhares de gerações? Se tal coisa acontece, podemos nós duvidar (lembrando que muito mais indivíduos nascem do que possivelmente podem sobreviver) que indivíduos dotados de qualquer vantagem, por mais ligeira que seja, sobre outros, teriam a melhor chance de sobreviver e de procriar sua espécie? Por outro lado, podemos nos sentir seguros de que qualquer variação injuriosa no mínimo grau seria rigorosamente destruída. Essa preservação das variações favoráveis e a rejeição de variações injuriosas, eu chamo de Seleção Natural[21].

Obviamente, passados um século e meio da publicação da *Origem* por Darwin, houve muito debate acerca da seleção natural. Eu, por certo, não desejaria pretender que o nosso entendimento hoje é exatamente o de Charles Darwin. Em especial, muito do que se pensa hoje acerca da seleção natural é menos sobre a seleção ao nível organísmico, que era o foco do naturalista inglês, e mais sobre a seleção em nível genético[22]. Os evolucionistas, hoje, tendem a pensar a respeito da seleção como uma reprodução diferencial de unidades últimas da herança, os genes, sejam estes interpretados como unidades ou subdivididos em componentes moleculares[23]. Essa abordagem era estranha para Darwin, embora em outros aspectos estejamos atualmente mais perto dele do que estávamos há trinta anos. Durante muito tempo, as pessoas pensavam, no tocante à seleção em nível de grupo, o que constituía anátema para Darwin e, em nossos dias, não goza do favor dos evolucionistas[24].

Entretanto, por mais importante que seja o desenvolvimento da seleção natural, o meu interesse por esse tópico é, quando muito, secundário. O que me interessa é a extensão em que a seleção natural representava uma idéia cuja época chegara. Especificamente, no contexto darwiniano, tratava-se de uma idéia cujo tempo viera ape-

21. Idem, p. 80-81.
22. Dawkins, 1976, 1986.
23. Lewontin, 1974.
24. Ruse, 1980.

nas com a publicação da *Origem das Espécies*. Esta não é uma questão inteiramente nova: em anos recentes, alguns de seus aspectos foram muito discutidos por historiadores do evolucionismo[25]. Assim como Darwin não foi o primeiro a pensar sobre o fato da evolução, tampouco foi o primeiro a descobrir a idéia da seleção natural. Antes de discutir as implicações, permiti-me reconhecer que várias outras pessoas se apresentaram com a idéia – algumas o fizeram antes do próprio Darwin tocar nela (no fim do outono de 1838), e outros podem tê-la tocado após o primeiro pensamento de Darwin sobre a seleção natural, mas antes que ele publicasse qualquer coisa sobre o assunto. (Refiro-me mais ao conceito do que ao termo efetivo "seleção natural". Até onde é de meu conhecimento, ninguém antes de Darwin usou esse termo, embora, por certo, a idéia e a palavra "seleção" não constituíam novidade trazida por Darwin. Elas eram comuns entre criadores de animais e plantas.)

O mais significativo desses antecipadores foi o naturalista Alfred Russel Wallace que, já em 1858, abordou a idéia de seleção provocada pela luta das espécies por sobrevivência. Ele remeteu um ensaio sobre o tema a Darwin, e tão logo o trabalho chegou (junho de 1858), Darwin providenciou a sua publicação juntamente com alguns escritos seus[26]. Imediatamente depois ele se pôs a redigir a *Origem* que veio à luz cerca de quinze meses mais tarde. Mas deixemos Wallace por um momento e voltemo-nos para outros. Houve no mínimo duas pessoas (fato reconhecido pelo próprio Darwin) que chegaram à idéia de seleção natural antes de Darwin descobri-la. O primeiro foi William Wells, um médico americano que vivia na Inglaterra no começo do século XIX. Em 1813, ele apresentou um artigo ante a Royal Society delineando uma idéia que se parecia estreitamente com a noção darwiniana de seleção. Segundo Wells:

> Aqueles que cuidam da melhoria dos animais domésticos escolhem – quando encontram animais dotados, em maior grau do que o comum, das

25. Eiseley, 1958, 1959; Limoges, 1971; Beddall, 1972, 1973; Schwartz, 1974; Sheets-Pyenson 1981; Ruse, 1975b; Kohn, 1980.
26. Darwin e Wallace, 1858.

qualidades que desejam – um macho e uma fêmea dentre estes, os acasalam e depois tomam o melhor de suas crias como uma nova raça, e assim procedem até se aproximarem tão perto do ponto de vista, quando a natureza das coisas o permite. Mas, o que é feito aqui por arte parece ser feito, com igual eficácia, embora com mais lentidão, pela natureza, na formação de variedades da espécie humana adequadas para o país em que vivem. Das variedades acidentais do homem, que ocorreriam entre os primeiros poucos e espalhados habitantes das regiões centrais da África, alguns estariam mais adaptados do que outros para suportar as doenças da região. Esta raça, em conseqüência, multiplicar-se-ia, enquanto as outras decresceriam devido não só à sua inabilidade de enfrentar os ataques da doença, mas devido à sua incapacidade de competir com seus vizinhos mais vigorosos[27].

O artigo – "Um Relato de uma Mulher Branca, Parte de cuja Pele se Assemelha a de um Negro" – parece ter sido ignorado, a despeito de o escrito ter sido, em 1818, incorporado ao razoavelmente bem conhecido volume consagrado a uma discussão sobre a natureza e a formação do orvalho. Mas, embora a discussão sobre o orvalho fosse notada e muito admirada (particularmente por John Herschel no seu celebrado *Preliminary Discourse on the Study of Natural Philosophy*)(Discurso Preliminar sobre o Estudo da Filosofia Natural), o debate sobre a seleção natural parece ter sido omitido inteiramente até que despertou a atenção de Darwin, por volta de 1860[28]. Darwin adicionou um escorço histórico à *Origem* em que Wells era brevemente citado, ainda que de maneira um tanto relutante[29].

A segunda pessoa a antecipar a seleção natural foi o escritor escocês de botânica Patrick Matthew. Em 1831, ele publicou um trabalho intitulado *On Naval Timber and Arboriculture* (Sobre Madeira Naval e Arboricultura). Matthew escreveu:

A disposição adaptativa auto-reguladora da vida organizada pode, em parte, ser decorrente da extrema fecundidade da Natureza, que, como

27. Wells, 1818; reimpresso em McKinney, 1971, p. 26.
28. Herschel, 1831.
29. Ver Peckham, 1959.

> foi afirmado antes, possui, em todas as variedades de sua progênie, um poder prolífico muito além (em muitos casos até de mil vezes) do que é necessário para preencher as vacâncias causadas pelo declínio senil. Na medida em que o campo de existência é limitado e pré-ocupado, somente os indivíduos mais sólidos, mais robustos, melhor adaptados à circunstância, é que estão aptos a seguir lutando até a maturidade, estes que vivem apenas as situações para as quais contam com adaptação superior e maior poder de ocupação do que qualquer outra espécie; os mais fracos, menos adaptados às circunstâncias, são prematuramente destruídos. Este princípio está em constante ação, regula a cor, a figura, as capacidades e os instintos; aqueles indivíduos de cada espécie, cuja cor e cobertura estão mais adaptadas à ocultação ou à proteção dos inimigos, ou à defesa de vicissitudes e inclemências do clima, cuja figura se acomoda melhor à saúde, força e sustento; aqueles, cuja autovantagem está de acordo com as circunstâncias – em tão imenso desperdício de vida primária e jovem, somente *eles* alcançam a maturidade [passando] pelo estrito ordálio no qual a Natureza testa a adaptação deles ao seu padrão de perfeição e adequação para que sua espécie continue pela reprodução.
>
> Da incessante operação dessa lei a atuar em concerto com a tendência que a progênie tem de assumir as qualidades mais particulares dos pais, juntamente com o conectado sistema sexual nos vegetais, e a instintiva limitação à sua própria espécie em animais, é induzida uma considerável uniformidade de figura, cor e caráter, que constituem as espécies; a cepa adquirindo gradualmente a melhor adaptação possível destas de que ela é suscetível para a sua condição, e quando ocorre alteração de circunstância, mudando assim no caráter para segui-las até onde sua natureza é suscetível de mudança[30].

Mais uma vez, entretanto, não houve grande registro desse trabalho, que não chegou a ser objeto da atenção geral senão depois que a *Origem* foi publicada, tendo Darwin feito menção a Matthew na introdução histórica que acrescentou a seu livro.

30. Matthew, 1831, reimpresso em McKinney, 1971, p. 38.

Tenho conhecimento de duas outras fontes em que a seleção natural é mencionada, ambas examinadas, porém não citadas por Darwin. Uma, era o ensaio do naturalista Edward Blyth, escrito em 1835:

> Num grande rebanho de gado, o touro mais forte afugenta todos os animais mais jovens e mais fracos, do mesmo sexo, e permanece como o único senhor do rebanho; de tal modo que todos os jovens que são gerados devem ter tido sua origem a partir de um que possuía o máximo poder e força física; e que, conseqüentemente, na luta pela existência, era o mais capaz de manter o seu território e defender-se contra qualquer inimigo. E, de igual maneira, entre animais que buscam seu alimento por meio de sua agilidade, força ou sutileza de sentido, aquele que está mais bem organizado deve sempre obter a maior quantidade; e deve, portanto, tornar-se fisicamente o mais forte e assim ficar capacitado, pela derrota de seus oponentes, a transmitir suas qualidades superiores a um grande número de rebentos[31].

O outro era um panfleto escrito pelo criador de animais Sir John Sebright, que Darwin anotou cuidadosamente. Sebright escreveu: "Um inverno severo ou uma escassez de alimento, ao destruir os fracos e os doentes, exerce todos os bons efeitos de uma seleção mais perita"[32]. Darwin escreveu à margem da página anterior: "Nas plantas o homem apresenta misturas, varia condições e destrói a espécie desfavorável – pudesse ele fazer com que isto dure efetivamente e mantenha nas mesmas e exatas condições por muitas gerações, ele produziria espécies que seriam inférteis com outras espécies"[33].

Após 1838, quando Darwin descobriu por si próprio a idéia da seleção natural, mas antes de 1859, quando enunciou sua descoberta na *Origem*, a mais clara antecipação – diferente da de Alfred Russel Wallace, em 1858 – foi a de Herbert Spencer, compatriota de Darwin e evolucionista como ele, que começara a promover suas idéias no início da década de 1850. Em um ensaio sobre população, Spencer tocou claramente

31. Blyth, 1835, reimpresso em McKinney, 1971, p. 49.
32. Sebright, 1809, p. 15-16.
33. Ver também Ruse, 1975a.

na idéia da seleção natural, sobretudo na medida em que ela se aplica aos seres humanos.

E aqui deve ser observado, que o efeito da pressão da população, ao incrementar a sua capacidade de multiplicação, não é um efeito uniforme, porém uma média. Nesse caso, assim como em muitos outros, a natureza assegura cada passo de antemão por uma sucessão de julgamentos, que são perpetuamente repetidos, não podendo deixar de ser repetidos, até que o êxito seja alcançado. Todos os homens, por seu turno, submetem-se mais ou menos à disciplina acima descrita; sob o seu império, eles podem ou não avançar; mas, na natureza das coisas, somente aqueles que *fazem* progresso, sob tal disciplina, eventualmente sobrevivem. Pois, necessariamente, famílias e raças, às quais esta crescente dificuldade de conseguir um meio de vida que o excesso de fertilidade implica e não estimula as melhorias na produção – isto é, a maior atividade mental –, encontram-se na estrada real da extinção; e devem, em última análise, serem suplantadas por aquelas às quais a pressão estimula nesse sentido. Vimos esta verdade recentemente exemplificada na Irlanda. E, aqui de fato, sem ulterior ilustração, verificar-se-á que a morte prematura, em todas as suas formas, e devido a todas as suas causas, não pode deixar de atuar na mesma direção. Pois, como aqueles que foram prematuramente arrebatados, na média dos casos, são aqueles em quem o poder de preservação é o menor, daí segue-se inevitavelmente que os que ficaram para trás a fim de continuar a raça são aqueles em quem o poder de autopreservação é o maior – são os seletos de sua geração. De tal modo que se os perigos para a existência forem do tipo produzido pelo excesso de fertilidade, ou de qualquer outro gênero, é claro que pelo exercício das incessantes faculdades necessárias para competir com eles, e pela morte de todos os homens que deixam de competir com eles de maneira bem-sucedida, fica assegurado um constante progresso rumo a um grau superior de habilidade, inteligência e auto-regulação, uma coordenação de ações – uma vida mais completa[34].

34. Spencer, 1852a, p. 266-267.

Talvez houvesse outros, incluindo, mais surpreendentemente, Richard Owen, que se tornaria mais tarde o grande oponente dos darwinianos. Depois que a *Origem* foi publicada, o pobre Owen ficou sem saber se devia anatematizar toda a idéia ou haurir crédito por sua descoberta![35]

Finalmente, chegamos a 1858 e a Alfred Russel Wallace. Ele, que se tornara, por volta dessa época, um coletor profissional a viajar pelo hemisfério sul em busca de espécimes que pudesse trazer de volta à Inglaterra para vendê-los, já havia anunciado publicamente sua adesão a algo que era, no mínimo, muito próximo de uma posição evolucionária. Ele se fizera evolucionista em meados dos anos de 1840, sob a influência dos *Vestiges* de Chambers, mas somente em 1855 que tornou pública a sua posição – ou quase isso. Nesse ano ele publicou um ensaio (que atraiu algum interesse – Blyth foi um dos que chamaram a atenção de Darwin para o trabalho), sugerindo que novas espécies sempre ocorrem à nossa volta, ou substituem espécies muito similares. Não era preciso absolutamente tomar isto num sentido evolucionário, suponho, mas teria sido difícil não fazê-lo. Então, em 1858 surgiu a concepção de Wallace a respeito da seleção natural:

> Que ocorram algumas alterações de condições físicas no distrito – um longo período de seca, uma destruição da vegetação por gafanhotos, a erupção de algum novo animal carnívoro à procura de "novos pastos" –, qualquer mudança no fato tendente a tornar a existência mais difícil às espécies em questão, e empenhando os seus máximos poderes para evitar uma exterminação completa; é evidente que, de todos os indivíduos componentes da espécie, aqueles que formam a mais numerosa e mais frouxamente organizada variedade sofreriam primeiro, e, se a pressão fosse severa, deveriam logo ser extintos. Continuando a mesma causa, as espécies progenitoras seriam as próximas a sofrer, e diminuiriam gradualmente em número e, com a recorrência de condições similares desfavoráveis, poderiam também vir a ser extintas. A

35. Owen, 1866, p. I, XXXIV, citando Owen, 1850, p. 15.

espécie superior remanesceria então sozinha e, havendo retorno de circunstâncias favoráveis, aumentariam rapidamente em número e ocupariam o lugar da espécie e variedade extintas.

A *variedade* teria agora substituído a *espécie*, em relação à qual ela seria uma forma mais perfeitamente desenvolvida e mais altamente organizada. Estaria, em todos os aspectos, melhor adaptada para garantir sua segurança e para prolongar sua existência individual e a da raça. Tal variedade *não poderia* retornar à forma original; pois esta forma é inferior e nunca poderia competir com aquela pela existência. Se for dada, portanto, uma "tendência" para reproduzir o tipo original da espécie, ainda assim a variedade tem de remanescer preponderante em número, e sob condições físicas adversas *de novo sobreviver sozinha*. Mas esta nova, aperfeiçoada e populosa raça pode, por si, no curso do tempo, dar origem a novas variedades, que exibem várias modificações divergentes de forma, qualquer das quais tende a aumentar as facilidades para preservar a existência e tem, pela mesma lei geral, por seu turno, que tornar-se predominante. Aqui, então, temos a *progressão e a divergência continuada* deduzidas das leis gerais que regulam a existência de animais em um estado de natureza, e partir do fato inconteste de que variedades freqüentemente ocorrem[36].

Não há dúvida de que Wallace tocou realmente na seleção natural e, embora haja algumas questões acerca de quão similar seria esta em relação à visão de Darwin, ela era obviamente bastante próxima do ponto a que agora a idéia tinha chegado – penetrado na arena científica, poder-se-ia dizer. Darwin precisava mexer-se e publicar suas próprias concepções – coisa que ele fez – ou seria deixado para trás, como alguém que perdera o barco. Mas, ainda que tudo isso seja muito interessante, não é surpreendente. A idéia veio a Darwin. A idéia veio a Wallace. Darwin tinha de mexer-se.

O que é ao mesmo tempo interessante e surpreendente são aquelas primeiras antecipações da idéia de Darwin. Passando agora à interpretação, a pergunta a se propor é: por que nenhuma dessas

36. Wallace, 1858, reimpresso em McKinney, 1971, p. 94-95.

primeiras antecipações da seleção natural realmente pegou fogo e por que nenhuma delas atraiu a atenção como o tratamento dado por Darwin conseguiu? Relacionado a isso é a questão de se Darwin foi culpado de prática inescrupulosa, na medida em que ele nunca consignou crédito àqueles a quem leu – àqueles que já haviam captado a idéia da seleção.

Os antecipadores

Colocarei de um lado Owen e Spencer. Não estou seguro de que Owen jamais tivesse tido realmente a idéia – mas com certeza ele nada fez com ela. É bem provável que mesmo antes da *Origem* ele fosse um evolucionista, mas se assim foi, esta posição se contraporia à sua visão de mundo idealista: uma visão de mundo que devia muito ao movimento morfológico alemão conhecido como *Naturphilosophie* e que tinha pouco ou nenhum espaço para o mecanismo materialista como o da seleção natural[37]. E, embora tivesse de fato tido a idéia, Spencer tampouco nada fez com ela. É verdade que nos termos da escritura de seu ensaio, ele era um evolucionista ardente e notório[38]. Porém, como o próprio Spencer reconheceu mais tarde, ele não se fixou nesse mecanismo particular da seleção, chegando apenas a compreender suas plenas implicações após a publicação da obra de Darwin. Mesmo então nunca considerou a seleção natural como o mecanismo principal da mudança evolucionária, preferindo sempre pensar segundo o lamarckismo. No mundo spenceriano, o que realmente contava era a herança de caracteres adquiridos[39].

Mas, agora, o que houve com aqueles que tocaram na idéia de seleção antes de Darwin? Basicamente, a resposta é a mesma para todos os antecipadores e não há aí nenhum grande mistério.

37. Ruse, 1979, 1996; E. Richards, 1987.
38. Spencer, 1852a, b, 1857.
39. Spencer, 1904; E. Richards, 1987; Ruse, 1996.

Tomemos Wells e Matthew. Como ocorreu com Spencer mais tarde, nenhum deles fez, realmente, da seleção natural um mecanismo completamente desenvolvido para a mudança evolucionária. Além do mais, mesmo se o tivessem feito, lembremos que nessa época a própria idéia da evolução era vista como não mais do que uma quase ou pseudociência. Nem Wells nem Matthew apresentaram exemplo do fato da evolução como Darwin ofereceu. Assim, efetivamente, sem este plano de fundo, não chega a ser surpresa que ninguém pensasse a respeito dessas primeiras antecipações da seleção natural como significativos avanços científicos. É verdade que Matthew não era só um crente na seleção, mas também, provavelmente, um evolucionista; todavia, o contexto da antecipação da seleção não era o de uma advocacia em favor da evolução. Com efeito, o contexto era o das habilidades e necessidades requeridas para realizar um bem-sucedido cultivo de árvores! Matthew não era, a bem dizer, alguém a promover uma tese evolucionista de maior envergadura.

Sebright ajusta-se igualmente ao padrão. Eu não o rejeito como desimportante, porém ele oferece apenas uma idéia fragmentária e, por certo, uma idéia não engastada no contexto evolucionário – não uma idéia que representasse uma teoria da mudança. Isto não é uma crítica, mas simplesmente uma constatação acerca do que ele estava, ou melhor, acerca do que ele não estava tentando fazer. E Blyth precisa ser tratado do mesmo modo, muito embora ele, claramente, encarasse a seleção como proveniente da luta pela existência. Não era evolucionista nesta época, acreditando antes que a luta e a conseqüente seleção preservam o *status quo* mais do que o modificam. Permitam-me, agora, citar de novo a passagem acima apresentada, adicionando as sentenças que vêm antes e as que vêm depois.

> É digno de nota, entretanto, que a forma original e típica de um animal seja em grande parte preservada pelos mesmos e idênticos meios com os quais uma verdadeira *raça* é produzida. A forma original de uma espécie é *inquestionavelmente* melhor adaptada aos seus hábitos *naturais* do que qualquer modificação dessa forma; e como as paixões naturais excitam para a rivalidade e o conflito, e o mais forte deve pre-

> valecer sempre sobre o mais fraco, a este último são concedidas, em um estado da natureza, apenas umas poucas oportunidades de continuar sua raça. Num grande rebanho de gado, o touro mais forte afugenta todos os indivíduos mais jovens e mais fracos, do mesmo sexo, e permanece como o único senhor do rebanho; de tal modo que todos os jovens que são gerados devem ter tido sua origem a partir de um que possuía o máximo poder e força física; e que, conseqüentemente, na luta pela existência, era o mais capaz de manter o seu território e defender-se contra qualquer inimigo. E, de igual maneira, entre animais que buscam seu alimento por meio de sua agilidade, força ou sutileza de sentido, aquele que está mais bem organizado deve sempre obter a maior quantidade; e deve, portanto, tornar-se fisicamente o mais forte e assim ficar capacitado, pela derrota de seus oponentes, a transmitir suas qualidades superiores a um grande número de rebentos. A mesma lei, por conseguinte, que foi planejada pela Providência para preservar as qualidades típicas de uma espécie, pode ser facilmente convertida pelo homem em meio para criar diferentes variedades; mas é claro também que se o homem não preservou essas raças, regulando os intercursos sexuais, elas naturalmente logo reverteriam ao tipo original[40].

Isto não é evolução por meio da seleção natural.

Há pouca necessidade agora de nos determos na questão subsidiária, isto é, saber se Darwin foi culpado de prática inescrupulosa no uso que fez das colocações de Blyth e de Sebright. Eles simplesmente não estavam oferecendo o que Darwin iria oferecer: um mecanismo para a mudança evolucionária. Se nós aprendemos algo dos recentes escritos sobre a natureza da ciência – estamos pensando na *Estruturas das Revoluções Científicas* de Thomas Kuhn – é que as idéias precisam ser consideradas no seu contexto[41]. Uma idéia em si própria ou uma idéia em um cenário não é absolutamente uma idéia em outro cenário. Ora você vê um pato, ora você vê um coelho, para usar o famoso exemplo da psicologia gestáltica. Ora você tem

40. Blyth, 1835, reimpresso em McKinney, 1971, p. 49.
41. Kuhn, 1962.

um repentino comentário, que talvez proporcione alguma coisa em uma direção. Ora você tem uma idéia deliberada para um avanço científico de maior envergadura, provando algo na própria direção, que antecipações anteriores haviam dado como bloqueada. É interessante e significativo que, conquanto Blyth viesse a se interessar pela evolução, inclusive a ponto de corresponder-se com Darwin sobre o assunto, em nenhum momento ele sugeriu ter antecipado ou ter sido indevidamente ignorado por Darwin.

E o que dizer de Wallace, o caso realmente sério e interessante? Num aspecto não há nada a explicar. Desde o princípio, Wallace foi venerado como um dos descobridores da seleção natural e lhe foi concedida merecida honra por essa descoberta. Entretanto, em outro aspecto, a explicação é exigida. Por mais que seus partidários (que tendem a ser um tanto obsessivos no tema) queiram que atuemos e acreditemos de outra maneira, a posteridade sempre concedeu a Wallace uma posição secundária em relação a Darwin. Isso é justo? Na minha percepção é. Uma vez que eu duvido que qualquer coisa que alguém diga, em qualquer medida, vá alterar as mentes nessa matéria; deixem-me dizer sem meias palavras que, embora seja verdade que o ensaio de Wallace capta plenamente a idéia de seleção natural e a coloca num contexto evolucionário, trata-se apenas de um ensaio e, em nenhum sentido, provê uma explicação geral da evolução. Por certo, não há tentativa alguma de explicar o fato da evolução como Darwin o fez. Foi um crédito comedido, mas, olhando as coisas já de longe, foi o tanto quanto lhe cabia.

Por que Darwin foi bem-sucedido com a seleção natural

Se outros foram tão mal-sucedidos em promover a seleção natural (com exceção de Wallace), por que Charles Darwin foi tão bem-sucedido? Existem três razões. Primeiro, há o simples fato de que Darwin defendeu melhor do que ninguém a seleção natural. Ele apresentou a famosa analogia com a seleção artificial (uma analogia que, diga-se de passagem, Wallace negava) que mostrava como uma seleção efetiva poderia existir no mundo doméstico, e quão grande pode ser a mudança – e como isto é precisamente o que encontramos no mundo natural (Sebright dava muita importância à seleção doméstica, porém a analogia foi muito mais mencionada do que discutida). Depois, quando chegou aos itens específicos da explanação, Darwin fez grande uso da seleção natural e de modo mais decisivo na sua discussão sobre embriologia. Por que acontece, perguntou Darwin, que – como biólogos anteriores haviam notado – organismos imensamente diferentes como adultos têm embriões que são aproximada ou completamente idênticos? Simplesmente porque, sugeriu o autor da *Origem*, a seleção natural separou com força as formas adultas, mas deixou as juvenis iguais. Organismos dentro do ventre experimentam muito os mesmos ambientes e tensões; e, assim sendo, a não ser que existam razões específicas para tanto, não são sujeitos a forças diversificadoras, muito embora suas formas adultas o sejam. O princípio é o mesmo no mundo doméstico, observou Darwin, quando criadores concentram sua atenção nas formas adultas, ignorando inteiramente similaridades juvenis:

> Os criadores selecionam seus cavalos, cães e pombos a fim de criá-los quando estão quase crescidos; para eles é indiferente se as qualidades e estruturas desejadas foram adquiridas cedo ou tarde na vida, se o animal plenamente adulto as possui. E os casos há pouco apresentados, especialmente os dos pombos, parecem mostrar que as diferenças características que dão valor a cada raça, e que foram acumuladas pela seleção humana, não foram em geral acumuladas pela seleção humana, não apareceram em geral primeiro em período anterior da vida, e foram herdados pelo descendente no correspondente período e não no anterior[42].

42. Darwin, 1859, p. 401.

O caso da seleção como um mecanismo foi estabelecido com maior detalhe, na verdade bem maior, do que por qualquer outro pensador anterior.

A segunda razão para o êxito de Darwin tinha a ver com o contexto no qual introduziu a seleção natural. Ele apresentou a evolução como mecanismo, isto é, como um caso da evolução como fato. Cabe lembrar que Darwin forneceu um argumento geral para o fato da evolução: em outras palavras, ele elevou o status da evolução como uma ciência que estava muito além daquilo que ela mesma havia alcançado antes. Ademais, e incidentalmente, conquanto haja boas razões para pensar que o próprio Darwin fosse um ardente progressista, ele proporcionou um quadro da evolução que, em certo sentido, independia da ideologia do progresso. De fato, sobretudo nas edições posteriores da *Origem*, Darwin incutiu a sua leitura ideológica em seu quadro evolucionário; mas a questão é que o quadro não dependia essencialmente da idéia de progresso. Ao contrário, a evolução era justificada por consonância, como foi discutido acima[43].

Esse contexto acertou as contas da evolução natural. De um lado, havia necessidade de um mecanismo, e Darwin proveu-o e, ao argumentar do modo como o fez, tornou muito forte a defesa indireta do fato da evolução. Por outro lado, a razoabilidade do fato da evolução trouxe naturalmente apoio para a oferta do mecanismo da evolução. Não se tratava apenas de uma noção descartável que podia ser ignorada. Era conspícua e dotada de um papel crucial. Entretanto, a decisão final era de cada um, e se precisava tomar a sério a seleção natural.

A terceira razão pela qual Darwin foi bem-sucedido com a seleção natural é de natureza mais sociológica. Constitui o inverso de uma razão maior porque seus predecessores falharam. Por volta da década de 1850, Darwin era uma figura pública notória. Havia publicado um dos melhores livros de viagem, do início do período vitoriano, *Voyage of the Beagle* (Viagem do Beagle), e depois consolidara sua reputação como cientista, não só com seu trabalho em geologia, mas

43. Ruse, 1996.

também com seus estudos minuciosos dos bálanos (crustáceos que se aderem à superfície das rochas marinhas)[44]. Fora premiado pela Royal Society e era muito respeitado como estudioso das ciências da vida. Tais realizações prepararam o caminho para o funcionamento daquilo que os sociólogos da ciência se referem como o "Princípio de Mateus": os grandes cientistas recebem grande quantidade de créditos pelo labor que realizaram – mais do que cientistas menores receberiam pelo mesmo trabalho – e eles os conquistam porque ganharam, por assim dizer, o direito de serem levados a sério (o "Mateus" aqui nomeado é o apóstolo, embora, na verdade, as palavras pertinentes sejam de Jesus: "Para quem quer que tenha tido, a ele será dado" [Mateus, 13:12]).

Foi isto, paradigmaticamente, que aconteceu com Darwin. Ele era um cientista conceituado e renomado, e quando apresentou a idéia da evolução por meio da seleção natural, foi tomado a sério por essa mesma razão. A seleção natural veio com uma boa linhagem, e por isso mesmo não podia ser ignorada. Quem sabia alguma coisa sobre Patrick Matthew, por exemplo? Por que, então, dever-se-ia levar as suas idéias a sério? Pelo menos, por que iria alguém levar a sério suas idéias como ciência? E o mesmo é verdade em relação aos outros. Sebright, por certo, era muito bem conhecido e bastante respeitado no mundo dos criadores, mas aqui precisamente reside o ponto da questão. Tratava-se do mundo dos criadores e não do da ciência. Darwin teve sorte no fato de que ele (ao contrário de alguém como Wallace) dispunha de conexões familiares que o punham em contato direto com o mundo dos criadores, mas foi também importante seu gênio e empenho em construir seu próprio status científico e transferir para seu mundo da ciência as idéias dos criadores. (Convém observar que críticos, como Owen, não reconheciam o status de Darwin. Mesmo enquanto o criticavam, tomavam o cuidado de notar que pôr em evidência a seleção natural não era uma coisa tola a ser feita, mesmo se esta não possuía as plenas implicações que Darwin sugerira.)

44. Darwin, 1851a,b, 1854a,b.

Mas não era prematura a seleção natural?

Em resposta à questão de saber a razão pela qual Darwin logrou êxito com a seleção natural, enquanto seus predecessores não o conseguiram, estou por certo supondo que Darwin foi bem-sucedido. Mas, sem dúvida, alguém poderia argumentar que essa questão se baseia numa falsa premissa. Estamos supondo que a seleção natural era, em 1859, uma idéia cujo tempo chegara. Mas, será isto realmente verdade? Ninguém diria que a seleção natural constituía um fracasso completo. Como acaba de ser mencionado, até mesmo críticos denotavam respeito em relação a essa idéia e, de fato, quase todo mundo – inclusive os não evolucionistas – concordava que a seleção natural tinha algum papel a desempenhar na história da vida. Além disso, suspeito de que muitos julgavam que era mais fácil aceitar o fato da evolução sob a cobertura do mecanismo nutriente concebido por Darwin (ainda que apenas para rejeitá-lo). Eles poderiam, por esse meio, preservar certa fachada de objetividade e uma ininterrupta abordagem crítica sobre idéias até então inaceitáveis! O foco de luz foi desviado do fato de que eles estavam aceitando o que fora antes rejeitado.

No entanto, falando de um modo geral, a seleção natural constituiu uma espécie de malogro[45]. Poucas pessoas acolhiam a seleção natural em termos completos, além do próprio Darwin, e até ele, por volta dos anos de 1870 (graças primordialmente a problemas acerca da natureza da hereditariedade), começava a invocar outros mecanismos de um modo significativo. É verdade que havia selecionistas: um deles era Henry Walter Bates, o naturalista que foi durante certa época companheiro de viagem de Wallace. Ele usava a seleção para explicar os padrões miméticos das borboletas[46]. Mas Bates era a exceção

45. Ruse, 1979; Ellegard, 1958; Bowler, 1988.
46. Bates, 1862, 1892.

mais do que a regra. O próprio Wallace também realizou, com borboletas, alguns trabalhos excelentes, baseados na seleção, porém, ao mesmo tempo, começava a mostrar-se altamente dúbio no tocante à seleção natural, quando aplicada à nossa própria espécie[47]. E outros eram igualmente céticos acerca da seleção natural, embora apresentassem diferentes razões para a sua posição de reserva. Thomas Henry Huxley sempre depreciou o significado da seleção, optando, de preferência, por algum tipo de teoria evolucionária por saltos ou, como é mais conhecida, por alguma espécie de "teoria saltacionista"[48]. Outros ainda, como o defensor norte-americano de Darwin, Asa Gray, preferiam variações dirigidas[49]. Spencer, como eu já mencionei, sempre optou pela herança de caracteres adquiridos, ou seja, pelo lamarckismo. Depois, um século mais tarde, outros mecanismos foram endossados. Por exemplo, muitos norte-americanos, particularmente os interessados no registro paleontológico, adotaram algum gênero de evolução por meio de um *momentum* interno: a assim chamada ortogênese, que aparentemente leva organismos a seus picos adaptativos e para além deles[50].

Em aspectos principais, portanto, a seleção natural, mesmo na *Origem* de Darwin, era uma idéia prematura! Há quatro motivos principais para tanto. Primeiro, do ponto vista conceitual, a biologia não estava mais pronta para a seleção natural quando Darwin publicou sua obra, em 1859, do que estivera quando ele descobrira o mecanismo em 1838. Em um período anterior, a teologia natural de um tipo marcadamente britânico reinara suprema[51]. Todo mundo, no quadro da biologia de fala inglesa, estava em busca de provas da adaptação, característica que ajuda os organismos a sobreviver e reproduzir. Este é o suporte-mor da função, a premissa maior no assim chamado argumento teleológico da existência de Deus (de outro modo conhecido como o argumento do desígnio). Essa forma de ar-

47. Wallace, 1864, 1866, 1870.
48. Huxley, 1893.
49. Gray, 1876.
50. Osborn, 1894, 1917, 1929.
51. Ruse, 1975c; Gillespie, 1950.

gumentação, tal como apresentada nos inícios do século XIX pelo arquidiácono William Paley, na sua *Natural Theology* (Teologia Natural), foi o plano de fundo de todo pensar acerca do mundo orgânico e representou a razão principal para que a maioria das pessoas não se tornasse evolucionista[52]. Elas não podiam divisar nenhum modo pelo qual a lei cega pudesse explicar intrincadas adaptações. Cuvier é o paradigma, neste particular. Toda a sua abordagem do mundo orgânico, profundamente antievolucionista, era funcionalista de cabo a rabo[53]. Seu princípio-mor das "condições de existência" sugeriu que a chave para o entendimento da natureza orgânica é a função e, a partir desta, ele prosseguiu argüindo que a evolução não é apenas empiricamente falsa, porém conceitualmente impossível. (Embora Cuvier fosse francês, exerceu uma influência importante na Grã-Bretanha, algo provavelmente ligado ao fato de ele ser protestante.)

Darwin falou diretamente dessa questão de adaptação e função quando chegou à noção de seleção natural. Todo o problema do mecanismo é que ele conduz não simplesmente à mudança, mas a uma mudança de um tipo particular. É a mudança que promove a complexidade adaptativa (este é um ponto ao qual foi dado muito relevo por recentes biólogos, especialmente Richard Dawkins[54]). Todavia, embora esta fosse uma preocupação maior no decênio de 1830 (quando estudante, Darwin sofreu a influência de Paley, e Cuvier viria a morrer só no começo da década), por volta dos meados do século XIX a biologia alemã chegara a dominar o pensamento, inclusive o britânico, acerca dos organismos. Figuras como Owen e depois Huxley (sobretudo este último) estavam bem mais impressionados pelos isomorfismos, ou as assim chamadas homologias, entre organismos do que por suas complexidades adaptativas[55]. Se alguém é um anatomista ou um paleontólogo, então, falando-se de um modo geral, ele trabalha com organismos que estão não apenas mortos, mas também sem capacidade de funcionar. Conquanto seja

52. Paley, 1802.
53. Coleman, 1964.
54. Dawkins, 1986.
55. Russell, 1916.

possível inferir as funções, muito mais imediatas são as similaridades e as diferenças entre diferentes conjuntos de organismos. Esta era a chave – ou, ao menos, era assim considerada – para a anatomia bem-sucedida.

Consequëntemente, por volta do fim dos anos de 1850, toda busca de alguma coisa que pudesse explicar a adaptação era um bocado menos premente do que fora no decênio de 1830, simplesmente porque a questão havia deixado de ser tão urgente. Daí porque, quando Darwin apareceu com a seleção natural, tratava-se, de certo modo, de um mecanismo à procura de uma área para servir de explicação! E o malogro, no trabalho de encontrar esse domínio constituiu uma razão importante pela qual, nos anos de 1860 e, na verdade, no decurso de todo o resto do século e do século XX, a seleção natural nunca pegou fogo. Simplesmente não havia grande uso para ela. Combinem isto com o fato de que as únicas pessoas agora entusiasmadas com a adaptação orgânica eram aquelas que tendiam a possuir machados religiosos para triturar e que não iriam provavelmente entusiasmar-se com um mecanismo que tornaria Deus tanto mais remoto (Asa Gray é um primeiro exemplo), e a seleção natural estava condenada[56].

A segunda razão pela qual a idéia da seleção natural não pegou fogo após a publicação da *Origem* é o caráter internalista de sua qualidade e adequação (nos termos então percebidos) como ciência. O fato é que houve problemas epistêmicos com um evolucionismo baseado na seleção. Mais significativamente, porém, a ausência de uma adequada teoria da hereditariedade suscitou questões irrespondíveis sobre a efetividade da seleção: não seriam os seus esforços submersos pelos contra-efeitos da natureza da mistura natural dos processos usuais da descendência? Não ficariam quaisquer virtudes das novas variações perdidas quase de imediato pelos efeitos diluidores da criação no curso de algumas poucas gerações? Darwin respondera a estas e outras questões afins, mas ele próprio reconhecia o poder delas e, como já se notou em edições posterio-

56. Ellegard, 1958.

res da *Origem*, a seleção é complementada por outros mecanismos, nomeadamente a herança lamarckiana dos caracteres adquiridos[57]. Adicionem a isso as outras dificuldades: em especial, a crítica de médicos, os quais (ignorando o que sabemos agora em relação aos efeitos de aquecimento provenientes do decaimento radiativo) argumentavam que a seleção é um mecanismo demasiado preguiçoso para o suposto curto intervalo de tempo da história da terra (um período estimado a partir do suposto resfriamento do globo, desde os seus incandescentes primórdios)[58]. Não é de se admirar que a comunidade científica não se precipitasse a abraçar a seleção natural como o mecanismo-chave para explicar a história da vida.

A terceira razão dos problemas da seleção natural é aquela que recai sobre as personalidades dos cientistas envolvidos. Sugeri que o êxito de Darwin – e ele teve muito êxito – dependeu em grande medida de seu status no âmbito da comunidade científica. Ele havia trabalhado longa e arduamente como biólogo e estabelecera uma rede de contatos desde o início com as pessoas devidas. Daí, quando publicou a *Origem*, foi tomado a sério de um modo que os primeiros evolucionistas não haviam sido. Entretanto, como é bem conhecido, Darwin era um recluso e esteve enfermo durante a maior parte de sua vida adulta[59]. Como resultado, quando quis promover a seleção natural teve de fiar-se em outras pessoas. Wallace – um paladino entusiástico de idéias excêntricas acerca da frenologia e do espiritualismo – não foi de grande ajuda, e não teria sido mesmo se não tivesse ido devagar com a seleção. Portanto, Darwin viu-se obrigado a confiar em pessoas como Thomas Henry Huxley. Este, entretanto, que era um prestigioso morfologista e paleontólogo, não tinha, como foi há pouco explicado, grande necessidade da seleção natural na sua pesquisa. Naturalmente, o próprio Huxley não estava preparado para envidar esforços especiais em apoio ao mecanismo. Em conseqüência, Darwin viu-se forçado a permanecer impotente nas posições secundárias, observando como a evolução se tornava,

57. Vorzimmer, 1970; Hull, 1973.
58. Burchfield, 1975.
59. Browne, 1995.

enquanto fato, um grande sucesso, mas, como mecanismo – pelo menos nas suas próprias propostas – era rebaixado e, em larga medida, descartado.

A quarta razão é talvez a mais importante de todas. Durante os anos de 1860 e 1870 – as décadas subseqüentes à publicação da *Origem* – a biologia, em particular, começava a ser profissionalizada[60]. Isso ocorreu quando pesquisadores como Huxley na Inglaterra, e outros na Alemanha e na América, começaram a fundar departamentos de biologia nas universidades, a atrair estudantes, a encetar revistas, a realizar estudos e experimentos, e assim por diante. Além disso, estavam conseguindo amparo para os seus trabalhos. No mundo biológico, as duas áreas da ciência que progrediram rapidamente foram a fisiologia e a morfologia. A fisiologia obteve êxito particularmente porque Huxley e seu círculo venderam essa ciência à profissão médica, e ela se tornou parte integral da formação curricular do médico. De um lado, os doutores contariam agora com uma base mais científica para aquilo que estavam fazendo. De outro lado, com esse treinamento explícito, a profissão médica poderia, com mais facilidade, erigir barreiras, mantendo fora de seu ofício pretendentes não treinados. Então a morfologia foi vendida por Huxley e seus amigos aos profissionais do ensino como algo que seria quase equivalente, hoje em dia, a "fazer os clássicos". A morfologia entrou nas aulas de biologia como o tipo de atividade necessária para a instrução dos jovens. (Há poucas surpresas em constatar que a instituição universitária de Huxley, em South Kensinghton, era, por volta dos anos de 1870, um importante centro para a formação de professores.)

O problema era que ninguém conseguiria ver como a evolução poderia ser ajustada a esse cenário. Não havia como fazer dinheiro com isso. Se fossem produzidos aí evolucionistas, o que fariam eles para ganhar a vida e como se poderia então sustentar pesquisas ulteriores sobre o tema? Portanto, longe de ser incorporada à ciência profissional, a evolução permaneceu ao nível da ciência popular, uma conseqüência do fato de que o único lugar em que a evolu-

60. Carron, 1988.

ção recebeu bom acolhimento foi o mundo do museu[61]. Aí, os evolucionistas encontraram crescentemente o seu nicho à medida que preparavam e conservavam coleções, e ofereciam exposições baseadas na evolução para visitantes, particularmente jovens. Mas, até mesmo enquanto isso estava sendo feito, não havia real demanda para a seleção natural. A seleção é o tipo de assunto que, quando estudado profissionalmente, requer experimentos com organismos de crescimento razoavelmente rápido (é significativo que os primeiros trabalhos sobre a seleção, realizados por Bates e Wallace, foram compostos de estudos sobre borboletas). Dentro do mundo do museu não havia realmente nenhuma necessidade disso, uma vez que, em geral, os museus são formados por coleções de organismos mortos e, quando chegava o momento de preparar as exibições, uma vez mais a seleção desempenhava um papel menor. Os curadores que as organizam estão – se é que de fato estão – mais interessados em retratar filogenias. No American Museum of Natural History, por exemplo, ou no British Museum of Natural History, os visitantes queriam ver cenários que mostrassem como o cavalo havia evolvido, ou assistir a discussões sobre a origem dos dinossauros e seu infeliz destino, ou ouvir relatos sobre a pré-história humana. Assim, a idéia da seleção foi negligenciada.

A história ulterior da seleção

Por causa dessas razões inter-relacionadas, sugeri que a seleção natural na *Origem* constituía realmente uma idéia proposta antes de seu tempo. Mas isto levanta uma questão final, que é a de saber por que, hoje, Darwin é tão venerado, não simplesmente como o pai do fato da evolução, mas como o autor da causa

61. Rainger, 1991.

mais significante da evolução: a seleção natural. Uma resposta pode ser encontrada rapidamente. Por volta dos anos de 1930 e 1940, durante a ascensão de um evolucionismo profissional, estribado na seleção natural – a assim chamada teoria sintética da seleção ou, mais apropriadamente, denominada de "neodarwinismo" –, os tempos haviam mudado e todos os fatores listados na última seção deste capítulo principiaram a atuar em favor do reconhecimento da seleção natural, mais do que contra ela. De um lado, como se notou antes, depois de sessenta ou setenta anos, as pessoas começam a compreender que todo o rastreamento da filogenia por meio de homologias e assim por diante, na realidade, perdeu o vapor. Durante as décadas de 1920 e 1930 concluiu-se que as tentativas de investigar as trilhas da evolução em qualquer forma definitiva resumiam-se simplesmente em lançar contradições e hipóteses sem sustentação[62]. Portanto, os entusiasmos do período imediatamente pós-darwiniano e as idéias conceituais que o haviam dominado passaram a afigurar-se como decididamente gastas. Isso incluía não só o impulso para estabelecer a evolução como caminho (um tanto à custa da evolução como mecanismo), mas ainda a extrema ênfase em idéias de tipo alemão (como a homologia) às expensas dos entusiasmos britânicos pela adaptação e função.

Ao mesmo tempo, dispunha-se agora da descoberta do mecanismo mendeliano da hereditariedade – que abriu o caminho nos anos de 1920 para certo número de biólogos teóricos, nomeadamente R. A. Fisher e J. B. S. Haldane, na Inglaterra, e Sewall Wright, na América – para mostrar como era possível conjugar a seleção natural com a genética a fim de prover uma estrutura teórica fundamental da mudança evolucionária[63]. Havia diferenças significativas entre o quadro britânico e o americano, mas, no geral, conceitualmente, podia-se dar à seleção natural um pleno e importante papel na teoria. Não se tratava mais, simplesmente, de um mecanismo que propunha questões. Nem era tampouco um mecanismo cercado de problemas científicos de caráter interno. A suposta absorção da seleção pelas forças da herança

62. Nyhart, 1995; Bowler, 1996.
63. Fischer, 1930; Haldane, 1932; Wright, 1931, 1932.

não foi só descartada, como as preocupações dos físicos com a limitada extensão da história da terra viram-se abrandadas por novos achados e teorias, em sua própria ciência. A seleção natural era agora uma idéia que funcionava.

Depois, de novo, em um nível mais social, nas décadas de 1930 e 1940, aqueles cientistas que promoviam a seleção natural encontravam-se numa posição bem mais forte do que a de Darwin e de um ou dois pesquisadores, como ele, que tinham tomado posição em favor da seleção nos idos de 1860. Na Inglaterra, havia Fisher, o qual, embora fosse uma pessoa difícil, sabia com astúcia manipular e abrir seu caminho na comunidade científica. Ele não só conquistou importantes postos universitários, mas também se envolveu em projetos como a fundação de uma revista (*Heredity*) que podia ser utilizada como um veículo para a difusão de idéias evolucionárias. Além disso, estabeleceu contato com gente jovem que estava disposta a pôr um pouco de sangue empírico nas suas especulações teóricas. O mais notável nesse aspecto foi E. B. Ford, em Oxford. Ford fundou a escola de genética ecológica, que era de fato uma espécie de movimento não-batesiano, a fim de estudar os efeitos da seleção natural em terra agreste, particularmente com respeito à atuação em organismos que apresentam desenvolvimento tão rápido quanto o das borboletas, lesmas e outros similares[64] (o social e o conceitual aqui se acoplam, pois a adaptação, mais do que a homologia, é o fator-chave no estudo desses organismos).

Na América, havia não apenas Sewall Wright, como ainda, de maneira mais relevante, o geneticista de populações, americano nascido na Rússia, Theodosius Dobzhansky[65]. Ele também se viu envolvido em um trabalho conjunto, com outros biólogos, em especial o ornitólogo Ernest Mayr, o paleontólogo G. G. Simpson e o botânico G. L. Stebbins[66]. Juntos, eles se empenharam em formar uma sociedade para o estudo da evolução e criaram uma revista (*Evolution*). Assim como Ford, na Inglaterra, constituiu à sua volta um grupo de estudantes preparados para trabalhar sobre idéias evolucionistas com emprego da seleção na-

64. Ford, 1964.
65. Dobzhansky, 1937.
66. Mayr, 1942; Simpson, 1944; Stebbins, 1950.

tural, do mesmo modo, nos Estados Unidos, Dobzhansky formou um grupo semelhante, disposto a pesquisar os problemas da seleção – ambos privilegiando o experimental e o terreno agreste. O organismo favorito de estudo era, para Dobzhansky, a mosca da fruta, e ele e seus alunos mostraram em quão larga medida a seleção natural podia ser efetiva. Uma vez mais, portanto, contava-se com um mecanismo capaz de responder questões que haviam sido aventadas[67].

Por fim, tem-se todo o caso da profissionalização e do suporte econômico. Lá pelos anos de 1860, ninguém lograva divisar qualquer via pela qual a seleção natural pudesse conduzir a uma ciência amparada com recursos materiais. Ford e Dobzhansky enfrentaram essa questão com considerável êxito. Ambos recorreram fortemente a montantes crescentes de amparo estatal, mas voltaram-se também para áreas específicas, em que seria permitido a eles argumentar que a seleção tinha um papel economicamente proveitoso a desempenhar. No caso de Ford, ele procurou a Nuffield Foundation que se propunha, nos anos de 1940 e 1950, a sustentar projetos nas ciências da vida, especialmente os que tivessem implicações práticas para o bem-estar da espécie humana. Ford e seus alunos argumentaram que seus trabalhos relacionados aos problemas da variação em borboletas e lesmas tinham implicações diretas para variações entre seres humanos, com conseqüentes benefícios médicos. Seus argumentos convenceram a instituição e, como decorrência, eles receberam a dotação[68]. De forma análoga, na América da década de 1950, Dobzhanski e seus discípulos recorreram à Comissão de Energia Atômica para obter fundos, alegando que, pelo estudo das moscas da fruta seria possível lançar uma luz significativa sobre problemas como os efeitos do decaimento de partículas atômicas na espécie humana. Novamente, os estudos seletivos eram apresentados como sendo de proveito econômico e também social[69].

67. Cain, 1993, 1994.
68. Ruse, 1996.
69. Ibidem.

Conclusão

Antes da publicação da *Origem*, a seleção natural era uma idéia que antecedia o seu tempo e, em aspectos relevantes, também era uma idéia antecessora *após* o aparecimento do livro de Darwin. Foi preciso chegar ao século XX, aos decênios de 1930 e 1940, para que a seleção natural se tornasse uma idéia cujo tempo sobreviera, uma idéia cuja história, desde então, tem sido uma sucessão quase ininterrupta de êxitos, pois ninguém, hoje em dia, duvida que ela seja o ator principal no cenário evolucionista. De fato, os ativos evolucionistas concordam tratar-se, de longe, do mais significativo ator.

Mas, a moral de minha história não se refere à glória presente da seleção natural. Antes, ela se reporta a mostrar que o sucesso de uma idéia na ciência depende de muitos fatores diferentes. Alguns destes são diretamente internalistas – ou seja, o sucesso de uma idéia (e, sem dúvida, o malogro de suas rivais) na arena epistêmica: quão bem ela funciona para solucionar os problemas com que o pesquisador se defronta? Como vimos, no caso da seleção, o êxito neste nível depende não só da ciência em cujo âmbito uma nova idéia é introduzida, mas também das coerções e das implicações, do estado de outras ciências envolvidas. Até o momento em que os físicos fizeram seus lances a respeito da idade da terra, a seleção natural estava simplesmente condenada a permanecer debaixo de uma nuvem.

No entanto, há mais do que isso para que ela fosse bem-sucedida. A história das idéias da seleção natural sugere fortemente que, julguemos ou não a idéia como verdadeira ou como o mais significativo de todos os mecanismos evolucionários, seu sucesso não foi de maneira alguma garantido puramente por sua própria natureza, ou mesmo por seus próprios méritos. Houve muitos outros fatores que cercaram a seleção natural, tanto em seu nascimento quanto em seu subseqüente desenvolvimento. Alguns deles eram conceituais, como,em que medida adaptação e função constituíam questões cruciais a serem levadas em consideração para o encaminhamento e resposta que um evolucionista poderia lhes dar. Num ponto assim, o científico e o não científico (como a religião, por exemplo) mesclam-se. Alguns desses fatores eram mais sociais e culturais, como as personalidades dos atores envolvidos e o status da ciência no momento específico em que uma nova idéia é introduzida. Todas essas coisas desempenharam a sua parte, não apenas no sucesso que Darwin alcançou com sua seleção natural, mas também com o sucesso que ele não alcançou com essa mesma seleção natural.

Eu não ousaria generalizar, a partir desse caso singular, para todas as outras instâncias da descoberta científica – mesmo se apenas para aquelas que a posteridade julga prematuras –, mas eu ficaria surpreso se a história da seleção natural fosse única.

Bibliografia

Bates, H. W. 1862. Contributions to an Insect Fauna of the Amazon Valley. *Transactions of the Linnaean Society of London* 23:495-566.

______. 1892. *The Naturalist on the River Amazons*. 1863. Reimpressão, London: John Murray.

Beddall, B. O. 1972. Wallace, Darwin & Edward Blyth: Further Notes on the Development of Evolution Theory. *Journal of the History of Biology* 5:153-58.

______. 1973. Notes for Mr. Darwin: Letters to Charles Darwin from Edward Blyth at Calcutta: A Study in the Process of Discovery. *Journal of the History of Biology* 6:69-95.

Blyth, E. 1835. An attempt to classify the "varieties" of animals, with observations on the marked seasonal and other changes which naturally take place in various British species & which do not constitute varieties. *Magazine of Natural History & Journal of Zoology, Botany, Mineralogy, Geology & Meteorology* 8:40-53.

Bowler, P. 1976. *Fossils and Progress*. New York: Science History Publications.

______. 1984. *Evolution: The History of an Idea*. Berkeley e Los Angeles: University of California Press.

______. 1988. *The Non-Darwinian Revolution: Reinterpreting a Historical Myth*. Baltimore: Johns Hopkins University Press.

______. 1996. *Life's Splendid History*. Chicago: University of Chicago Press.

Browne, E. J. 1995. *Charles Darwin: Voyaging Vol. 1 of a Biography*. New York Knopf.

Burchfield, J. 1975. *Lord Kelvin and the Age of the Earth*. New York: Science History Publications.

Burkhardt, R. W. 1977. *The Spirit of the System: Lamarck and Evolutionary Biology*. Cambridge: Harvard University Press.

Bury, J. B. 1920. *The Idea of Progress: An Inquiry into Its Origin and Growth*. Edição limitada. 1924. London: Macmillan.

Cain, J. A. 1993. Common Problems and Cooperative Solutions: Organizational Activity in Evolutionary Studies, 1936-1947. *ISIS* 84:1-25.

______. 1994. Ernst Mayr as Community Architect: Launching the Society for the Study of Evolution and the Journal *Evolution*. *Biology and Philosophy* 9:387-428.

Carron, A. 1988. "Biology" in the Life Sciences: A Historiographical Contribution. *History of Science* 26:223-68.
Chambers, R. 1844. *Vestiges of the Natural History of Creation*. London: Churchill.
Coleman, W. 1964. *Georges Cuvier, Zoologist. A Study in the History of Evolution Theory*. Cambridge: Harvard University Press.
Cuvier, G. 1813. *Essay on the Theory of the Earth*. Tradução de R. Kerr. Edinburgh: W. Blackwood.
______. 1817. *Le règne animal distribué d'après son organisation, pour servir de base à l'histoire naturelle des animaux et d'introduction à l'anatomie comparée*. Paris: Déterville.
Darwin, C. 1851a. *A Monograph of the Fossil Lepadidae; or Pedunculated Cirripedes of Great Britain*. London: Palaeontographical Society.
______. 1851b. *A Monograph of the Subclass Cirripedia, with Figures of All the Species. The Lepadidae; or Pedunculated Cirrapedes*. London: Ray Society.
______. 1854a. *A Monograph of the Fossil Balaniaae and Verrucidue of Great Britain*. London: Palaeontographical Society.
______. 1854b. *A Monograph of the Sub-Class Cirripedia, with Figures of All the Species. The Balanidge (or Sessile Cirripedes; the Verrucidae, etc. etc. etc.* London: Ray Society.
______. 1859. *On the Origin of Species*. London: John Murray.
______. 1871. *The Descent of Man*. 2 vols. London: John Murray.
Darwin, C. & A. R. Wallace. [1858] 1958. *Evolution by Natural Selection*. Prefácio de G. de Beer. Cambridge: Syndics of the Cambridge University Press.
Darwin, E. 1791. The Economy of Vegetation. Pt. 1 of 2. In: *The Botanic Garden*. London: J. Johnson.
______. 1794-1796. *Zoonomia; or, the Laws of Organic Life*. London: J. Johnson.
______. 1798. The Loves of the Plants. Pt. 2 of 2. In: *The Botanic Garden*. London: J. Johnson.
______. 1803. *The Temple of Nature*. London: J. Johnson.
Dawkins, R. 1976. *The Selph Gene*. Oxford: Oxford University Press.
______. 1986. *The Blind Watchmaker*. New York: Norton.
Dobzhansky T. 1937. *Genetics and the Origin of Species*. New York: Columbia University Press.
Eiseley, L. 1958. *Darwin's Century: Evolution and the Men Who Discovered It*. New York: Doubleday.
______. 1959. Charles Darwin, Edward Blyth & the Theory of Natural Selection. *Proceedings of the American Philosophical Society* 103:94-158.
Ellegard, A. 1958. *Darwin and the General Reader*. Goteborg: Goteborgs Universitets Arrskrift.
Fisher, R. A. 1930. *The Genetical Theory of Natural Selection*. Oxford: Clarendon Press.
Ford, E. B. 1964. *Ecological Genetics*. London: Methuen.
Gillespie, C. 1950. *Genesis and Geology*. Cambridge: Harvard University Press.
Gray, A. 1876. *Darviniana*. New York: D. Appleton. Reimpressão editada por A. H. Dupree. Cambridge: Harvard University Press, 1963.
Haldane, J. B. S. 1932a. *The Causes of Evolution*. New York: Cornell University Press.
Herschel, J. F. W. 1831. *Preliminary Discourse on the Study of Natural Philosophy*. London: Longman, Rees, Orme, Brown & Green.
Hull, D. 1973. *Darwin and His Critics*. Cambridge: Harvard University Press.
Huxley T. H. 1876. Lectures on Evolution. In: *Science and the Hebrew Tradition*, p. 46-138. London: Macmillan.
______. 1881. The Rise and Progress of Paleontology. In: *Science and the Hebrew Tradition*, p. 24-45. London: Macmillan.
______. 1888. *American Addresses, with a Lecture on the Study of Biology*. New York: D. Appleton and Co.
______. 1893. *Darwiniana*. London: Macmillan.
King-Hele, D. 1963. *Erasmus Darwin: Grandfather of Charles Darwin*. New York: Scribners.
Kohn, D. 1980. Theories to Work By: Rejected Theories, Reproduction & Darwin's Path to Natural Selection. *Studies in the History of Biology* 4:67-170.
Kuhn, T. S. 1962. *The Structure of Scientific Revolutions*. Chicago: University of Chicago Press.
Lamarck, J. B. 1809. *Zoological Philosophy*. Translated by H. Elliot. New York: Hafner, 1963.

Lenoir, T. 1982. *The Strategy of Life: Teleology and Mechanics in Nineteenth Century German Biology.* Dordrecht: Reidel.

Lewontin, R. C. 1974. *The Genetic Basis of Evolutionary Change.* Columbia Biology Series n. 25. New York: Columbia University Press.

Limoges. C. 1971. *La Sélection Naturelle.* Paris: Presses Universitaires de France.

Matthew, P. 1831. *On Naval Timber and Arboriculture; with Critical Notes on Authors who have Recently Treated the Subject of Planting.* London: Longman, Rees, Orme, Brown and Greene.

Mayr, E. 1942. *Systematics and the Origin of Species.* New York: Columbia University Press.

McKinney, H. L. 1972. *Wallace and Natural Selection.* New Haven: Yale University Press.

McKinney, H. L. (ed.). 1971. *Lamarck to Darwin: Contributions to Evolutionary Biology; 1809-1859.* Lawrence: Coronado Press.

McNeil, M. 1987. *Under the Banner of Science: Erasmus Darwin and His Age.* Manchester: Manchester University Press.

Nyhart, L. K. 1986. Morphology and the German University, 1860-1900. Ph.D. diss.; University of Pennsylvania.

______. 1995. *Biology Takes Form: Animal Morphology and the German Universities.* Chicago: University of Chicago Press.

Osborn, H. F. 1894. The Hereditary Mechanism and the Search for the Unknown Factors of Evolution. In: J. Maienschein, (ed.), *Defining Biology: Lectures from the 1890s,* p. 83-104. Cambridge: Harvard University Press.

______. 1917. *The Origin and Evolution of Life on the Theory of Action Reaction and Interaction of Energy.* New York: Charles Scribner's Sons.

______. 1929. *The Titanothers of Ancient Wyoming, Dakota & Nebraska.* US. Geological Survey Monograph 55. Washington, D.C.: U.S. Geological Survey.

Ospovat, D. 1995. *The Development Darwin's Theory: Natural History, Natural Theology & Natural Selection, 1838-1859.* 1981. Reimpressão, Cambridge: Cambridge University Press.

Owen, R. 1850. On the genus *Dinornis.* part 4: containing the restoration of the feet of that genus and of *Palapteryx,* with a description of the sternum in *Palapteryx* and *Aptornis. Transactions of the Zoological Society* 4:1-20.

______. 1866. *Comparative Anatomy and Physiology of Vertebrates.* London: Longmans and Green.

Paley, W. 1802. *Natural Theology.* London: Rivington.

Peckham, M. (ed.). 1959. *The Origin of Species by Charles Darwin: A Variorum Text.* Philadelphia: University of Pennsylvania.

Rainger, R. 1991. *An Agenda for Antiquity: Henry Fairfield Osborn and Vertebrate Paleontology at the American Museum of Natural History, 1890-1935.* Tuscaloosa: University of Alabama Press.

Richards, E. 1987. A Question of Property Rights: Richard Owen's Evolutionism Reassessed. *British Journal for the History of Science* 20:129-71.

Richards, R. J. 1987. *Darwin and the Emergence of Evolutionary Theories of Mind and Behavior.* Chicago: University of Chicago Press.

______. 1992. *The Meaning of Evolution: The Morphological Construction and Ideological Reconstruction of Darwin's Theory* Chicago: University of Chicago Press.

Rupke, N. A. 1994. *Richard Gwen: Victorian Naturalist.* New Haven: Yale University Press.

Ruse, M. 1973. *The Philosophy of Biology.* London: Hutchinson.

______. 1975a. Charles Darwin and Artificial Selection. *Journal of the History of Ideas* 36:339-50.

______. 1975b. Darwin's Debt to Philosophy: An Examination of the Influence of the Philosophical Ideas of John F. W. Herschel and William Whewell on the Development of Charles Darwin's Theory of Evolution. *Studies in the History and Philosophy of Science* 6:159-81.

______. 1975c. The Relationship between Science and Religion in Britain, 1830-1870. *Church History* 44:505-22.

______. 1979. *The Darwinian Revolution: Science Red in Tooth and Claw.* Chicago: University of Chicago Press.

______. 1980. Charles Darwin and Group Selection. *Annals of Science* 37:615-30.

______. 1984. Is There a Limit to Our Knowledge of Evolution?. *BioScience* 34:100-104.
______. 1993. Evolution and Progress. *Trends in Ecology and Evolution* 8:55-59.
______. 1996. *Monad to Man: The Concept of Progress in Evolutionary Biology*. Cambridge: Harvard University Press.
Russell, E. S. 1916. *Form and Function: A Contribution to the History of Animal Morphology*. London: John Murray.
Schwartz. J. S. 1974. Charles Darwin's Debt to Malthus and Edward Blyth. *Journal of the History of Biology* 7:301-18.
Sebright, J. 1809. *The Art of Improving the Breeds of Domestic Animals, in a Letter Addressed to the Right Hon. Siryoseph Banks, KB*. London: Edição particular.
Sedgwick, A. 1833. *A Discourse on the Studies of the University*. London: Parker.
Sheets-Pyenson, S. 1981. Darwin's Data: His Reading of Natural History Journals, 1837-1842. *Journal of the History of Biology* 14:231-48.
Simpson, G. G. 1944. *Tempo and Mode in Evolution*. New York: Columbia University Press.
Spencer, H. 1852a. A Theory of Population, Deduced from the General Law of Animal Fertility. *Westminster Renew* 1:468-501.
______. 1852b. The Development Hypothesis. In: *Essays: Scientific, Political & Speculative*. London: Williams and Norgate, p. 377-83.
______. 1857. Progress: Its Law and Cause. *Westminster Review* 67:244-67.
______. 1904. *Autobiography*. London: Williams and Norgate.
Stebbins, G. L. 1950. *Variation and Evolution in Plants*. New York: Columbia University Press.
Vorzimmer, E. J. 1970. *Charles Darwin: The Years of Controversy*. Philadelphia: Temple University Press.
Wallace, A. R. 1855. On the Law Which Has Regulated the Introduction of New Species. *Annais and Magazine of Natural History* 16:184-96.
______. 1858. On the Tendency of Varieties to Depart Indefinitely from the Original Type. *Journal of the Proceedings of the Linnaean Society, Zoology* 3:53-62.
______. 1864. The Origin of Human Races and the Antiquity of Man Deduced from the Theory of Natural Selection. *Journal of the Anthropological Society of London* 2: clvii-clxxxvii.
______. 1866. On the Phenomena of Variation and Geographical Distribution as Illustrated by the Papillionidae of the Malayan Region. *Transactions of the Linnean Society of London* 25:1-27.
______. 1870. The Limits of Natural Selection as Applied to Man. In: *Contributions to the Theory of Natural Selection*, p. 332-71. London: Macmillan.
Wells, W. C. 1818. An account of a female of the white race of mankind, part of whose skin resembles that of a negro; with some observations on the causes of the differences in colour and form between the white and negro races of men. In: *Two Essays: One upon Single Vision with Two Eyes; the Other on Dew*, p. 425-39. London: Archibald Constable and Co.
Whewell, W. 1840. *The Philosophy of the Inductive Sciences*. 2 vols. London: Parker.
Wright, S. 1931. Evolution in Mendelian populations. *Genetics* 16:97-159.
______. 1932. The Roles of Mutation, Inbreeding, Crossbreeding & Selection in Evolution. *Proceedings of the Sixth International Congress of Genetics* 1:356-66.

16.

PREMATURIDADE, BIOLOGIA EVOLUCIONÁRIA E AS CIÊNCIAS HISTÓRICAS

Michael T. Ghiselin

Certo número de descobertas científicas de Charles Darwin são componentes principais da moderna teoria. Algumas foram imediatamente acolhidas pela comunidade científica, enquanto outras tiveram de esperar mais de cem anos para que fossem aceitas. Outras ainda podem, no entanto, ter o seu dia. O caso de Darwin é digno de nota, em parte como resultado do notavelmente detalhado registro histórico que nos permite documentar suas realizações. Como conseqüência desse registro nos é dada uma excelente oportunidade para testar os *insights* seminais de Gunther Stent acerca da prematuridade da descoberta científica.

Stent denomina uma descoberta como "prematura, se as suas implicações não podem ser conectadas por uma série de simples passos lógicos ao conhecimento canônico"[1]. Penso que o *corpus* darwiniano se ajusta admiravelmente a este critério, com suas qualificações convenientes. Entretanto, quando tentei, há anos atrás, aplicar a teo-

1. Stent, 1972b, p. 84; ver também Stent, 1972a, p. 435, reimpresso em parte no capítulo 2, deste volume.

ria dos paradigmas de Thomas Kuhn à teoria de Darwin, consegui fazê-lo unicamente negando algumas das feições mais fundamentais da teoria de Kuhn, e tornando a ciência evolucionária mais do que revolucionária, individualista mais do que social – em suma, emendando-a virtualmente para além de um possível reconhecimento dela[2]. Dei comigo fazendo algo semelhante com as idéias de Stent.

O conhecimento canônico

Nem todo mundo concorda com a definição de conhecimento canônico, ou em quais circunstâncias a ligação de uma descoberta com este conhecimento é bastante forte para qualificar sua inclusão. Além disso, se uma minoria de cientistas aceita uma descoberta, ou até presta-lhe séria atenção, então tal descobrimento não é de modo algum prematuro no sentido de Stent. Quando olhamos para a comunidade científica como um todo, deparamo-nos, por certo, com uma ampla diversidade de habilidades e inclinações que permitiriam a um cientista efetuar semelhante conexão e com uma comunidade científica que não é de nenhum modo homogênea. De um modo similar, se uma vinculação é de fato efetuada, então se torna óbvio que ela pode ser feita – mas a evidência negativa não estabelece que ela não possa ser realizada. Suponhamos, por exemplo, que alguém pudesse ligar uma descoberta específica ao cânone, mas apenas mediante um ato de raciocínio criativo possível unicamente para um intelecto verdadeiramente extraordinário. Do enunciado de Stent não fica claro que tipo de possibilidade ele tem em mente: uma que é logicamente possível e outra que é humanamente possível não são de forma alguma a mesma coisa. Stent, sem dúvida, tentou estabelecer uma distinção categorial entre o que é prematuro e o que não é. Podemos aceitar tal distinção como um mo-

2. Ghiselin, 1971.

delo idealizado, mas me parece que, assim como os bebês não são, de maneira absoluta e sem qualificação, prematuros, a prematuridade relativa pode nos ensinar algo. Do mesmo modo, a conexão poderia admitir graus com respeito a essa força de conexão. O modelo de Stent padece de uma falta de realismo, em parte devido à sua formulação tipológica e não quantitativa.

Darwin

A teoria de Darwin sobre os recifes de coral o tornou um jovem famoso, tão logo ela foi anunciada[3]. Ela era tudo, menos prematura, e é fácil ver por quê. Darwin explicou a morfologia das formações de coral, tais como os atóis e as barreiras de recifes, em termos dos animais esqueletizados a crescer e a depositar carbonato de cálcio sobre ilhas e continentes imergentes. Esta explicação adequava-se muito bem às próprias descobertas do naturalista acerca do soerguimento da América do Sul e, o que é mais importante, às teorias geológicas de Charles Lyell, seu modelo exemplar. Havia um belo mecanismo para tais movimentos da crosta, que todo mundo podia compreender, ainda que nem todo mundo o aceitasse. No entanto, embora a teoria darwiniana dos recifes de corais constituísse sempre a concepção da maioria entre os geólogos, ainda assim existiam certas relutâncias, especialmente entre os zoólogos, até que duas coisas aconteceram. Primeiro, tornou-se possível observar a paisagem submarina por meio de técnicas sônicas e perfurar o calcário a centenas de metros. Segundo, a teoria das placas tectônicas emergiu apenas alguns anos mais tarde, e as idéias básicas de Darwin foram prontamente incorporadas à nova geologia global. Concluo que a teoria darwiniana dos recifes, desde o início, não só se ajustava ao que era o conhecimento

3. Darwin, 1837, 1842, 1874.

canônico, como também se ajustava ao conhecimento canônico que se desenvolveu mais tarde.

Um caso mais problemático é a teoria de Darwin da evolução por meio da seleção natural (seleção artificial e sexual). O padrão histórico básico que requer explanação é, grosso modo, como segue. *A Origem das Espécies* veio a público em 1859. Não demorou dez anos e a evolução foi aceita em geral como um fato pela comunidade científica, e serviu de fundamento para numerosos programas de pesquisa. De outro lado, a seleção natural, que é geralmente considerada a mais importante contribuição de Darwin ao conhecimento, não logrou sucesso tão imediato. Somente uma minoria de cientistas acompanhou Darwin no seu ponto de vista, segundo o qual a seleção natural, como ele a formulara, era a principal, embora não a exclusiva, causa da mudança evolucionária. Ela era muito mais considerada, em geral, como uma influência causal menor. Talvez a consideração mais importante seja que só um punhado de cientistas, incluindo o próprio Darwin, estribava nela projetos de pesquisa de maior envergadura. A acolhida geral da seleção natural não ocorreu até o surgimento da teoria sintética da evolução, durante o período que vai desde antes da Segunda Grande Guerra até por volta de 1950. Cabe quiçá mencionar incidentalmente que as exceções há pouco mencionadas incluíam alguns biólogos de fato mais proeminentes e altamente influentes, em especial Fritz Müller e August Weismann, bem como o co-descobridor, ao lado de Darwin, Alfred Russel Wallace e o amigo e companheiro de viagem de Wallace, Henry Walter Bates.

Na verdade, a teoria da seleção sexual de Darwin, que, em conjunto com a seleção natural, compôs parte de uma teoria mais geral, viu-se quase inteiramente negligenciada e mal interpretada até quase 1969. Salientei nessa época que a seleção sexual fornecia uma evidência impositiva da teoria darwiniana mais geral, com respeito à seleção, da qual a sexual é um corolário[4]. Pelo fato de tanta gente continuar a tratar a seleção sexual como um caso particular da seleção

4. Ghiselin, 1969a.

natural, penso que essa percepção foi em si mesma talvez prematura. Entretanto, era óbvio que havia chegado o tempo para uma ruptura decisiva, baseada no tratamento da evolução de estratégias reprodutivas, a partir do ponto de vista da pura competição reprodutiva e, ao menos, o meu próprio esforço ao longo de tais linhas não era, definitivamente, prematuro[5]. Em geral, o que estava em curso na época era uma reconsideração do ponto que Darwin entendera muito bem, realmente muito bem, mas não o explicara para Wallace, de que a seleção atua por competição reprodutiva entre indivíduos, inclusive famílias individuais (o que, como será esclarecido adiante, não é paradoxal). Efetuar uma conexão em tais casos requer uma apreciação de questões metafísicas e, saber se tal entendimento é parte do conhecimento canônico constitui um problema dos mais intrigantes.

Assim devemos perguntar se a evolução era mais ou menos aceita desde o início porque não era prematura, e se a seleção natural era prematura em 1859, porém cessou de sê-la nos meados do século XX (e, *a fortiori*, cumpre-nos indagar se a seleção sexual continuou prematura por outros vinte ou trinta anos, e se a descoberta de sua importância filosófica permanece prematura). Além do mais, cabe indagar se a visão de Darwin, a respeito da biologia evolucionária, ainda é prematura. Parece-me que podemos responder a todas essas questões de um modo mais ou menos afirmativo, mas não sem todos os tipos de restrições que, espero, se mostrem esclarecedoras.

Os precursores de Darwin

Uma importante tarefa é desembaraçar-se de algumas mitologias, a começar com os reais e imaginados precursores de Darwin. A tradição pretende que houve uma porção de evolucionistas antes de Darwin. Um exame mais acurado mostra

5. Ghiselin, 1969b.

que muitos deles estavam, na realidade, preocupados com uma outra coisa[6]. Bons exemplos são Goethe, Lorenz Oken e outros tantos, chamados *Naturphilosophen*, que foram, em larga medida, considerados evolucionistas até por luminares como Darwin e Ernst Haeckel. Os demais cientistas estavam, em geral, preocupados com a possibilidade da evolução, mais do que com a criação de uma ciência da biologia evolucionária[7]. Eu não encontrei ainda cientista algum, anterior a Darwin, cujo programa de pesquisa empírica fosse baseado em princípios evolucionistas e, portanto, comparável ao trabalho que o autor de a *Origem* fez sobre os cracas (crustáceos de rochas marinhas) entre 1846 e 1854. Estes naturalistas quase-evolucionistas como Jean-Baptiste de Lamarck e o velho Geoffroy Saint-Hilaire tinham em mente, por certo, algo parecido com a evolução, e isto afetou o modo como eles realizaram os seus trabalhos. Ademais, eu não ficaria surpreso se um esforço concertado verificasse que se tratava de uns poucos exemplos marginais, ou quiçá, triviais. Uma exceção parcial foi, naturalmente, Wallace, que estava à procura de chaves geográficas para a evolução, e ele as achou.

Quanto à seleção natural, houve igualmente uma hoste de supostas antecipações, poucas das quais realmente antecipavam a seleção natural. Algumas concerniam a um tipo de criação seletiva em um estado de natureza que mantinha espécies constantes. Outras forneciam meios de adaptação a circunstâncias locais[8]. Mesmo quando havia especulação sobre possíveis efeitos de longo prazo e direcionais acerca de algo como a seleção natural, isso nunca veio acompanhado de comprovação que tornasse a seleção natural crível como um mecanismo para a evolução ou que mostrasse como ela poderia ser convertida em fundamento de um programa viável de pesquisa. Darwin foi capaz de realizar tudo isso em 1844, quando escreveu um "ensaio" preliminar, porém extenso, sobre sua teoria. Em 1859, apresentou ao mundo a seleção natural como um plausível mecanismo de mudança. Mostrou como ela poderia explicar muito daquilo que era consi-

6. Ghiselin, 1969a; ver também Ruse, cap. 15, neste volume.
7. Por exemplo, Chambers, 1844.
8. Shryock, 1944 fornece uma boa discussão sobre William Wells.

derado conhecimento canônico, tal como a embriologia a espelhar a taxinomia. Darwin aduziu fatos que não seriam explicáveis de outra maneira, tais como o comportamento de castas neutras nos insetos sociais. Provou como sua teoria fornecia previsões totalmente inesperadas, como a revelação da prevalência do sexo. E explicou como efetuar pesquisa em vários tipos daquilo que chamamos agora de biologia evolucionária. O artigo conjunto de Darwin e Wallace (1858), que foi lida na Linnaean Society, não foi percebida como uma efetiva ruptura inovadora precisamente porque deixou de fazer tais conexões.

Para algumas pessoas, incluindo não só o próprio Darwin, mas também aquela pequena minoria de biólogos, que eram seus verdadeiros defensores, fazer tais conexões era o suficiente. Havia agora uma profusão de liames com o conhecimento canônico. E elas, em todo caso, não a perceberam como prematura. Poder-se-ia, então, querer argumentar que, com a passagem do tempo, mais e mais a biologia se tornaria canônica, de modo que sempre mais liames seriam estabelecidos, e a seleção viria a ser cada vez mais atrativa para uma crescente proporção de biólogos.

Darwin e a hereditariedade

A mitologia usual, servida como pábulo aos estudantes de graduação, é de que Darwin não tinha nenhuma teoria da hereditariedade, e então uma foi encontrada, de modo que por fim a genética veio para efetuar a salvação. Muitas são as objeções a esse argumento e a suas variantes menos ingênuas apresentadas por historiadores como Peter Bowler[9]. Os primeiros pioneiros da genética mostravam-se hostis à seleção natural e à evolução em geral. Mais importante ainda foi a refutação de concepções errôneas acerca da genética, e não algo faltante na teoria de Darwin,

9. Bowler, 1988.

que levou ao recrudescimento do interesse pela seleção natural. O lamarckismo deixou crescentemente de misturar-se com o que estava se convertendo em conhecimento canônico, e não havia competidores sérios para o darwinismo. Ainda assim, o caso de Richard Goldschmidt mostra quão determinada era a resistência entre os geneticistas.

O que de melhor podemos dizer quanto ao papel da genética é que o darwinismo apropriou-se dela de maneira parecida ao modo como se apropriou da biologia molecular nos últimos tempos. Os cromossomos são ótimos materiais para se praticar a filogenética. Uma alternativa interessante ao culto dos geneticistas como heróis é que emergiu um novo tipo de sistemática, uma sistemática completa graças a um melhor conceito de espécie, e foi isto que fez a síntese funcionar. Tal é, falando grosseiramente, a posição de Ernst Mayr[10]. Conquanto, em essência, verdadeira, esta alternativa foi em certo sentido prematura porque, do ponto de vista metafísico, era incorreta. Ela não poderia ser ligada por uma série de passos lógicos às hipóteses canônicas acerca da natureza última da realidade. As pessoas tiveram, portanto, muita dificuldade para efetuar as conexões com suposições alternativas, aquelas que, embora amplamente aceitas, eram em geral rejeitadas.

Darwinismo e mudança

Permitam-me abusar um tanto do modelo de Stent e argumentar que há uma clivagem metafísica fundamental entre a biologia de Darwin e a de seus predecessores. Dado o modo de ver tradicional, era demasiado fácil relacionar a evolução ao que constituía, então, o conhecimento canônico, proporcionando com isso, no mínimo, uma desculpa para não empreender o gêne-

10. Mayr, 1980.

ro de reconstrução, em nível fundamental, que se fazia necessário para saber se a teoria de Darwin devia ser entendida e menos ainda aceita. Em resumo, a ciência pré-darwiniana havia aprendido a lidar com alguns tipos de mudança, mas Darwin tinha em mente uma espécie de mudança que era diferente e, poder-se-ia dizer, mais profunda. Assim, quando os contemporâneos de Darwin tentaram enfrentar o problema da evolução, eles moldaram suas concepções de evolução com base no tipo de mudança que lhes era familiar. Encontraram conexões, mas todas elas tornaram-se, com demasiada freqüência, desencaminhadoras.

Darwin foi capaz de invocar a espécie de mudança que ocorre em plantas e animais domesticados como um exemplo de evolução por meio de um mecanismo seletivo. Isso fazia a seleção natural parecer mais ou menos plausível, uma hipótese científica aceitável. Uma conseqüência importante da posse de um mecanismo plausível foi que este legitimava a teoria evolucionária em geral, de modo que outros mecanismos foram também abertos à discussão. Tais mecanismos poderiam funcionar de maneira completamente inespecífica, ou serem apenas vagamente sugeridos. Assim, a opção de aceitar a seleção estava franqueada, porém somente como uma influência causal menor. Talvez a seleção natural pudesse apartar os inaptos ou produzir a adaptação a circunstâncias locais, mas a verdadeira explicação devia encontrar-se em outra parte. Os biólogos tinham em geral, por crença, que as espécies, como os objetos orgânicos, ocorriam como os assim chamados tipos naturais, que eram às vezes variáveis, mas apenas dentro de limites circunscritos. Pois era algo impensável que uma espécie, por si própria, tivesse a capacidade de mudança indefinida – de fato, uma contradição em termos. Em tais circunstâncias, a seleção natural poderia dar conta da origem das variedades, mas não das espécies.

Um outro tipo de mudança familiar a toda gente era o aprendizado. Se a evolução é como o aprendizado, chegamos ao lamarckismo. Algumas versões do lamarckismo baseiam-se na memória herdada. As versões que acentuam a herança de mudanças somáticas adquiridas podem ser interpretadas como variantes do mesmo tema. Darwin aceitava, como se sabe em geral, a herança de caracteres adquiridos, e mesmo os esforços de seu grande seguidor Weismann não conseguiram abafar o entusiasmo pelas diferentes versões do assim chamado lamarckismo.

Depois, tivemos todos os gêneros de mudança que acontece no desenvolvimento de um embrião. A ciência da embriologia avançou consideravelmente no curso da primeira metade do século XIX e muito trabalho descritivo ficou disponível. Reconhecia-se uma correlação geral entre a hierarquia taxinômica, a sucessão dos fósseis e os estágios do desenvolvimento embrionário. Os organismos em desenvolvimento pareciam seguir uma trilha bem conhecida rumo a um estado terminal particular. Portanto, poder-se-ia querer tratar a evolução orgânica como uma espécie de embriologia numa escala geológica com mudança da potencialidade para a atualidade. Sob tal concepção, não haveria origem de algo ontologicamente novo, pois as "espécies" de organismos teriam existido em condições pré-nascentes desde o início, se realmente não fossem positivamente eternos. O resultado foi a ortogênese, ou a evolução ao longo de linhas predeterminadas, das quais existem muitas versões.

Ortogênese

Uma versão da ortogênese sustenta que Deus criou um ancestral comum, que contém em si a potencialidade para diferenciar todas as diversas formas de seres vivos, tanto quanto um embrião em desenvolvimento pode dar origem a uma crescente diversidade de células, tecidos e órgãos. Outra versão pretende que Deus prevê todos esses desenvolvimentos desde o princípio, mas supervisiona miraculosamente a execução de sua obra-prima. No entanto, uma outra versão da ortogênese entende que Deus ordena as leis da natureza, de tal maneira que causas secundárias estariam executando a obra. Esta é uma versão de um projeto no crediário, como John Dewey tão inteligentemente a denominou[11]. Os esforços de historiadores de linha conservadora como Nicolaas Rupke para converter Richard Owen, por exemplo, em evolucionista causam-me a impressão de serem mais do que um pouquinho forçados[12].

Poder-se-ia, na verdade, tentar arrumar-se sem o Criador, porém atribuir o desenvolvimento e a "evolução" a tais leis significava ainda uma espécie de ortogênese e, de novo, o vir-a-ser de nada ontologicamente novo. O modelo físico fundamental para o desenvolvimento de um organismo era a formação de um cristal. Ambos os tipos de mudança seriam o resultado de leis da natureza. Conseqüentemente, as espécies de animais e de plantas seriam como espécies de minerais e a analogia poderia ser extrapolada igualmente para níveis taxinômicos mais altos. Exemplos de diferentes tipos de organismos formar-se-iam, então, sempre e em toda a parte em que fossem encontradas as necessárias e suficientes condições físicas. Sem dúvida, seria possível levar certo número de gerações para que isso acontecesse, mas era perfeitamente razoável supor que planetas em partes remotas do universo fossem povoados por vertebrados, mamíferos, e até seres humanos. Isso, por certo, é precisamente o que vemos na televisão, em que os extraterrestres não só falam o inglês como se expressam em um inglês dos dias de hoje, e não no de Shakespeare.

Positivismo

Muitos biólogos pré-darwinianos estavam à procura de uma brecha maior na teoria biológica. Mas eles esperavam que a descoberta crucial fossem leis da natureza mais

11. Dewey, 1910.
12. Rupke, 1994.

do que contingências históricas, o que aponta para uma espécie de prematuridade, no sentido de que o mundo não estava plenamente preparado para o que aconteceu. Muitos esperavam que a embriologia fornecesse as leis que eles estavam procurando. Em reação ao darwinismo, a oposição recorreu à mesma idéia básica: nós explicamos as coisas em termos de lei e não de chance (o equivalente pejorativo de história)[13]. A embriologia remanesce até os nossos dias como o último refúgio do antievolucionismo. Naturalmente, os antievolucionistas atuais não negam a existência da evolução. Ao contrário, insistem que são as assim chamadas leis da forma que realmente contam, as quais são, em geral, tidas como fundamentalmente físico-químicas.

Pois bem, tal atitude em relação ao que é um caminho apropriado ao entendimento do mundo – isto é, em termos de leis da natureza mais do que em termos de história – pode facilmente ser ligado ao conhecimento canônico. De fato, ela é uma parte básica da metafísica do positivismo, incluindo versões como as que continuam a ser ensinadas por professores de ciência e de sua filosofia. O efeito de semelhante positivismo sobre os programas de pesquisa de biólogos foi tardiamente percebido por V. B. Smocovitis, embora seja digno de nota quão pouco esta notou seus efeitos no seu próprio programa de pesquisa na história da ciência[14]. A metafísica diz às pessoas que a história não é importante, de modo que, como faz Smocovitis, elas passam a ignorar as sistemáticas. Ou conta-lhes que se trata de uma ciência de segunda categoria e, como Michael Ruse faz, elas projetam tal juízo de valor em suas narrativas históricas[15]. Enquanto August Comte propunha uma versão do catolicismo menos o cristianismo, Ruse advoga uma versão do darwinismo menos a evolução[16].

13. Um belo exemplo aparece em Hertwig, 1922.
14. Smocovitis, 1996.
15. Ruse, 1996.
16. Ghiselin, 1997a.

As espécies como indivíduos num sentido ontológico

A alternativa metafísica que emergiu no decurso das últimas décadas é, por certo, a concepção de que as espécies e outras entidades restritas em termos espaço-temporais como roupas e linguagens não são em absoluto coisas naturais, mas indivíduos em amplo sentido ontológico[17]. Como nos casos de George Washington e nosso sistema solar, não há leis da natureza para tais entidades. Créditos pela tese da individualidade são em geral atribuídos a David Hull e a mim[18]. Quando a propus pela primeira vez, ela era prematura, ao menos na medida em que de início foi rejeitada por Hull, embora só por um momento. Tão logo ela cessou de ser considerada prematura, muitos dos assim chamados precursores foram exumados da literatura.

Um exame sério de semelhantes antecipações da tese da individualidade é de algum interesse do ponto de vista da prematuridade; os "descobridores" parecem não tê-la considerado uma idéia importante. Até onde os filósofos vão, encontramos a possibilidade mencionada por Woodger, Gregg e, inclusive, o muito anterior Hull[19]. Porém, eles a tratavam como não mais do que uma curiosidade intelectual e a marginalizaram. De um ponto de vista stentiano, seria possível dizer que a descoberta era prematura porque não podia ser ligada à metafísica aceita como canônica na filosofia da ciência daqueles dias. Até onde a lógica chegava, não havia dificuldades aparentes, mas uma idéia tem de ser mais do que apenas uma possibilidade lógica para atrair muita atenção. A descoberta deixou de ser prematura quando, e somente quando, foi envidado um sério esforço para construir uma filosofia que fizesse justiça à biologia evolucionária. Isto, porém, significou rejeitar a metafísica do positivismo, algo que supunha-se nem sequer existir.

17. Para uma proposição final, ver idem.
18. Hull, 1975; Ghiselin, 1966, 1969a, 1974.
19. Woodger, 1952; Gregg, 1954; Hull, 1969.

Biologia evolucionária e as ciências históricas

A biologia evolucionária, na medida em que repousa sobre o seu novo alicerce metafísico, pode agora servir de modelo para outras ciências históricas, pois agora podemos avaliar que a meta de tais ciências é a criação de uma narrativa explanatória capaz de sintetizar o historicamente contingente com o nomologicamente necessário. As leis da natureza na biologia referem-se a classes de indivíduos, inclusive classes de espécies, mas as espécies e outras classificações elas próprias são de um caráter puramente histórico. Assim, a meta da biologia é descobrir, digamos, quais poderiam ser as leis genéticas da população e juntá-las ao material histórico para produzir uma história explicativa das linhagens que nos interessam – para produzir, em outras palavras, uma filogenia.

Pode ter ficado claro agora por que simpatizo com a idéia de Stent e, no entanto, não me incomodo muito com a necessidade de empreender toda sorte de ginástica intelectual para fazê-la funcionar. Nem na biologia nem na história as conexões entre os eventos particulares e as leis da natureza são assuntos imediatos e simples. Clínicos tendem a pensar em termos de princípios mais do que nas leis da natureza, que fornecem suas razões lógicas mais fundamentais. E repetidamente vêem-se subjugados pelos particulares. Stent é um bom cientista. Ele quer encontrar leis da epistemologia: verdades irrestritas em termos espaço-temporais, referidas às classes de descobertas que são necessariamente verdadeiras a respeito de qualquer coisa a que se apliquem. Ele se volta então, de novo como um bom cientista, à epistemografia dos eventos históricos que poderiam tender a confirmar ou não sua ousada hipótese. E a questão que vem a seguir é se uma lei assim, ou algo semelhante a isso, poderia servir de base para uma ciência sintética final ou, em outras palavras, para uma epistemogenia.

A esta luz, podemos claramente ver como uma descoberta que foi talvez um tanto quanto prematura, há quinze anos, pode agora ser ligada ao conhecimento canônico. Mas então, de novo, o corpo do conhecimento em questão é em geral aceito, sobretudo pelos teóricos da biologia sistemática e pelos filósofos, que estão seriamente interessados em tais assuntos. De fato, o que levou Hull a adotar a tese da individualidade foi o livro de J. J. C. Smart, no qual o autor asseverava não haver leis da natureza na biologia[20]. Smart perguntou que leis existiam para o *Homo sapiens*. Hull então percebeu não só que não há leis para *Homo sapiens*, mas também que a razão pela qual elas não existem é que o *Homo sapiens* é um indivíduo, e que não há leis para qualquer indivíduo em qualquer ciência[21].

Smart, como muitos outros, queria tratar a ciência como se ela fosse puramente um corpo de leis da natureza. Conseqüentemente, uma ciência histórica seria, em seus próprios termos, uma contradição. Mas, se aceitarmos uma definição assim, então um astrônomo não está fazendo ciência quando discute a Terra, o nosso sistema solar, a Via Láctea, o universo, ou o *Big Bang*, pois todos estes são indivíduos e as leis da natureza não se referem a nenhum deles. Essas leis podem dizer respeito aos *Big Bangs* e *bangs* menores, mas a nenhum *Bang* particular. Do mesmo modo, as placas tectônicas constituem uma teoria que se refere à Pangéia e à Placa do Pacífico e, portanto, não é ciência, porém história.

A noção de que a história é algo diferente da ciência é uma conseqüência direta de uma péssima metafísica e de uma intolerância intelectual. Porém, esta é uma atitude largamente difundida entre os pesquisadores das ciências físicas e ela poderia ser considerada, mesmo, conhecimento canônico no que é denominado de filosofia da ciência. Não estou, de modo algum, seguro da extensão em que essa atitude afetou o pensamento de Stent a respeito da prematuridade e de outros aspectos da descoberta científica. O gênero de biologia que ele praticou não é do tipo que iria predispor alguém a pensar como um geólogo ou um anatomista comparativo, ao lidar com a história intelectual da sua ciência. Stent partiu

20. Smart, 1963.
21. Hull, 1975.

da biologia molecular enquanto ela era muito parecida com a química, e antes do surgimento da filogenética molecular e desenvolvimental.

Quando a história da ciência é praticada como uma ciência natural, um dos objetivos é descobrir leis da natureza que se refiram às classes de descobertas. Mas, sem os indivíduos e as narrativas históricas, nós nos extraviamos na abstração vazia. A ciência é sempre acerca de algo, e esse algo é sempre formado de coisas particulares concretas. Suspeito, a partir de alguns de seus reparos, que Stent considerou que a singularidade dos acontecimentos individuais significa que as ciências históricas não generalizam. Mas, acontecimentos particulares têm múltiplas conseqüências e a publicação de *On the Origin of Species* (Origem das Espécies) é um exemplo rematado. Além do mais, passando da parte para o todo – por exemplo, de uma espécie para o seu *phylum* (filo) – nós nos deslocamos do mais particular para o mais geral.

O objetivo da ciência não é apenas conectar os particulares a padrões recorrentes, mas também situá-los no contexto de totalidades maiores. O que é ou não a prematuridade é contingente a circunstâncias históricas, inclusive aquelas peculiares aos cientistas e às disciplinas. O modelo de Stent talvez tenha sido somente um pouquinho prematuro, dado qual conhecimento era tido como canônico na época em que foi proposto.

Bibliografia

Bowler, E. J. 1988. *The Non-Darwinian Revolution: Reinterpreting a Historical Myth*. Baltimore: Johns Hopkins University Press.

Chambers, R. 1844. *Vestiges of the Natural History of Creation*. London: John Churchill.

Darwin, C. 1837. On Certain Areas of Elevation and Subsidence in the Pacific and Indian Oceans, as Deduced from the Study of Coral Formations. *Proceedings of the Geological Society of London* 2:552-54.

______. 1842. *The Structure and Distribution of Coral Reefs, Being the First Part of the Geology of the Voyage of the Beagle*. London: Smith and Elder.

______. 1874. *The Structure and Distribution of Coral Reefs*. 2 ed. London: Smith, Elder.

Darwin, C. & A. R. Wallace. 1858. On the Tendency of Species to Form Varieties; and on the Perpetuation of Varieties and Species by Natural Means of Selection. *Journal of the Proceedings of the Linnaean Society (Zoology)* 3:45-62.
Dewey J. 1910. *The Influence of Darwin on Philosophy & Other Essays in Contemporary Thought*. New York: Henry Holt and Company.
Ghiselin, M. T. 1966. On Psychologism in the Logic of Taxonomic Controversies. *Systematic Zoology* 15:207-15.
______. 1969a. *The Triumph of the Darwinian Method*. Berkeley and Los Angeles: University of California Press.
______. 1969b. The Evolution of Hermaphroditism among Animals. *Quarterly Review of Biology* 44:189-208.
______. 1971. The Individual in the Darwinian Revolution. *New Literary History* 3:113-34.
______. 1974. A Radical Solution to the Species Problem. *Systematic Zoology* 23:536-44.
______. 1997a. *Monad to Man: The Concept of Progress in Evolutionary Biology*, by Michael Ruse. *Quarterly Review of Biology* 72:452.
______. 1997b. *Metaphysics and the Origin of Species*. Albany: State University of New York Press.
Gregg. J. R. 1954. *The Language of Taxonomy: An Application of Symbolic Logic to the Study of Classificatory Systems*. New York: Columbia University Press.
Hertwig, O. 1922. *Das Werden der Organismen: Zur Widerlegung von Darwins Zufallstheorie durch das Gesetz in der Entwicklung* 3d ed. Jena: Verlag won Gustav Fischer.
Hull, D. L. 1969. What the Philosophy of Biology Is Not. *Journal of the History of Biology* 2:241-68.
______. 1975. Central Subjects and Historical Narratives. *History and Threory* 14:253-74.
Mayr, E. 1980. Prologue: Some Thoughts on the History of the Evolutionary Synthesis. In: E. Mayr & W. B. Provine (eds). *The Evolutionary Synthesis: Perspectives on the Unification of Biology*. Cambridge: Harvard University Press, p. 1-48.
Rupke, N. A. 1994. *Richard Owen: Victorian Naturalist*. New Haven: Yale University Press.
Ruse, M. 1996. *Monad to Man: the Concept of Progress in Evolutionary Biology*: Cambridge: Harvard University Press.
Shryock, R. H. 1966. The Strange Case of Wells' Theory of Natural Selection (1813): Some Comments on the Dissemination of Scientific Ideas. In *Medicine in America: Historical Essays*. Baltimore: Johns Hopkins University Press, p. 259-72.
Smart, J. J. C. 1963. *Philosophy and Scientific Realism*. London: Routledge and Kegan Paul.
Smocovitis, V. B. 1996. *Unifying Biology: The Evolutionary Synthesis and Evolutionary Biology*. Princeton: Princeton University Press.
Stent, G. S. 1972a. Prematurity and Uniqueness in Scientific Discovery. *Advances in the Biosciences* 8:433-49.
______. 1972b. Prematurity and Uniqueness in Scientific Discovery. *Scientific American* 227 (dezembro): 84-93.
Woodger, J. H. 1952. From Biology to Mathematics. *British Journal for the Philosophy of Science* 3:1-21.

Parte V

PERSPECTIVAS DO PONTO DE VISTA DAS CIÊNCIAS SOCIAIS

17.

A PREMATURIDADE DA "PREMATURIDADE" NA CIÊNCIA POLÍTICA

George Von der Muhll

Pouco tempo após a Segunda Guerra Mundial, a "revolução comportamental" varreu os estudos acadêmicos da política[1]. A partir deste ponto em diante, estudiosos profissionais do tema têm buscado um único paradigma organizador capaz de prover o campo desses estudos com os conceitos compartilhados e o cânone proposicional estabelecido, que eles divisam nas ciências na-

1. Ver, entre as inúmeras proclamações dessa época, Eulau, 1963 para uma colocação concisa de suas premissas amplamente compartilhadas. O termo "Revolução Comportamental" veio a ser adotado em geral nos anos de 1950, como um meio de chamar a atenção para várias codenominações e desenvolvimentos frouxamente inter-correlacionados – alguns inovadores e alguns com marcada aceleração em tendências prévias – que acabaram caracterizando o estudo sistemático da política após a Segunda Grande Guerra. Os traços mais distintivos desta "revolução" incluíam (1) o chamado para substituir um foco disciplinar sobre configurações governamentais historicamente únicas por uma identificação daquelas propriedades do comportamento humano na política que, por meio de sua simplicidade, universalidade e recorrência freqüente, melhor se prestavam para uma modelagem analítica e generalização estatística; (2) um correspondente desvio de atenção de atores salientes dentro de estruturas manifestamente políticas (com mais preeminência o Estado) para campos mais anônimos de forças sociais que condicionam resultados em arenas declaradamente "políticas"; e (3) reconhecimento explícito da necessidade de voltar-se para outras ciências sociais "comportamentais" mais genéricas, especialmente a sociologia e a psicologia, em busca de proposições e evidências relativas às características e determinantes que dão a chave de tal comportamento.

turais. Nada surgiu até agora. Ao contrário, várias perspectivas teóricas propostas têm competido em busca de atenção dentro dos vários subcampos disciplinares da "ciência" política. Sua proliferação serviu até agora, principalmente, para enfatizar uma conspícua deficiência de integração lógica no âmbito da disciplina.

Em semelhante cenário, é impossível afirmar que qualquer dos paradigmas haja deslocado um outro. Tampouco se pode dizer que um achado importante é ignorado porque parece anômalo dentro de uma estrutura correntemente aceita. Na verdade, vários modelos propostos de investigação – amiúde extraídos, por analogia, de domínios muito mais integrados logicamente da economia ou de um ou outro campo das ciências naturais – competem em busca de atenção, desfrutam uma breve meia-vida dessa atenção enquanto sua arquitetura teórica é fixada e depois cedida a outras abordagens, que parecem mais promissoras até mesmo antes que suas implicações de pesquisa tenham sido seriamente exploradas. O destino de qualquer abordagem dada parece mais uma função de sua ressonância, com desenvolvimentos teóricos extra-disciplinares e com deslocamentos nas preocupações societárias, do que com o êxito ou o fracasso na tentativa de elaborar vinculações lógicas da abordagem com uma corrente principal de conhecimento estabelecido. A importância contemporânea de adeptos de um paradigma proposto dentro da disciplina oferece pouca proteção contra tais determinantes exógenos de aceitabilidade. Em todos esses aspectos, a "ciência" política nos proporciona instrutivos contrastes com outros casos discutidos neste volume.

Expus três modelos de indagação para ajudar a consubstanciar esses pontos. Proponho considerar, na devida ordem, um paradigma relativamente bem-sucedido – teorias sobre políticas de *escolha racional* (ou *escolha pública*) – que após uma demora de aproximadamente duas décadas estabeleceu um sólido nicho dentro do campo; uma teoria de *sistemas gerais*, que abriu caminho no estudo das políticas a partir da biologia, por intermédio de uma influente escola de sociólogos, mas que depois ficou desacreditada como modelo de equilíbrio supostamente não revolucionário; uma teoria *cibernética*, importada diretamente da modelagem feita por Norbert Wiener do circuito informacional no Instituto de Tecnologia de Massachusetts (MIT), porém demasiado exótica para servir de imagem prontamente compreensível a cientistas políticos numa época em que os computadores ainda estavam em grande parte confinados aos laboratórios.

Das três abordagens, a teoria da escolha racional chega, em seus resultados, mais perto dos casos discutidos por Gunther Stent. Estranhos ao campo poderiam achar auto-evidente sua premissa básica, segundo a qual a política pode ser fecunda e rigorosamente interpretada como uma competição pelo poder de tomar coletivamente decisões obrigatórias no interesse de unidades societárias compreensivas, e que a sobrevivência na arena política requer a subordinação de outros interesses a este imperativo. Em certo sentido, tal perspectiva é passível de rastreamento até os filósofos políticos da Renascença, como Nicolau Maquiavel e Thomas Hobbes. Desde o início, entretanto, ela foi encoberta por uma disposição da maioria dos analistas políticos a encarar essa abordagem em termos de um tom aparentemente cínico sobre suas injunções sensatas e uma correspondente ênfase nos conteúdos de tais visões. As teorias pregadas a respeito do caráter racional dos atores políticos eram também fáceis de ignorar no período do século XX entre as duas grandes guerras mundiais, quando a crescente popularidade da teoria freudiana assim como da ideologia e prática fascistas sugeriam a predominante irracionalidade do comportamento das massas.

A abordagem do ator racional atingiu um bem definido foco teórico autônomo tão-somente por seu liame – significativamente pelo economista austríaco Joseph Schumpeter em seu livro *Capitalismo, Socialismo e Democracia* (1954) – com a alegação mais específica de que a democracia política pode ser percebida como diretamente análoga às teorias econômicas da escolha empresarial nas condições do livre mercado[2]. Schumpeter alicerçou sua tese na afirmação de que, quaisquer que sejam os fins particulares buscados, a

2. Schumpeter, 1954, p. 269 ff.

condição disciplinadora para a sobrevivência empresarial é a solvência – apoio do consumidor ao livre mercado; compromisso dos votos e do votante ao "mercado" democrático. Mas a tese do economista austríaco, concernente à transferibilidade da teorização econômica para a política, estava enterrada em três dentre aproximadamente trinta capítulos de um tratado que procurava explicar uma pretendida exaustão do vigor empresarial e da inovação tecnológica. Em parte, por esta razão, levou toda uma década e mais um pouco até que outro economista, Anthony Downs, recolhesse a sugestiva metáfora de Schumpeter. Mas Downs foi além de Schumpeter, ao transformar a metáfora em um tratado sistematicamente exposto com cuidadosas definições técnicas, em proposições a fluir logicamente do ponto de partida explicitamente definido da investigação e uma aplicação ordenada destas proposições a várias estratégias de política a desdobrarem-se como respostas a *problemas* gerados por este ponto de partida[3].

Durante outra década ainda, *An Economic Theory of Democracy* (Uma Teoria Econômica da Democracia)(1957), de Downs, foi tratada, pela maior parte dos cientistas políticos, como algo provocativamente divertido mais do que constrangedoramente paradigmático. Aqueles que tomaram rapidamente a sério a sua proposta reduziram seu escopo a uma estreita focalização de alguns paradoxos da regra de maioria em comissões a votar procedimentos[4]. Ironicamente, a abordagem de Downs foi também ameaçada pela prematura matematização da teoria da coalizão do ator racional, que deixou uma larga maioria de cientistas políticos convencidos de que anos de investimentos, disciplinarmente destoantes na aquisição de patamares avançados de cálculos, seriam requeridos para rastrear um debate relativo a um pequeno subconjunto de questões periféricas[5].

3. Downs, 1957.
4. O trabalho fundamental destas discussões estreitamente enfocadas, a respeito de certos paradoxos na escolha racional, foi estabelecido em duas obras que apareceram antes do próprio tratado de Downs: Black, 1948, p. 245-261; e Arrow, 1951.
5. Embora tenha sido claramente prenunciado, logo após a guerra, no trabalho do matemático John von Neumann, sobre as teorias formalizadas dos "jogos", a tendência para a matematização da análise política de Downs recebeu impulso de Riker, 1962.

E nos meados da década de 1960, entretanto, outro economista ainda, Mancur Olson, demonstrou o contínuo poder de resistência e a fecundidade de amplo alcance que estavam presentes na abordagem downsiana-schumpeteriana contida em *The Logic of Collective Action* (A Lógica da Ação Coletiva)(1965). Ao mesmo tempo, o economista James Buchanan e seu colega, o cientista político Gordon Tullock, ambos destinados a conquistar em breve o prêmio Nobel, começaram a produzir uma sucessão de volumes e ensaios, cuja publicação levou um grande número de cientistas políticos à conclusão de que não poderiam mais permitir-se ignorar a concepção proposta[6]. A teoria da escolha racional (às vezes designada por economistas como teoria da escolha pública, devido às suas implicações na feitura de decisões governamentais não relacionadas com o mercado) não foi, de modo algum, adotada como um paradigma organizacional da pesquisa na ciência política. Seus proponentes alcançaram, contudo, uma massa crítica de elaborações teóricas e aplicações suficientes para induzir departamentos inteiros a trabalhar no campo – por exemplo, o departamento de ciência política da UCLA – com o propósito de reestruturar, à sua luz, todo o seu currículo de graduação.

Num período em que a *Economic Theory of Democracy*, de Downs, ainda poderia ser vista como um passatempo isolado, a teoria dos sistemas gerais parecia estar a ponto de tornar-se o paradigma unificador que os cientistas políticos procuravam para o seu campo[7]. A premissa básica dessa abordagem – que estruturas sociais deveriam ser consideradas adaptações modeladas para ambientes específicos – era de novo familiar, em formas mais gerais, a muitos pensadores tanto fora como dentro do seu domínio de estudo. Com a aceitação das doutrinas darwinianas, biólogos – e mais tarde muitos sociólogos influentes – acostumaram-se a considerar o valor de sobrevivência como ponto de partida para a explicação dos padrões estruturais. Transações transfronteiriças entre unidades estruturais internas e

6. Olson, 1965; Buchanan e Tullock, 1962; Tullock, 1970.
7. Para uma destilação dessas tendências em um único volume, ver Bertalanffy, 1968.

abarcantes cenários residuais externos, bem como ajustamentos homeostáticos desses fluxos transacionais dentro de um alcance crítico que definem condições para uma sobrevivência modelada, tornaram-se, correspondentemente, um modo aceito para organizar a indagação dentro desses terrenos. Certos cientistas políticos – mais notavelmente, David Easton da Universidade de Chicago (que logo viria a ser presidente da American Political Science Association) – enxergaram um ofuscante potencial para uma extensão sistemática desses conceitos biológicos ao estudo de padrões políticos, ao passo que teóricos *funcionalista-estruturais*, como o sociólogo Talcott Parsons da Universidade de Harvard, ficaram similar e simultaneamente intrigados com a possibilidade de projetar, no "subdesenvolvido" estudo da política, sua abordagem teórica cuidadosamente articulada[8].

Uma vez mais, entretanto, essa simples – até simplística – perspectiva via-se obrigada a competir com uma disposição mais difundida a fim de analisar estruturas políticas em termos dos *propósitos* daqueles que estabeleceram e atuavam dentro de seu quadro de regras[9]. Teóricos de sistemas gerais tinham também de enfrentar a acusação de que suas formulações altamente abstratas contribuíam, no máximo, com *insights* acessíveis por força de uma prosa menos técnica[10]. A proclamada filiação à teoria de sistemas gerais tendia a ser confinada a prolegômenos de projetos de pesquisa, depois disso governados por questões convencionalmente formuladas e extraídas de um repertório miscelâneo de provérbios históricos concernentes às motivações e às habilidades de atores políticos. As reações aos teóricos de sistemas incluíam, com devastadora influência, "traduções" intencionais de sua abordagem teórica em prosa de senso comum; e os próprios teorizadores de sistemas tiveram crescentemente de admitir dificuldades para encontrar fronteiras

8. A incorporação efetuada por Parsons de "sistemas" políticos em seu paradigma sistêmico geral constitui, talvez, o modo mais fácil de ser apreciada e avaliada no trabalho de Mitchell, 1967.
9. O florescimento dos estudos da "política" na ciência política, durante as últimas décadas, é indicativo da grande congenialidade dessa orientação.
10. O desdém para com as abstrações elaboradas em relação a teorias de sistemas gerais recebeu sua forma mais memorável, mesmo se amiúde desencaminhadora, na "tradução" da teoria parsoniana, promovida pelo sociólogo marxista C. Wright Millls. Cf. Mills, 959, cap. 2.

efetivas às suas unidades em paralelo com as células biológicas[11]. A incapacidade de mover-se de maneira convincente, a partir do quadro da análise para a explicação pormenorizada de mecanismos e respostas de codificação interna, contagiava os teóricos dos sistemas sociais naquele mesmo ponto em que os biólogos começavam, conspicuamente, a deslindar os segredos do DNA e outros materiais genéticos para transformar a orientação de pesquisa de seu domínio de trabalho.

Mas a ferrugem fatal no compromisso inicial da teoria dos sistemas no estudo da política proveio menos de tais óbices, cujas aguçadas reformulações e elaborações principiavam a curar-se. Brotaram, antes, de uma crescente suspeita de que a teoria dos sistemas, com o seu acento no reequilíbrio homeostático, escondia uma agenda política conservadora inconfessada. Cientistas políticos mais jovens – alimentados por revelações relativas a interesses corporativos vietnamitas e americanos na América Latina – pretenderam que a teoria dos sistemas era uma doutrina politicamente obscurantista que mascarava, de forma sistemática, conflitos internos e a possibilidade de erupção revolucionária. A tais críticas, o nível de abstração caracteristicamente elevado da teoria dos sistemas também se afigurava destinado a evitar a identificação embaraçosa de beneficiários dos processos mantenedores de tais equilíbrios. A substituição quase completa das teorias de sistemas gerais nos anos de 1970, por ambiciosas investigações mais convencionais do ponto de vista conceitual e menos teóricas sobre os determinantes da política pública, é, em grande parte, atribuível a estas preocupações.

A teoria cibernética, o último caso que eu examino aqui, é também a última das três, em termos de sua influência geral sobre o estudo de políticas. Nos fins dos anos de 1950, outro economista, futuro laureado do prêmio Nobel, Herbert Simon, criou certo reboliço entre os cientistas políticos com uma sucessão de lúcidos e legíveis ensaios – "A Arquitetura da Complexidade" era, em certo aspecto, o

11. As dificuldades conceituais e empíricas para estabelecer um sistema de fronteiras não ambíguo foram bem discutidas por David Easton (1965a) – ele próprio um acirrado defensor da aplicação de teoria de sistemas ao estudo da política.

mais compreensivo desses escritos –, nos quais ele informava sobre os primeiros resultados de uma pesquisa que empreendera com vários colaboradores no Carnegie Institution of Technology sobre a modelagem computadorizada de processos cognitivos humanos[12]. Embora, nestas ocasiões, Simon não haja efetuado qualquer esforço direto para aplicar suas conclusões ao estudo de políticas, ele fora antes uma figura importante no desencadeamento da revolução comportamental em ciência política por intermédio de sua obra altamente influente acerca das determinantes motivacionais e cognitivas da tomada de decisões administrativas. Seus ensaios mais recentes, então, levantaram inevitavelmente a questão sobre se eles prefiguravam de igual modo uma nova direção teórica no campo.

As referidas questões pareceram receber uma resposta definitiva com a publicação de *The Nerves of Government* (Os Nervos do Governo), de Karl W. Deutsch[13]. Este, à beira de ser eleito presidente do American Political Science Association e como autor de um dos principais compêndios na disciplina, já era muito bem conhecido no subcampo da política internacional por sua obra altamente original acerca da mensuração de fluxos de comunicação por meio de fronteiras nacionais e na avaliação das correspondentes implicações políticas. O livro acima citado constituiu uma tentativa de generalização, com base neste último trabalho. Mais importante ainda era a proposta de reconceituar os termos organizadores de sua disciplina – ação política, poder, sistemas, influência comparativa – em uma maneira unificada, que derivasse explicitamente do modelo de resposta retroalimentada proposta por seu colega Norbert Wiener, do MIT[14].

Após revisar, de modo sistemático, as deficiências de todas as tentativas prévias de produzir uma teoria integrada da política, Deutsch submeteu à consideração de seus colegas pesquisadores um impressionantemente simples paradigma cibernético de governo, como se fora um mecanismo de "pilotagem", baseado em monitora-

12. Simon, 1962, p. 467-492.
13. Deutsch, 1963.
14. Consulte o clássico artigo de Weiner, feito em colaboração com Rosenblueth e Bigelow (1943, p. 18-24); e, para uma apresentação mais completa, Weiner, 1961.

ção ambiental, armazenamento informacional de padrões abstraídos, comparação de tais padrões com os prescritos como regras ideais, e subseqüente correção de atividade de política pública à luz desse processo de pareamento. Mais à vontade do que a maioria dos cientistas políticos com a matemática e as exigências de pesquisa nas ciências naturais, Deutsch tomou grande cuidado no sentido de formular definições operacionais que explicitamente incluíssem – em princípio – dimensões quantitativas para efetuar mensuração e comparação. Ele conseguiu explicar, em pormenor e com grande lucidez, um argumento anterior, aventado pelo teórico de sistemas Talcott Parsons. A seu ver, o conceito nuclear de política – poder político – era erradamente restringido por quase todos os cientistas políticos a imposições de vontade, de soma zero, realizada por atores individuais um em relação ao outro, enquanto suas manifestações mais importantes constituíam amiúde sinergias, de soma positiva, dentro do processo governamental com vistas a metas coletivas. Em um *tour de force* concludente, e de uma audácia sem paralelo, Deutsch empreendeu a demonstração de que se poderia dar mesmo a termos raramente ouvidos na política desde a Idade Média – "graça", "redenção", "lei natural" – significados utilmente mensuráveis no âmbito de seu paradigma[15].

O paradigma apresentado por Deutsch era aparentemente demasiado audacioso. A despeito de sua freqüente pasmosa originalidade, de seu amplo alcance e insistente operacionalidade, a despeito da repetida identificação por Deutsch de problemas prontamente pesquisáveis, que fluíam diretamente de suas premissas centrais, o competentemente intitulado *Os Nervos do Governo* é talvez o mais claro exemplo, na história da ciência política, de um tratado maior que não gerou nenhum sucessor. Em notável contraste com a sua teoria geral de sistemas, não só deixou de guiar subseqüentes trabalhos de campo em política, como nem sequer recebeu algum reconhecimento como uma diretiva teórica nos prefácios a tais obras. Os críticos, aparentemente reduzidos ao silêncio pela maneira de tornar irreconhecível o que é familiar, não endossaram nem contestaram suas

15. Deutsch 1963, p. 229-242.

premissas. Depois de produzir um compêndio que retinha apenas uma apropriação de passagem de algumas poucas de suas metáforas, o próprio Deutsch seguiu adiante rumo a temas mais convencionais. "Retroalimentação", "monitoração", "redes informacionais", "comportamento autocorretivo" e outras coisas análogas vieram a ser lugares-comuns de itens corriqueiros do discurso popular e acadêmico em política dos meados dos anos de 1990. Seu emprego casualmente assistemático, entretanto, sugere vazamento da recente "revolução" computacional mais do que qualquer visão arquitetônica a implicar dívida conceitual para com Deutsch.

As três abordagens teóricas paradigmáticas do estudo sistemático da política, acima discutidas, sofreram destinos muito diversos. Esses vários resultados, por sua vez, estavam ao menos, em parte, enraizados em diferentes desenvolvimentos dentro de suas fontes disciplinares ancilares. Economistas, cujo modelo de predição sobre o ator racional vem servindo bem desde o final do século XVIII, mostraram um continuado interesse, em recentes décadas, na aplicação de seus conceitos e proposições organizadoras ao estudo fronteiriço da política, ainda que apenas um limitado número de cientistas políticos tenha se reunido a eles nesse empenho. Biólogos, enlevados com os resultados explosivamente produtivos oferecidos por um trabalho de laboratório altamente técnico sobre material genético, não demonstraram grande interesse pelas especulações macro-analíticas de Ludwig von Bertalanffy. A linkagem conceitual entre biologia e estudos sociais, que sempre foi algo remota, adelgaçou-se perceptivelmente nas recentes décadas, à parte das adaptações semipopulares da obra de E. O. Wilson sobre seleção genética competitiva, enquanto sociólogos e cientistas políticos desviaram-se da busca de uma teorização arquitetônica unificadora para um envolvimento com questões políticas do momento. Como para a cibernética, suas origens matemáticas e mecanísticas na engenharia e a explosiva evolução de sua tecnologia sempre asseguraram a sua distância das preocupações e capacidades teóricas da maior parte dos cientistas políticos, ao passo que sua incorporação transformativa na vida prática tornou-se tão invasiva a ponto de deixar pouco espaço ou papel para uma extensão metafórica nitidamente autônoma na teoria política. A busca de um paradigma unificador da política parece, portanto, agora, prosseguir provavelmente, se é que vai prosseguir, em outras direções. E, quaisquer tentativas de rotular achados anômalos no campo como "prematuros" hão de, correspondentemente, permanecer prematuros.

Bibliografia

Arrow, K. 1951. *Social Choice and Individual Values*. New York: John Wiley and Sons.
Bertalanffy L. von. 1968. *General System Theory*. New York: Braziller.
Black, D. 1948. The Decisions of a Committee Using a Special Majority *Econometric* 16 (julho): 245-61.
Buchanan, J. M. & G. Tullock. 1962. *The Calculus of Consent*. Ann Arbor: University of Michigan Press.
Deutsch, K. W. 1963. *The Nerves of Government*. New York: Free Press of Glencoe.
Downs, A. 1957. *An Economic Theory of Democracy*. New York: Harper and Brothers.
Easton, D. 1965a. *A Framework for Political Analysis*. Englewood Cliffs, NJ.: Prentice-Hall.
______. 1965b. *A Systems Analysis of Political Life*. New York: John Wiley and Sons.
Eulau, H. 1963. *The Behavioral Persuasion in Politics*. New York: Random House.
Mills, C. W. 1959. *The Sociological Imagination*. New York: Oxford University Press.
Mitchell, W. C. 1967. *Sociological Analysis and Politics: The Theories of Talcott Parsons*. Englewood Cliffs, NJ.: Prentice-Hall.
Moore, B.; Jr. 1955. The New Scholasticism and the Study of Politics. *World Politics* 8:1-19.
Olson, M. 1965. *The Logic of Collective Action*. Cambridge: Harvard University Press.
Parsons, T. 1937. *The Structure of Social Action*. New York: McGraw-Hill.
______. 1951. *The Social System*. New York: Free Press of Glencoe.
______. 1963. On the Concept of Political Power. *Proceedings of the American Philosophical Society* 107. Republicação do cap. 14 de T. Parsons, *Politics and Social Structure* (New York: Free Press, 1969).
______. 1969. *Politics and Social Structure*. New York: Free Press.
Riker, W. 1962. *The Theory of Coalitions*. New Haven: Yale University Press.
Schumpeter, J. 1954. *Capitalism, Socialism & Democracy*. 4 ed. London: George Allen and Unwin.
Simon, H. 1962. The Architecture of Complexity *Proceedings of the American Philosophical Society* 106:467-92.
Tullock, G. 1970. *Private Wants, Public Means*. New York: Basic Books.
Weiner, N. 1961. *Cybernetics*. 2d ed. New York: John Wiley.
Weiner, N.; A. Rosenblueth & J. Bigelow. 1943. "Behavior, Purpose & Teleology". *Philosophy of Science* 10:18-24.

18.

O IMPACTO E O DESTINO DA TESE DA PREMATURIDADE DE GUNTHER STENT

Lawrence H. Stern

O conceito de Gunther Stent acerca da descoberta prematura na ciência tornou-se parte do léxico dos estudos da ciência. Mas, em que extensão, e como os estudiosos investigaram os processos de desenvolvimento científico utilizados no conceito de Stent? Foi ele fecundo? Exerceu este um impacto tangível sobre o trabalho dos pesquisadores a investigar processos de desenvolvimento científico? Para enfrentar essas perguntas usei o *Science Citation Index* (SCI) e o *Social Science Citation Index* (SSCI) e identifiquei 76 artigos que citavam um dos dois trabalhos de Stent acerca da prematuridade, entre os anos de 1973 e 1997.

A análise desenvolve-se em duas partes. Na primeira, apresento medidas quantitativas – o número de vezes que os artigos de Stent sobre prematuridade foram citados e como este número variou no curso do tempo – e os comparo com as taxas médias de citação de (1) todos os artigos científicos cobertos nas bases de dados do SCI e do SSCI, e de (2) artigos localizados no campo mais especializado e relevante de estudos sociais da ciência. Na segunda, empreendo uma análise qualitativa fina dos trabalhos citados.

Análise de citações: uma nota de advertência

Ainda que as bases de dados do *SCI* e do *SSCI* fossem originalmente concebidas como instrumentos para aperfeiçoar a identificação e a recuperação da informação científica, eruditos e administradores científicos usaram-nas para propósitos inteiramente diferentes. A base de dados do *SCI* tem sido bem utilizada, por exemplo, para mapear e examinar a estrutura cognitiva de áreas de pesquisa e servido de instrumento em análises de sistemas de estratificação, recompensa e avaliação em ciência[1]. A análise de citações também desempenha um papel proeminente nos estudos de "indicadores de ciência" e é usada, com freqüência, na estimativa do desempenho de países, instituições, campos de trabalho, departamentos e indivíduos.

Há, sem dúvida, limitações para os índices, e seu potencial de uso errôneo tem sido largamente abordado na literatura[2]. Entre os problemas de interpretação na análise da citação figuram os

1. A análise de co-citações é um excelente meio de identificar frentes de pesquisa ativa na ciência. Uma série de mapas anuais pode traçar dinamicamente os focos deslocantes de pesquisa. Consulte Garfield, 1998a para uma breve resenha. A análise de citações também foi utilizada com bom efeito para medir o grau de consenso nos domínios, bem como a codificação e a proximidade da literatura. Ver Cole et al., 1978. Sobre as análises dos sistemas de estratificação, retribuição e avaliação na ciência, ver, por exemplo, Cole e Cole, 1973.

2. Embora certo número de estudos (ver Garfield, 1998a) tenha validado o uso da contagem de citações como uma medida razoável da qualidade do trabalho científico, isto continua sendo um assunto controverso. Mais amplamente contestado – e, portanto, talvez, melhor conhecido – é o emprego de meras contagens de citação no cômputo do desempenho de cientistas individuais, especialmente no contexto da promoção ou decisões de subvenções. Até Eugene Garfield, o "pai" do *SCI/SSCI*, advertiu contra o possível "uso promíscuo e descuidado dos dados de citação quantitativos para fins de [...] avaliação, inclusive pessoal e de seleção de bolsistas" (1963).

da super- e subcitação. A supercitação pode ocorrer se uma obra é mencionada de modo inapropriado, ou simplesmente de modo perfunctório, para proporcionar um testemunho de apoio ou para invocar um exemplo de obra falaciosa ou fraudulenta. Embora a supercitação de uma obra possa ser detectada de maneira relativamente simples mediante o exame da referência original, detectar a subcitação é mais difícil, por muitas razões. Uma obra anterior que tenha exercido influência significativa sobre um autor e seja altamente pertinente pode não aparecer nas referências. Autores podem deixar deliberadamente de mencionar um trabalho pertinente com o fito de encarecer a percepção da originalidade das próprias contribuições. Talvez mais difundido, entretanto, seja um padrão que Robert Merton denomina de "obliteração por incorporação"[3]. Após tornar-se parte do conhecimento canônico, a fonte que contém as formulações originais de idéias, métodos, conceitos ou achados, pode vir a ser obliterada e, portanto, não citada.

Outra dificuldade potencial é que uma idéia científica influente pode ser citada, porém não registrada, nos índices de citação. Isto depende em parte, por certo, da fonte citadora estar incluída nas bases de dados do *SCI* e do *SSCI*. Embora a cobertura de revista sempre tenha sido uma causa de preocupação, nos últimos 35 anos essa cobertura sofreu um acréscimo de seiscentos para mais de oito mil revistas. É, sem dúvida, possível que, especialmente bem no início, algumas citações importantes tenham escapado da detecção[4].

Uma falha mais séria, todavia, resulta do fato de que a cobertura dos itens da fonte inclui apenas revistas e alguns simpósios ou volumes "seriados". Citações encontradas na maior parte dos livros e monografias não estão registradas na base de dados. As várias ciências e disciplinas ligadas às humanidades fazem uso diferente de artigos de revista, monografias e livros para comunicar o trabalho aos que se encontram nas primeiras linhas de pesquisa. As menções

3. Merton, 1968, p. 28.
4. A omissão errônea, presumivelmente pelo descuido, também pode ocorrer. Quatro dos artigos identificados que mencionam Stent, embora publicados em revistas indexadas, não foram incluídos nas listas geradas pelas *SCI/SSCI*.

em revista, por si sós, podem refletir adequadamente a influência de idéias específicas sobre disciplinas tais como a física e a biologia molecular. Mas, em matérias como a história, a filosofia e a sociologia, a contagem de citação, com toda certeza, representa menos, em significativa extensão, o uso de uma idéia.

Dadas essas circunstâncias, seria de esperar-se que o conceito de prematuridade de Stent fosse subcitado. Um apreciável número de publicações que aparece no campo em que a contribuição de Stent se "ajusta" mais prontamente – estudos sociais da ciência – são monografias e volumes de artigos editados. Além disso, o conceito de prematuridade de Stent pode constituir um exemplo do fenômeno da "obliteração por incorporação". Conquanto Eugene Garfield haja citado o trabalho de Stent sobre prematuridade em sete ocasiões separadas, se o termo "descoberta prematura" for conferido na máquina de pesquisa de Garfield ligada aos *Essays of an Information Scientist* (Ensaios de um Cientista da Informação), volumes 1-15, a busca renderá apenas 25 documentos[5]. Ainda assim, com todas as suas limitações, a contagem de citação fornece uma aproximação útil, ainda que grosseira, do impacto da pesquisa no subseqüente desenvolvimento científico. Para refinar a análise, entretanto, é preciso complementá-la com um exame tanto do conteúdo da citação quanto do contexto em que ela aparece.

Análise quantitativa

O artigo de Stent, "Prematurity and Uniqueness in Scientific Discovery", foi citado 76 vezes entre 1973 e 1997[6]. Destas, oito citaram Stent por sua discussão sobre a singula-

5. A máquina de busca está ligada à página da Web de Eugene Garfield (http://www.garfield.library.upenn.edu). O termo "reconhecimento postergado" – que, para este autor, é um conceito aparentado com a prematuridade – levou a um número até maior de documentos.
6. Setenta e duas dessas citações foram registradas no *SCI* e no *SSCI*. Destas, 27 apareceram no *SCI*, e 23 apenas no *SSCI*, e 22 estavam listadas nos dois indexadores. Cheguei às quatro citações remanescentes, por acaso.

ridade na descoberta científica e não serão consideradas no correr dessa análise[7].

A análise de Stent sobre prematuridade na ciência gerou interesse constante no curso dos 25 anos compreendidos na contagem. Embora exista variabilidade entre os domínios, uma grande proporção de artigos contidos na base de dados do *SCI* nunca foi mencionada em geral; dos que o foram, o número de vezes que um artigo foi citado em um dado ano, variou entre 1,8 e 2,1. Eugene Garfield analisou recentemente a distribuição das citações dos 32.728.729 artigos que receberam ao menos uma menção entre os anos de 1945 e 1988[8]. Ele relata que mais da metade (55,8%) desses trabalhos foram citados apenas uma vez nos anos subseqüentes, enquanto cerca de 80% (79, 9%) o foram não mais do que cinco vezes. Somente 1,5% de todos os artigos referidos foi mencionado mais do que cinqüenta vezes durante o tempo de vida de seus autores. No decurso de um período típico de cinco anos, um artigo médio, citado no SCI, é mencionado aproximadamente 3,5 vezes. O artigo de Stent, em comparação, foi citado entre doze a dezesseis vezes durante cada intervalo de cinco anos.

A taxa de citação de artigos altamente mencionados chega comumente ao pico cinco anos após a publicação e depois diminui de maneira uniforme[9]. Garfield, porém, identifica três outros padrões de citação: (1) "foguetes", que disparam com um *bang* e continuam ascendendo rapidamente; (2) "estrelas cadentes", que cedo atingem níveis espetaculares, mas depois desaparecem rapidamente; (3) "perenes", que alcançam taxas de citação de média para elevada, e permanecem razoavelmente estáveis por vinte ou mais anos. O artigo de Stent sobre prematuridade parece ajusta-se à última categoria.

7. É, entretanto, interessante notar que cinco dessas oito citações apareceram nos cinco anos subseqüentes à publicação do artigo de Stent, com apenas uma citação após 1981. Em contraste, o conceito de prematuridade de Stent foi mencionado 43 vezes após 1981.

8. Garfield, 1998a. Consulte também os vários *Journal Citation Reports*, anuais, publicados pelo *Institute for Scientific Information* em conjunto com o SCI.

9. Garfield, 1990b.

Entretanto, um quadro de referência mais adequado compõe-se de outras publicações no domínio da história, da filosofia e da sociologia da ciência. Por volta de 1972, ano no qual Stent publicou a sua tese, o referido campo estava marcado por acalorados (e inteiramente saudáveis) debates sobre a conduta dos cientistas e a mudança científica. Como deveriam ser, ou de fato são, tratadas as vindicações inovadoras – e as prematuras se ajustam a esta categoria –, é algo que ocupou lugar importante nos modelos teóricos em competição que aparecem nas monografias listadas na tabela 18.1.

Cada monografia foi citada, em média, mais vezes a cada ano do que o estudo de Stent sobre a prematuridade. Talvez seja injusto comparar o breve trabalho deste autor com os argumentos elaborados de modo mais completo apresentados pelos demais autores arrolados. Se compararmos a taxa de citações relativa ao artigo de Stent com a de outros artigos publicados em revistas dedicadas à história, à filosofia e à sociologia da ciência, ela se sairá realmente muito bem. As médias dos "fatores de impacto" das doze mais citadas revistas de estudos de ciência, entre os anos de 1980 e 1988, estão expressas na tabela 18.2[10]. Os fatores de impacto das revistas são determinados dividindo-se o número de vezes que uma revista é mencionada pelo número de itens-fonte estampados em suas páginas. O resultado constitui uma medida do número médio de vezes que um artigo impresso nessa revista é citado, naquele ano. Embora exista considerável variabilidade, a maioria dos artigos recebe menos do que uma menção em um dado ano. As taxas mais elevadas de menção se devem a textos publicados na *Scientometrics* (0,933) e na *Social Studies of Science* (1,289), as revistas mais consultadas por sociólogos. Contrapostos ao artigo médio publicado nos estudos de ciência, o ensaio de Stent, citado em média três vezes por ano no período de 25 anos, teve um bom desempenho.

As bases disciplinares dos autores que citam os artigos de Stent sobre a prematuridade são apresentadas na tabela 18.3. Quarenta e

10. Ver as listagens e classificações de revistas segundo seus fatores de impacto no anuário do *Journal Citation Reports*, publicado pelo Institute for Scientific Information.

oito autores respondem pelos 68 documentos com citação[11]. Como se pode verificar, a diversidade das bases é muito ampla, pois 24 diferentes departamentos de universidade acham-se aí representados. Este largo espectro deve-se, provavelmente, ao fato de uma das versões do artigo de Stent ter aparecido na *Scientific American*, uma revista semipopular que se gaba de um amplo quadro interdisciplinar de leitores. O conglomerado maior encontra-se representado nas ciências da vida, com 18 ou 37,5%, dos autores citantes filiados a tais departamentos. Se incluirmos nesta categoria os oriundos dos departamentos de medicina, a percentagem sobe para 45,8%.

TABELA 18.1: *Citações de Monografias Selecionadas em História, Filosofia e Sociologia da Ciência*, 1972 – 1999.

Publicação	*Anos*	*nº total citações*	*nº médio de citações por ano*
Thomas Kuhn, *The Structure of Scientific Revolutions*	1972–1999	5,266	188.07
Karl Popper, *The logic of Scientific Discovery*	1972–1999	1,519	54.25
Michael Polanyi, *Personal Knowledge*	1972–1999	853	30.46
Ernest Nagel, *Structure of Science*	1972–1999	792	28.29
Larry Laudan, *Progress and Its Problems*	1977–1999	579	26.30
Robert K. Merton, *The Sociology of Science*	1973–1999	606	22.44
David Bloor, *Knowledge and Social Imagery*	1976–1999	414	17.25

11. Tobias, um antropólogo, cita Stent em oito publicações separadas; Garfield, fundador do SCI, cita Stent em sete ocasiões; Zuckerman, uma socióloga da ciência, o menciona três vezes; e outros seis sociólogos o fazem duas vezes.

Norwood Russel Hanson, *Patterns of Discovery*	1972–1999	464	16.57
Ludwik Fleck, *Genesis and Development of a Scientific Fact*	1979–1999	238	11.33
Stephen Toulmin, *Human Understanding*	1972–1999	312	11.14
Karl Popper, *Conjectures and Refutations*	1972–1999	238	8.50
Barry Barnes, *Interests and the Growth of Knowledge*	1977–1999	186	8.09
Gerald Holton, *Thematic Origins of Scientific Thought*	1973–1999	217	8.04
Paul Feyerbend, *Against Method*	1975–1999	186	7.44
Imre Lakatos, *Proofs and Refutations*	1976–1999	161	6.71

TABELA 18.2: *Média dos Fatores de Impacto das mais Citadas Revistas de Estudos de Ciência, 1980-1988.*

Revista	*média*
Annals of science	0.305
Archive for Hitory of Exact Sciences	0.361
British Journal for the History of Science	0.548
British Journal for the Philosophy of Science	0.395
Bulletin of the History of Medicine	0.388
Impact of Science on Society	0.106
ISIS	0.715
Journal of the History of Medicine and Allied Sciences	0.316
Medical History	0.398
Philosophy of Science	0.671
Scientometrics	0.933
Social Studies of Science	1.289

TABELA 18.3: *Filiação Disciplinar dos Autores que Citam as Análises de Prematuridade de Stent.*

Disciplina	*nº*	%
Ciências da Vida (bioquímica, biologia, genética, biologia molecular, neurociência, geologia)	1837.5	
Estudos da Ciência (história da ciência, ciência da informação, estudos da ciência, sociologia da ciência)	12	25.0
Ciência médica	4	8.3
Psicologia	2	4.2
Antropologia	1	2.1
Química	1	2.1
Educação	1	2.1
Inglês	1	2.1
Futurologia	1	2.1
Humanidades	1	2.1
Jornalismo	1	2.1
Direito	1	2.1
Biblioteconomia	1	2.1
Organizadores	1	2.1
Ciência Política	1	2.1
Desenvolvimento Tecnológico	1	2.1

O subseqüente aglomerado de maior amplitude – composto por historiadores, filósofos, sociólogos e outros que se especializam em estudos de ciência – responde por 25% dos que mencionam Stent. Os restantes 29,2% de autores que o fazem estão espalhados uniformemente entre as treze disciplinas remanescentes (com exceção da psicologia, que apresenta dois autores citantes). Não se encontrou qualquer menção em publicação de ciências físicas.

O fato de apenas um quarto dos estudiosos que citam Stent se localizarem nos estudos de ciência é bastante surpreendente. Não obstante, o conceito geral de prematuridade, se não o seu preciso significado substantivo, parece ter-se difundido através de certo número de fronteiras disciplinares[12].

Análise qualitativa

Como, então, foi acolhida a análise da prematuridade de Stent na ciência, e como ela foi usada por seus colegas cientistas? Um dos padrões há muito reconhecido no desenvolvimento do conhecimento é a incorporação parcial de aspectos selecionados de vindicações científicas. Isto significa dizer que à medida que as vindicações de conhecimento oriundas da frente de pesquisa são seletivamente absorvidas e incorporadas no cerne, elas não são amiúde adotadas como uma só peça. Alguns aspectos da inovação são considerados mais importantes e são acentuados, enquanto outros são descartados. Com o uso, tais vindicações são, com freqüência, transformadas à proporção que diferentes matizes de significação passam a ser atrelados à inovação. Antes de examinar como a prematuridade tem sido citada, cumpre então considerar o principal impulso ou a "mensagem central" da tese de Stent[13].

Stent afirma que a prematuridade, tal como ele a define, é um proveitoso conceito histórico que contribui para uma compreensão do desenvolvimento do conhecimento científico. Seu argumento geral contém cinco vindicações inter-relacionadas e inclui componentes cognitivos, comportamentais, estruturais, temporais e prescritivos.

12. E que este trabalho foi largamente difundido através das fronteiras disciplinares *e dentro* das disciplinas é ainda indicado pelo fato de que os 68 documentos citantes apareceram em 57 revistas separadas. A "Listagem por Categoria de Assunto" e o "Número de Revistas Citantes" (este último em parêntesis) são: ciências comportamentais (14), ciências médicas (11), estudos de ciência (10), multidisciplinares (10), ciências da vida (6), comunicações (1), aplicações em computação e cibernética (1), educação – Inglês (1), leis (1), gerenciamento (1) e planejamento e desenvolvimento (1).

13. A expressão "mensagem central" é devida a Patinkin, 1983.

1. Uma descoberta prematura constitui um tipo genérico de vindicação cognitiva: ela não pode ser "conectada" ao conhecimento canônico. Além disso, esse atributo cognitivo – sua característica falta de conexão – é a razão ou a explicação devido à qual ela não é apreciada e/ou aceita pelos pesquisadores relevantes no campo à época em que foi apresentada. Os assim chamados fatores sociológicos, embora sejam talvez parte do contexto relevante, não podem ser considerados determinativos.
2. Que a descoberta *não* seja apreciada e/ou aceita – que, como regra, os cientistas optam por não persegui-la – é a componente comportamental do argumento de Stent.
3. O estruturalismo proporciona a base para entender por que uma descoberta não pode ser apreciada até que seja conectada logicamente ao conhecimento contemporâneo, sendo a descoberta quase literalmente percebida como despida de significado.
4. A tese da prematuridade não se restringe aos casos do passado; é aplicável também aos da atualidade. Exemplos de "prematuridade aqui-e-agora" podem ser identificados. Temporalmente, são de final aberto. Ademais, Stent é agnóstico quanto ao resultado eventual de qualquer caso particular. Este pode ou não ser aceito em data ulterior.
5. A prematuridade de uma alegada descoberta é uma justificação racional para negligenciá-la ou sujeitá-la. Mais ainda, é totalmente apropriado que a comunidade científica ignore ou rejeite tais vindicações até que possam ser ligadas ao conhecimento canônico. Trata-se de uma componente prescritiva do argumento de Stent[14].

14. Nos primeiros escritos de Stent (1968; 1969, p. 31), ele se refere a isso como a Regra de Eddington: "É também uma boa regra não depositar demasiada confiança nos resultados observacionais que são apresentados até que tenham sido confirmados pela teoria". No artigo sobre prematuridade, Stent não faz menção a Eddington e cita Polanyi, agora, em apoio à sua vindicação. Além disso, é de algum interesse notar que, invocando o argumento estruturalista, Stent transforma as razões da não aceitação de uma descoberta prematura a partir de um mandato metodológico para uma coerção cognitiva que a torna sem sentido.

TABELA 18.4: *Modos em que "A Prematuridade e a Singularidade na Descoberta Científica" de Stent Foi Utilizado por Autores que o Citam, 1973-1997.*

Tipo de uso	*Nº artigos*	*%*
1. Usado como um dispositivo interpretativo ex post facto		
a. Casualmente aplicado sem discussão	15	22.1
b. Aplicado no caso de não aceitação da citação do trabalho do autor	8	11.8
c. Alongada análise de caso	7	10.3
2. Aplicabilidade desafiadora ao caso de Avery et al.	6	8.8
3. Amplia ou modifica o conceito de prematuridade ou ele é utilizado como parte da própria abordagem do autor.	4	5.9
4. Descoberta prematura e análise das citações		
a. Casos potenciais de descobertas prematuras identificada por análise de citação	3	4.4
b. Implicações do conceito de maturidade para o uso de análise de citação	4	5.9
5. Existência de prematuridade citada como contexto geral na discussão de temas correlatos; papel não explícito na análise	10	14.7
6. Comentário sobre prematuridade; relatório de novidades em ciência	2	2.9
7. Uso idiossincrático ou irrelevante	1	1.5
8. Citação para o conceito de singularidade	8	11.8

(Oito dos 76 artigos que citam o artigo relativo a esta tabela foram excluídos da análise. Sete estavam indisponíveis, e um deles é uma auto-citação do próprio Stent.)

Os vários modos como os autores empregam o termo "prematuridade" ao mencionar Stent encontram-se listados na tabela 18.4[15]. Aqui, discuto categorias que vão de 1 a 4[16].

15. Conquanto uma fenomenologia de práticas de citação não tenha ainda sido desenvolvida, certo número de esquemas (e.g., Moravcsik e Murugesan, 1975; Chubin e Moitra, 1975) e análises qualitativas (e.g., Cole, 1975) apareceram na literatura. A tipologia aqui apresentada é derivada de um exame dos artigos citantes. Uma vez que eu fui o único codificador, é possível que uma classificação independente por outro codificador exibisse diferenças.
16. O conceito de prematuridade desempenha um papel significativo nas análises contidas nos artigos listados na categoria 5. Por exemplo, Paul e Charney (1995) declaram simplesmente

O propósito expresso na tese da prematuridade é explicar por que certas descobertas científicas não são apreciadas na época em que foram inicialmente introduzidas na comunidade científica. Como foi visto na tabela 18.4, a prematuridade é utilizada como um dispositivo interpretativo *ex post facto* em 44% dos artigos que a citam (categorias 1a, b e c combinadas)[17]. Destas, entretanto, uma metade plena (quinze dos trinta artigos) aplica o conceito casualmente e sem praticamente nenhuma discussão. De forma típica, um autor aborda a existência do fenômeno geral da prematuridade como algo dado – como significando, em essência, simplesmente não mais do que "à frente de seu tempo" – e, naquilo que aproximadamente importa, uma linha de desperdício, afixa o termo, sem qualquer análise, a um caso particular. Por exemplo, discutindo sua descoberta de uma evidência direta relativa à existência de membranas fluídas, S. L. Tamm e S. Tamm escrevem: "Depois de 'descobrir' esse fenômeno inusitado, verificamos que Kirby o havia notado há mais de vinte anos na família dos protozoários *devescovinidae*. Constitui um exemplo interessante de prematuridade na descoberta científica o fato de que a concepção de Kirby acerca da 'fluidez e labilidade da camada superficial' não tenha atraído a atenção na época"[18].

Ou considerar R. Sekuler, que, após comentar brevemente informações controvertidas na pesquisa sobre a visão, escreve, "Podemos estar nos aproximando do ponto em que não mais será prematuro (Stent, 1972) explorar efeitos bimodais na visão espacial"[19]. Em nenhum desses casos, nem nos catorze outros listados na tabela 18.4, categoria 1a, o autor fornece qualquer prova de apoio de que o conceito de prematuridade, tal como enunciado por Stent, é aplicável ao caso em exame.

que a "prematuridade" de uma vindicação de conhecimento há de afetar a estratégia retórica adotada pelos autores enquanto defendem seus pontos de vista. Portis (1986), numa discussão sobre autoridade na ciência, argumenta que a prematuridade é uma possível conseqüência negativa deste estado de coisas.

17. A lista de artigos e autores citantes encaixados nessa tabela pode ser obtida com o autor.
18. Tamm e Tamm, 1974.
19. Sekuler, 1974.

Durante anos, os cientistas lamentaram tanto a não aceitação ou o que acreditavam ser o moroso reconhecimento de seu trabalho. Não é de surpreender que certo número deles tenha invocado a tese de Stent como uma explanação da situação em que se encontravam. Entretanto, muito daquilo que foi dito nos papéis da categoria anterior a 1b pode ser dito também nos oito documentos desta última categoria. Em todas as duas, os autores simplesmente afixam a etiqueta da prematuridade ao seu caso com pouca ou nenhuma discussão. A única exceção é Phillip V. Tobias, um eminente paleoantropólogo que, em dois artigos, apresentou uma extensa discussão sobre a prova que apóia sua assertiva, segundo a qual a descoberta conjunta de Louis Leakey, Tobias e J. R. Napier de uma nova espécie de ser humano, o *Homo habilis*, constituiu um claro exemplo da tese de prematuridade de Stent. Tobias também oferece evidência de que outra de suas vindicações, segundo a qual o *Homo habilis* foi o primeiro primata falante, pode ser qualificada como um exemplo daquilo que Stent denominou de prematuridade aqui-e-agora[20].

Sete artigos, isto é, 10,3% de todos os artigos citantes, apresentam discussões mais ampliadas sobre a recepção das inovações científicas e levantam a questão da prematuridade em suas análises. Cinco o fazem de um modo positivo. Destes, três focalizam casos históricos específicos: C. T. Sawin discute os experimentos de Arnold Adolph Berthold acerca dos testes de transplantação, J. H. Comroe examina a descoberta de Kurt von Neergaard sobre os fatores que afetam o colapso dos pulmões em recém-natos, e P. V. Tobias fornece uma análise da descoberta de Raymond Dart da nova espécie hominídea *Australopithecus africanus*[21]. Cada um deles sugere que o conceito de prematuridade proporciona uma explanação provável de seu caso, inicialmente negligenciado, que ele ou ela aborda.

Dois autores examinam casos relativamente recentes. O. E. Landman utiliza a prematuridade para explicar a não aceitação de evidência experimental em apoio à herança de características adquiridas,

20. Tobias, 1992, 1996a; Leakey et al., 1964.
21. Sawin, 1996; Comroe, 1977; Tobias, 1985.

enquanto A. C. Wardlaw argumenta que o desenvolvimento de vacinas acelulares para a coqueluche é mais bem compreendido a esta luz[22].

É importante notar que esses cinco artigos não são nem de autoria de especialistas em história, filosofia ou sociologia da ciência nem são a eles dirigidos. Três deles apareceram em publicações médicas (*Endocrinologist, American Review of Respiratory Desease* e *Vaccine*), a quarta, numa revista semipopular de ciência (*Bioscience*), e a quinta num texto disciplinar dedicado a examinar artigos (*Yearbook of Physical Anthropology*). Embora seja prestada uma atenção mais do que casual às circunstâncias que cercam a recepção dessas vindicações, faltam análises pormenorizadas e sistemáticas que as estabeleçam de maneira categórica, como exemplos *bona fide* de descobertas prematuras.

Os dois artigos remanescentes nesta categoria, entretanto, foram escritos por historiadores da ciência e publicados em um órgão dedicado a esse campo (*Bulletin of the History of Medicine*). Ilana Löwy examina a recepção da antiga descoberta de James Bumgardner Murphy do papel dos linfócitos nas reações imunes; W. H. Schneider considera a recepção da descoberta efetuada por Karl Landsteiner dos grupos sangüíneos[23]. Suas análises levaram-nos a conclusões totalmente diferentes. Embora cada um deles suscite a questão da prematuridade nas introduções de seus artigos, tanto Löwy como Schneider argumentam que ela não se aplica ao caso específico ora em análise. Entretanto, indo mais ao ponto, cada qual expressa sérias reservas com respeito ao potencial heurístico da tese da prematuridade na análise histórica[24].

22. Landman, 1993; Wardlaw, 1992.
23. Löwy, 1989; Schneider, 1983.
24. Schneider (1983, p. 562), por exemplo, objeta que o conceito de prematuridade "carrega implicações da antiga interpretação 'whig' (whiguista) da história da ciência e da medicina". O autor argumenta, ainda, que o "conceito de prematuridade na descoberta médica ou científica porta uma outra noção que confunde um entendimento do processo. Isso implica uma inevitabilidade ou previsibilidade – mesmo se interrompida – como o amadurecimento do fruto da videira. O progresso é visto como normal e lógico e o retardo como extraordinário e inesperado. Tal modelo determinístico de explanação histórica não está de acordo com os fatos usuais da realidade histórica". As reservas de Löwy concentram-se nas dificuldades envolvidas nos casos efetivos de prematuridade. Isto não quer dizer, entretanto, que Löwy ou Schneider pintam o argumento de Stent de um modo completamente acurado. Como se pode ver, cada um deles,

As reservas também estão expressas nos seis artigos arrolados na categoria 2 da tabela 18.4. Aqui, conquanto a legitimidade da tese da prematuridade não seja, na maior parte, questionada, sua aplicabilidade ao caso utilizado por Stent como seu exemplo principal – a demonstração da transformação dos pneumococos pelo DNA realizada por O. T. Avery, C. M. MacLeod e M. McCarty – é claramente reptada[25]. Bentley Glass, por exemplo, comenta, "O critério [da prematuridade de Stent] pode ser perfeitamente válido, muito embora o exemplo de... Stent [relativo a Avery e seus colegas] da prolongada omissão talvez não tenha sido bem escolhido. Assim, ainda que válido, o critério pode não explicar totalmente o demorado menosprezo que ocorre"[26].

Para Glass, assim como para Joshua Lederberg e R. D. Hotchkiss, a "pedra de toque", ou primeiro indicador, de um caso de prematuridade é a resposta comportamental de cientistas que trabalham nos mesmos campos ou em outros estreitamente correlatos. Como observa Lederberg e afirma Hotchkiss, a demonstração de Avery, MacLeod e McCarty era bem conhecida e trouxe à tona uma discussão e indagação ativas de parte de muitos cientistas[27]. O artigo deles

a seu próprio modo, emprega o conceito de prematuridade de maneira um tanto diferente da que Stent pretende.

25. Cohen e Portugal (1975) constituem a única exceção que *questiona* isto. Embora os autores se refiram à prematuridade como um "conceito provocativo", suas análises do caso de Avery os levam a concluir que a descoberta poderia ser igualmente considerada tanto "retardada" como prematura. Assim, eles concluem que "uma vez que uma descoberta dificilmente poderá ser simultaneamente 'prematura' e 'retardada', é preferível descartar tais rótulos como sendo desnecessariamente determinísticos" (p. 207).

26. Glass, 1974, p. 105. Em uma obra mais antiga, Glass discute a longa negligência das descobertas na genética e declara que isto "não é de todo inusitado" (1965, p. 227). Como exemplos, ele apresenta os casos de Mendel, a descoberta por Fredrich Miesher das bases químicas da hereditariedade, e a de Sir Archibald Garrod sobre os erros inatos do metabolismo. Aqui, ele argumenta que o trabalho de Avery não foi nem negligenciado, nem postergado por um espaço de tempo exagerado. Os cientistas simplesmente "suspenderam o julgamento" à medida que estudos adicionais foram sendo realizados. Ele conclui, "Pode-se dizer que o critério de prematuridade, tal como definido por Stent, sem dúvida, ajusta-se bem aos casos clássicos de negligência para com o trabalho de Mendel, Miescher e Garrod. Isto conduz, ao contrário, à rejeição da proposição segundo a qual o trabalho de Avery, MacLeod e McCarthy deve ser acrescido ao seu número" (1974, p. 110).

27. Lederberg, 1994; Hotchkiss, 1979, 1995. Depois de delinear ambas as respostas variadas aos trabalhos de Avery et al. e as várias investigações desencadeadas pela descoberta, Hotchkiss (1979, p. 339) conclui: "Era uma época de maturação em um novo campo. Mas, eu vejo esta maturação como crescimento de uma ciência ainda pueril e não a delicada nutrição de uma ciência 'prematura', como Stent sugeriu e outros têm tentado explicar. Como uma parteira e

– relata Lederberg – "obteve quase 300 citações entre 1945 e 1954, para não mencionar muitas outras, conquistadas pelas colaborações de McCarty". Longe de ser ignorado, o trabalho feito por Avery e seus colegas foi desafiado em várias frentes, assim como desafiou outros cientistas a explorar suas implicações[28].

Combinando as categorias 1 e 2 da tabela 18.4, fica patente que 36 artigos, aproximadamente 53% daqueles que citam Stent, empregam (em graus variáveis) ou questionam a aplicabilidade da prematuridade em 22 casos separados[29]. Isso parece indicar que os colegas cientistas julgaram o argumento de Stent ao mesmo tempo evocativo e provocativo. Mas, em quinze desses artigos (categoria 1a), a prematuridade é utilizada de passagem como um simples e talvez conveniente rótulo descritivo sem argumentos que o substanciem. Análises mais extensas aparecem somente em treze artigos e, destes, apenas cinco contêm algum grau de apoio. Dois estudiosos, ambos especializados em história da ciência, que promoveram análises ampliadas, foram críticos em relação ao conceito de prematuridade.

Dos 48 eruditos que citam Stent, unicamente quatro (localizados nas categorias 3 e 4a da tabela 18.4) incorporaram um ou mais aspectos da tese da prematuridade em seus trabalhos em curso. Em cada caso particular, o analista refundiu o fenômeno a fim de ajustá-lo mais prontamente à perspectiva que ele ou ela estavam desenvolvendo. Empregando como seu exemplo a descoberta de Avery e seus colegas de que o DNA é o portador do material genético, H. V. Wyatt,

enfermeira na educação de uma criança, quero relatar que ela era uma criança saudável e normal. O fato de um moço, por volta dos vinte anos de idade ou tanto, ter composto brilhantes concertos, sonatas e sinfonias não deve suscitar na mente de ninguém a pergunta, por que não compôs ele um rondó ou uma cadência antes dos dez anos de idade?". Em vez de um caso de descoberta prematura, Hotchkiss argumenta que este caso está de acordo com um largo padrão característico da história da genética: uma história de "descoberta, consolidação e reorientação".

28. Uma entrada, no diário de Lederberg, relativa à leitura do artigo de Avery et al. e sua carta não publicada ao *Scientific American*, em resposta ao artigo sobre a prematuridade de Stent, aparecem no *site* da National Library of Medicine (ver http://profiles.nlm.nih.go). Com respeito a duas críticas adicionais ao emprego por Stent da prematuridade em relação a Avery por "gente de dentro", consulte Dubos, 1976 e McCarty, 1985.

29. Ocorreram onze casos na história da moderna fisiologia, três em neurociência e três em paleoantropologia, dois na genética e um na psicologia, química e genética populacional, respectivamente.

um professor de biologia, estende a tese de Stent, introduzindo uma dimensão técnica na definição operacional da prematuridade. Em sua concepção, a razão pela qual o trabalho de Avery não foi plenamente apreciado, quando apresentado de início, não se deveu ao fato de estar desvinculado do ponto de vista cognitivo. Ao contrário, a principal dificuldade residia em que "os meios técnicos ainda não eram disponíveis para estender o trabalho a outros sistemas e confirmar a natureza universal do fenômeno"[30]. Alargando o conceito de prematuridade, de modo a incluir essa dimensão técnica, Wyatt argumentou, em termos mais gerais, que, independentemente de sua adequação cognitiva, uma "descoberta pode ser prematura se não for capaz de ser estendida experimentalmente em virtude de razões técnicas"[31]. Wyatt não levou adiante essa linha de indagação; nem – ao que parece – outros tentaram seguir a deixa.

Tobias é outro analista que recolhe e elabora a formulação de Stent sobre a prematuridade. Em acréscimo ao seu trabalho mencionado acima, datado de novembro de 1944 e publicado na American Philosophical Society, ele volveu sua atenção para a questão mais geral relacionada à aceitação e à rejeição das descobertas científicas[32]. Considerando a prematuridade como um caso especial da "aceitação postergada", Tobias acentua que outros fatores, em adição, mas não em contraposição, à sugerida falta de adequação da descoberta ao conhecimento canônico, podem responder por tais retardos. Ele discute, por sua vez, preocupações lingüísticas, políticas, pessoais e teológicas.

A prematuridade, entretanto, continua sendo o principal foco de Tobias, e ele sugere que, havendo casos suficientes, índices de prematuridade em domínios específicos – o lapso médio de tempo entre a primeira publicação e a aceitação geral da descoberta – podem ser construídos. Tais índices, então, são comparáveis e a relação entre um índice de campo e sua taxa de desenvolvimento cognitivo pode ser

30. Wyatt, 1975, p. 152.
31. Wyatt, 1975, p. 149. McCarty (1985, p. 231) não se sente mais impressionado com a análise de Wyatt do que com a de Stent.
32. Tobias, 1996b.

avaliada. Como passo preliminar, ele identifica dez casos extraídos de cinco campos diferentes e lhes consigna valores indiciais[33].

Tobias aceita claramente tanto as componentes cognitivas quanto comportamentais da definição operacional da prematuridade de Stent, e ele é o único analista que nesse estudo faz referência à prematuridade aqui-e-agora. Tobias, porém, não se refere nem a componente estruturalista do argumento, nem assinala, tampouco, seu desvio da formulação de Stent ao remoldar a prematuridade como um tipo de aceitação postergada. Assim procedendo, aceita a posição de que uma descoberta deve conquistar eventual acolhimento para habilitar-se. Abandonando a postura agnóstica de Stent, Tobias, portanto, na realidade, põe em questão toda a noção de prematuridade aqui-e-agora.

O conceito de prematuridade também figura de maneira proeminente na pesquisa de sociólogos que trabalham na, assim chamada, tradição da Columbia, na sociologia da ciência. De fato, o vigoroso programa de investigação devotado ao que Robert Merton denomina "o problema da identificação das condições e dos processos que produzem continuidade e descontinuidade na ciência" foi estabelecido bem antes que aparecessem os artigos de Stent sobre a prematuridade. A análise de Merton acerca das disputas de prioridade na ciência e da resistência a tais estudos, a de Bernard Barber sobre "a resistência dos cientistas à descoberta científica" e a investigação empírica de Stephen Cole do fenômeno do "reconhecimento poster-

33. Esses dez casos candidatos são: (1) a observação de Benjamin Franklin, de 1751, de que "não há amarra para a natureza prolífica das plantas ou animais, mas, sim, para o que é feito por sua aglomeração e interferência mútua nos meios de subsistência", que finalmente "deu frutos 107 anos mais tarde, quando Darwin e Wallace apresentaram a teoria da seleção natural"; (2) a hipótese de Frere sobre a grande antiguidade do gênero humano, publicada em 1800; (3) o anúncio de Mendel sobre as leis da herança em 1865; (4) a discussão de Snider acerca da deriva continental em 1858; (5) a descoberta de Chagas do *Trypanosoma cruzi*, em 1909; (6) a descoberta de Dart do *Australopithecus africanus*, em 1924; (7) a descoberta de Fleming da penicilina, em 1929; (8) a descoberta , em 1944, por Avery e seus colegas de que o DNA é a substância básica da hereditariedade; (9) o anúncio feito por Watson e Crick da dupla hélice em 1953; e (10) a descoberta conjunta de Tobias com Leakey e Napier, em 1964, do *Homo habilis*. Cumpre notar que Tobias lançou sua rede bem larga na procura de casos candidatos. Embora declare que "é muito provável que todos [os] casos arrolados aqui são descobertas prematuras", outros, com certeza, hão de desafiar essa assertiva.

gado" na física, tudo isso proporciona ampla prova desse interesse prévio[34]. A obra mais recente de Harriet Zuckerman sobre descobertas prematuras na ciência – "contribuições científicas que presumivelmente poderiam ter sido feitas algum tempo antes do que o foram na realidade, se apenas seus ingredientes cognitivos estritamente *específicos* tivessem sido suficientes para o resultado" – reflete um interesse contínuo nesses assuntos[35]. Assim, não espanta que o conceito de prematuridade de Stent tenha ferido uma corda ressonante nesse grupo[36].

Esta concepção foi também muito discutida por aqueles que estavam integrados nessa tradição após a publicação da tese de Stent. Como nota Zuckerman:

> O conceito [de pós-maturidade] estava destinado a preencher a família dos conceitos afins sobre descobertas "prematuras" e "maduras", tal como desenvolvidos no transcurso de um ano de trabalho (1973-1974) na "sociologia histórica do conhecimento científico" por Yehuda Elkana, Joshua Lederberg, Robert Merton, Arnold Thackray e Harriet Zuckerman no Center for Advanced Study in the Behavioral Sciences. As contribuições prematuras são aquelas que, uma vez feitas, não são

34. Sobre a análise de Merton a respeito das disputas de prioridade, ver Merton, 1957, 1973; sobre a resistência ao estudo de tais disputas, ver Merton, 1963, 1973; em relação à análise de Barber, no tocante à resistência dos cientistas à descoberta científica, ver Barber, 1961; sobre a investigação empírica de Cole acerca do reconhecimento postergado, cf. Cole, 1970.

35. Zuckerman, 1978, p. 80. Numa obra ulterior, em que Zuckerman colaborou com Lederberg, eles escrevem: "Para que uma descoberta seja considerada pós-madura, para que ela evoque surpresa de parte da pertinente comunidade científica de que essa descoberta tenha sido feita antes, ela deve possuir três atributos. Em retrospecto, deve ser julgada como tendo sido tecnicamente alcançável em época anterior com os métodos então disponíveis. Deve ser julgada como tendo sido entendível, capaz de ser expressa em termos compreensíveis para os cientistas em trabalho na época, e suas implicações devem mostrar-se capazes de terem sido apreciadas" (Zuckerman e Lederberg, 1986, p. 629).

36. De fato, Stent reconhece suas dívidas tanto para com Merton quanto para com Zuckerman, "por me ajudarem a focalizar minhas idéias de maneira mais aguda". Ambos estavam no auditório quando Stent apresentou seu argumento sobre prematuridade e singularidade, em maio de 1970, numa conferência patrocinada pela American Academy of Arts and Sciences, intitulada História da Bioquímica e da Biologia Molecular. Zuckerman chamou a atenção de Stent para o trabalho de Polanyi e sua relevância para o conceito de prematuridade dele, enquanto os comentários de Merton concentravam-se na noção de singularidade. O reconhecimento de Stent figura no final de seu artigo de 1972, publicado no *Advances in the Biosciences* e depois, de novo, em "About the Author", que acompanha a versão publicada no *Scientific American*.

imediatamente seguidas e desenvolvidas pela comunidade pertinente de cientistas; uma significância científica só lhes é atribuída mais tarde (às vezes, depois de redescobertas independentes). Essas são retrospectivamente descritas às vezes como tendo estado "à frente de seu tempo". Descobertas maduras são as que aparecem em seu devido tempo, sendo de pronto reconhecidas e acolhidas; um subconjunto especial de tais contribuições apresenta-se na forma de descobertas múltiplas, independentes e mais ou menos simultâneas. A respeito de fontes cognitivas da prematuridade, vale consultar Stent (1972); sobre as fontes sociais, convém ver Barber (1961); acerca da maturidade, cabe consultar Merton (1973, capítulos 14-17)[37].

Parece claro, pois, que a noção básica de prematuridade foi considerada pelo grupo como sendo de interesse suficiente para ser incorporada ao programa de pesquisa em curso. No entanto, em vez de abraçar plenamente a formulação total de Stent no tocante à sua tese, membros do grupo optaram por transformar o conceito de prematuridade, por ampliá-lo em alguns modos e recortá-lo em outros. Por exemplo, ao afirmar que uma significância científica é atribuída a tais vindicações em uma data posterior – às vezes em redescobertas independentes – eles descartam a posição agnóstica de Stent. Assim, também, a dimensão temporal é posta de lado quando Zuckerman e Lederberg asseveram que casos de prematuridade, como os de pós-maturidade, só podem ser reconhecidos retrospectivamente[38].

O mais importante talvez seja o fato de agora dizer-se que a prematuridade tem "fontes sociais". Este ponto fica mais explícito no trabalho ulterior de Zuckerman em cooperação com Lederberg. Aí, eles arrolam, em acréscimo à definição operacional de Stent, cinco outras razões pelas quais uma descoberta pode ser prematura: "As descobertas podem ser prematuras porque estão, em termos conceituais, mal conectadas com o 'conhecimento canônico', por

37. Zuckerman, 1978, p. 88.
38. Zuckerman e Lederberg, 1986, p. 629.

terem sido feitas por um descobridor obscuro e publicadas num órgão obscuro, ou por serem incompatíveis com uma prevalente doutrina religiosa e política. As barreiras entre disciplinas, impostas por especialização de investigação, também contribuem para a omissão ou resistência"[39].

Garfield, presidente do Institute for Scientific Information e criador dos índices de citação, notou o potencial heurístico da formulação de prematuridade de Stent e, além do mais, procurou operacionalizar o conceito. No seu ponto de vista, as descobertas prematuras, que ele considera como sendo de um tipo de "reconhecimento postergado", constituem materiais estratégicos de pesquisa, por meio dos quais é possível examinar aqueles fatores que afetam a recepção de vindicações inovadoras[40]. Com a vasta base de dados do *Science Citation Index* à sua disposição, Garfield desenvolve um algoritmo quantitativo sistemático para identificar possíveis exemplos de prematuridade, ao traçar as histórias de citação dos artigos chave, associados a essas descobertas[41].

Como primeira aproximação, os trabalhos citados mais pesadamente (*Citation Classics*), que apresentaram baixas freqüências de menção nos primeiros cinco ou mais anos após a publicação, foram utilizados para identificar casos de reconhecimento tardio. A baixa freqüência de citação foi definida, de início, como próxima da média de uma citação por ano, para um artigo típico[42]. Nessa tentativa inicial, Garfield identifica cinco artigos e mostra-se claramente desapontado com os resultados[43]. Nenhuma análise sistemática

39. Idem.

40. Do ponto de vista conceitual, Garfield considera a pesquisa de Barber sobre resistência, com sua ênfase em fatores sociais, e as idéias de Stent sobre prematuridade, com sua ênfase exclusiva na adequação cognitiva, como subconjuntos especiais do fenômeno geral do "reconhecimento postergado", como a questão foi colocada por Cole, 1970.

41. Cole foi o primeiro a usar registros de citação como meio de identificar exemplos do que chamou de "reconhecimento postergado", (idem.). Limitado pelos dados que dispunha na época, Cole considerou como postergados aqueles artigos que receberam, no mínimo, dez citações em 1966 e três ou menos em 1961.

42. Garfield, 1989.

43. Garfield conclui: "O fenômeno do reconhecimento postergado, no sentido clássico, parece ser relativamente incomum. Mas tais artigos, é claro, existem. Sem dúvida há dúzias de outros exemplos que podem ou não ser identificados pela análise de citação. Entretanto, lá onde os

está incluída e, a julgar pelas alusões oferecidas pelos autores dos trabalhos em consideração, é improvável que qualquer desses casos se qualifique como exemplo de prematuridade no sentido de Stent.

O segundo esforço de Garfield, publicado no ano seguinte, recebeu uma acolhida um tanto melhor. Começando com uma lista de artigos citados com mais freqüência, de 1945 a 1988, no *Science Citation Index*, ele estabeleceu novos critérios de inclusão. Aqui, para qualificar-se como um caso candidato ao reconhecimento postergado, um artigo com dez anos de existência devia ter dez ou pouco menos citações por ano e um trabalho com vinte anos, uma dezena crescente no número de menções[44]. Garfield discute quatro dos vinte artigos identificados dessa maneira e, em dois dos casos, fornece comentários dos autores que constatam haver percebido resistência ao seu trabalho, quando este foi inicialmente apresentado. Um terceiro caso, na concepção de Garfield, subministra um bom exemplo de aplicação postergada de um método de pesquisa[45].

Embora a noção de prematuridade de Stent – juntamente com o trabalho de Barber sobre resistência e o de Cole acerca de reconhecimento postergado – motivasse os esforços de Garfield, não era seu intento prover a análise sistemática requerida para determinar se os casos em questão se qualificavam ou não como exemplos de prematuridade no sentido de Stent. Ainda que claramente sugestivos, os casos que Garfield identifica não foram de nenhum modo acompanhados sistematicamente, pelo que sei.

sistemas peritos podem falhar, o cérebro humano pode ter êxito. Assim, se você sabe de uma contribuição científica que pertença à categoria do conhecimento postergado, queira, por favor, enviar-me os pormenores. Espero resenhar esses novos exemplos e comentá-los em um futuro ensaio" (idem, p. 159).

44. Garfield, 1990a.

45. Garfield também discute dois casos adicionais, sugeridos pelos leitores.

Discussão

Uma vez que os dados são extraídos somente daqueles artigos publicados, que citavam um dos dois artigos de Stent sobre a prematuridade, nossa análise é necessariamente restrita – talvez de maneira severa. Um exame cuidadoso das numerosas monografias, volumes editados e anais de conferências que têm sido impressos nos estudos sociais de ciência durante esse período, produziria, sem dúvida, evidência adicional. Além disso, nem todos os exemplos de influência cognitiva deixam um traço arquivístico. Apesar dos dados limitados, entretanto, é claro que a prematuridade atraiu a atenção de muitos estudiosos. O artigo de Stent está perto do topo atingido por 1% de todos os artigos mencionados.

Na medida em que citações refletem o interesse dos cientistas numa contribuição particular, as 68 menções espalhadas pelo período de 25 anos sugerem que a idéia foi de início julgada estimulante e continua a sê-lo por mais tempo do que aqueles que foram propostos primeiro na média das publicações científicas. Todavia, a contribuição de Stent foi citada tão-somente por um punhado de cientistas dedicados à investigação sistemática do desenvolvimento do conhecer científico. E é essa audiência, julgo eu, que Stent queria acima de tudo atrair.

Ademais, os autores citantes amiúde alteraram – de modo sutil e não tão sutil – o significado da prematuridade de Stent. Eles, seletivamente, plasmaram e moldaram a análise de Stent, de maneira a ajustá-la a suas próprias preocupações. Em alguns aspectos, o argumento de Stent foi severamente comprimido. Despiram-no, no plano geral, de seus componentes estruturais, temporais e prescritivos. Em outros, seu argumento foi ampliado. Para alguns, o destino de uma alegada descoberta prematura, que é retrospectivamente identificada como estando à frente de seu tempo, pode ser explicado tanto por fatores cognitivos – sua "adequação" ao conhecimento canônico – como também por fatores sociais a incluir, porém não cingida a isso, a posição profissional do autor da vindicação, meios de publicação (inclusive a língua em que está escrita), preocupações políticas e doutrinas religiosas.

Na maior parte das vezes, contudo, os eruditos interpretaram a noção de Stent como algo que designa simplesmente episódios na história da ciência em que uma reivindicação científica – negligenciada ou rejeitada de início pela comunidade dos pesquisadores – ganha subseqüente acatamento. Seu artigo converteu-se no marcador simbólico do fenômeno geral ligado a qualquer proposta que esteja, por alguma razão, "à frente de seu tempo", como se costuma compreender o conceito de "prematuro". Mas isso, em si mesmo, não é pouca coisa[46]. Os conceitos científicos estão destinados a fixar a nossa percepção em aspectos selecionados da realidade e nos levar a pensar a seu respeito, em determinadas formas. A tese da prematuridade de Stent faz precisamente isso, na medida em que nos força a considerar processos que são básicos nos trabalhos da ciência.

Stent, por certo, não foi nem o primeiro nem o único a proceder assim. Como já se mencionou acima, certo número de modelos competitivos de mudança científica foi introduzido durante esse período, e travaram-se debates acalorados. A despeito de diferenças óbvias houve, não obstante, acordo de que a introdução de vindicações científicas, que divergem em modos significativos dos quadros cognitivos prevalecentes, é ubíqua na ciência e coloca problemas imensos. Ao menos uma dúzia de conceitos aparentados, mas não idênticos, têm sido empregados para descrever esse tipo genérico de vindicação cognitiva, inclusive anômala, extraordinária, patológica, não ortodoxa, não convencional, heterodoxa, controvertida, herética, revolucionária, monstruosa e pseudocientífica. Mas nenhum deles, penso eu, tocou uma corda tão ressonante como a da prema-

46. Henry Small (1978) notou que documentos citados são amiúde tomados como "símbolos" das idéias científicas expressas no texto. Ao mesmo tempo, continua ele, isso reflete a seleção dos autores citantes e sua interpretação dessas idéias. Embora, na maioria dos casos, a mensagem pretendida é a recebida, Small argumenta que a possibilidade da transformação social dos significados precisa ser reconhecida. A "uniformidade de uso", que Small define como "a porcentagem de contextos citantes que partilham de uma concepção particular (a mais prevalente) do citado item", é uma questão empírica e capaz, provavelmente, de variar sob condições específicas.

turidade. O conceito parece ter se deslocado, sem esforço, para dentro da corrente principal do discurso científico.

O fato de que cientistas de fundamentos disciplinares tão diversos hajam colhido o termo "prematuridade" provém, sugiro, da familiaridade básica da palavra. Ela não soa como jargão e suas conotações cotidianas são tão bem conhecidas que especialistas e não especialistas, igualmente, quando a ouvem pela primeira vez, reconhecem-na instantaneamente e a apreendem, de imediato, algum sentido de seu significado[47]. Seria possível dizer o mesmo sobre o termo "anomalia"?

No decurso dos anos, portanto, o conceito de Stent relativo à descoberta prematura na ciência foi transformado, na literatura, a partir de sua formulação original. Alguns dos componentes da tese foram acentuados – talvez até de maneira exagerada –, enquanto outros sumiram de vista. Este processo de clivagem, por cujo intermédio vindicações científicas são seletivamente absorvidas e, depois, parcialmente incorporadas no trabalho em andamento, exemplifica um padrão no desenvolvimento do conhecimento científico.

Bibliografia

Avery, O. T.; C. M. MacLeod & M. McCarty. 1944. Studies on the Chemical Nature of the Substance Inducing Transformation of Pneumococcal Types. *Journal of Experimental Medicine* 79:137.
Barber, B. 1961. Resistance by Scientists to Scientific Discovery. *Science* 134:596-602.
Carroll, L. 1871. *Through the Looking-Glass & What Alice Found There*. Edição especial. New York: Random House, 1946.
Chubin, D. E. & S. D. Moitra. 1975. Content Analysis of References: Adjunct or Alternative to Citation Counting. *Social Studies of Science* 5:423-40.
Cohen, J. S. & F. H. Portugal. 1975. Comment on Historical Analysis in Biochemistry. *Perspectives in Biology and Medicine* 18:204-7.

47. O fato de que a prematuridade ou a descoberta prematura pareçam ter se transformado assaz facilmente em discurso científico, sugere que isto possa ser um exemplo do fenômeno de "obliteração por incorporação" de Merton (1968, p. 28, 35, 38), discutido antes. Se assim for, as limitações do fato de se confiar somente em citações publicadas referentes ao trabalho de Stent, a fim de calcular seu impacto são, decerto, consideravelmente ampliadas.

Cole, J. R. & S. Cole. 1973. *Social Stratification in Science*. Chicago: University of Chicago Press.
Cole, S. 1970. Professional Standing and the Reception of Scientific Discoveries. *American Journal of Sociology* 76:286-306.
______. 1975. The Growth of Scientific Knowledge. In: L. Coser (ed.). *The Idea of Social Structure: Papers in Honor of Robert K. Merton*. New York: Harcourt Brace Jovanovich, p. 175-220.
Cole, S.; J. R. Cole & L. Dietrich. 1978. Measuring the Cognitive State of Scientific Disciplines. In: Y Elkana; J. Lederberg; R. K. Merton; A. Thackray & H. Zuckerman (eds.). *Toward a Metric of Science: The Advent of Science Indicators*. New York: John Wily and Sons, p. 209-52.
Comroe. J. H. 1977. Premature Science and Immature Lungs. 1. Some Premature Discoveries. *American Review of Respiratory Disease* 116:127-35.
Dubos, R. J. 1976. *The Professor, the Institute & DNA: Oswald T. Avery, His Life and Achievements*. New York: Rockefeller University Press.
Fleck, L. 1979. *Generic and Development of a Scientific Fact*. 1935. Reprint, Chicago: University of Chicago Press.
Garfield, E. 1963. Citation Indexes in Sociological and Historical Research. *American Documentation* 14:289-91.
______. 1979. *Citation Indexing – Its Theory and Application in Science, Technology & Humanities*. Philadelphia: Institute for Scientific Information Press.
______. 1985. Uses and Misuses of Citation Frequency. In: *Essays of an Information Scientist*. Vol. 8. Philadelphia: Institute for Scientific Information Press, p. 403-9.
______. 1987. A Different Sort of Great-Books List: The 50 Twentieth-Century Works Most Cited in the Arts and Humanities Citation Index, 1976-1983. In *Essays of an Information Scientist*. Vol. 10. Philadelphia: Institute for Scientific Information Press, p. 101-5.
______. 1989. Delayed Recognition in Scientific Discovery-Citation Frequency Analysis Aids the Search for Case Histories. In: *Essays of an Information Scientist*. Vol. 12. Philadelphia: Institute for Scientific Information Press, p. 154-61.
______. 1990a. More Delayed Recognition 2. From Inhibin to Scanning Electron-Microscopy. In: *Essays of an Information Scientist*. Vo1. 13. Philadelphia: Institute for Scientific Information Press, p. 68-74.
______. 1990b. The Most-Cited Papers of All time, SCI 1945-1988. Part 1B. Superstars New to the SCI Top 100. In: *Essays of an Information Scientist*. Vol. 13. Philadelphia: Institute for Scientific Information Press, p. 57-76.
______. 1998a. From Citation Indexes to Informetrics: Is the Tail Now Wagging the Dog?. *Libri* 48:67-80.
______. 1998b. Random Thoughts on Citationology: Its Theory and Practice. *Scientometrics* 43:69-76.
Glass, B. 1965. A Century of Biochemical Genetics. *Proceedings of the American Philosophical Society* 109:227-36.
______. 1974. The Long Neglect of Genetic Discoveries and the Criterion of Prematurity. *Journal of the History of Biology* 7:101-10.
Hotchkiss, R. D. 1979. Identification of Nucleic Acids as Genetic Determinants. *Annals of the New York Academy of Sciences* 325:321-42.
______. 1995. DNA in the Decade before the Double Helix. *Annals of the New York Academy of Sciences* 758:55-73.
Kuhn, T. S. 1970. *The Structure of Scientific Revolutions*. 2 ed. Chicago: University of Chicago Press.
Landman, O. E. 1993. Inheritance of Acquired Characteristics Revisited. *Bioscience* 43:696-705.
Leakey, L. S. B.; P. V. Tobias & J. R. Napier. 1964. A New Species of the Genus *Homo* from Olduvai Gorge. *Nature* 202:7-9.
Lederberg, J. 1994. The Transformation of Genetics by DNA: An Anniversary Celebration of Avery, MacLeod & McCarty (1944). *Genetics* 136:423-26.
Lowry, O. H.; N. J. Rosebrough, A. L. Farr & R. J. Randall. 1951. Protein Measurement with the Folin Phenol Reagent. *Journal of Biological Chemistry* 193:265-75.

Löwy, I. 1989. Biomedical-Research and the Constraints of Medical-Practice – James Bumgardner Murphy and the Early Discovery of the Role of Lymphocytes in ImmuneReactions. *Bulletin of the History of Medicine* 63:356-91.

McCarty, M. 1985. *The Transforming Principle: Discovering That Genes Are Made of DNA*. New York: W. W. Norton and Company.

Merton, R. K. 1957. Priorities in Scientific Discovery. *American Sociological Review* 22:635-59. Reimpresso em R. K. Merton, *The Sociology of Science: Theoretical and Empirical Investigations*. Chicago: University of Chicago Press, 1973, cap. 14.

______. 1963. Resistance to the Systematic Study of Multiple Discoveries in Science. *European Journal of Sociology* 4:237-49. Reimpresso em R. K. Merton, *The Sociology of Science: Theoretical and Empirical Investigations*. Chicago: University of Chicago Press, 1973, cap. 17.

______. 1968. On the History and Systematics of Sociological Theory. In: *Social Theory and Social Structure*, p. 1-38. Enlarged ed. New York: Free Press.

______. 1973. *The Sociology of Science: Theoretical and Empirical Innestagations*. Chicago: University of Chicago Press.

______. 1979. Prefácio. In: Garfield E. *Citation Indexing – Its Theory and Application in Science, Technology; and Humanities*. Philadelphia: Institute for Scientific Information Press.

______. 1981. Foreword: Remarks on Theoretical Pluralism. In: P. M. Blau & R. K. Merton (eds.). *Continuities in Structural Inquiry*, London: Sage Publications. Reimpresso em P Sztomka (ed.). *Robert K. Merton: On Social Structure and Science*. Chicago: University of Chicago Press, 1996.

Moravcsik, M. J. & P. Murugesan. 1975. Some Results on the Function and Quality of Citations. *Social Studies of Science* 5:86-92.

Patinkin, D. 1983. Multiple Discoveries and the Central Message. *American, Journal of Sociology* 89:306-23.

Paul, D. & D. Charney 1995. Introducing Chaos (Theory) into Science and Engineering-Effects of Rhetorical Strategies on Scientific Readers. *Written Communication* 12:396-438.

Portis, E. B. 1986. Theoretical Authority in Social-Science. *Social Science Journal* 23:397-410.

Sawin, C. T. 1996. Arnold Adolph Berthold and the Transplantation Testes. *Endocrinologist* 6:164-68.

Schneider, W. H. 1983. Chance and Social Setting in the Application of the Discovery of Blood Groups. *Bulletin of the History of Medicine* 57:545-62.

Sekuler, R. 1974. Spatial Vision. *Annual Review of Psychology* 25:195-232.

Small, H. 1978. Cited Documents as Concept Symbols. *Social Studies of Science* 8:327-40.

Stent, G. 1968. Letter to the Editor: DNA Discovery in Perspective. *Science* 160:1397-98.

______. 1969. *The Coming of the Golden Age: A View of the End of Progress*. New York: Natural History Press.

______. 1972a. Prematurity and Uniqueness in Scientific Discovery. *Advances in the Biosciences* 8:433-49.

______. 1972b. Prematurity and Uniqueness in Scientific Discovery. *Scientific American* 227 (dezembro): 84-93.

Tamm, S. L. & S. Tamm. 1974. Direct Evidence for Fluid Membranes. *Proceedings of the National Academy of Sciences* 71:4589-93.

Tobias, P. V. 1985. History of Physical Anthropology in Southern Africa. *Yearbook of Physical Anthropology* 28:1-52.

______. 1992. Piltdown – An Appraisal of the Case against Arthur Keith. *Current Anthropology* 33:243-94.

______. 1996a. The Dating of Linguistic Beginnings. *Behavioral and Brain Sciences* 19:789.

______. 1996b. Premature Discoveries in Science, with Especial Reference to *Australopithecus* and Homo habilis. *Proceedings of the American Philosophical Society* 140, n. 1: 49-64.

Wardlaw, A. C. 1992. Multiple Discontinuity as a Remarkable Feature of the Development of Acellular Pertussis Vaccines. *Vaccine* 10:643-51.

Weber, M. 1946. Science as a Vocation. In: C. W. Mills (ed.). *From Max Weber. Essays in Sociology.* Tradução de H. H. Gerth. New York: Oxford University Press, p. 129-56.

Wyatt, H. V. 1975. Knowledge and Prematurity: The Journey from Transformation to DNA. *Perspectives in Biology and Medicine* 18:149-56.

Zuckerman, H. 1978. Theory-Choice and Problem-Choice in Science. *Sociological Inquiry* 48:65-95.

Zuckerman, H. & J. Lederberg. 1986. Postmature Scientific Discovery?. *Nature* 324:629-31.

19.

A DESCOBERTA PREMATURA É FALTA DE INTERSECÇÃO ENTRE MUNDOS SOCIAIS

Elihu M. Gerson

A noção de descoberta prematura exerce uma espécie de fascinação dramática, encorajando pensamentos de cientistas instigadores e criativos na luta para articular suas idéias e convencer comunidades indiferentes sobre suas novas verdades. Mas há muitas dificuldades com a noção, melodrama à parte, e é tempo de classificá-las e identificar o que é útil nessa noção. Enfoco aqui, primordialmente, questões organizacionais e institucionais que surgem ao se pensar sobre a prematuridade. Minha abordagem brota da filosofia pragmática de John Dewey e de George Herbert Mead e da escola de sociologia de Chicago que ela influenciou[1].

Permitam-me começar com algumas dificuldades terminológicas. O termo "prematuro" parece implicar que existe uma seqüência desenvolvimental no decurso da pesquisa que, de algum modo, corre o risco de falhar e que as descobertas podem, assim, parecer "fora da vez". Frederic Holmes formulou também a questão, quando aludiu

1. Cf., por exemplo, Dewey, 1916, 1938; Mead, 1934.

à possibilidade de uma "taxa normal de atividade científica"[2]. Uma dificuldade estreitamente relacionada é a idéia de que a descoberta ocorre de forma direta, de modo que se poderia falar razoavelmente de cientistas estarem na pista ou na programação para realizá-la. Esta maneira de ver as coisas parece conter compromissos metafísicos que poucos dentre nós querem assumir. Falar, portanto, de descoberta prematura é introduzir uma espécie de concepção *post hoc*, uma espécie de visão retrospectiva que os historiadores condenaram como "presentismo" ou como "teoria whig da história"[3]. Tal condenação não deixa, por seu turno, de ter suas dificuldades, mas é claro que a nossa interpretação das descobertas não pode repousar sobre anacronismos. Falarei mais acerca desse problema na última seção deste estudo.

A abordagem de Gunther Stent evita o pior das referidas dificuldades, porém ergue, por sua vez, novos problemas. Na concepção de Stent, uma descoberta é prematura se não puder ser conectada ao conhecimento canônico por uma série de passos simples[4]. Stent empenha-se em acentuar que a falta de conexão não é mera questão de falhas pessoais, de parte dos cientistas, mas é, antes, uma questão "estrutural". Trata-se aí de um aperfeiçoamento maior da noção, segundo a qual as descobertas têm relógios e programações (ou, pior ainda, sortes e destinos) ligados a elas. Captamos esse aperfeiçoamento ao abandonar o termo "prematuro", e ao falar, ao invés, de descoberta "não conectada". Isso nos deixa com três dificuldades adicionais: O que constitui uma descoberta? O que é conhecimento canônico? O que significa estar conectado por passos simples?

2. Holmes, cap. 12, neste volume.
3. Butterfield, 1931.
4. Stent, 1972a, b; ver também cap. 2, neste volume.

O que constitui uma descoberta?

O argumento de Stent pressupõe que as descobertas podem ser, em termos conceituais, isoladas do fluxo de questões e resultados que compõem o empreendimento da pesquisa. Precisamos esclarecer o que se pretende dizer aqui por "descoberta". As descobertas têm sido vistas, amiúde, como eventos particulares, acontecimentos que emergem subitamente do trabalho de um único cientista ou de uma equipe. Há também uma tendência para pensar que as descobertas consistem de idéias ou *insights* – isto é, como eventos mentais. No limite, essas duas tendências resultam numa visão de história em quadrinhos sobre a descoberta canônica: a maçã cai e atinge Newton na cabeça; Newton, em conseqüência, considera o incidente como um conjunto de dados, deduz uma generalização dos fatos e, assim, chegamos às três leis do movimento. Essa concepção da descoberta foi especialmente forte em grande parte da filosofia da ciência do século XX, em que as concepções de Hans Reichenbach e Karl Popper exerceram particular influência[5].

Em anos recentes, esse modo de ver tornou-se cada vez mais insustentável[6]. A descoberta não é um processo psicológico; ela não ocorre nas mentes dos cientistas individualmente, mas, como parte de um interativo ir e vir entre cientistas. Temos necessidade de distinguir, de forma incisiva, entre a experiência em nível individual de introvisão ou realização e o desenvolvimento de uma nova compreensão disponível para o uso de muitas comunidades. Tampouco os cientistas efetuam, de forma típica, grandes saltos em suas pesquisas – eles tendem a ir de um problema a outro relacionado, trabalhando por fora desde as extremidades de seus conhecimentos formados. Daí termos, em geral, uma cadeia complexa ou uma rede de descobertas relacionadas que resultam (de fato) numa descoberta maior. As descobertas são, destarte, bastante complexas, tanto no *timing* quanto no caráter.

5. Reichenbach, 1938; Popper, 1957.
6. Ver, por exemplo, Brannigan, 1981; Nickles, 1980a, b, 1985, 1997; Sapp, 1990b.

As descobertas têm carreiras. Uma carreira se inicia quando um cientista percebe algum relacionamento ou ocorrência e começa a matutar a seu respeito, e conclui, algum tempo depois, quando os resultados da indagação são transferidos a engenheiros, físicos e outros usuários, para a exploração. Entre esses dois pontos, há muitas fases e possibilidades. G. Buchdahl distingue, por exemplo, três estágios: formulação, comprovação e consolidação[7]. A discussão efetuada por John Dewey acerca da indagação sugere uma lista similar[8]:

Quebra-cabeça ou problema: A pesquisa começa com um quebra-cabeça, uma questão ou um problema – uma questão não solucionada.

Teste: Uma ou mais soluções (tipicamente múltiplas) parciais alternativas são propostas e experimentadas. Isso envolve, amiúde, vários passos e repetições. Envolve também subdescobertas, falsas partidas, clarificações, revisões da questão e assim por diante. Inovações de procedimento (e.g., refinamentos no projeto do instrumento) são muitas vezes realizadas juntamente com desenvolvimentos de novos conceitos e/ou especificações de novas teorias. Tal processo pode levar um longo tempo e envolver o trabalho de muitos cientistas, técnicos e outros especialistas. Aqueles que encetaram o projeto podem não estar entre os que o concluírem.

Sucesso tentativo: Eventualmente, pesquisadores conseguem chegar a uma solução tentativa que parece funcionar e eles a publicam.

Comprovação, revisão, refinamento: A solução tentativa fica mais firmada quando é replicada, reproduzida e testada, seja dentro do grupo de pesquisa que a produziu primeiro, seja por outros grupos que tentam reproduzir, refinar e ampliar a solução.
Às vezes, a solução proposta não funciona e ela cai na obscuridade; às vezes, travam-se debates acerca da validade e da interpretação dos resultados, e assim por diante.

7. Buchdahl, 1991.
8. Dewey, 1938.

Amiúde refinamentos de técnica e de expressão transformam a solução em modos significativos. Por exemplo, as equações de Maxwell, tal como ensinadas nos compêndios de física, não aparecem no *Tratado* de Maxwell, de 1873; elas constituem o resultado de esforços substanciais envidados por alunos e seguidores de Maxwell[9].

Aceitação: Finalmente, a solução (de uma forma típica extensamente modificada desde a sua proposta inicial) passa a ser amplamente aceita na comunidade científica. Os pesquisadores chegam a assumir a validade da solução como fato estabelecido e se lançam ao encalço de outros problemas.

Não é preciso dizer que o curso da descoberta não corre necessariamente na boa maneira linear que esse esquema descreve. Existem becos sem saída, falsas partidas, reelaborações e reconstruções do problema, bem como resultados parciais. Com bastante freqüência, a descoberta ocorre porque os cientistas estavam propondo a pergunta errada, em primeiro lugar.

Além disso, há amiúde múltiplos grupos de pesquisa que trabalham em linhas aproximadamente paralelas, mas com diferentes taxas de velocidade e diferentes ênfases e recursos. Como resultado, diferentes grupos efetuam descobertas parciais que se sobrepõem. Às vezes, as conexões entre essas descobertas parciais não são entendidas até que as descobertas tenham sido amplamente retrabalhadas e refinadas.

Onde, em tudo isso, está a "descoberta"? É claro que a definição implícita contida na noção de descoberta prematura é de curto prazo, pequena escala e psicologística. Mas, casos e estudos sociológicos mostram repetidamente que temos uma descoberta até que a comunidade científica a aceite como tal e pare de discutir a seu respeito[10]. Até então a solução proposta encontra-se em um estado intermediário. Ela é, antes, como a gravidez: algo maravilhoso

,9. Maxwell, 1873; Hunt, 1991; Morrison, 2000.
10. Por exemplo, Brannigan, 1981; Latour e Woolgar, 1979.

aconteceu; algo maravilhoso irá acontecer; porém, entrementes, há um bocado de dor lombar e náusea. A descoberta, como a gravidez, é uma questão de organização social e não um *insight* psicológico.

O que é conhecimento canônico?

Na definição de Stent, uma descoberta é prematura se não puder ser conectada ao conhecimento canônico. O que significa "canônico"? A visão de Stent é digna de ser citada por extenso:

> O conhecimento acerca do mundo entra na mente não como dados crus, porém de uma forma já altamente elaborada, isto é, como estruturas. No processo pré-consciente de converter os dados primários de nossa experiência, passo a passo, em estruturas, há perda necessariamente de informação, porque a criação de estruturas ou o reconhecimento de padrões nada mais é senão a destruição seletiva de informação. Assim, uma vez que a mente não obtém acesso ao pleno conjunto de dados acerca do mundo, ela não pode nem espelhar nem construir a realidade. Ao invés, para a mente, a realidade é um conjunto de transformadores estruturais de dados primários tomados do mundo. Esse processo de transformação é hierárquico, na medida em que estruturas "mais fortes" são formadas a partir de estruturas "mais fracas" por meio da destruição seletiva de informação. Qualquer conjunto de dados primários torna-se significativo depois que uma série de tais operações o transformou de tal modo que ele se tornou congruente a uma estrutura mais forte pré-existente na mente...[11]
>
> O conhecimento canônico é simplesmente o conjunto de estruturas "fortes" pré-existentes com as quais os dados científicos primários

11. Stent, 1972b, p. 92.

> são tornados congruentes no processo de abstração mental. Por isso dados que não podem ser transformados numa estrutura congruente ao conhecimento canônico constituem um beco sem saída; em última análise, eles permanecem sem significado[12].

Esse modo de ver proporciona, com seu foco na mente e na estrutura abstrata, uma concepção de conhecimento canônico que é ao mesmo tempo altamente idealista e reducionista. Se ele é ou não bem-sucedido em uma das duas tarefas, não vem ao caso da questão aqui discutida, pois nem um nem outro modo de pensar acerca do conhecimento está de acordo com a experiência. Uma vez mais, isso é para dizer que o processo de descoberta é uma questão de organização social ao longo do tempo, e de resultados confiáveis que possam ser incorporados em novas linhas de esforço. O problema não é de mentes mutantes, mas de práticas convencionais mutantes ou inventivas.

O que, então, significa "canônico"? Em geral, afirmar que algo é canônico significa dizer que está em forma acabada, reduzida ou autorizada. Tal conhecimento recebe o tipo de representação característica dos compêndios dos cursos de graduação. Isso implica que o conhecimento não pode ser canônico se não estiver firmado. O conhecimento canônico é firmado – o que equivale a dizer que é o conhecimento que fica atrás da fronteira ou do gume cortante do trabalho científico. Porém, para afirmar que algum *bit* de conhecimento está estabelecido neste sentido, é simplesmente dizer que a comunidade científica aceita e usa esse conhecimento sem problemas. Isto, uma vez mais, é uma questão de organização social, não de mente abstrata e não do estado mental de indivíduos particulares.

O verdadeiro problema aqui é saber como o conhecimento relativamente tentativo pode chegar a influenciar o conhecimento estabelecido, ou ser parte dele. Para compreender isso, devemos olhar para os modos em que se dão as conexões entre diferentes produtores e administradores do conhecimento.

12. Idem, p. 93.

O que significa para uma descoberta ser conectada por passos simples?

Estamos preocupados aqui com os resultados que, "no fim das contas", são aceitos como uma descoberta válida, e não aqueles que são tentativas ou permanentemente rejeitados por alguma razão. Este último ponto é assaz importante para admitir repetição. Para entrarem "em discussão", como potencialmente conectáveis, os resultados já devem estar muito longe em sua carreira desenvolvimental.

Comumente, cientistas assimilam novos resultados em seus campos de uma maneira direta, mesmo quando os referidos resultados são muito surpreendentes. Às vezes, no entanto, esse processo parece falhar e os resultados são ignorados ou rejeitados, ainda que mais tarde eles resultem em "boas" descobertas. Por qual processo novos resultados são vinculados ao conhecimento canônico e, em particular, como o dito processo malogrou?

Stent apresenta as ligações de interesse como sendo de ordem conceitual, dizendo, por exemplo: "Até que fosse possível conectar a PES (percepção extra-sensorial) ao conhecimento canônico da, digamos, radiação eletromagnética e da neurofisiologia, nenhuma demonstração de sua ocorrência podia ser apreciada"[13]. Assim, Stent argumenta que alguns resultados se encontram tão longe da "estrutura" aceita de pensamento que eles não podem simplesmente ser assimilados. Este ponto de vista encerra muitas dificuldades. Por exemplo, torna qualquer espécie de mudança, conceitual ou teórica, importante na ciência extremamente difícil de explicar. Discuto algumas dessas dificuldades no final desta seção. Por ora, sugiro que as falhas de conexão sejam entendidas primeiramente como questões de organização social – para se compreender como as falhas de conexão ocorrem, devemos focalizar o trabalho efetivo de conexão.

13. Idem, p. 88.

Há vários modos de encarar esse fato. A saber, é possível focalizar cientistas individualmente ou equipes de pesquisa, enquanto se entregam ao seu mister nos seus laboratórios e escritórios. Alternativamente, é possível concentrar-se em linhas de trabalho (i.e., especialidades e subespecialidades) e suas relações. Adotarei aqui esta última abordagem.

Permitam-me que inicie com algumas abstrações. Um "mundo social" consiste de todas as atividades que formam uma linha de trabalho ou um modo de vida. Mundos incluem indústrias, *hobbies*, comunidades residenciais, disciplinas científicas, profissões e grupos étnicos. Mundos constituem uma espécie de organização social, como burocracias, associações voluntárias, mercados e pequenos grupos. Mundos sociais (ou apenas "mundos") são atividades correlacionadas, organizadas em torno de um assunto comum. Atividades, por certo, possuem atores – organizações e pessoas – para conduzi-las. Mas todo ator participa de múltiplos mundos, assim como cada mundo tem múltiplos atores. Por isso os mundos não podem ser delimitados pela participação neles, de atores particulares: são as atividades, e não os atores, que definem as fronteiras de um mundo[14].

Os mundos contêm mais atividades especializadas como partes, ou submundos. A biologia, por exemplo, é uma especialidade científica que contém os submundos da genética, ecologia, botânica, paleontologia e assim por diante. Dois mundos interceptam-se quando uma atividade particular se torna parte de ambos, ao mesmo tempo. A pesquisa paleontológica, para tomar um outro exemplo, situa-se na intersecção da biologia e da geologia. Certos locais – como os *campus* universitários – servem como pontos de intersecção para muitos mundos.

Um domínio científico, então, pode ser visto como um conjunto relativamente numeroso de mundos (disciplinas ou áreas principais como a da biologia celular ou da bioquímica), cada qual feito de

14. Essa discussão deriva das idéias de Anselm Strauss (1978, 1982, 1984) e de Howard Becker (1982). Discuti os mundos científico-sociais com mais pormenores em Gerson, 1983 e 1998.

muitos segmentos menores (por exemplo, genética molecular), sendo cada um destes, por sua vez, formado de segmentos ainda menores (tais como o do estudo de proteínas *heat-shock* ou proteínas *stress*). Estes formam-se e re-formam-se constantemente à medida que a pesquisa conduz a focos mais intensos em algumas áreas problemáticas e ao abandono de outras. Outros mundos cruzam essas especialidades, criando submundos adicionais. Fronteiras e culturas nacionais, por exemplo, geram submundos nacionais dentro de disciplinas. A intersecção entre especialidades, e entre especialidades e outros mundos, desempenha relevante papel na tessitura conjunta de um padrão extraordinariamente complexo de conexões, baseado em problemas comuns, técnicas comuns, abordagens teóricas comuns ou audiências comuns fora do sistema de especialidades.

O padrão de segmentação e intersecção nos mundos da pesquisa significa que cada linha de pesquisa não está ligada a todas as outras. Ao contrário, há interação relativamente densa entre alguns submundos, mas relativamente pouca interação entre a maior parte deles. Os cientistas de uma especialidade podem conhecer todos os pormenores do trabalho em curso no país naquela especialidade, porém podem não estar cientes do que se faz numa especialidade diferente que está sendo trabalhada no mesmo prédio. De maneira análoga, cientistas tomam conhecimento do progresso numa especialidade, cujo labor é complementar ao deles próprios, mas nunca ouvem falar dos esforços em áreas com as quais não têm nenhum laço.

Esse padrão sugere uma hipótese óbvia: *As descobertas permanecerão desvinculadas do conhecimento canônico em um dado campo se elas surgirem fora do campo, e se as intersecções que carreiam o conhecimento da descoberta para dentro do campo não existam ou não funcionem*. Em resumo, as idéias não viajam por si próprias, porém, ao invés, viajam por meio da interação entre cientistas. A interação pode verificar-se face a face, via palavra impressa, ou, ultimamente, via Internet. Entretanto, uma descoberta, sem alguma interação, não pode ser assimilada, pois são justamente tais interações que imediatizam os "passos simples" que ligam a descoberta ao conhecimento canônico.

A expressão "passos simples" significa algo mais do que uma conexão lógica abstrata ou conceitual. Por exemplo, em seus artigos que anunciavam a descoberta da estrutura do DNA, James Watson e Francis Crick notaram que a organização espelho-imagem dos filamentos da molécula podia ser facilmente vinculada aos problemas da hereditariedade[15]. Este tipo de percepção estriba-se no conhecimento da estrutura química do DNA e na familiaridade com problemas relacionados à pesquisa sobre a hereditariedade. É preciso conhecer a segregação e o sorteio de genes entre a progênie, mas, é preciso também conhecer os aminoácidos, a centrifugação, a estrutura cristalina e a desnaturação. Isto é, os "passos simples" estão incorporados às práticas e arranjos do trabalho dos cientistas que os realizam.

Portanto, sem intersecções adequadas, uma descoberta externa a um campo não pode ser conectada ao conhecimento canônico do campo, porque ela lhe é literalmente estranha – ou seja, provém de algum outro lugar, e as práticas da especialidade não estão (ainda) equipadas para lidar com ela de forma adequada.

Vários pontos importantes devem ser assinalados em conexão com esse modo de ver:

1. Conceitualmente, substituímos a interação concreta entre cientistas pela conexão lógico-abstrata de "passos simples". Os passos podem ser logicamente simples em retrospecto, mas, com freqüência, não são simples em termos de realização material.
2. A descoberta é sempre prematura em relação a algum submundo particular. Não faz sentido falar de prematuridade em geral.
3. Essa hipótese tem uma implicação clara: as descobertas que surgem dentro de um dado submundo nunca são prematuras *dentro* desse submundo. Descobertas julgadas, no final de contas, como prematuras, originam-se sempre *fora* do dado submundo.

Todos os exemplos citados no artigo de Stent satisfazem esse teste. Em particular a descoberta de O. T. Avery, C. M. MacLeod e a

15. Watson e Crick, 1953.

de M. McCarty, de que o DNA é um material genético, ilustra bem esse ponto[16]. O trabalho de Avery e seus colegas era parte do mundo da bacteriologia, enfocando problemas de virulência, especialmente na pneumonia. O trabalho deles não fazia parte do mundo da genética. Foi somente em 1944 que começaram a tomar forma as poderosas conexões entre a bacteriologia e a genética, que iriam mostrar-se, depois, tão efetivas. Norton Zinder relata-nos que o grupo de Avery não estava muito unido ao grupo do fago, encabeçado por Max Delbrück[17]. Visto sob a perspectiva do programa de pesquisa em andamento e em rápida elaboração do grupo do fago, o trabalho de Avery e seus colegas talvez tenha sido prematuro; da perspectiva dos bacteriologistas não foi.

A lição aqui é que temos de mapear cuidadosamente as audiências que são relevantes para uma descoberta. As descobertas podem muito bem estar conectadas a certas audiências para quem a descoberta não é de interesse ou não é problemática, e pobremente ligada a outras audiências para quem a descoberta é importante.

A verdadeira questão, portanto, é entender as condições sob as quais ocorrem intersecções efetivas. Devemos buscar e analisar circunstâncias que bloqueiam ou retardam a formação de intersecções frutuosas. Muitas dessas circunstâncias não podem ser identificadas a partir de uma análise *post hoc* da descoberta reconstruída, porque elas envolvem arranjos institucionais e circunstâncias históricas que, em larga medida, são independentes do conteúdo intelectual da descoberta.

Mary Jo Nye nos dá exemplos eloqüentes quando menciona que Michael Polanyi renunciou ao ensino de sua própria teoria e passou a ensinar, ao invés, a de Irving Langmuir, porque seus alunos seriam postos à prova com base na teoria deste último[18]. Assim, o sistema de treinamento acadêmico interveio no relacionamento entre os esforços de Polanyi e os de Langmuir: as exigências uni-

16. Avery, MacLeod e McCarty, 1944. Para esta história, ver, por exemplo, Dubos, 1976; McCarty, 1985.
17. Zinder, cap. 5, neste volume.
18. Nye, cap. 11, neste volume.

versitárias restringiram Polanyi e converteram suas preocupações teóricas em mero efeito colateral. Eis um caso de interseção (entre a academia e a química) a bloquear ou a retardar uma linha de trabalho. No entanto, não há nada no conteúdo intelectual reconstruído a partir da pesquisa de Polanyi, ou de Langmuir, que pudesse explicar a ação de Polanyi. De maneira similar, seria interessante reconstruir o efeito da mobilização, na Segunda Grande Guerra, sobre o trabalho de Avery e sua equipe – pois, sem dúvida, os próprios problemas práticos decorrentes do desenvolvimento de uma pesquisa acerca da pneumonia, sob as pressões do tempo de guerra, significam que o grupo de Avery tinha tido menos oportunidade de seguir as implicações genéticas da pesquisa que realizava.

E o que dizer de descobertas realizadas "antes de seu tempo"?

Uma descoberta prematura, na concepção de Stent, requer três condições. Primeira, uma descoberta candidata (um argumento, modelo teórico, conceito, espécime etc.) é apresentada a uma comunidade de cientistas. Segunda, a descoberta candidata não pode ser conectada ao conhecimento aceito nesta comunidade. Isto é, o aparato interpretativo necessário para colocar a nova informação em concordância com o conhecimento aceito não está disponível ou não é funcional. Terceira, em alguma data ulterior, um novo aparato interpretativo é desenvolvido e a descoberta candidata ajusta-se ao novo contexto interpretativo.

Claramente, a noção de descoberta prematura só tem sentido depois que o novo aparato interpretativo está disponível. A noção de "prematuridade aqui-e-agora" sugerida por Stent não resiste[19]. Na visão de Stent, uma descoberta é prematura aqui-e-agora se não

19. Stent, 1972a, p. 438; 1972b, p. 87.

houve meio de executar os passos de inferência que hão de ligá-la ao conhecimento canônico. Mas, não se pode decidir se uma descoberta é prematura, erradamente formulada, ou simplesmente irrelevante, sem que se conheça, *a posteriori*, se um aparato interpretativo adequado foi ou não desenvolvido e aplicado com sucesso.

A prematuridade é, portanto, um conceito frustrador: não se pode dizer se ele se aplica a algo, a não ser muito tempo depois da descoberta. De fato, qualquer avaliação de irrelevância pode, em princípio, ser derrubada pelo desenvolvimento de novos modos de pensar – o que significa dizer, pelo surgimento de uma nova especialidade técnica. Assim, qual é o valor da noção de descoberta prematura?

Como David Hull observa, todos nós vimos exemplos em que uma nova descoberta é reconhecida como recriadora do conteúdo (ou algo muito parecido ao conteúdo) de uma descoberta mais antiga, que caiu em desuso[20]. Dizemos que esses estudos mais vetustos surgiram "antes de seu tempo", ou são "prematuros", e temos a sensação de que há alguma coisa a ser explicada. Mas, ao rejeitar o inadequado conceito de prematuridade, não perdemos de vista o caráter "anterior ao seu tempo" de alguns estudos?

Não, de modo algum. Pode-se considerar o fenômeno cognominado de "anterior ao seu tempo" como composto de dois passos separados. O primeiro ocorre quando uma nova descoberta não se vincula ao conhecimento convencional de sua época e se mantém desligada da literatura. O segundo passo acontece quando novos eventos conduzem à "redescoberta" dos resultados desconectados em um contexto modificado que capacita, ou mesmo facilita, sua conexão ao conhecimento convencional do contexto redescoberto.

Os cientistas julgam amiúde ser útil e conveniente reconstruir as histórias de suas disciplinas[21], e recuperar precursores perdidos e descobertas prematuras constitui um bom meio para fazê-lo. Quer dizer, a noção de descoberta prematura é particularmente útil aos pesquisadores na organização de seu trabalho e no seu relacionamento

20. Hull, cap. 22, neste volume.
21. Strauss, 1984; Winsor, 2001.

um com o outro. Esta noção (e seu primo, a descoberta simultânea) ajuda os cientistas a estabelecer suas relações mútuas, distribuir créditos, manter relações com outras linhas de trabalho, ilustrar bom e mau comportamento para os estudantes, explicar o propósito e o valor de seu trabalho para outros, e justificar linhas contestadas de ação como sendo autenticamente científicas. Jan Sapp, por exemplo, sugere que muitos desses propósitos serviram a cientistas para efetuar reconstruções históricas com respeito a Mendel e sua obra[22]. Eis todas as atividades perfeitamente razoáveis e muito comuns que aparecem em todas as linhas de trabalho, intelectual ou de outro tipo – inclusive aquelas que têm por objetivo a crítica da ciência.

A noção de descoberta prematura é um desses conceitos – chamemo-los de conceitos preceptivos, ou simplesmente de preceitos – que ajudam a ordenar e conduzir a administração pública ou financeira da ciência, assim como a expressão "plano sem fricção" auxilia a organizar o trabalho substantivo da mecânica, e a de "consumidor racional" facilita a organização e o trabalho substantivo da economia.

Todo mundo sabe que essas idéias são falsas se tomadas literalmente; esta não é a questão. Ao contrário, elas oferecem um ponto de partida para conceituar, projetar e negociar soluções práticas para problemas que surgem no curso do trabalho. Stent, por exemplo, começa seu artigo no *Scientific American* discutindo "a identificação do DNA feita por Oswald Avery como princípio ativo na transformação bacteriana e, portanto, como material genético"[23]. O estímulo imediato para essa discussão, com respeito ao artigo de Stent como um todo, e no tocante ao conceito de descoberta prematura, foi o desejo de Stent de responder à crítica de que omitira uma referência ao trabalho de transformação bacteriana num relato histórico prévio[24]. Portanto, o conceito de descoberta prematura é um dispositivo para gerir um debate sobre a conduta apropriada da pesquisa. Assim como modelos literalmente falsos podem levar a teorias mais verda-

22. Sapp, 1990a.
23. Stent, 1972b, p. 84.
24. Stent, 1968.

deiras, do mesmo modo, falsas histórias filosóficas ou sociológicas podem levar a pesquisas mais efetivas ou mais pacíficas[25].

Visto que eu posso facilmente imaginar esta última sentença em citação fora de contexto, como apoio a toda sorte de concepções equivocadas, permitam-me expandir a discussão. Assim como o projetista de um pneu de automóvel pode perfeitamente fazer uso de planos desprovidos de fricção na primeira parte do trabalho, de igual maneira, os cientistas podem muito bem empregar noções como a de descoberta prematura para organizar e conduzir suas relações entre eles próprios e com outros. Porém, nem o projeto do pneu, nem a condução da pesquisa terminam com preceitos: eles são apenas auxiliares do trabalho e não os determinantes dele.

Os cientistas não agem de maneira não acadêmica ou irresponsável quando criam e usam conceitos preceptivos, mais do que os engenheiros são irresponsáveis quando empregam noções como "plano isento de fricção". Isto é simplesmente parte da forma como o trabalho vai sendo feito. Tampouco esse processo é único da ciência: conceitos tais como "a interpretação Whig da história", a "narrativa magistral" e o "estado hobbesiano da natureza" operam do mesmo modo nas humanidades e nas ciências sociais.

De forma similar, historiadores, filósofos, sociólogos e outros estudiosos do processo da pesquisa não tentam adivinhar o que o cientista irá descobrir quando examinam a pesquisa; eles têm tarefas diferentes para realizar. Assim como é despropositado julgá-los por padrões de performance de pesquisa dos cientistas (porque não é isso que eles estão fazendo), do mesmo modo, é igualmente despropositado julgar os cientistas pelos padrões de performance de historiadores, filósofos e sociólogos[26].

Os cientistas e os eruditos que os observam (não esqueçamos, tais grupos se sobrepõem) têm necessidade de elaborar um *modus vivendi*. Isso não será fácil, nem sempre há de ser inteiramente confortável. Como os psicólogos clínicos que vacilam diante da

25. Sobre falsos modelos que conduzem a teorias mais verdadeiras, ver Wimsatt, 1987.
26. Essa linha de pensamento foi inspirada pela discussão de Winsor acerca das preocupações dos historiadores com o uso científico da história (Winsor, 2001).

noção de "leigos prudentes" dos advogados, muitos dos estudiosos da ciência irão titubear diante de noções como "descoberta prematura". Inversamente, os cientistas hão de objetar a retratos que não coincidem com seus modos de ver o que aconteceu. Alguns desses desacordos serão resolvidos por uma combinação de todas as coisas costumeiras que os acadêmicos praticam: argumentação paciente, homicídio de personalidade, amontoamento de fatos, intimidação, cuidadosa revisão da lógica, descaracterização malévola dos pontos de vista dos opositores, análises escrupulosas e análises ridículas. Algumas discrepâncias tornar-se-ão simplesmente obsoletas e se desvanecerão. E algumas não serão resolvidas, em absoluto.

Bibliografia

Avery, O.; C. M. MacLeod & M. McCarty. 1944. Studies on the Chemical Nature of the Substance Inducing Transformation in the Pneumococcus; *Journal of Experimental Medicine* 79:137-58.
Becker, H. S. 1982. *Art Worlds*. Berkeley and Los Angeles: University of California Press.
Brannigan, A. 1981. *The Social Basis of Scientific Discoveries*. New York: Cambridge University Press.
Buchdahl, G. 1991. Deductivist versus Inductivist Approaches in the Philosophy of Science as Illustrated by Some Controversies between Whewell and Mill. In: M. Fisch & S. Schaffer (eds.). *William Whewell, a Composite Portrait*. New York: Oxford University Press, p. 311-44.
Butterfield, H. 1931. *The Whig Interpretation of History*. London: Bell.
Dewey, J. 1916. *Essays in Experimental Logic*. Chicago: University of Chicago Press.
______. 1938. *Logic: The Theory of Inquiry*. New York: Henry Holt.
Dubos, R. J. 1976. *The Professor, the Institute & DNA: Oswald T Avery, His Life and Scientific Achievements*. New York: Rockefeller University Press.
Gerson, E. M. 1983. Scientific Work and Social Worlds. *Knowledge* 4:357-77.
______. 1998. The American System of Research: Evolutionary Biology, 1890-1950. Ph.D. diss.; University of Chicago.
Hunt, B. J. 1991. *The Maxwellians*. Ithaca, N.Y: Cornell University Press.
Latour, B. & S. Woolgar. 1979. *Laboratory Life*. Beverly Hills: Sage Publications.
Maxwell, J. C. 1873. *Treatise on Electricity and Magnetism*. Oxford: Clarendon.
McCarty, M. 1985. *The Transforming Principle: Discovering That Genes Are Mode of DNA*. New York: Norton.
Mead, G. H. 1934. *Mind, Self & Society*. Chicago: University of Chicago Press.
Morrison, M. 2000. *Unifying Scientific Theories: Physical Concepts and Mathematical Structures*. New York: Cambridge University Press.
Nickles, T. 1985. Beyond Divorce: Current Status of the Discovery Debate. *Philosophy of Science* 52:177-206.
______. 1997. A Multi-pass Conception of Scientific Inquiry. *Danish Yearbook of Philosophy* 32:11-44.

Nickles, T. (ed.). 1980a. *Scientific Discovery, Logic & Rationality*. Boston: D. Reidel.
______. 1980b. *Scientific Discovery: Case Studies*. Boston: D. Reidel.
Popper, K. R. 1959. *The Logic of Scientific Discovery*. New York: Basic Books.
Reichenbach, H. 1938. *Experience and Prediction*. Chicago: University of Chicago Press.
Rogers, E. M. 1994. *A History of Communication Study: A Biographical Approach*. New York: Free Press.
Sapp, J. 1990a. The Nine Lives of Gregor Mendel. In: H. E. Le Grand (ed.). *Experimental Inquiries*. Dordrecht: Kluwer, p. 137-66.
______. 1990b. *Where the Truth Lies: Franz Moewus and the Origins of Molecular Biology*. New York: Cambridge University Press.
Stent, G. S. 1968. That Was the Molecular Biology That Was. *Science* 160:390-95.
______. 1972a. Prematurity and Uniqueness in Scientific Discovery. *Advances in the Biosciences* 8:433-49.
______. 1972b. Prematurity and Uniqueness in Scientific Discovery. *Scientific American* 227 (dezembro): 84-93.
Strauss, A. L. 1978. A Social Worlds Perspective. *Studies in Symbolic Interaction* 1:119-28.
______. 1982. Social Worlds and Legitimation Processes. *Studies in Symbolic Interaction* 4:171-90.
______. 1984. Social Worlds and Their Segmentation Processes. *Studies in Symbolic Interaction* 5:123-79.
Watson, J. D. & F. H. C. Crick. 1953. Genetical Implications of the Structure of Deoxyribonucleic Acid. *Nature* 171:964-67.
Wimsatt, W. C. 1987. False Models as Means to Truer Theories. In: M. H. Nitecki (ed.). *Neutral Models in Biology*. Chicago: University of Chicago Press, p. 23-55.
Winsor, M. P. 2001. The Practitioner of Science: Everyone Her Own Historian. *Journal of the History of Biology* 34:229-45.

Parte VI

PERSPECTIVAS FILOSÓFICAS

20.

FLECK, KUHN E STENT
Reflexões esparsas sobre
a noção de prematuridade

Ilana Löwy

Apresento aqui algumas reflexões sobre a possibilidade de ligar a prematuridade às idéias desenvolvidas por Thomas Kuhn e Ludwik Fleck (especialmente este último) sobre a estrutura das comunidades científicas e a organização do trabalho científico.

Stent

De acordo com Gunther Stent, "Uma descoberta é prematura se suas implicações não puderem ser conectadas por uma série de simples passos lógicos ao conhecimento canônico contemporâneo [ou geralmente aceito]"[1] . Essa definição inclui vários termos que devem ser esclarecidos.

1. Ver Stent, cap. 2, neste volume.

Descoberta: pode-se supor que Stent utiliza o termo para descrever um processo coletivo do reconhecimento da importância de uma teoria, de um conjunto de observações, ou de um estudo experimental por uma dada comunidade de especialistas, não para indicar a experiência singular do cientista individualmente no banco de reserva ou o processo de esclarecimento das idéias dele ou dela, por escrito ou oralmente.

Conhecimento canônico: este pode ser definido – proponho – como o conhecimento e as práticas aceitas por uma dada comunidade científica.

Simples passos lógicos: pode-se supor que esses sejam passos que correspondem aos modos da comunidade-alvo fazer perguntas relevantes, produzir resultados experimentais e examinar uma nova evidência.

Prematuro: isso pode ser visto como a integração postergada de conhecimento ou evidência com respeito ao conhecimento e às práticas aceitas de uma dada comunidade científica.

O conceito de descoberta prematura está relacionado, mas não é idêntico, à noção do precursor não reconhecido. Uma vez realizada uma importante descoberta há, amiúde, uma lufada de procura por seus precursores[2]. Semelhante busca, explica o filósofo francês e historiador da ciência Georges Canguilhem, é uma prática perigosa para um historiador. Se certos cientistas – os "precursores" – pudessem ser extraídos de seu *background* histórico e realocados à vontade em outro qualquer, isso significaria que a ciência não tem dimensão histórica. Portanto, "antes de juntar dois segmentos de uma estrada, seria bom conselho assegurar-se de

2. A busca de precursores não se limita às ciências. Em seu ensaio "Kafka e Seus Precursores" (1964), Jorge Luis Borges explica que toda obra de arte importante cria sua própria trilha de obras precursoras que, de outra maneira não seriam percebidas como tendo algo em comum, passam a ser associadas por causa de suas afinidades com criações artísticas ulteriores. *A posteriori*, os escritos de Kafka exibiram relações ocultas entre obras de arte previamente não relacionadas que poderiam ser caracterizadas como "kafkianas". Borges não tenta, entretanto, explicar a história, mas o modo como as associações culturais são geradas, mantidas e transformadas.

que se está realmente lidando com a mesma estrada"[3]. Canguilhem recomenda um exame cuidadoso da estrada palmilhada pelo suposto precursor e seus seguidores, a fim de determinar se ela é de fato a mesma. Se não for a mesma – se o trabalho do precursor é demasiado distante desta última descoberta, ele ou ela formularam os problemas e responderam a eles de um modo muito diferente, ou o precursor e os seguidores habitavam universos cognitivos diferentes –, o termo "precursor" não tem sentido. Se a estrada for a mesma (ou, para sermos mais precisos, for suficientemente similar para argumentar que existe uma relação estreita), pode-se distinguir entre dois casos. O precursor putativo pode, de fato, ter feito importante, direta e quase imediata contribuição à última descoberta (por exemplo, alguns cientistas explicam que os resultados de O. T. Avery foram estimulados diretamente pelos estudos sobre os ácidos nucléicos de Erwin Chargaff e, possivelmente também, pelas pesquisas de James Watson e Francis Crick). Neste caso, o precursor é senão um dos pesquisadores envolvidos no processo coletivo da descoberta científica, e o trabalho dele ou dela não se qualifica como prematuro.

O outro caso é o de um verdadeiro precursor: uma pessoa que fez uma observação ou desenvolveu uma teoria que não foi acolhida pela comunidade científica relevante, porém, mais tarde, foi integrada na matriz disciplinar desta comunidade (tanto por meio de um reconhecimento tardio da descoberta original como de uma redescoberta independente). Somente esta última constitui uma descoberta prematura. Trata-se, entretanto, de uma definição antes restritiva. A verdadeira similaridade raras vezes ocorre se as descobertas estão separadas por um largo intervalo de tempo (um historiador mostrar-se-ia relutante em aceitar a existência de precursores da moderna genética no século XVII), e mesmo se os acontecimentos estiverem próximos no tempo, as estruturas conceituais das descobertas prematuras e maduras podem ser de todo diferentes. Argumentei em outra parte que quando Avery e seus colegas propuseram que o DNA

3. Canguilhem, 1974, p. 21;

induzia mudanças hereditárias nos pneumococos, eles acreditavam que o DNA fosse uma substância capaz de modificar a função de enzimas (uma "mutagênese específica"). Só mais tarde a descoberta de Avery foi vista à luz do entendimento da função do DNA como uma molécula a codificar a estrutura de enzimas[4]. A definição da natureza da descoberta (isto é, o significado da sentença "o DNA carrega informação genética") foi uma parte do próprio processo de descoberta. Esse caso pode servir de ilustração para as complexidades envolvidas na classificação de um evento como descoberta prematura.

A replicação de uma descoberta em um contexto temporalmente diferente é provavelmente rara, e muitos entre os candidatos à classificação como prematuras não resistiriam, talvez, a um exame crítico. Isto significaria, entretanto, que a noção de descoberta prematura deveria ser abandonada? Não penso assim: em alguns casos, há bastante evidência circunstancial, ou suficiente "semelhança de família" entre um evento antigo e um posterior, para justificar uma vindicação de que uma descoberta efetuada em uma dada época e lugar foi atrasadamente integrada no corpo da corrente principal da ciência, e para legitimar a assunção de que a investigação desse retardamento pode nos ensinar algo de útil acerca do funcionamento da ciência.

Ernest Hook propõe que uma das razões pelas quais o conceito de Stent da prematuridade não recebeu atenção mais ampla foi por ter sido confundido com a discussão de Kuhn sobre os paradigmas. Uma descoberta prematura era encarada simplesmente como aquela que não se ajustava ao paradigma existente[5]. Vou apresentar a percepção de Kuhn, e depois a de Ludwig Fleck, de ciência, e argumentar que o ponto de vista de Stent acerca da prematuridade talvez se adapte melhor à estrutura conceitual proposta por Fleck, em cujo âmbito ela poderá ganhar um significado mais preciso.

4. Löwy, 1990b.
5. Ver Hook, cap. 1, neste volume.

Kuhn

Há múltiplas maneiras de entender o termo "paradigma" empregado por Kuhn, e este próprio admitiu, no prefácio à segunda edição de *The Structure of Scientific Revolution* (A Estrutura da Revolução Científica), que o seu modo de usar o termo foi por vezes obscuro[6]. Não obstante, em escritos ulteriores, o autor pareceu ter preferência por dois significados relacionados do termo: *exemplar*, que significa um modelo de conduta profissional; e *matriz disciplinar*, que significa a totalidade das idéias e práticas aceitas de uma dada disciplina ou especialidade. Semelhantes usos do termo "paradigma" acentuam a importância de padrões de aprendizado e de estruturas disciplinares fixadas no funcionamento da ciência. Este é um ponto importante. Mostrarei mais tarde que Fleck discutiu a importância do treinamento de jovens cientistas e da aquisição de um modo específico de ver o mundo externo através das lentes de práticas disciplinares. Entretanto, Fleck não sublinhou, como Kuhn o fez, o papel de modelos estáveis no ensino e na socialização dos cientistas. Amostras típicas de problemas matemáticos, de modelos experimentais homogeneizados e de amiúde repetidos "relatos de descoberta" são expedientes importantes no treinamento dos que se iniciam nos caminhos próprios para fazer investigações científicas[7]. Uma das inovações mais relevantes de Kuhn é de haver exposto o conservantismo do empreendimento científico. A ciência é, em geral, definida como uma busca permanente de novo conhecimento. Por conseguinte, historiadores, filósofos e sociólogos da ciência enfocam, via de regra, a inovação na ciência, a mudança e as "grandes descobertas". A oposição entre as (raras) "revoluções científicas" e o (costumeiro) funcionamento da "ciência normal" no estudo de Kuhn traz para o primeiro plano a importância do elemento conservador na ciência. A grande maioria dos cientistas, explica Kuhn, não

6. Kuhn, 1970.
7. Como Simon Schaffer o formulou: "A descoberta é um rótulo retrospectivo atribuído a eventos candidatos por comunidades, uma técnica de marcar práticas técnicas que são apreciadas pela comunidade" (1986).

está empenhada em contestar conhecimento aceito ou falsificar vindicações maiores, porém, ao invés, repete – com variantes relativamente pequenas – o trabalho de seus predecessores. Além disso, os cientistas estão organizados em comunidades distintas e incomensuráveis, cada uma das quais moldada por uma matriz disciplinar diferente, e eles operam exclusivamente dentro da moldura desta matriz. Só de quando em vez ocorre uma grande convulsão: exemplos e modelos velhos tornam-se inválidos, bem estabelecidos padrões de práticas desaparecem e fronteiras entre disciplinas e especialidades são redefinidas. Os cientistas têm então de adaptar-se a uma maneira inteiramente nova de perceber seus objetos de estudo. Tal virada de *gestalt* é com freqüência difícil, e pode ser necessária uma mudança de geração de cientistas para completar a transição do velho para o novo paradigma.

Se aceitarmos a definição de um paradigma como sendo uma matriz disciplinar, existem afinidades óbvias entre a definição de Stent a respeito da descoberta prematura como um evento que não pode ser conectado ao conhecimento canônico, e a vindicação de Kuhn de que os cientistas trabalham no âmbito de uma matriz disciplinar que inclui o conhecimento considerado por eles como provado. A diferença significativa, como a vejo, é que a percepção de Kuhn, no tocante à ciência, é fundamentalmente estática: longos períodos de quase inatividade ou, antes, de diligente aperfeiçoamento e polimento dos paradigmas existentes, interrompidos por curtos e frenéticos períodos de mudança radical. A percepção de Stent, a propósito da descoberta prematura, implica uma visão mais dinâmica da ciência, aquela ligada ao progresso (ou, se se preferir um fraseado mais neutro, vinculado às vindicações de acumulação de conhecimento e ao aperfeiçoado desempenho técnico). As descobertas que não puderem se ajustar aos modos anteriores de fazer ciência poderão, mais tarde, tornar-se parte de sua corrente principal, porque a ciência se modificou nesse ínterim, de muitas maneiras importantes. A mudança não é o resultado de convulsões violentas (e raras): ela é, nos exemplos propostos por Stent, um modo costumeiro da ciência operar. Semelhante percepção é mais afim, a meu ver, à visão de ciência adotada por Ludwig Fleck.

Fleck

Em um artigo de 1929, "On Crisis of 'Reality'" (Sobre as Crises da "Realidade"), Fleck descreve a ciência como "um eterno, sintético mais do que analítico, labor infindável – eterno porque se assemelha a um rio que vai abrindo o seu próprio leito"[8]. Para ele, a ciência não é apenas um corpo de vindicações acerca do mundo natural (a descoberta de leis científicas, a elaboração de teorias científicas), mas também – ou antes, principalmente – um esforço social e cultural. A ciência, explica ele, é um empreendimento conduzido por distintos "coletivos de pensamento" (comunidades profissionais), cada qual com o seu próprio "estilo de pensar" (um conceito aparentado, embora não idêntico, à "matriz disciplinar" de Kuhn)[9].

Três elementos são importantes para entender a noção "estilo de pensar", proposta por Fleck:

1. O papel da socialização dos cientistas no estilo de pensar de seu coletivo de pensamento. Recém-chegados a uma dada especialidade científica, eles adquirem o estilo específico desta especialidade. Esse estilo torna-se, para empregar um termo cunhado pelo sociólogo Pierre Bourdieu, o "hábito" deles – o único modo possível de ver, pensar e atuar, e um modo que se acha tão profundamente internalizado e "naturalizado" que se faz invisível[10].
2. A incomensurabilidade dos estilos de pensar. Observações feitas com diferentes abordagens disciplinares são amiúde incomensuráveis, porque são usados diferentes métodos para medir um dado fenômeno. Diferentes coletivos de pensamento

8. Fleck, 1986. A comparação entre a ciência e um rio foi proposta, primeiro, pelo filósofo polonês da medicina Zygmunt Kramsztyk (1899). Os seus escritos, sugeri em outra parte, foram, com toda probabilidade, uma das fontes das idéias de Fleck. Ver Löwy, 1990a.
9. O termo "estilo de pensar" é enganador, porque pode ser entendido como referência a conceitos e modos de raciocínio apenas, e não torna explícita a preocupação de Fleck com as práticas materiais da ciência.
10. Por exemplo, um bacteriólogo perde o modo "ingênuo" de olhar para uma preparação microscópica; um geneticista encontra dificuldades em pensar acerca da hereditariedade de outro modo a não ser como a replicação de distintas entidades materiais, os genes.

podem, portanto, produzir fatos científicos divergentes e não inteiramente compatíveis[11].

3. A importância da circulação de entidades produzidas por cientistas. Fleck não via a ciência como uma aglomeração de pequenos grupos, hermeticamente selados, cada qual produzindo fatos destinados ao seu uso exclusivo. Exatamente o oposto é verdadeiro: Fleck foi um dos primeiros a argumentar que a ciência é uma atividade coletiva e uma instituição, e a acentuar a importância das interações entre distintas comunidades de cientistas e os seus pares, além de outros grupos sociais. Os fatos científicos, explicava Fleck, raramente se limitam à comunidade que os produzem: "Um conjunto de achados serpeia por entre a comunidade, recebe polimento, é transformado, reforçado ou atenuado, ao mesmo tempo em que influencia outras descobertas, formação de conceitos, opiniões e hábitos de pensamento"[12]. Certas coisas podem ser perdidas e certas coisas podem ser encontradas nessa translação imperfeita, e a circulação de fatos científicos constitui importante fonte de inovação na ciência e na sociedade: "Ela oferece novas possibilidades de descoberta e cria novos fatos"[13].

A ciência é concomitantemente um empreendimento de extraordinária estabilidade (algumas especialidades científicas são construídas com base em centenas, se não milhares, de anos de conhecimento acumulado) e um empreendimento cuja meta é gerar novidade e, portanto, está profundamente compromissada com a mudança. O conceito de estilo de pensar, apresentado por Fleck, permite-nos dar conta da estabilidade na ciência *e* de sua capacidade para a

11. Por exemplo, o gene do geneticista clássico não é exatamente o mesmo que o do biólogo molecular; a histocompatibilidade do cirurgião de transplante não é a mesma que a do imunogeneticista.
12. Fleck, 1976, p. 42. Seu livro desenvolve, em pormenor, um exemplo de semelhante circulação de um fato científico, o teste de Wasserman para o diagnóstico da sífilis. O significado e os empregos desse teste mudaram quando ele circulou entre os sorologistas, clínicos gerais, administradores de saúde e o público leigo. Fleck também mostra a influência mútua da percepção do perito e do leigo com respeito à sorologia da sífilis.
13. Idem, p. 110.

mudança. De acordo com Fleck, o estilo de pensar de uma dada comunidade científica inclui o corpo de conhecimento admitido como um dado em uma determinada área, as questões vistas como legítimas, os modos aceitos de responder a tais questões (os materiais, bem como os métodos, as técnicas, os instrumentos e os sistemas experimentais "corretos") e os critérios para a avaliação do novo conhecimento. Um estilo de pensamento assegura a estabilidade, porque proporciona uma moldura conceitual e material fixa para o cientista, e um projeto para o treinamento de recém-chegados a uma dada área. O cientista promove a mudança por meio de sua habilidade de absorver e transformar fatos científicos originados em outros estilos de pensamento (ou desenvolvidos às margens de um dado estilo disciplinar) e a ser enriquecido e modificado por meio desta transformação.

Uma tipologia de estudos da prematuridade

A descoberta prematura não pode ser explicada por meio de um único mecanismo, por mais importante que ele seja, tal como o malogro da tentativa de ligá-la ao conhecimento canônico, ou de seguir um padrão traçado por exemplares. O termo sugerido por Fleck, "estilo de pensar", apreende (imperfeitamente) o funcionamento, em múltiplas camadas, da ciência como uma empreitada dinâmico-social.

A definição de uma descoberta prematura, como aquela que não pode ser integrada ou transladada ao estilo de pensar da comunidade científica visada, pode permitir uma análise mais refinada das circunstâncias em que a prematuridade pode surgir, e permitir uma tipologia grosseira de descobertas prematuras. O estilo de pensar de uma dada comunidade inclui o conhecimento admitido como dado (provavelmente uma aproximação do "conhecimento canônico" de Stent), bem como as questões tidas como legítimas, os métodos aceitos para responder a tais questões e os meios de avaliar novas evidências.

A incompatibilidade de uma dada descoberta com qualquer um desses quatro elementos torna-o inaceitável pela comunidade científica visada: uma mudança nesse elemento torna ocasionalmente possível a integração de uma descoberta antes descartada. Stent centrou seu artigo em descobertas que, segundo ele, não podiam ser harmonizadas com o conhecimento admitido como oferecido por uma dada comunidade científica. Esboço aqui alguns exemplos de descobertas tardias integradas à corrente principal da ciência porque deixaram de conformar-se aos três outros elementos de um estilo de pensar científico[14].

1. Descobertas que são prematuras, porque nem a questão proposta nem o método empregado para respondê-la são considerados ilegítimos. Um destes exemplos diz respeito à variabilidade bacteriana. No fim do século XIX, quando os bacteriologistas tentavam provar que as bactérias formavam espécies verdadeiras e estáveis, eles introduziram um estilo homogêneo de investigação bacteriológica. Culturas bacterianas por demais abarrotadas, muito velhas (mais do que 24 horas após a inoculação), ou demasiado jovens (menos do que 12 horas), não eram vistas como sérios objetos de estudo, e a observação da variabilidade bacteriana era descartada como sendo um erro metodológico[15]. Entretanto, no começo do século XX, quando a noção de espécie bacteriana não era mais contestada, tornou-se possível atenuar o rígido estilo de pesquisa na bacteriologia e legitimar a curiosidade acerca das possíveis mudanças na morfologia bacteriana, sob diferentes condições fisiológicas. Esse desenvolvimento levou à observação da variabilidade bacteriana. Descrições antigas do fenômeno eram prematuras porque investigavam uma questão "desinteressante", empregando técnicas "incorretas": "as

14. Este é apenas um ensaio tentativo de proporcionar exemplos de vários tipos de descobertas prematuras, e não um sério estudo histórico da adequação da classificação dessas descobertas como prematuras.
15. Amsterdamska, 1987.

espécies eram fixas", nota Fleck, "porque o método fixo e restrito foi aplicado à investigação"[16].

Outro exemplo é o da má formação fetal induzida por drogas. A teratologia, a ciência que estuda as más formações fetais, tornou-se um ramo florescente da zoologia a partir do século XVIII. As investigações nessa área revelaram rapidamente que certa variedade de substâncias químicas ministradas a uma mulher grávida pode induzir à má formação do feto. Entretanto, a teratologia era uma ocupação dos experimentalistas, atarefados com a produção artificial de fetos deformados. Os resultados foram publicados em revistas de zoologia e embriologia, e não chegaram ao público médio geral. Em época tardia como os anos de 1950, os médicos clínicos não tinham, na maioria, consciência do perigo de receitar medicação a mulheres grávidas ou submetê-las a exame de raios X, não porque a evidência do efeito destes tratamentos sobre o feto faltasse (era abundante), mas porque estava segregada em revistas especializadas, e, acima de tudo, porque a questão "quais são os efeitos de substâncias químicas sobre a gravidez humana?" não era vista por muitos ginecologistas e obstetras como uma questão "interessante". Assim, o primeiro artigo acerca dos efeitos teratogênicos da talidomida sobre os fetos (escrito pelo obstetra australiano W. G. MacBride) foi rejeitado pela *Lancet* (em junho de 1961), porque não foi considerado como um trabalho de importância suficiente para ser publicado numa revista médica de envergadura[17].

2. Descobertas que são prematuras porque os métodos técnicos e de pesquisa existentes em um dado tempo não permitem responder às questões perguntadas, para confirmar ou desaprovar uma determinada hipótese, para desenvolver um dado sistema experimental ou para promover uma inovação tecnológica proposta. As invenções prematuras que dependem de tecnologia subdesenvolvida – um fenômeno que Hook cita no capítulo 1 deste volume – cai nesta categoria[18].

16. Fleck, 1976, p. 93.
17. Dally, 1998.
18. Dever-se-ia acrescentar, todavia, que um invento (ao contrário de uma descoberta científica) precisa preencher condições adicionais a fim de vir a ser bem-sucedido: possibilidade de produção em massa, custo-benefício e bem-sucedida comercialização.

Outro exemplo é o da "individualidade biológica". Em 1910, Alexis Carrel propôs, com base em seus estudos de transplantação em animais, que órgãos e tecidos transplantados são rejeitados nos mamíferos porque cada organismo vivo tem uma "individualidade biológica" específica – uma estrutura molecular única que permite o reconhecimento e a rejeição de células e órgãos de um membro diferente da mesma espécie. Por volta da mesma época, Charles Richet propôs a noção correlata de "personalidade biológica" com base em seus estudos de anafilaxia[19]. Richet e Carrel foram ambos laureados com o Nobel. Suas idéias foram amplamente difundidas, porém não foram seguidas, porque na segunda década do século XX os métodos imunológicos e bioquímicos não permitiam a visualização de diferenças mínimas entre células e tecidos. O conceito de "individualidade biológica" foi abandonado e redescoberto posteriormente (em um contexto diferente) nos anos de 1950.

3. Descobertas que são prematuras porque a prova fornecida pelo descobridor não satisfaz os padrões estabelecidos por uma dada comunidade científica. Um exemplo desse tipo de descoberta é o papel do mosquito na transmissão da febre amarela, identificado pelo médico cubano Carlos Finlay em 1881. Finlay ligou o mosquito *Stegomya fasciata* à transmissão da febre amarela com base em cuidadosas observações epidemiológicas que uniam os sítios e a intensidade de epidemias de febre amarela com a presença e a densidade dos mosquitos. Ele apresentou seus achados primeiro na International Sanitary Conference em Washington, D.C., em fevereiro de 1881, e depois em numerosos encontros científicos. Publicou também uma longa série de artigos defendendo suas hipóteses. Entretanto, sua "hipótese do mosquito" foi polidamente ignorada e não conduziu a uma ação sanitária ou à investigação por outros pesquisadores. Somente em 1900 as investigações da Comissão Reed (do exército americano), em Cuba, levaram a uma ampla aceitação da "hipótese do mosquito"[20]. Peritos

19. Carrel, 1910; Richet, 1964.
20. Finlay, 1912; Owen, 1911. Uma razão adicional para o interesse na "hipótese do mosquito", em 1900, foi a crescente evidência, na época, de que outra moléstia tropical, a malária, era transmitida por mosquitos.

em medicina tropical, embaraçados com a desatenção para com respeito à hipótese do mosquito, explicavam que a hipótese de Finlay havia sido ignorada porque ele não fora capaz de provar suas alegações. Por contraste, a Comissão Reed empreendeu cuidadosos experimentos controlados (e, incidentalmente, muito perigosos) com seres humanos, que provaram, além de qualquer dúvida, que a febre amarela é transmitida unicamente pela picada do mosquito *Stegomya* infectado.

É verdade que Finlay não conseguira apresentar uma prova experimental da teoria do mosquito. Cônscio da importância de semelhante prova, ele tentou realizar experimentos com mosquitos e seres humanos, mas seus experimentos eram confusos e os peritos julgaram-nos incompetentes. De outro lado, seus estudos epidemiológicos (os únicos expostos nos primeiros ensaios de Finlay) não foram considerados da mesma maneira. Poder-se-ia imaginar um cenário no qual a hipótese do mosquito fosse tentativamente aceita com base nos dados apenas epidemiológicos, e depois testados por meio da eliminação de mosquitos de uma dada área. Tal cenário, hoje plausível, não era possível, entretanto, no fim do século XIX. Àquela época, uma experimentação bem-sucedida era vista como absolutamente indispensável para provar a existência de um elo entre a causa e a doença. A ausência disto tornou a hipótese de Finlay prematura[21].

A investigação de descobertas prematuras, a partir da perspectiva da compatibilidade com elementos específicos de estilos de pensar de cientistas, pode ajudar a revelar ocasionais "pontos cegos" das práticas disciplinares nas ciências. Semelhante investigação pode também sugerir modos de aumentar a "abertura" de estilos de pensar científico, sem pôr em perigo sua estabilidade. Isso pode ser importante, especialmente quando a questão é prática. O curto atraso na apreciação dos achados de Avery, ou até os atrasos mais demorados na apreciação das descobertas de Mendel, provavelmente não

21. Stepan, 1978; Delaporte, 1989. A descoberta de Finlay foi postergada, mas ele não pode ser caracterizado como um "precursor desconhecido" – Finlay estava em contato direto com os membros da Comissão Reed, explicou-lhes sua teoria e forneceu-lhes ovos do mosquito que eles usaram em seus experimentos.

afetaram seriamente o desenvolvimento do conhecimento biológico. Por contraste, se tivesse ocorrido mais cedo a tomada de consciência sobre o efeito teratogênico das drogas e dos raios X em seres humanos, a verificação poderia ter salvado muitas vidas e eliminado muito sofrimento.

Sobre o "progresso"

Fleck não usa a palavra "progresso" em sua obra, mas vê a ciência como um empreendimento cumulativo em que há um aumento constante na densidade das redes de conceitos e "fatos". A ciência moderna, explica ele, é uma empreitada crescentemente complicada. Há cada vez mais conhecimento que é dado por verdadeiro, mais questões tidas como legítimas e mais sistemas experimentais, técnicas e ferramentas: "Quanto mais desenvolvido e pormenorizado se torna um ramo do conhecimento, tanto menores são as diferenças de opinião... É como se, com o aumento dos pontos de junção, de acordo com a nossa imagem de rede, os espaços livres se reduzissem. É como se mais resistência fosse gerada, e o livre desdobramento de idéias fosse restringido"[22].

A crescente densidade das redes científicas limita a liberdade do cientista individual. A diferença entre um esforço científico e um artístico, explica Fleck, não é de essência, mas só de grau. Tanto a arte quanto a ciência produzem novidades e tornam-se mais diversificadas com o tempo, porém os esforços artísticos são menos restringidos pelos desenvolvimentos passados do que os científicos, e o efeito cumulativo é amiúde mais presente na ciência e menos na arte:

> O artista traduz sua experiência em certos materiais convencionais mediante certos métodos convencionais. Sua liberdade individual é

22. Fleck, 1976, p. 83-84.

de fato limitada; excedendo tais limites, a obra de arte torna-se inexistente. O cientista também traduz sua experiência, mas seus métodos e materiais estão mais próximos de uma tradição científica específica. Os signos (isto é, conceitos, palavras, sentenças) e os modos como ele usa os signos são definidos de maneira mais estrita e estão mais sujeitos à influência do coletivo: eles são de caráter mais social e tradicional do que os utilizados pelo artista. Se chamarmos o número de inter-relações entre os membros de um coletivo de "densidade social", então a diferença entre um coletivo de homens de ciência e um coletivo de homens de arte será simplesmente a diferença de suas densidades: o coletivo de homens de ciência é muito mais denso do que o coletivo de arte[23].

A limitada liberdade do cientista não constitui, entretanto, uma total ausência de liberdade. Kuhn pinta a ciência como um universo estático e fechado, em que comunidades profissionais incomensuráveis, ligadas por uma rígida matriz disciplinar, resistem a toda mudança até que se ergue uma verdadeira revolução. Como foi visto, Fleck descreve a ciência como um universo mais flexível, com fatos circulantes, traduções imperfeitas e interações em multiníveis entre "coletivos de pensamento". Um universo tão dinâmico permite progressos contínuos – ou seja, um aumento constante na densidade das redes científicas –, mas também deixa espaço para a liberdade individual. Esta liberdade é refletida, entre outras coisas, nas hesitações e incertezas experienciadas por um cientista a trabalhar numa bancada de laboratório, com todas as letras, descrita por Fleck:

Primeiro, uma observação de estilo caótico assemelha-se a um caos de sentimentos: estupefação, uma busca de similaridades, tentativa por meio de experimentação, retração bem como esperança e desapontamen-

23. Fleck, 1939, 18:1-15; a tradução inglesa está em Löwy, 1990a. Nos anos de 1930, artistas e cientistas eram designados pelo gênero masculino; Fleck (que não tinha familiaridade com, por exemplo, os objetos *ready-made* de Marcel Duchamp) parece acreditar que a definição de um item como obra de arte depende de um acordo sobre critérios técnicos mínimos. O historiador da arte Michael Baxandall examinou as similaridades e as diferenças entre o esforço tecnológico e o artístico e chegou a uma conclusão análoga à de Fleck (1985).

> to. Sentimento, vontade, intelecto, todas as funções juntas, como uma unidade indivisível. O trabalhador de pesquisa tateia mas tudo retrocede e em parte alguma há um apoio firme. Tudo parece ser um efeito artificial, inspirado por sua própria vontade pessoal. Toda formulação derrete-se no próximo texto... O trabalho dos cientistas pesquisadores significa que, na complexa confusão e caos, ele enfrenta, ele precisa distinguir aquilo que obedece à sua vontade daquilo que se ergue espontaneamente e se opõe a ela. Este é o firme terreno que ele, como representante do coletivo de pensamento, procura continuamente[24].

Sentimentos de incerteza e confusão estão fora do lugar no mundo autocontido de uma "ciência normal" kuhniana. A visão de ciência, nos termos de Kuhn, é a de substituições consecutivas de visões de mundo incomensuráveis. A noção de progresso, se presente, alicerça-se no desenvolvimento de cosmovisões mais adequadas ou mais eficientes por meio de conturbações dramáticas. A visão de ciência para Fleck, como um aumento gradual na densidade do material e nas redes conceituais desenvolvidas pelos cientistas, é mais aparentada com a percepção do progresso de Stent. Sua percepção da liberdade limitada do cientista na bancada do laboratório (limitada, mas ainda assim liberdade) repercute o ponto de vista de Stent sobre o papel das abordagens individualizadas na pesquisa científica. Os artigos originais de Stent são intitulados "Prematuridade *e* Singularidade na Descoberta Científica" (Prematurity and Uniquiness in Scientific Discovery) e, creio eu, que a conjunção "e" é importante[25]. O título sugere que prematuridade e singularidade são aspectos diferentes da mesma realidade: a organização material, social e política do trabalho científico. Semelhante organização estabelece limites à integração de evidência ao esforço coletivo de cientistas e, ao mesmo tempo, abre (restritos) espaços para a dúvida e a criatividade individualizadas, elementos que contribuem para fazer da ciência um empreendimento cumulativo, sempre diversificante.

24. Fleck, 1976, p. 94-95.
25. Stent 1972a, b.

Bibliografia

Amsterdamska, O. 1987. Medical and Biological Constraints: Early Research in Variations of Bacteriology. *Social Studies of Science* 17:657-88.

Baxandall, M. 1985. *Patterns of Intention*. New Haven: Yale University Press.

Borges, J. L. 1964. Kafka and His Precursors. Tradução de R. L. C. Simms. In: *Other Inquisitions*. Austin: University of Texas Press.

Canguilhem, G. 1974. L'objet d'histoire des sciences. In: *Etudes d'histoire et de philosophie des sciences*, p. 11-23. Paris: Vrin.

Carrel, A. 1910. Remote Results of the Transplantation of the Kidneys and Spleen. *Journal of Experimental Medicine* 12:146-50.

Dally, A. 1998. Thalidomide: Was the Tragedy Preventable?. *Lancet* 351:1197-99.

Delaporte, F. 1989. *The History of Yellow Fever*. Cambridge: MIT Press.

Finlay, C. 1912. *Trabajos Selectas*. Havana: Secretaria de Sanidad y Beneficiencia.

Fleck, L. 1939. Rejoinder to the Comment of Tadeusz Bilikiewcz. *Przeglad Wspolczesny* 18:10-15.

______. 1976. *Genesis and Development of a Scientific Fact*. Tradução de E Bradley e T. I. Trenn. Chicago: University of Chicago Press.

______. 1986. On the Crisis of "Reality", Tradução de H. G. Shalit e Y. Elkana. In: R. S. Cohen & T. Schnelle (eds.). *Cognition and Fact: Materials on Ludwak Fleck*. Dordrecht: D. Reidel, p. 47-58.

Kramsztyk, Z. 1899. O znaczeniu wiedzy historycznej. *Krytyka Lekarska* 3, n. 9:253-55.

Kuhn, T. 1970. *The Structure of Scientific Revolutions*. Chicago: University of Chicago Press.

Löwy, I. 1990a. *The Polish School of Philosophy of Medicine from Tytus Chalubinsky (1820-1889) to Ludwik Fleck (1896-1961)*. Dordrecht: Kluwer.

______. 1990b. Variance of Meaning in Discovery Accounts: The Case of Contemporary Biology. *Historical Studies in the Physical and Biological Sciences* 21, n. 1:87-121.

Owen, M. (ed.). 1911. *Yellow Fever: A Compilation of Various Publications*. Washington, D.C.: Government Printing Once.

Richet, C. 1964. Anaphylaxis. In: *Nobel Lectures: Physiology or Medicine*, p. 469-90. Vol. 1. Amsterdam: Elsevier.

Schaffer, S. 1986. Scientific Discoveries and the End of Natural Philosophy. *Social Studies of Science* 16:387-420.

Stent, G. 1972a. Prematurity and Uniqueness in Scientific Discovery. *Advances in the Biosciences* 8:433-49.

______. 1972b. Prematurity and Uniqueness in Scientific Discovery. *Scientific American* 227 (dezembro): 84-93.

Stepan, N. 1978. The Interplay between Socio-Economical Factors and Medical Science: Yellow Fever Research, Cuba & the United States. *Social Studies of Science* 8:397-423.

21.

O CONCEITO DE PREMATURIDADE E A FILOSOFIA DA CIÊNCIA

Martin Jones

Neste estudo pretendo perguntar e responder várias questões sobre o delineamento preciso da noção de Gunther Stent, acerca da prematuridade, tal como ela é aplicada às descobertas científicas. Assim, tendo à mão um entendimento mais específico desta noção, pretendo pontuar algumas das maneiras em que o pensamento na filosofia da ciência lidou com o fenômeno da prematuridade, muito embora o próprio termo não tenha entrado no vocabulário padrão do filósofo deste campo; é o meu propósito também salientar uma subespécie particular de descoberta prematura que não foi até agora muito discutida[1]. Por fim, procurarei enfatizar, ou reenfatizar, o interesse que pode existir em estender a investigação sobre a prematuridade a duas áreas

1. Meu resumo explícito na conferência da qual deriva este volume foi propor a pergunta de como a noção de prematuridade de Stent poderia ser relacionada ou não à história dos debates na filosofia da ciência. Tomei isso como o meu alvo central no presente artigo, que constitui, essencialmente, uma elaboração daqueles comentários.

para as quais os artigos de Stent, eles próprios, não chamaram a atenção[2].

A noção em si mesma

Nem todo mundo interpreta do mesmo modo a tentativa original de Stent para caracterizar a noção de prematuridade; além disso, a diferença entre as várias interpretações é do tipo que pode estorvar a investigação ulterior no tópico em apreço. Como conseqüência, começo tentando definir uma compreensão específica da noção. Fixar-me-ei numa que torna a prematuridade a noção mais útil do que ela seria em algumas leituras alternativas; e mais ainda, ela parece ser mais plausivelmente a noção que Stent tinha em mente.

O seguinte parágrafo, extraído da versão publicada no *Scientific American*, "Prematuridade e Singularidade na Descoberta Científica", é sem dúvida crucial para entendermos a noção de "prematuridade":

> Assim, por que não foi a descoberta de Avery [que o DNA é a substância da hereditariedade] apreciada em sua época? Porque era "prematura". Mas seria esta realmente uma explanação ou seria meramente uma tautologia vazia? Em outras palavras, há um meio de prover um critério sobre a prematuridade de uma descoberta, além de seu malogro em causar pleno impacto? Sim, há um critério: Uma descoberta é prematura se suas implicações não puderem ser conectadas por uma série de simples passos lógicos ao conhecimento canônico, ou geralmente aceito[3].

2. Digo "reenfatizar" porque Ilana Löwy chamou alguma atenção, ao menos para uma das áreas que tenho em mente (ver cap. 20, neste volume), e o cap. 12, de Frederic Holmes, neste livro também contém uma discussão sugestiva sobre um item similar.
3. Stent, 1972b, p. 84; cf. Stent, 1972a, p. 435. Ver também cap. 2, neste volume.

Referir-me-ei ao critério exposto ao fim dessa passagem como a *condição de inconectabilidade* (como hei de salientar mais tarde, dadas as aplicações feitas por Stent deste critério, minha denominação pode ser desencaminhadora, mas o é, ao menos, precisamente do mesmo modo que o enunciado da própria condição). Entretanto, antes de prosseguir levantando várias questões acerca dessa condição, será útil transcrever outra passagem, de um artigo um pouco anterior, de modo que possamos ter clareza sobre o que Stent pretende dizer no trecho acima, quando escreve que a descoberta de O. T. Avery não foi "apreciada em seu tempo":

> Minha razão *prima facie* para dizer que a descoberta de Avery foi prematura é que ela não foi apreciada em seu tempo. Por falta de apreciação não pretendo dizer que a descoberta de Avery passou desapercebida, ou mesmo que não foi considerada importante. O que eu quero dizer é que os geneticistas não pareciam estar em condições de fazer muita coisa com ela ou construir algo a partir dela. Isto é, em sua época, a descoberta de Avery não teve praticamente nenhum efeito sobre o discurso geral da genética[4].

A fim de evitar certas associações que a referência à apreciação poderia suscitar (duas das quais Stent menciona na sua segunda passagem), darei ao fato, ao invés, o nome de *falta de integração*. E quando o ponto se reportar ao fato de que certa descoberta não foi integrada na época, ou por volta da época em que a descoberta foi efetuada, chamarei a isto de *falta de integração imediata*. A palavra "imediata", todavia, não deveria ser tomada de maneira muito estrita, pois, como Frederic Holmes acentua, em algumas situações históricas a taxa típica de integração de uma descoberta, para a qual a comunidade científica relevante foi totalmente receptiva, não teria sido muito grande pelos padrões correntes[5].

4. Stent, 1972b, p. 84.
5. Ver Holmes, cap. 12, neste volume.

Há certo número de indagações que brotam de modo mais ou menos imediato quando ponderamos a condição da inconectabilidade[6]; uma delas é sobre o seu pretendido status e as três outras a respeito de seu conteúdo. Respondendo-as, obteremos uma melhor apreensão da noção de prematuridade.

1. Estará suposto que a condição de inconectabilidade preenche uma condição suficiente para a presença de alguma propriedade distinta da prematuridade, ou estará Stent explicando que aquilo que ele *quis dizer* com o termo "prematuridade" é, no sentido especificado, inconectabilidade?
2. Será que o termo "descoberta" é usado aqui de maneira factual, como certamente o é em alguns contextos? Ou seja, quando dizemos que alguém descobriu certo objeto, ou uma espécie natural no sentido pretendido aqui por Stent, implicará isso que há realmente um objeto ou uma espécie natural assim? E, quando dizemos que alguém descobriu *aquilo* assim e assim, implicará isso que a proposição em apreço é verdadeira?[7]
3. Será que o "conhecimento" está sendo usado de modo factual (no uso comum, como é norma vindicar nos círculos filosóficos)? Ou seja, podemos nós conhecer unicamente coisas verdadeiras, no sentido da palavra "conhecimento" que Stent tem aqui em mente?
4. Casos em que a descoberta pretendida *conflita* com alguma parte do corpo da crença científica contemporânea contam como casos de inconectabilidade?

A última destas perguntas poderia parecer imotivada neste ponto – no fim das contas, o fraseado da condição da inconectabilidade parece certamente eliminar, de pronto, casos de conflito. Entretanto, as aparências enganam.

6. Talvez isso seja especialmente verdade se o ponderador for um filósofo de formação.
7. Há outros casos ainda: por exemplo, poder-se-ia dizer que alguém tenha descoberto certo processo ou fenômeno (como o da especiação ou da deriva continental), caso em que a questão é se isso implica que o processo ou o fenômeno realmente ocorrem. E assim por diante.

1. Se a inconectabilidade tivesse como intenção ser meramente uma condição suficiente para a presença de uma propriedade distinta da prematuridade, caberia então perguntar o que é prematuridade. E escrutinar várias respostas plausíveis à questão lança considerável dúvida sobre tal leitura.

Para começar, a primeira passagem citada torna claro que a prematuridade deve, supõe-se, explicar a falta de integração imediata em ao menos alguns casos; a segunda, torna evidente que a falta de integração imediata pode constituir uma razão (e presumivelmente não trivial) para julgar a descoberta prematura, ao menos *prima facie*. Assim, é óbvio que a prematuridade não é a mesma coisa que a falta de integração imediata[8].

A seguir, as conotações comuns do termo "prematuridade" poderiam sugerir que a prematuridade é uma questão de falta de integração imediata combinada com uma integração num ponto ulterior; mas isso, de novo, nos deixaria com uma noção de prematuridade mal ajustada para explicar a falta imediata de integração. De fato, estaríamos assim explicando em círculo, e duplamente, isto é, explicando, por assim dizer, o passado por referência ao futuro ou ambos. E o que é mais importante, a inconectabilidade não seria claramente uma condição suficiente para a prematuridade neste sentido. Ou seja, há escassa razão para supor que toda descoberta pretendida, que não é conectável ao conhecimento científico correntemente aceito na época de sua realização, siga adiante (ou ocorra eventualmente) para ser integrada em algum ponto da pesquisa em andamento, e há alguma razão para supor o contrário; e, sem dúvida, parece ao menos possível que o mesmo possa ser dito de descobertas efetivas[9].

8. Com efeito, a sugestão, na sentença de abertura da segunda passagem, de que a falta de integração imediata pode ser *meramente* uma razão *prima facie* para pensar que uma descoberta é prematura torna isso especialmente manifesto.

9. Talvez também valha a pena notar que a inconectabilidade, presumivelmente, não é tampouco uma condição necessária na falta de uma integração imediata. Isto é, há razões outras, além da inconectabilidade, pelas quais as descobertas não são acompanhadas em alguns casos – não sendo publicadas no devido lugar, ou feitas pelas pessoas devidas, por falta de dinheiro, por falta da requerida perícia técnica, e assim por diante. Ver a seção "Desenvolvimento Ulterior" abaixo para alguns pontos relacionados.

Finalmente, poderíamos pensar que dizer que uma descoberta foi prematura equivale a afirmar que a comunidade científica não lhe foi receptiva por ocasião de sua ocorrência (ou não teria sido se lhe fosse dado estar face a face com a descoberta). Isso não é a mesma coisa que asseverar que a descoberta não foi imediatamente integrada, pois a falta de integração imediata poderia simplesmente ser devida a uma pobre divulgação, por exemplo. Nesta leitura, então, a prematuridade é uma questão de não receptividade por parte da comunidade, e a inconectabilidade está sendo oferecida como uma condição suficiente para a presença de uma não receptividade desse tipo (e, assim, para a prematuridade). A não receptividade, por seu turno, deve, portanto – supõe-se –, explicar alguns casos de falta de integração imediata.

Essa leitura se saiu um pouco melhor do que as outras até agora consideradas, mas continua sendo ainda canhestra. A noção de receptividade (e assim a noção de prematuridade) é, tal como as coisas se apresentam, um tanto vaga; e Stent não nos fala acerca de quaisquer outras fontes possíveis de não receptividade afora a inconectabalidade[10]. Por conseguinte, oferecer a prematuridade como a explicação para uma falta de integração imediata em vários casos, embora não seja inteiramente trivial nessa leitura, ainda assim parece bastante insatisfatória: a explanação seria de que os cientistas em questão não foram receptivos à descoberta em pauta. Stent poderia então seguir adiante para explicar essa não receptividade, mostrando que a descoberta era inconectável ao conhecimento científico contemporâneo; mas, seguramente, o grosso da obra explanatória seria feito aqui pela fala da inconectabilidade, deixando a própria noção de prematuridade como alguma coisa intermediária e ineficaz. E, no entanto, na primeira passagem acima citada fica claro que a própria prematuridade deve explicar, supõe-se, a falta de integração imediata da descoberta de Avery[11].

10. Não que não se pudesse pensar prontamente em alguns.
11. Sem dúvida, a prematuridade como falta de receptividade da comunidade relevante *mais* integração posterior constituem uma leitura atormentada por uma combinação dos problemas mencionados para as preleções discutidas até agora.

Considerando tudo isso, parece-me que a resposta à primeira de minhas questões deveria ser que a prematuridade, no sentido pretendido por Stent, é o da inconectabilidade; isto é, ao estabelecer a condição de inconectabilidade, Stent está nos comunicando o que ele quer dizer por "prematuridade". Por certo, tudo isso se torna mais importante na medida em que o nosso entendimento fica esclarecido no tocante à condição de inconectabilidade e, destarte, quando nos voltamos para as outras questões acima arroladas, cada uma das quais concerne a algum conceito importante envolvido na formulação da condição.

2. Parece-me claro que Stent aplica o termo "descoberta" de maneira não factual; para estabelecer isso, entretanto, deveríamos primeiro passar a um outro assunto.

Stent descreve um de seus casos, o da pesquisa referente à idéia de memória macromolecular, como um "exemplo de prematuridade aqui-e-agora"; e, na mesma página, ele se refere ao "conceito de prematuridade aqui-e-agora"[12]. Isso levou alguns dos debatedores a interpretar Stent como se ele tivesse introduzido uma distinção entre duas espécies diferentes de prematuridade, "retrospectiva" e "aqui-e-agora". Todavia, poder-se-ia também ler o artigo como um texto que apresenta uma única noção de prematuridade, mas distingue entre dois modos diversos em que julgamentos sobre a prematuridade possam ser efetuados: retrospectivamente e imediatamente. O texto de Stent talvez seja ambíguo em relação a essas duas leituras, porém ele introduz a distinção (qualquer que seja ela) com as seguintes palavras: "Será que o conceito de prematuridade pertence apenas a juízos retrospectivos efetuados com a sabedoria da percepção tardia? Não, eu penso que *ele* pode ser utilizado também para julgar o presente"[13]. Depois, Stent passa a apoiar essa vindicação argumentando que a condição de inconectabilidade é satisfeita no caso da memória macromolecular[14].

12. Stent, 1972b, p. 87; cf. Stent, 1972a, p. 438-439.
13. Ibidem., grifo acrescentado.
14. Ver as citações provenientes da discussão sobre a memória macromolecular incluída na discussão da questão 4, abaixo.

Considerando esse fato, e tendo em vista a maior nitidez que implica pensar a prematuridade como um conceito único aplicável a duas posições vantajosas, optarei por esta última leitura[15].

A vindicação de que a "descoberta" não está sendo usada de maneira factual na afirmação da condição de inconectabilidade segue-se agora de maneira direta; pois a idéia de memória macromolecular – escreve Stent – "*seja verdadeira ou falsa*, é claramente prematura"[16]. (Ele também diz que "os resultados reivindicados [os experimentos relevantes] podem não ser verdadeiros de modo algum".)[17] De forma análoga, o outro exemplo de Stent relativo a um caso, que podemos julgar ser de prematuridade aqui-e-agora, é o da pretendida existência de PES (percepção extra-sensorial), e a discussão que Stent faz desse caso não nos dá a impressão de que ele esteja pronto a comprometer-se com a idéia de que há uma coisa assim[18].

Por certo, esse modo de leitura da condição de inconectabilidade é compatível com o interesse especial para com aqueles casos de falta de integração imediata que envolvem uma genuína descoberta. De outro lado, está longe de ser claro que, como historiador, filósofo ou sociólogo da ciência, dever-se-ia, de algum modo, estar menos interessado em casos que, à nossa luz atual, não envolvam descobertas autênticas, pois isso constitui, com certeza, whiguismo. Não menos whiguista é, talvez, a idéia de explicar as reações de uma comunidade científica a uma descoberta, em parte mediante o apelo ao fato de que ela era (ou não era) uma descoberta genuína[19]. Vale notar, assim, que ler a condição de inconectabilidade, como envolvendo uma noção não factual de descoberta, possui

15. Isso também serve para demonstrar que a prematuridade não pode consistir em parte da integração retardada, assim como Stent claramente não pretende predizer que tanto a idéia de memória macromolecular quanto a de PES hão de ser, um dia, integradas na pesquisa científica.
16. Stent, 1972b, p. 87; grifo acrescentado. Cf. Stent, 1972a, p. 438.
17. Stent, 1972b, p. 87.
18. Deve tornar-se agora claro porque apontei primeiro a distinção entre prematuridade aqui-e-agora e prematuridade retrospectiva. Se fôssemos ler Stent (a meu ver, de modo implausível) como alguém que distingue aí duas *espécies* de prematuridade, poder-se-ia então ficar preocupado com o fato de que a evidência textual que acabo de pressagiar mostra apenas que as descobertas prematuras aqui-e-agora podem não ser descobertas genuínas.
19. Isto, por certo, é no mínimo parte do ponto relativo ao "princípio de simetria" defendido pelos proponentes de um programa forte na sociologia da ciência. A insistência para que

a vantagem de que acabamos com um conceito de prematuridade o qual, em um aspecto ao menos, nos permite aplicar sem fiar-se na sabedoria putativa da percepção tardia, e sem nos expor a uma acusação de whiguismo[20].

3. Uma acusação de whiguismo pode também surgir com o emprego do termo "conhecimento". É evidente, todavia, que esta palavra também deve ser lida de maneira não factual, pela simples razão de que dois dos casos de alegada prematuridade discutidos por Stent envolvem descobertas, que ele claramente considera genuínas, mas que também encara como tendo estado *em conflito* com o "conhecimento canônico" da época. Primeiro, no concernente à falta de integração imediata da descoberta de Avery, Stent pretende que "a então corrente concepção da natureza molecular do DNA... torna quase inconcebível que o DNA pudesse ser o portador de informação hereditária"[21]. E a teoria da adsorção dos gases pelos sólidos, de Michael Polanyi, de 1914-1916, é descrita como partindo de uma "assunção básica", que era "irreconciliável" com o modo de pensar contemporâneo acerca do "papel das forças elétricas na arquitetura da matéria"[22]. Por Stent considerar tais descobertas como genuínas, ao menos algo do conhecimento com que elas se achavam em conflito não pode ter sido conhecimento no sentido factual[23].

4. Responder à terceira questão é responder também, em essência, à quarta. Fica inteiramente claro que Stent pensa em incluir, na classe das descobertas prematuras, casos em que uma descoberta putativa conflita com a crença da ciência canônica contemporânea. Não apenas dois dos três casos históricos que ele discute com algu-

atendamos em igual medida as histórias de vida de descobertas genuínas e espúrias segue-se desse "princípio de imparcialidade" do referido programa. Ver Bloor, 1991, p. 7.

20. No interesse da brevidade, e a despeito do que, a meu ver, é um afastamento do uso comum, acompanharei Stent a esse respeito; quando emprego o termo "descoberta" sem qualificação dever-se-á lê-lo como não factual.

21. Stent, 1972b, p. 85.

22. Idem, p. 87.

23. Ora, para colocar isso de maneira menos neutra, não se trata realmente de conhecimento em geral.

ma extensão são casos em que um conflito estava presente, do ponto de vista de Stent, como acabamos de ver (sendo o terceiro caso o da "descoberta dos genes" de Gregor Mendel)[24], mas também o são ambos os casos de prematuridade aqui-e-agora. No tocante à teoria macromolecular da memória, Stent escreve:

> A falta de interesse dos neurofisiologistas na teoria macromolecular da memória pode ser esclarecida pelo reconhecimento de que a teoria, verdadeira ou falsa, é claramente prematura. Não há cadeia de inferências racionais, pela qual nossa atual concepção, apesar de altamente imperfeita, da organização funcional do cérebro *possa ser conciliada* com a possibilidade de ela adquirir, armazenar e recobrar informações nervosas, codificando tais informações em moléculas de ácido nucléico ou de proteína[25].

A idéia de uma percepção extra-sensorial (PES) é descrita, de modo similar, como sendo "totalmente irreconciliável com as mais elementares leis físicas", e como sendo uma idéia que "não pode ser conciliada com aquilo que sabemos agora"[26].

Outra razão para levar a classe de descobertas prematuras a incluir descobertas que conflitam com a crença científica contemporânea é que, a menos que o façamos, não podemos atinar com o sentido da conclusão de Stent nos dois parágrafos finais de sua discussão sobre a prematuridade. Neles, ele leva o fenômeno da prematuridade a valer como evidência contra uma "concepção da operação da ciência [que é] comumente sustentada", de acordo com a qual "o bom cientista é visto como um homem sem preconceitos, com uma mente aberta que está pronta a abraçar qualquer

24. Stent, 1972b, p. 87.
25. Ibidem, grifo acrescentado.
26. Ibidem; 1972a, p. 438. Essas duas citações são colhidas na descrição que Stent efetuou sobre os modos de ver de dois "futuros mandarins da biologia molecular, Salvador Luria... e R. E. Roberts", respectivamente. Estas concepções conflitam uma com a outra em outros aspectos; mas Stent prossegue e diz que, segundo lhe parece, "ambos, Luria e Roberts, estavam certos" (1972b, p. 87) e Stent, em parte alguma, pede licença para diferir de qualquer um deles sobre a questão de saber se a postulação da PES está em conflito com a teoria correntemente aceita.

nova idéia amparada pelos fatos"[27]. Ao invés, a prematuridade fala em favor de um modo de conceber a ciência, descrito numa passagem que Stent cita a partir de Polanyi, segundo a qual "deve haver em todos os tempos uma visão científica aceita de maneira predominante, sobre a natureza das coisas, a cuja luz a pesquisa é conduzida conjuntamente pelos membros da comunidade de cientistas. Deve, pois, preponderar uma forte pressuposição de que qualquer evidência que contradiga esta concepção não é válida"[28]. Sem dúvida, o fenômeno da prematuridade pode proporcionar suporte para semelhante ponto de vista somente se ao menos algumas descobertas prematuras valerem como algo que contradiga a crença científica canônica.

A prematuridade pode, portanto, envolver conflito. Assim, conforme sustentei, a prematuridade deveria ser entendida apenas como inconectabilidade (no mesmo sentido especificado na "condição de inconectabilidade"), e isto há de significar que o mencionado conflito pode valer como inconectabilidade. E, aparentemente, pode. Depois de pretender, como acabamos de ver, que "não existe cadeias de inferências racionais pelas quais a nossa atual... concepção do... cérebro pode ser conciliada com [a hipótese da memória macromolecular]", Stent prossegue na sentença seguinte e vai descrever isto como um caso de inconectabilidade:

> Conseqüentemente, para a comunidade de neurofisiologistas, não há motivo para dedicar tempo a fim de checar experimentos cujos resultados, mesmo se fossem verdadeiros, como é alegado, *poderiam não estar ligados* ao conhecimento canônico[29].

Considerando tudo isso, parece razoável queixar-se de que a condição de inconectabilidade se expressa de maneira desencaminhadora, pois uma descoberta putativa que conflita com um dado corpo da crença científica, e é vista como conflitante com ele, se-

27. Stent, 1972b, p. 88; 1972a, p. 440.
28. Stent, 1972b, p. 88.
29. Idem, p. 87.

guramente foi "conectada" ao corpo relevante da crença científica contemporânea por uma "série de... passos lógicos"[30], conquanto no que poderia parecer um caminho lamentável, sob alguns ângulos. E, de fato, o rótulo que eu tenho empregado para referir esta condição (isto é, a condição de inconectabilidade) chega assim a parecer enganoso, exatamente do mesmo modo. Eu vou, não obstante, ficar com o rótulo, tanto por causa da simplicidade, como também com o fito de continuar a refletir sobre a própria formulação de Stent acerca da condição[31].

Casos de conflito, portanto, contam como casos de inconectabilidade – mas não apenas os de conflito. Tomo como certo que Stent também tenciona incluir casos daquilo que poderíamos denominar de "genuína inconectabilidade", na qual uma suposta descoberta deixa, simplesmente, de efetuar contato lógico de qualquer tipo substantivo com o corpo contemporâneo de crença científica, sem tampouco chocar-se com ela, ou sustentá-la, sendo incapaz de ajustar-se naturalmente a ela de qualquer modo – casos, seria possível afirmar, em que os dentes das engrenagens simplesmente giram livres uns dos outros. Stent parece encarar a descoberta do gene por Mendel como um desses casos em que há falha de entrosamento, mais do que conflito franco[32]. Ele atribui a falta de integração ime-

30. Omiti aqui a palavra "simples", em parte porque não tenho certeza da razão pela qual a simplicidade dos passos lógicos envolvidos deve importar.

31. O interessante é que na versão do artigo que Stent publicou no *Advances in the Biosciences* (1972a), imediatamente depois de apresentar primeiro a condição de inconectabilidade como um "critério" de prematuridade, ele acrescenta, "esse critério não deve ser confundido com o de uma descoberta *inesperada* que *pode* ser conectada com as idéias canônicas de seu tempo, mas poderia derrubar uma ou mais delas", e depois prossegue e ilustra essa noção com referência ao "recente achado de uma 'transcriptase reversa'" (p. 435, grifo no original). Isto pareceria implicar que Stent deseja eliminar casos que envolvam conflitos da categoria de descobertas prematuras, porém, como vimos, na medida em que assim procede, isso vai frontalmente contra ambas as suas escolhas de exemplos e a apresentação destes. Um modo de resolver esta tensão seria incorporar na noção de descoberta prematura a idéia de que tal descoberta não leva *efetivamente* a uma revisão imediata no corpo da doutrina científica aceita quando há conflito, ao passo que uma descoberta inesperada pode fazê-lo. Mas isto equivaleria a incorporar a falta de integração imediata na definição de prematuridade, ao menos nos casos de conflito, e, como já foi visto, o fato implicaria a noção de ter condições para executar seu pretendido trabalho explanatório.

32. Dado o fato de eu estar discutindo as concepções de Stent, persistirei em descrever o que Mendel fez ao descobrir o gene, muito embora semelhante descrição me pareça questionável

diata da descoberta de Mendel em parte ao fato de que "o conceito de unidades discretas de hereditariedade não poderia ser conectado ao conhecimento canônico de anatomia e fisiologia nos meados do século XIX". Ao passo que, por volta do fim do século XIX, quando tem início a integração da descoberta de Mendel, "Cromossomos e processos de mitoses e meioses de divisão do cromossomo haviam sido descobertos e os resultados de Mendel poderiam ser agora explicados em termos de estruturas visíveis ao microscópio". Outro fator para o retardo, pretende Stent, foi que "a metodologia estatística, por meio da qual Mendel interpretou os resultados de seus experimentos de cultivo de ervilhas, era inteiramente estranha ao modo de pensar dos biólogos seus contemporâneos". Ao término do século, entretanto, "a aplicação da estatística à biologia tornara-se um lugar-comum"[33].

Esteja eu interpretando corretamente, ou não, as opiniões de Stent sobre o caso de Mendel, as passagens há pouco citadas sugerem alguns caminhos em que poderia surgir aquilo que estou chamando de genuína inconectabilidade: primeiro, embora não conflitante com o saber recebido, tampouco pode ser explicada por ele; segundo, porque a descoberta é formulada em termos que são estranhos ao vocabulário conceitual da comunidade relevante; ou, terceiro, porque ela pode ser entendida ou tornada plausível unicamente se compreendermos que certos métodos estão fora do repertório metodológico da comunidade[34]. Sem dúvida, se uma descoberta possui uma dessas feições, a falha da comunidade científica em integrá-la no trabalho em curso, ou de "construir com base nela", virá sem nenhuma surpresa.

em certos aspectos. (Ver Holmes, cap. 12, e Löwy, cap. 20, no presente volume, para algumas considerações céticas a propósito da individuação e da locação temporal das descobertas.)

33. Stent, 1972b, p. 86; ver também, 1972a, p. 437.

34. Uma conexão interessante apresenta-se aqui entre a idéia de que a inconectabilidade genuína poderia surgir no último modo e uma sugestão de Ian Hacking: "Se uma proposição está ou não pronta para captações, como candidata a ser verdadeira ou falsa, depende de termos ou não modos de raciocinar a seu respeito. O estilo de pensar que condiz com a sentença ajuda a fixar o seu sentido e determina o modo em que ela tem uma direção positiva apontando para a verdade ou para a falsidade" (1982, p. 48).

Uma razão para considerar que a noção de prematuridade inclui casos de genuína inconectabilidade é que a formulação da condição de inconectabilidade sugere fortemente que assim se proceda. Incluir a genuína inconectibilidade acorda também, perfeitamente, com o pensamento segundo o qual a prematuridade poderia explicar alguns casos de falta de integração imediata, pois a genuína inconectabilidade é não menos um obstáculo à integração do que o é o conflito com a teoria estabelecida. Mais ainda, a prematuridade chega a parecer uma noção mais interessante se abranger a genuína inconectabilidade, em particular quando se considera a questão de saber se os filósofos da ciência tomaram na devida conta a prematuridade e as questões que ela levanta; e é para esse problema que volto agora. Ao fechar esta seção, entretanto, permitam-me reformular a condição de inconectabilidade, entendida agora como provedora do conteúdo da noção de prematuridade, de tal forma que incorpore as vindicações em favor das quais acabo de argumentar com respeito ao melhor modo de compreendê-la:

> Dizer que uma descoberta (genuína ou meramente putativa) é prematura significa afirmar que ela não pode ser conectada ao corpo de crenças científicas contemporâneas geralmente aceitas, de tal maneira que suporte positivamente ou continue a elaborar essas crenças.

A prematuridade e a filosofia da ciência

Citações do artigo de Stent não são comuns na literatura da filosofia da ciência e, sem dúvida, a palavra “prematuridade” não é parte do vocabulário técnico padrão do filósofo da ciência bem formado. Constitui uma questão isolada, contudo, saber se os filósofos da ciência pensaram no fenômeno da prematuridade e de suas implicações sob outro nome. E a resposta a essa questão é, em parte, um ressonante "sim" (ou ao menos um ressonante "de certo modo") e, em parte, um "não muito". As duas respostas correspondem às duas espécies de prematuridade que já distinguimos: a prematuridade que envolve conflito e a prematuridade que não envolve, respectivamente.

Prematuridade com conflito

Será útil começar minha elaboração da primeira dessas respostas, concernente à prematuridade com conflito, ensaiando concisamente um grupo de questões padrão na filosofia da ciência. A relevância de tais itens, para discussão da prematuridade de Stent, pode parecer bastante clara desde o início, mas apenas um pequeno cuidado faz-se necessário para operar a conexão dos dois, de modo que farei isso de uma forma explícita.

As questões-padrão que tenho em mente surgem quando pensamos acerca de situações em que cientistas se defrontam com dados recalcitrantes, com alegadas porções de evidência que conflitam com o corpo da crença científica correntemente aceita por aqueles cientistas. O fato é que, em muitos casos, o resultado não é que crenças preexistentes são inspecionadas e revistas, mas que os dados estorvantes se perdem. E isto pode, por certo, acontecer de inúmeras maneiras. Os dados em questão poderiam ser cuidadosamente examinados e depois rejeitados, e as razões para a decisão poderiam ser expostas; elas poderiam ser descartadas de maneira mais peremptória ("Isto não pode estar certo"); ou poderiam ser simplesmente ignoradas. Há também a possibilidade de que o júri esteja por fora dos dados, o choque com o saber recebido é visto como um quebra-cabeça não resolvido e o problema é posto de lado para ser tratado em outro dia. Num caso assim, é claro, os dados inquietantes não estão exatamente perdidos, mas tampouco provocam qualquer mudança nas crenças da comunidade científica.

Tais respostas ao conflito entre dados e teoria têm entrado para discussões exaustivas na filosofia da ciência, sobretudo nos últimos trinta ou quarenta anos[35]. De fato, somente a forma mais ingênua do falsificacionismo popperiano, de acordo com o qual a hipótese é para ser posta de lado à primeira vista do conflito com os dados, deixa de levar em conta esse fenômeno da prática científica[36]. O próprio Karl Popper estava bem ciente da resiliência da teoria reinante quando se viu confrontado com a aparente contra-evidência, ainda que estivesse propenso a expressar algum arrependimento a esse respeito[37]. E Thomas Kuhn e Imre Lakatos puseram esse traço da prática científica firmemente em evidência. Segundo Kuhn, "anomalias" da teoria corrente abundam na maior parte do tempo, e apenas certas espécies de anomalias são capazes de provocar uma crise[38]. Em veia similar e com um famoso giro de frase, Lakatos insistiu que "na história real, novas teorias nascem refutadas"[39].

O fato de que nem sempre os dados ganham da teoria, quando os dois se acham em desacordo, é também acentuado em um tratado bem anterior, pois Pierre Duhem fez uma famosa descrição de, ao menos, uma espécie de rejeição da suposta evidência observacional em *A Meta e a Estrutura da Teoria Física*[40]. Ele estava especialmente interessado em chamar a atenção para a ubíqua necessidade de efetuar assunções substantivas acerca de dispositivos de mensuração, de condições experimentais e similares, quando se tratava de chegar a conclusões sobre os fenômenos com base em experimentos.

35. Eu emprego aqui o termo "teoria" por razões de brevidade. Com isso pretendo referir-me ao corpo de crenças científicas aceitas à época em questão, e tal corpo de crenças inclui tipicamente mais do que seria apenas normal denominar de "teorias": ele pode incluir crenças acerca dos valores de certas constantes, crenças concernentes a outros dados que foram previamente coletados e considerados como bons, e assim por diante. (Estou também usando o conveniente termo "crença" para reportar-me às vindicações que cientistas aceitam em um dado tempo – empiristas construtivos deveriam sentir-se livres para substitui-la por um termo diferente.)
36. E mesmo isso só é assim se o falsificacionismo ingênuo for entendido como uma tentativa de descrever os trabalhos reais da ciência, mais do que como um conjunto de prescrições para fazer ciência devidamente.
37. Por exemplo, Popper, 1970, p. 52-53 e 55.
38. Kuhn, 1970, p. 65, 81-82, e *passim*.
39. Lakatos, 1970, p. 120, n. 2; ver também, e.g., p. 134-135, 176-177, e 182.
40. Duhem, 1954, cap. 6.

Portanto, diante de um choque entre teoria e experimento, dispomos sempre da opção de lançar os dados para o campo da dúvida, ao menos até onde estão em jogo as coerções impostas apenas pela lógica dedutiva. Além disso, Duhem teve dificuldades em indicar que, em muitos casos, na história da ciência, esta era uma estrada perfeitamente racional a trilhar.

Tudo isso é um território muito familiar a quem quer que se dedique a uma disciplina de estudos de ciência. Na verdade, dependendo do modo de configurar as questões na filosofia da ciência, as implicações da assim chamada tese de Duhem-Quine são o ponto de partida para certo número de debates bastante desgastados: em relação à sobrecarga teórica da observação, à subdeterminação da teoria pelos dados, ao papel das considerações pragmáticas na escolha da teoria, à significação do fato de a ciência ser um empreendimento social e ao papel dos valores na ciência[41]. Em cada caso, um dos pontos a estimular a discussão é a observação de que, quando os dados parecem conflitar com as crenças que nós já levamos a bordo, o resultado é, com muita freqüência, que os dados são rejeitados (embora obviamente nem sempre).

Como exatamente isso se liga ao fenômeno da prematuridade? Seria uma distorção do quadro filosófico padrão classificar as descobertas prematuras como *dados*, pois, a despeito das bem co-

41. Aqui se encontra um dos modos de tirar as conexões com um pouco mais de pormenor. Primeiro, o fato de que as assim chamadas suposições auxiliares, relativas a condições experimentais e os funcionamentos de dispositivos de medida estão empenhados em produzir os dados, leva-nos a reconhecer, no mínimo, um sentido em que a observação pode estar vazia de teoria. A seguir, percebemos que é provável, às vezes (talvez tipicamente, ou sempre), fazer mais do que uma teoria compatível com os dados (ou fazer mais do que uma teoria prediz ou os explica), mudando nossas decisões sobre quais dentre as assunções auxiliares são necessárias abraçar e quais rejeitar. Isso pode levar à conclusão de que a escolha da teoria é, às vezes (ou tipicamente, ou sempre), subdeterminada pelos dados. Visto *que* hão de surgir questões para saber se a decisão de adotar uma teoria mais do que outra, na realidade, é tomada com base pragmática (com simplicidade, elegância e, de acordo com alguns, com poder explanatório), e se a idéia de que as escolhas de teorias são feitas dessa maneira compromete o realismo científico. De forma similar, cabe perguntar se várias forças sociais poderiam estar em ação, influenciando ou até determinando os produtos de tais escolhas e, se assim for, se isso é uma boa ou má coisa, se esta é inimiga da racionalidade ou da objetividade das ciências, e assim por diante. E podemos propor questões similares (na medida em que são questões separadas) acerca da influência de valores de várias espécies sobre o processo de escolha de teoria.

nhecidas dificuldades envolvidas no delineamento de uma distinção geral entre relatório de dados e vindicações teóricas, as descobertas do tipo que Stent discute – que o DNA é uma substância hereditária, que existe PES, ou que as memórias dos ratos estão armazenadas em macromoléculas, por exemplo – claramente não contam com dados à luz do uso filosófico comum[42]. Conseqüentemente, não podemos aplicar as idéias envolvidas nas discussões filosóficas correntes aos fenômenos da prematuridade, simplesmente substituindo o termo "descoberta" pelo termo "dado", em toda parte.

O problema é que o referencial filosófico usual repousa sobre um quadro com dois componentes, de dados *versus* teoria. O modo de resolver o problema é ver, no fenômeno da prematuridade com conflito, o envolvimento de três componentes: a teoria corrente, a descoberta conflitante com ela e os dados apresentados em apoio à vindicação de que a descoberta em apreço foi realizada[43]. É então uma questão relativamente fácil considerar essencialmente os mesmos pontos e levantar de novo essencialmente os mesmos itens como sendo aqueles que surgem nas discussões filosóficas padrão, de um ponto de partida ligeiramente diferente. Começamos com o fato que Stent desejava enfatizar: ou seja, que pelo menos em alguns casos, nos quais a descoberta está em conflito com a teoria corrente, é a descoberta que se perde. Ao menos em princípio, isto poderia ocorrer em certo número de modos: a descoberta poderia ser completamente ignorada; ela poderia receber exatamente a atenção necessária para ser rejeitada de forma peremptória; ela poderia ser cuidadosamente estudada e rejeitada por razões que são apresentadas explicitamente; ou o problema de seu conflito com a teoria corrente poderia ser posto na prateleira para ser abordada outro dia. A interessante nova guinada vem quando consideramos a terceira opção, a rejeição racional, pois agora existem duas diferentes vias pelas quais isso poderia acontecer. Uma possibilidade é que

42. Estas são dificuldades que poderiam parecer, a algumas pessoas, como insuperáveis, baseado no fato de que não existe distinção clara a ser delineada.
43. Para um retrato com três componentes que poderia ser adaptado às nossas necessidades aqui, ver Bogen e Woodward (1988) e Woodward (1989).

a vindicação de descoberta poderia ser solapada pela rejeição dos dados que, por suposição, a suportam, conflitem ou não tais dados, em si próprios, com a teoria corrente. Alternativamente, e desde que os dados não conflitem, eles próprios, com a teoria corrente, a inferência da pretensão de descoberta poderia ser rejeitada, enquanto os próprios dados permaneceriam incontestes.

Em cada caso, as linhas filosóficas familiares no domínio do pensamento saem fora e escapam. Se os dados são rejeitados, via rejeição de hipóteses auxiliares concernentes aos dispositivos de medida ou condições experimentais, então obteremos uma sobrecarga de observação do tipo Duhem-Quine, e uma subdeterminação exatamente no modo em que elas apareceram no referencial anterior[44]; e uma vez que temos subdeterminação, podemos começar levantando questões acerca de considerações pragmáticas, fatores sociais, e do papel dos valores na ciência. Se, de outro lado, é a inferência a partir dos dados para a vindicação de descoberta que é rejeitada, então a rejeição provavelmente procede por meio de uma negação de algumas hipóteses auxiliares empregadas para argumentar (embora abdutivamente) a partir dos dados para a vindicação de descoberta, ou insistindo mais diretamente na subdeterminação da vindicação de descoberta pelos dados; em cada caso introduzimos a idéia de que, em face do conflito, há amiúde mais do que um caminho de saída; e essa idéia constitui um convite aberto para retornar à discussão do pragmático, do socialmente influenciado e da sobrecarga de valor.

Assim, em essência, as implicações da ocorrência de descobertas prematuras (quer genuínas ou espúrias) do tipo das que envolvem conflito com a crença científica canônica, e as implicações da falta de integração imediata de tais descobertas em pesquisa científica em andamento, foram extensivamente exploradas na filosofia da ciência, ainda que não nesses termos. E, além do mais, muitos têm tirado, ou já haviam tirado, justamente a es-

44. O deslocamento para a indeterminação, neste caso, não deixa de ser problemática (ver, por exemplo, Laudan, 1990); o que pretendo dizer é que isso tinha de ser feito com *igual* plausibilidade aqui e no caso da luta entre duas teorias e dados, cada uma de um lado.

pécie de conclusão que Stent, ao chegar a ela, desejava associar a Polanyi[45].

Conseqüentemente, encontramo-nos agora em boa posição para anotar algo de interessante sobre os casos de conflito, discutidos por Stent, pelo menos tal como são apresentados no seu artigo. Em cada caso, no cômputo de Stent, a vindicação de descoberta defronta-se com uma relativamente chapada rejeição. O único sentido em que foram dadas razões para a recusa da pretensão de descoberta é que as pessoas que procedem a recusa apresentaram alguma vindicação sobre exatamente o modo *como* a descoberta conflitava com a teoria corrente. A pretensão de Avery de que o DNA é a substância hereditária chocava-se com as concepções acerca de sua estrutura química; a teoria de Polanyi, a respeito da adsorção dos gases, não podia ser conciliada com o entendimento contemporâneo da natureza das interações entre moléculas de gás e a superfície sólida; a hipótese macromolecular a propósito da memória colidiu com a então "atual... concepção da organização funcional do cérebro"; e a idéia de que poderia ocorrer percepção extra-sensorial foi declarada por S. E. Luria, nas palavras de Stent, como sendo "totalmente inconciliável com as mais elementares leis da física?"[46]. Essas podem ser ou não boas razões para rejeitar as vindicações das descobertas em questão, mas elas claramente não envolvem um exame minucioso da evidência que supostamente apóia tais vindicações, nem tampouco uma crítica dos argumentos que conduzem de uma para outra. Assim, se as descrições feitas por Stent das respostas que tais vindicações de descoberta obtiveram forem corretas, isso serviria para sublinhar a fala de Polanyi acerca de uma "*forte* presunção" em favor da "aceita concepção predominantemente científica da natureza das coisas"[47] – uma presunção tão forte que uma resposta pormenorizada à citada evidência experimental e à subseqüente inferência de uma vindicação de descoberta desestabilizadora não

45. Ver também a discussão na seção anterior.
46. Stent, 1972b, p. 85; 1972b, p. 86; 1972a, p. 438 e 1972b, p. 86; 1972a, p. 438 e 1972b, p. 87, respectivamente. Ver também Stent, cap. 2, p. 28, neste volume.
47. Stent, 1972b, p. 88.

é julgada necessária. Não estou em posição de julgar a exatidão histórica dos relatos de Stent sobre tais episódios, mas seria, por certo, interessante explorar essa questão mais adiante e, separadamente, para verificar se é possível encontrar exemplos particulares de cada uma das outras espécies de respostas possíveis para conflitar com as arroladas acima[48].

Prematuridade sem conflito

O que agora pode ser dito dos casos de inconectabilidade genuína, em que a comunidade científica deixa de integrar uma descoberta na pesquisa em curso, não porque ela conflita com a doutrina recebida, mas porque há, por assim falar, número insuficiente de pontos de contato entre doutrina e descoberta?

Poder-se-ia observar a este respeito que não é imediatamente óbvio por que deveríamos nos preocupar com tais casos. Se uma descoberta falha simplesmente em engajar-se de algum modo no trabalho científico em curso, então pareceria seguir-se – ao menos *prima facie* – que ela não pode exercer nenhuma influência sobre a mudança e o desenvolvimento científicos. E poder-se-ia argumentar, até onde a compreensão de que o processo é nossa preocupação central, que uma descoberta genuinamente não conectável à crença científica é portanto apenas irrelevante.

Isto, entretanto, seria uma conclusão excessivamente apressada. Para começar, uma vindicação de descoberta genuinamente não conectável poderia ser tomada a sério em alguns casos, ou ao menos não ser rejeitada imediatamente, e poderia também parecer claro que a descoberta em questão concerne a objetos ou processos situados dentro do domínio de uma teoria geralmente aceita. Neste caso, poderia ser desconcertante para certos membros da comunidade científica relevante o fato de não estar apta a encerrar o novo

48. Neste volume, ver Holmes, cap. 12, e Löwy, cap. 20, para a crítica das pretensões históricas de Stent, em especial no tocante aos casos de Avery e (no capítulo de Holmes) Mendel; e Nye, cap. 11, no caso de Polanyi.

resultado na teoria corrente e ainda tão mais se a teoria corrente não possui sequer os recursos conceituais para enfrentar a questão. A inquietação gerada por tal situação poderia, então, em alguns casos, resultar em trabalho criativo, visando a elaboração ou a extensão da teoria corrente de modo a transpor a lacuna entre ela e o alegado recém-descoberto fenômeno. O conflito não constitui o único estimulante possível de mudança.

Dois fios de ligação vêm aqui à mente como possíveis vias de conexão entre a discussão sobre a inconectabilidade genuína e as idéias desenvolvidas na filosofia da ciência. O primeiro nos conduz a debates sobre a existência, a natureza e as implicações da assim chamada incomensurabilidade entre teorias, um conjunto de discussões que são, nesse ponto, tão antigas, e com elas de fato entrelaçadas, como os debates acerca da sobrecarga teórica, a subdeterminação e similares. O segundo nos leva a um modo mais recente de repensar a relação entre teoria e experimento que tem estado em curso na filosofia da ciência; e a defesa que acabo de apresentar do interesse da genuína inconectabilidade poderia ser vista, em essência, como uma tentativa de estender alguns pontos que se encontram no livro seminal de Ian Hacking, *Representing and Intervening* (Representando e Intervindo) (1983).

Primeiro a incomensurabilidade. Introduzindo a categoria da descoberta genuinamente não conectável, arrolei três possíveis fontes de tal inconectabilidade: que a teoria corrente é simplesmente incapaz de dar conta do fato ou do fenômeno da descoberta, embora não haja conflito entre pretensão de descoberta e teoria; que a vindicação de descoberta é formulada em termos que estão fora do vocabulário conceitual da comunidade relevante; e que o entendimento da pretensão de descoberta, ou de considerá-la crível, requer uma compreensão de métodos inencontráveis na paleta metodológica da comunidade[49]. São a segunda e a terceira dessas

49. Se o segundo ou o terceiro fator estiver presente em um dado caso, então isso presumivelmente também levaria à incapacidade de a teoria corrente dar conta da descoberta. O que eu tenho em mente, portanto, como primeiro item nesta lista, é uma incapacidade de assim proceder a partir de fontes menos dramáticas. Quer dizer, estou pensando em situações em

fontes, em particular, que trazem à mente a noção de incomensurabilidade.

A incomensurabilidade é, em geral, pensada como uma relação entre duas teorias sobrepostas relativamente em arco, como a mecânica newtoniana e a relativística, ou até talvez duas grandes espécies de coisas denominadas cosmovisões. Há, de fato, certo número de relações diferentes e independentes que, de início, eram coligidas em conjunto sob o termo guarda-chuva "incomensurabilidade", e o território conceitual tem sido atulhado em mais de um modo por vários autores desde que Kuhn e Paul Feyerabend introduziram o tópico, pela primeira vez[50]. Um componente da idéia de incomensurabilidade, entretanto, sempre foi que teorias em competição poderiam empregar conjuntos de conceitos cujas diferenças são, a tal ponto, suficientemente radicais que, a despeito talvez de aparências em contrário, as vindicações particulares de uma teoria não podem ser comparadas com as de outra; uma importante conseqüência disso é, supõe-se, que duas das tais teorias não podem efetuar previsões conflitantes, falando em termos estritos, de modo que somos privados da opção de apelar para "experimentos cruciais" ao decidir entre elas[51]. Outra componente central da idéia de incomensurabilidade é que a competição ocorre amiúde entre paradigmas inteiros, para empregar o mais notório dos termos kuhnianos; dado o fato, então, que um constituinte de um paradigma é um conjunto de métodos aceitos de indagação e de padrões de boa resolução de problemas, isto significa considerar que uma dificuldade com que inevitavelmente nos deparamos ao arbitrar entre teorias em

que a indicação de descoberta e os métodos empregados em seu apoio são perfeitamente inteligíveis, do ponto de vista da teoria reinante, mas em que a teoria simplesmente carece da devida espécie de conteúdo particular, seja para prover os materiais necessários para explicar o fenômeno descoberto, seja para sacar conexões não triviais entre esses fenômenos e outros já tratados pela teoria. Casualmente, o capítulo 20 de Löwy, neste volume, proporciona alguns belos exemplos de casos de prematuridade a partir de diferenças metodológicas.

50. Ver, por exemplo, Doppelt, 1978; Newton-Smith, 1981, p. 148-151; e Hacking, 1983, p. 67-74. Com referência à introdução da noção de incomensurabilidade, ver Kuhn, 1970 (a primeira edição do qual apareceu em 1962) e Feyerabend (1962, 1965). Feyerabend focaliza o primeiro componente da noção abaixo arrolada, chamando-a também de "discordância de significado".

51. Doppelt denomina isso "incomensurabilidade de significados científicos" (1978, p. 33); o rótulo de Newton-Smith é "incomensurabilidade devida à discordância de significado radical" (1981, p. 150); e o termo de Hacking é "incomensurabilidade de significado" (1983, p. 72).

competição é a de encontrar padrões sem vieses para se usar no próprio processo de arbitragem[52].

As conexões entre esses dois aspectos da incomensurabilidade, de um lado, e a segunda e terceira fontes potenciais de genuína falta de conectabilidade, de outro, é bastante clara: lacunas metodológicas e conceituais, respectivamente, estão em questão, em ambos os casos. Uma interessante diferença entre a incomensurabilidade como é em geral entendida e a genuína inconectabilidade, todavia, é que esta última é uma relação entre uma descoberta singular e um corpo de teoria mais do que entre duas teorias em competição, de escopo similar. Assim, a idéia de que a genuína inconectabilidade pode de fato surgir de uma divergência conceitual ou metodológica serve para atrair a atenção sobre a possibilidade de que alguns dos fatores que supostamente dão origem à incomensurabilidade entre as teorias poderiam também vir à tona nas relações entre teorias e entidades mais humildes.

Caberia notar que, lidando com o caso de genuína falta de conectabilidade, não estamos necessariamente tentando fazer uma escolha entre elementos inconectáveis. Assim, falar de "incomensurabilidade", da ausência de uma medida comum, poderia ser desencaminhador. Em face da genuína inconectabilidade, podemos ter em vista a assimilação mais do que a escolha. As implicações da genuína inconectabilidade, portanto, não são as da incomensurabilidade: não é que automaticamente nos defrontamos com um obstáculo para efetuar uma escolha racional, teoricamente neutra, entre relatos em competição a respeito de fenômenos, mas que, ao invés, como Stent descreve, teremos dificuldade em integrar a descoberta no corpo da teoria corrente. Não obstante, questões acerca da racionalidade da tomada de decisão científica podem encontrar ponto de apoio no fenômeno da genuína falta de conectabilidade,

52. Doppelt trata disso sob o cabeçalho "incomensurabilidade de problemas, dados e padrões científicos" (1978, p. 33); Newton-Smith escreve a respeito da "incomensurabilidade devida à radical discordância-padrão" e da "incomensurabilidade devida à discordância de valor" (1981, p. 149-150); e esse componente está também estritamente relacionado à noção de Hacking sobre a "dissociação" que tem a ver em parte com uma variação nos "estilos de raciocínio" (1983, p. 69-72; ver também a n. 34 acima).

pois se as descobertas prematuras dessa espécie são sempre rejeitadas por serem dúbias, mais do que engavetadas para ulterior consideração, existe, portanto, um perigo óbvio de que qualquer argumento adiantado em apoio a semelhante rejeição deixará de fazer real contato com a vindicação de descoberta em geral por confiar em um conjunto de conceitos disjuntos de uma das vindicações invocadas, ou então recorrerá a padrões metodológicos recebidos de uma forma que simplesmente prejulga a questão, contra o apoio oferecido à pretensão de descoberta. E estes são essencialmente os mesmos perigos que os proponentes das teses de incomensurabilidade acerca da escolha de teoria tendem a enfatizar.

Isto, no que diz respeito à conexão com a incomensurabilidade. O outro lugar no qual a idéia de genuína inconectabilidade poderia ser ligada, a fim de operar na filosofia da ciência, é nas discussões que, começando nos anos de 1980, procuraram subverter o longamente predominante quadro filosófico do experimento e da observação como práticas dirigidas de modo exclusivo para testar ou prover apoio ulterior a teorias preexistentes. Como Hacking observou: "A filosofia da ciência tornou-se a tal ponto filosofia da teoria, que a própria existência de observações ou experimentos pré-teóricos tem sido negada"[53]. Hacking, de sua parte, procurou, ao invés da prática experimental, um objeto próprio do estudo filosófico por direito inerente, e proferiu a mui citada declaração de que "a experimentação tem sua vida própria"[54].

Não só a experimentação tem vida própria, como o experimento pode impulsionar desenvolvimentos na teoria, e não apenas no sentido familiar de que uma previsão malograda, como parte do processo de comprovação da teoria, pode levar a uma revisão teórica. Em duas seções de um capítulo do livro *Representando e Intervindo*, intitulado "Experimento", Hacking cita certo número de exemplos da história da óptica para demonstrar que observações

53. Hacking, 1983, p. 150.
54. Ibidem.

inesperadas podem provocar novo trabalho teórico, mesmo quando as observações não foram realizadas na busca de apoio observacional para alguma teoria, nem em uma tentativa de testar outra: "As observações" – como diz o referido autor – "precediam qualquer formulação da teórica"[55]. Ao contrário, o desenvolvimento da teoria "depende simplesmente de se perceber algum fenômeno surpreendente"[56].

Até aqui, no entanto, não fica claro se as ocorrências do tipo que Hacking tem em mente poderiam ser consideradas como descobertas genuinamente inconectáveis que estariam em oposição a descobertas efetivamente conflitantes com a teoria corrente, ainda que, de fato, não tenham sido elaboradas na busca de comprovação teórica[57]. Todavia, o título da seção seguinte do capítulo é: "Fenômenos Inexpressivos". A seção é breve, mas notavelmente relevante no presente contexto. Ela começa assim: "Não contesto que observações dignas de nota, em si mesmas, atuem de algum modo. Muitos fenômenos provocam grande excitação, mas depois se tornam folhas mortas, porque ninguém consegue perceber o que eles significam, como se ligam com alguma outra coisa, ou como podem ser aplicados a algum uso"[58].

Isto, por certo, soa exatamente como uma descrição de descoberta prematura genuinamente inconectável, acompanhada de uma conseqüente falta de integração. Hacking prossegue então e apresenta relatos condensados de dois exemplos destinados a demonstrar seu ponto de vista: "as apuradas observações", de Robert

55. Ver "Noteworthy Observations" e "The Stimulation of Theory" (idem, p. 155-158). Hacking, na realidade, concede boa parte do crédito por essas duas seções ao físico Francis Everitt: ver os agradecimentos no livro (idem, p. VII). A citação encontra-se na p. 156.
56. Idem, p. 155.
57. A vindicação de Hacking – de que o tipo de observação que ele tem em mente, nas duas seções discutidas há pouco, foram feitas antes da formulação da teoria – poderia parecer estar sugerindo que ele enfoca casos de genuína inconectabilidade. Entretanto, é possível, em pelo menos alguns dos casos mencionados por ele, que as observações tenham ocorrido antes do desenvolvimento de uma teoria capaz de explicá-las (ou seja, a teoria ondulatória da luz), mas não antes da formulação de uma teoria *relevante* e, na verdade, uma teoria com a qual as observações conflitam (especificamente, a teoria corpuscular). Ver, em particular, a descrição que ele faz do trabalho experimental de David Brewster (Hacking, 1983, p. 157).
58. Idem, p. 158.

Brown, na primeira parte do século XIX, daquilo que nós conhecemos hoje como movimento browniano, e a descoberta de Antoine-César Becquerel do efeito fotoelétrico em 1839, uma descoberta que – como notou Hacking – "atraiu grande interesse – por cerca de dois anos"[59]. Em nenhum dos casos os fenômenos em questão foram integrados na pesquisa em curso até a primeira década do século XX, momento em que ambos adquiriram, sem dúvida, considerável significação: o primeiro, como peça decisiva de evidência em favor da existência dos átomos; e o segundo, como estimulante ao desenvolvimento da teoria quântica.

Seria interessante, pois, investigar mais de perto se os dois casos que Hacking nomeia como exemplos de "fenômenos inexpressivos" constituem de fato casos de descobertas prematuras, genuinamente inconectáveis[60]. Há lugar para dúvida neste resultado, ao menos no caso do efeito fotoelétrico, em relação àquela época em que este fenômeno era visto como diretamente conflitante com a teoria ondulatória da luz (que um relance de olhos em qualquer texto introdutório de física há de confirmar), e a teoria ondulatória estava em ascendência por volta do tempo em que a descoberta foi realizada[61]. Assim sendo, a descoberta de Becquerel talvez não tenha sido genuinamente inconectável à teoria corrente[62]; nessa medida, porém, ela tampouco se adequaria perfeitamente à caracterização feita por Hacking de "fenômeno inexpressivo", com sua fala relativa à falta de conexão. Mas,

59. Ibidem.
60. Incidentalmente, Hacking relata que o movimento browniano fora observado sessenta anos antes do trabalho de Brown. Não sei se Brown o descobriu independentemente ou não; se assim for, teríamos, no mínimo, nos livros, um caso de uma descoberta prematura efetuada prematuramente mais de uma vez.
61. Ver o registro desse período efetuado por Jed Buchwald (1989, cap. 12). "Por volta, ao menos, dos anos de 1840", observa Buchwald, "mal existiam quaisquer físicos ou matemáticos que contestassem os princípios fundamentais da teoria ondulatória" (p. 308). Por certo, é uma questão mais delicada saber se a teoria não havia sido ainda desenvolvida até o ponto em que ela poderia conseguir conflitar com o efeito fotoelétrico, ou se qualquer conflito que existisse seria reconhecido como tal. Pretendo somente sugerir que o entendimento moderno da relação entre o efeito fotoelétrico e a teoria ondulatória introduziu pelo menos a possibilidade de que os dois se achassem em conflito na época da descoberta, possibilidade que deve ser eliminada, caso ela seja considerada um exemplo de genuína inconectabilidade.
62. Agradeço a Gonzalo Munévar por acentuar esse ponto durante a discussão realizada na conferência.

em qualquer caso, estes parecem ser os dois melhores exemplos de prematuridade de uma espécie ou de outra. E, se há descobertas genuinamente inconectáveis (talvez a de Mendel seja uma delas), então esse fato levaria ao alvo o ponto de vista geral de Hacking, segundo o qual há mais de uma via em que o experimento pode relacionar-se ou deixar de fazê-lo com a teoria.

Prematuridade e fertilidade

Adicionarei um último pensamento sobre a noção de prematuridade e a sua relação com o cânone na filosofia da ciência. Esse pensamento é simplesmente que a prematuridade soa um tanto como o oposto da virtude teórica chamada por Kuhn de "fertilidade", e que reputa como um dos cinco critérios principais da escolha de teoria no bem conhecido artigo "Objetividade, Juízo de Valor e Escolha de Teoria"[63]. Kuhn caracteriza a fertilidade do seguinte modo: "Uma teoria deveria ser fértil no tocante a novos achados de pesquisa: deveria, quer dizer, revelar novos fenômenos ou relacionamentos previamente não percebidos entre os já conhecidos"[64]. Numa nota de pé de página relativa a esta caracterização, ele acrescenta:

> Este último critério, o da fertilidade, merece maior ênfase do que tem recebido até agora. Um cientista, escolhendo entre duas teorias sabe, comumente, que sua decisão terá efeito sobre sua subseqüente carreira de pesquisa. Por certo, ele se sente especialmente atraído por uma teoria que promete os êxitos concretos pelos quais os cientistas são em geral recompensados"[65].

Assim caracterizada, a noção aplica-se somente às teorias e é relevante para situações em que um cientista ou uma comunidade são obrigados a escolher entre teorias em competição. Não obstante, é

63. Kuhn, 1977, p. 320-339.
64. Idem, p. 322.
65. Ibidem.

fácil verificar como seria possível estender o conceito de fertilidade de tal modo que ele seja aplicável às descobertas; e quando uma descoberta é anunciada, há, com freqüência, outros cientistas que enfrentam uma decisão sobre se devem devotar seu tempo, energia e busca de fundos para perseguir as implicações desta descoberta. Destarte, uma descoberta que é prematura, especialmente talvez se for da variedade das genuinamente inconectáveis, poderia ser igualmente bem denominada de infértil. Assim, é interessante notar que a fertilidade ainda é um critério subexplorado na filosofia da ciência[66].

Desenvolvimento ulterior

Para encerrar, tenho duas breves sugestões a fazer sobre como a idéia de prematuridade poderia ser ulteriormente desenvolvida. Uma, ecoando as observações de Ilana Löwy e de Frederic Holmes, é de olhar para o lugar, bem como para o tempo, e a outra é de olhar para a teoria tanto quanto para a observação e o experimento.

Primeiro, a ênfase na discussão de Stent acerca da prematuridade, como a própria escolha do rótulo obviamente sugere, versa sobre o mau *timing* (ou seja, a má programação do tempo): ele demonstra particular interesse nas descobertas que não puderam ser integradas no trabalho de pesquisa em andamento, na época em que foram empreendidas, devido à natureza do corpo contemporâneo da crença científica aceita, mas que foram apreendidas e assimiladas posteriormente, algumas vezes de formas muito importantes, com a mudança da teoria[67]. Mas, podemos nos per-

66. David Hull assinala alguns pontos muito similares aos que eu salientei nesta subseção, embora ele use o termo "promessa" para conotar um oposto da prematuridade e efetue uma ligação com discussões promovidas em Lakatos e Laudan, mais do que em Kuhn (ver Hull, neste volume).

67. Sem dúvida, argumentei que não é parte da própria noção de prematuridade a ocorrência de integração posterior. Também, e numa nota relacionada (argumentei), os casos discutidos

guntar, não seria o caso de que algumas vezes uma descoberta estivesse mal situada em termos de lugar mais do que em termos de sua realização no tempo?

A idéia aqui é que algumas vezes uma descoberta poderia simplesmente ser efetuada numa comunidade científica errada para que pudesse ser integrada na pesquisa em curso. Por certo, em um sentido, qualquer descoberta prematura se dá numa comunidade científica que não é adequada para ela. É possível, todavia, que houvesse *na época* outra comunidade científica que *poderia* ter sido capaz de integrar a descoberta em sua pesquisa corrente, tivesse sido a descoberta em questão apresentada a essa comunidade. Devido ao seu infeliz lugar de nascimento, entretanto, a descoberta continua não percebida em toda a parte[68]. As comunidades em apreço podem estar situadas em diferentes países – uma circunstância que provavelmente seria um obstáculo em outro tempo e não o é mais agora, naturalmente – ou elas podem simplesmente estar divididas por barreiras disciplinares, ou até por barreiras subdisciplinares[69].

Em segundo lugar, constitui questão interessante saber se há descobertas prematuras ao nível de "teoria pura", enquanto opostas às descobertas prematuras que ocorrem no processo de investigação mais direta dos fenômenos. Contudo, a distinção que aqui tenho em mente não é a distinção-padrão entre teoria e observação do filósofo, uma distinção que goza de reputação dúbia. A descoberta de que o DNA é a substância hereditária não é uma descoberta de uma entidade, um processo ou estado de coisas observáveis; tampouco o é a sentença "o DNA é a substância hereditária", "um relatório

por Stent, nos quais julgamentos de prematuridade são feitos aqui-e-agora, podem ou não vir a ser desse tipo *sub specie aeternitatis*.

68. Na descoberta científica, talvez, a locação é (às vezes) tudo.

69. Löwy, que distingue e ilustra os vários modos em que a integração de uma descoberta pode ser relegada, parece ter em mente essa possibilidade em mais de um lugar no seu capítulo (ver Löwy, cap. 20, neste volume). Holmes também chama a atenção para o papel das fronteiras subdisciplinares em seus reparos críticos ao relato de Stent sobre o caso Avery (ver Holmes, cap. 12, neste volume). Entretanto, o caso Avery não é, no relato de Holmes, um exemplo do que eu tenho em mente, pois não é um caso em que uma descoberta passa desconsiderada em toda a parte, e tampouco o autor me parece colocar ênfase na possibilidade precisamente daquilo que estou tentando chamar a atenção. De todo modo, não pode fazer mal acrescentar outra voz ao apelo em prol de trabalho ulterior neste tipo de prematuridade.

de observação" à luz de quem quer que seja. Não estou, portanto, chamando a atenção para uma distinção entre hipóteses singulares (como a de que o DNA é a substância da hereditariedade) e as espécies mais complexas de estruturas que tendem a ser chamadas de teorias, pois a teoria de Polanyi da adsorção de gases nos sólidos é presumivelmente uma dessas. Minha idéia é, antes, que às vezes, especialmente em alguns ramos da física contemporânea, as descobertas são feitas não tanto pela observação, pela experimentação, pela tentativa de pensar por meio dos significados das observações e resultados experimentais de uma dada pessoa (ou de qualquer outra), porém, antes, pelo jogo com estruturas matemáticas de várias espécies, talvez de um modo altamente abstrato[70]. E se as descobertas são de fato realizadas dessa maneira na ocasião, então parece não haver nenhuma razão óbvia para que descobertas prematuras possam não sê-lo. Em todo caso, isto parece ser uma interessante via a explorar, se desejarmos levar adiante o desenvolvimento da noção de prematuridade.

Bibliografia

Bloor, D. 1991. *Knowledge and Social Imagery*. 2 ed. Chicago: University of Chicago Press.

Bogen, J. & J. Woodward. 1988. Saving the Phenomena. *Philosophical Review* 97:303-52.

Buchwald, J. Z. 1989. *The Rise of the Wave Theory of Light: Optical Theory and Experiment in the Early Nineteenth Century*. Chicago: University of Chicago Press.

Doppelt, G. 1978. Kuhn's Epistemological Relativism: An Interpretation and Defense. *Inquiry* 21:33-86.

Duhem, P. 1954. *The Aim and Structure of Physical Theory*. Tradução de P. P. Wiener. Princeton: Princeton University Press. Tradução da segunda edição francesa, 1914.

Feyerabend, P. K. 1962. Explanation, Reduction & Empiricism. In: H. Feigl & G. Maxwell (eds.). *Minnesota Studies in the Philosophy of Science: Scientific Explanation, Space & Time*. Vol. 3. Minneapolis: University of Minnesota Press, p. 28-97. Reimpresso em P. Feyerabend (ed.). *Realism, Rationalism & Scientific Method: Philosophical Papers*. Vol. 1. Cambridge: Cambridge University Press, 1981, p. 44-96.

70. De fato, é uma crítica muitas vezes expressa contra o trabalho em curso na gravidade quântica e na teoria das cordas, de que neste caminho ele vai, em demasiada extensão, muito longe.

______. 1965. On the "Meaning" of Scientific Terms. *Journal of Philosophy* 62:266-74. Reimpresso em Feyerabend (ed.). *Realism, Rationalism & Scientific Method: Philosophical Papers*. Vol. 1. Cambridge: Cambridge University Press, 1981, p. 97-103.

Hacking, I. 1982. Language, Truth & Reason. In: M. Holds & S. Lukes (eds.). *Rationality and Relativism*. Oxford: Basil Blackwell, p. 48-66.

______. 1983. *Representing and Intervening*. Cambridge: Cambridge University Press.

Kuhn, T. S. 1970. *The Structure of Scientific Revolutions*. 2 ed. Chicago: University of Chicago Press.

______. 1977. *The Essential Tension*. Chicago: University of Chicago Press.

Lakatos, I. 1970. Falsification and the Methodology of Scientific Research Programmes. In: I. Lakatos & A. Musgrave (eds.). *Criticism and the Growth of Knowledge*. Cambridge: Cambridge University Press, p. 91-106.

Laudan, L. 1990. Demystifying Underdetermination. In: C. W. Savage (ed.). *Minnesota Studies in the Philosophy of Science*. Vol. 14. *Scientific Theories*. Minneapolis: University of Minnesota Press, p. 267-97.

Newton-Smith, W. H. 1981. *The Rationality of Science*. London: Routhledge and Kegan Paul.

Popper, K. 1970. Normal Science and Its Dangers. In: I. Lakatos & A. Musgrave (eds.). *Criticism and the Growth of Knowledge*. Cambridge: Cambridge University Press, p. 51-58.

Stent, G. 1972a. Prematurity and Uniqueness in Scientific Discovery. *Advances in the Biosciences* 8:433-49.

______. 1972b. Prematurity and Uniqueness in Scientific Discovery. *Scientific American* 227 (dezembro): 84-93.

Woodward, J. 1989. Data and Phenomena. *Synthese* 79:393-472.

Parte VII

CONSIDERAÇÕES FINAIS

22.

PREMATURIDADE E PROMESSA
Por que a própria noção de prematuridade de Stent era tão prematura?

David L. Hull

Esse ensaio está dividido em três partes. De início, tento esclarecer conceitos tais como prematuridade retrospectiva, prematuridade aqui-e-agora, pós-maturidade e assim por diante. "Tornar mais claro" não é algo que qualquer pessoa pode fazer de antemão. Até que se descubra o que os leitores pensam que a gente escreveu, não se pode distinguir o que requer esclarecimento e o que se pode deixar intocado. Com respeito à prematuridade, esse processo está apenas começando. A prematuridade foi, em grande parte, ignorada quando Gunther Stent a introduziu, e até agora poucas pessoas parecem julgar que ela necessite de uma reabilitação. Ernest Hook tentou modificar isso. Ele alimenta esperança de tornar a prematuridade menos prematura, convidando muitos estudiosos a aplicar a referida noção às áreas da ciência que melhor conhecem. Os supostos exemplos de prematuridade, mencionados no presente volume, e outros propostos na literatura, constituem um grupo variegado. Verifica-se que muitos não são prematuros em geral. Decidir, entretanto, quais exemplos são prematuros exige que esclareçamos muito mais acerca do que torna uma experiência precisamente prematura.

Embora nenhum deles pareça ter sido, na época, tudo o que "bate" com a idéia de prematuridade, sociólogos e cientistas mostraram mais interesse por ela do que historiadores e filósofos da ciência, de modo que pergunto por que motivo. Também introduzo um conceito, que se me afigura relacionado ao conglomerado precedente de idéias: promessa. O termo "prematuridade" pode ser contrastado proveitosamente com o termo "pós-maturidade", porém considero igualmente instrutivo contrastar esses dois termos com "promessa". Por que algumas idéias engendram pouco ou nenhum interesse entre cientistas na época de sua introdução, enquanto outras são julgadas como apresentando grande promessa? Será que a noção de promessa é muito menos escorregadia do que a noção de prematuridade? Até agora, ela tem sido em grande parte ignorada. Estará destinada a permanecer assim?

Prematuridade

Como Holmes demonstra, tanto a noção de prematuridade de Stent, quanto o conceito de pós-maturidade introduzido por Harriet Zuckerman e Joshua Lederberg, assumem uma taxa normal de mudança científica[1]. Descobertas prematuras e pós-maduras são desvios dessa norma. Entretanto, como Holmes argumenta, essa noção de taxa normal de mudança científica é altamente questionável. Tal como acontece na evolução biológica, as taxas de mudança diferem de uma linhagem para a seguinte, em qualquer tempo, assim como mudanças radicais podem ocorrer em qualquer linhagem dada no curso do tempo. Às vezes mudanças científicas se dão em lentidão majestosa, e às vezes de maneira bastante rápida. Em períodos de

1. Zuckerman e Lederberg, 1986; Holmes, cap. 12, neste volume.

mudança célere, as descobertas prematuras não permanecem prematuras por longo período. Portanto, seria de se esperar que se encontrassem exemplos mais claros de prematuridade em épocas de mudanças relativamente vagarosas e constantes.

Löwy observa que é necessário devotar uma atenção cerrada para cada um dos termos substantivos na condição estabelecida por Stent relativa à prematuridade. Como ele definiu: "Uma descoberta é prematura se suas implicações não puderem ser conectadas por uma série de simples passos lógicos ao conhecimento canônico contemporâneo, ou geralmente aceito"[2]. A "descoberta" não pode limitar-se a instâncias particuladas nas quais um cientista coloca a última peça de um quebra-cabeça. A descoberta deve também incluir teorias, conjuntos de observações, e estudos experimentais (ver também Hetherington). E como Holmes assevera, a descoberta é um processo, algumas vezes, demorado e complexo. O oxigênio não foi descoberto em 15 de junho de 1775 ou em qualquer outra data particular. O máximo que pode ser dito é que foi descoberto em algum momento entre 1774 e 1777. Qualquer data mais estrita torna a sua descoberta mais particulada do que ela o é, efetivamente.

Como resultado de toda essa complexidade, determinar qual das descobertas vem a ser a "mesma" é altamente problemático. Também tem esse sentido a pergunta de Holmes: "Mas como podemos estar seguros de que a descoberta anterior era, na sua época, a mesma descoberta que pareceu ser mais tarde?"[3]. Para utilizar um termo da moda de emprego corrente, o conhecimento científico está em situação. Pois, por estar em situação, tirar um item de seu contexto histórico necessariamente o distorce. Só é possível compreender as descobertas de Mendel se forem encaradas no contexto do período no qual Mendel as realizou. Elas foram "redescobertas" em dia e lugar completamente diferentes. Cada um dos redescobridores, na virada do século, tinha sua própria agenda.

2. Stent, 1972b, p. 84.
3. Holmes, cap. 12, neste volume; ver também Ruse, cap. 15, neste volume; para os vários sentidos em que uma descoberta constitui ou não uma "verdadeira" descoberta, ver Zinder, cap.5, e Hook, cap. 1, neste volume.

Assim foi com William Bateson. De modo inteiramente inconsciente, os fundadores daquilo que veio a ser conhecido como "genética" leram em Mendel o que precisavam. Se nos cabe descobrir quaisquer exemplos de prematuridade, não podemos ter todos essa exigência. O bastante similar deve ser o bastante bom. As descobertas, quando definidas de maneira por demais precisa, tornam-se únicas. Se dermos aos nossos padrões um caráter bastante estrito, uma e mesma descoberta nunca poderá repetir-se; com base em construções mais racionais, a mesma descoberta pode ser efetuada mais de uma vez.

O conhecimento canônico vem a ser ainda uma idéia mais problemática. Em relação a isto, Stent cita Polanyi, no sentido de que deve haver "em todos os tempos uma concepção cientificamente aceita da natureza das coisas, a cuja luz a pesquisa é conduzida conjuntamente por membros de uma comunidade de cientistas"[4]. Assim, o que conta como conhecimento canônico é relativo a comunidades particulares. Cada comunidade de pesquisa tem o seu próprio cânone. Quando Stent observa que a descoberta de Avery era prematura, ela o era pelo menos com respeito às pessoas que faziam parte do grupo de estudo do vírus bacteriano, encabeçado por Max Delbrück, no Instituto de Tecnologia da Califórnia, em 1948[5], e possivelmente também para os geneticistas moleculares em geral. Os cientistas podem, como um conjunto, partilhar de um cânone, mas se eles o fazem, o fato concerne unicamente a crenças muito gerais acerca da razão, do argumento e da evidência.

Ghiselin salienta que dentro de uma comunidade científica "nem todo mundo concorda a respeito da definição de conhecimento canônico". Se uma "minoria de cientistas aceita uma descoberta ou até presta séria atenção a ela, então a descoberta não é completamente prematura no sentido de Stent"[6]. Ao contrário da leitura estrita e pouco caridosa de Thomas Kuhn, a concordância sobre o conhecimento canônico no âmbito de uma comunidade não precisa ser unânime.

4. Stent, 1972a, p. 439.
5. Ver Holmes, cap. 12, neste volume.
6. Ghiselin, cap. 16, neste volume.

Algum desacordo pode existir[7]. Se assim for, então por que tais comunidades de cientistas parecem tão homogêneas em suas crenças? Primeiro, tais comunidades são normalmente reconhecidas apenas retrospectivamente depois que muitos desacordos foram eliminados e conciliados. Em retrospecto, o conhecimento canônico parece muito mais homogêneo do que o é na realidade. Segundo, membros de tais comunidades tendem a depreciar suas diferenças em presença de estranhos: "Todos nós concordamos a respeito de tudo. Bem, ao menos acerca do básico". Finalmente, cada cientista numa comunidade pensa que as concepções dele ou dela captam a essência do conhecimento canônico da comunidade à qual ele ou ela pertencem[8]: "Qual é o cânone do meu grupo? Meu cânone".

O sistema de crenças dentro de uma comunidade científica particular vem a ser mais heterogêneo do que se poderia esperar. Em acréscimo, a comunicação entre esses grupos é mais freqüente e bem-sucedida do que uma estrita e pouco caridosa leitura de Kuhn poderia implicar. De acordo com a primeira fase Kuhn, os paradigmas são "incomensuráveis". Eles não podem ser postos em conflito. Talvez não possam ser conduzidos a conflitos absolutamente agudos, mas, não obstante, conflitos grosseiros e crus são possíveis e podem bastar. As comunidades científicas não têm espírito tão fechado e insulado como alguns comentadores gostariam de nos fazer acreditar. Ao contrário de uma interpretação estrita de Kuhn, conversas cruzadas não ocorrem entre disciplinas e comunidades científicas. Ainda assim, parte da explanação de prematuridade é que membros de certas comunidades podem não estar cientes, em geral, do que está em curso em outras comunidades. Se você não lê as revistas relevantes, você pode estar por fora[9].

Löwy lê a sentença "série de simples passos lógicos", na definição de Stent, como se ela se referisse aos "modos de a comunidade-alvo perguntar questões relevantes, ou de produzir resultados

7. Ver a discussão de Löwy acerca de similaridades nas noções de paradigma, matriz disciplinar e estilo de pensamento, cap. 20, neste volume.
8. Hull, 1988. Ver também Zinder, cap. 5, neste volume. (N. do O.)
9. Ver Holmes, cap. 12, e Löwy, cap. 20, neste volume.

experimentais e de examinar nova evidência". Qualquer indivíduo formado como filósofo tem a certeza de ler esta frase de uma forma mais rigorosa, mas, com respeito a Stent, talvez Löwy esteja certa. Entretanto, as conexões que Löwy arrola são tudo menos simples. O efeito líquido de tudo o que precedeu é que aquilo que parecia ser um uso absolutamente direto dos termos "descoberta", "conhecimento canônico" e "simples passos lógicos" acabou sendo extremamente complicado.

Hetherington distingue entre uma descoberta que é desconhecida e não apreciada, afirmando que se uma descoberta é desconhecida, ela não pode ser apreciada ou não apreciada, e que ser conhecida, porém não apreciada, é uma pré-condição para qualquer análise de prematuridade[10]. Hook distingue entre descobertas que são negligenciadas, consideradas irrelevantes diante do trabalho em curso, ou francamente rejeitadas[11]. Stent, por sua vez, distingue entre dois tipos de prematuridade: prematuridade retrospectiva e prematuridade aqui-e-agora. O contraste se coloca entre como os cientistas encaram uma idéia em retrospecto e como eles a encararam na época. Quando estudamos a história da ciência, certos exemplos fixam a nossa atenção. Um deles é o do precursor não apreciado[12]. Um precursor não apreciado é um cientista que publicou uma concepção que agora é considerada importante, mas que não era do conhecimento de seus colegas ou, no melhor dos casos, não era apreciada por eles. Por que permaneceu ela desconhecida ou desprezada?

Então, há todas aquelas idéias que não foram apreciadas ao serem publicadas pela primeira vez, e que assim continuaram até o presente. Algumas delas podem até ser falsas, porém muitas são simplesmente idéias que não foram conectadas. Se alguém mergulha nas velhas revistas, a grande maioria dos artigos parece ser deste último gênero, e os sociólogos têm reafirmado essa impressão num estudo mais quantitativo dos padrões de citação. A vasta maio-

10. Hetherington, cap. 9, neste volume.
11. Hook, observações introdutórias que circularam entre os participantes da conferência, em 22 de agosto de 1997. Ver também Hook, cap. 1, neste volume.
12. Sandler, 1979.

ria das citações se refere a uma pequena percentagem de artigos. Muitos artigos jamais chegaram a ser citados no seu tempo – ou posteriormente. Em geral, publicar um artigo científico é grosseiramente equivalente a jogá-lo fora[13].

O problema está em onde ajustar a prematuridade aqui-e-agora de Stent. Ele indaga: "Pertence o conceito de prematuridade apenas a julgamentos retrospectivos efetuados com a sabedoria da percepção tardia daquilo que deveria ter feito?"[14]. O próprio proponente da pergunta responde: "Não, creio que é possível também utilizá-lo para julgar o presente. Algumas descobertas recentes são ainda prematuras agora". Stent fornece dois exemplos: informações que são armazenadas por um animal em ácidos nucléicos ou outras macromoléculas e a PES. Os resultados de experimentos que dão origem a esses fenômenos putativos não poderiam ser conectados a nenhum cânone em 1972. Na medida em que eu posso falar, eles também não podem ser conectados, até hoje. Parece que a transmissão gustativa de conhecimento era um artefato do projeto experimental em uso[15]. Em parte porque ainda não pôde ser ajustado a nenhum cânone aceito, o PES continua questionável.

Até onde compreendo, tudo o que se considera para que uma descoberta seja tomada como um exemplo de prematuridade aqui-e-agora é que, no momento em que ela se tornou pública, foi percebida, mas não pôde adequar-se (isto é, conecta-se) a qualquer cânone – independentemente de estimativas posteriores de sua verdade ou significância[16]. Uma descoberta pode falhar no ajuste a um cânone, geralmente aceito, de dois modos. Primeiro, ela pode ser mal-sucedida na adequação a um cânone que ainda não a ameace. Filósofos da ciência denominam essas supostas descobertas de "curiosidades" (ver Comfort, para um exemplo). Segundo, um fenômeno pode falhar no ajuste a um cânone por conflitar com ele. Filósofos da ciência chamam tal fenômeno de "falsificadores aparentes".

13. Ver os comentários de Auden, 1973, p. 8; ver também Stern, cap. 18, neste volume.
14. Stent, 1972b, p. 87.
15. Collins e Pinch, 1993.
16. Ver Hook, cap. 1, neste volume.

Stent designa essa segunda classe de fenômenos de descobertas "não esperadas" e as considera como conectadas às canônicas de sua época porque contradizem um ou mais elementos de seu cânone[17]. Isso implica que a prematuridade aqui-e-agora, na visão de Stent, aplica-se apenas às curiosidades. As descobertas são mencionadas, elas não contradizem os cânones relevantes do conhecimento da época, mas tampouco se enquadram, e os cientistas que lhes são contemporâneos podem efetuar tais estimativas.

Minha única crítica a essa noção de prematuridade é que ela possui uma enorme extensão. Exemplos de prematuridade retrospectiva são relativamente raros e interessantes, enquanto exemplos de prematuridade aqui-e-agora são lugares-comuns e não muito interessantes. Algures, eu argumentei que cientistas não lêem a literatura científica para descobrir a verdade, mas para achar resultados que tenham ligação com suas próprias pesquisas[18]. Se um resultado não se relaciona ao seu trabalho, eles o ignoram. Se um resultado confirma seu cânone em desenvolvimento, eles o aceitam, geralmente sem testá-lo. A comprovação está reservada para as experiências imprevistas, nas palavras de Stent, isto é, para os falsificadores aparentes.

Como já mencionei anteriormente, o problema que surge na tentativa de aplicar a noção de prematuridade de Stent é sua definição em termos de "simples passos lógicos". De acordo com a glosa de Löwy, essa relação é tudo, menos "simples" e "lógica". No processo da ciência em curso, proposições são transformadas em todos tipos de modos sutis e não tão sutis, à medida que a teoria se desenvolve[19]. Portanto, a distinção entre implicações conectadas e não conectadas não é muito aguda. Por exemplo, Motoo Kimura, em suas primeiras publicações, argumentava que a descoberta, segundo a qual a maioria das mutações era adaptativamente neutra, exigia a rejeição da teoria darwiniana (ou neodarwiniana) e sua substituição pela teoria neutra da evolução proposta pelo próprio Kimura[20].

17. Stent, 1972a, p. 435.
18. Hull, 1988.
19. Ver Holmes, cap. 12, neste volume.
20. Kimura, 1983.

Assim, empregando a terminologia de Stent, a descoberta de que as mutações, em sua maior parte, são neutras, é "inesperada". Todavia, outros biólogos evolucionistas pensaram de outro modo. Eles simplesmente integraram, em suas próprias teorias, as concepções de Kimura e mantiveram o mesmo nome.

Pelo fato de a noção de Stent acerca dos "simples passos lógicos" ser tão complicada, prefiro seu critério mais implicitamente operacional (ou sociológico) sobre o que os cientistas podem fazer com uma descoberta. A falta que os geneticistas encontraram na descoberta de Avery era que eles "não pareciam estar em condições de fazer muita coisa com ela ou construir algo, tendo-a como base"[21]. Pode-se reconhecer que cientistas estão usando uma descoberta particular e construindo algo com base nela, mesmo quando se é incapaz de decidir se uma descoberta pode ser conectada por uma série de simples passos lógicos consideram haver um cânone particular.

A noção prematura de Stent

A auto-referência, ou a reflexividade, como é chamada amiúde, é em geral empregada como um porrete para aniquilar nossos oponentes. Com certeza, foi assim que ela começou a ser utilizada nos primeiros tempos daquilo que veio a ser chamado de "Guerras da Ciência"[22]. Como podem os advogados da sociologia do conhecimento científico despender tanto tempo reunindo evidências para mostrar quão irrelevante é efetivamente a evidências existente nas decisões tomadas pelas pessoas? Entretanto, creio que a ponderação pode desempenhar um papel mais positivo no estudo da ciência. Fraude e auto-ilusão são relativamente fáceis de perceber em outros, porém, muito mais difíceis de descobrir em nós mesmos. A

21. Stent, 1972b, p. 84.
22. Ver Laudan, 1981, 1982.

ponderação é um meio de invalidar, ponto por ponto, nossas próprias pretensões e ilusões. Em geral, os cientistas estão indevidamente comprometidos com suas próprias idéias. Sim, e quanto a mim? Estarei eu indevidamente comprometido com minhas próprias idéias, ou serei uma exceção a este princípio geral? Neste ensaio utilizo a reflexividade, mas de uma maneira positiva.

Quando Stent expôs sua noção de prematuridade em 1972, esta era em grande parte ignorada. Por quê? Porque era prematura! Outros eram incapazes de conectá-la ao conhecimento canônico. De uma forma mais operacional, outros, que trabalhavam sobre a natureza da ciência, não puderam fazer muita coisa com ela, nem construir nada, tendo-a como base. A dificuldade é que nenhum cânone singular de conhecimento relevante para a prematuridade existia naquele tempo. Vários grupos diferentes de estudiosos propunham-se a explicar a ciência – historiadores, filósofos, sociólogos e os próprios cientistas. Esses quatro grupos de pesquisadores apresentaram respostas muito diferentes para a noção de prematuridade de Stent.

Por que a noção de prematuridade de Stent foi ignorada pelos estudiosos da ciência em 1972 e também posteriormente? A resposta imediata é que a vasta maioria das idéias era e é ignorada. Se 99% das publicações são ignoradas, ninguém deveria ficar surpreso se um artigo especial é relegado ao abandono. O fato de ser noticiada é que demanda uma explicação.

Hook sugere que o artigo de Stent foi ignorado por ter sido publicado na *Scientific American*, que na época não era lido pelos estudiosos da ciência. Talvez Stent tivesse sido mais sábio se o tivesse publicado em revistas como *Isis* ou *Philosophy of Science*, pressupondo que elas acolheriam um artigo desse tipo (ver abaixo). Mas, de todas as revistas editadas na época, a *Scientific American*, que supria uma vasta audiência, devia ter um índice razoavelmente alto de leitura entre os periódicos lidos pelos estudiosos da ciência.

Desde o início, Stent previu a hostilidade dos historiadores da ciência, porque a prematuridade soa whiguista, e o whiguismo, na época, era a *bête noire* da história. Historiadores devem escrever histórias no contexto do tempo, nos seus próprios termos, e não avaliar períodos anteriores sob o prisma do que aconteceu depois. Uma pessoa que discordou do argumento de Hook, segundo o qual a noção de prematuridade é útil e tem valor heurístico, comenta:

> O conceito parece heurístico apenas como percepção tardia daquilo que deveria ter sido feito (porque você tem de saber o que vem depois, para etiquetar algo como prematuro em relação a este algo). Porém, uma percepção tardia do que deveria ter sido feito é exatamente aquilo que os historiadores rotulam de "whiguismo". Embora possamos, a partir de nossos pontos de vista, nos interessar por nossos precursores, tais pontos de vista não podem ser utilizados para interpretar como o passado é revelado (sob pena de se estar apelando a uma teologia perniciosa). O mesmo é verdadeiro para explanações evolucionárias[23].

A prematuridade retrospectiva certamente parece whiguismo. Ao ler uma revista antiga, podemos nos deparar com uma descoberta que foi ignorada ou não apreciada na sua época, mas que se nos afigura, hoje em dia, não só importante como correta. A forte tendência é então alçar o autor dessa façanha ao status de um precursor desprezado[24].

Creio que os historiadores estão corretos quando suspeitam fortemente da "precursorite". Na maior parte dos casos, tais vindicações são simplesmente falsas. O suposto precursor não estava apresentando nada parecido às idéias ulteriores que alcançaram tal êxito. Por exemplo, como Comfort argumenta de maneira tão apropriada, McClintock não foi nem desprezada nem foi uma precursora: a evidência da transposição apresentada por ela foi aceita imediatamente. A interpretação dessa cientista, na sua significância mais ampla, entretanto, era e permanece duvidosa na mente da maioria dos pesquisadores. O argumento da prematuridade acerca de McClintock cede em dois pontos: ela não foi nem ignorada em sua época, nem ficou provado mais tarde que ela tinha razão.

23. Citado por Hook, cap. 1, neste volume.
24. Cf. Holmes, cap. 12, e Löwy, cap. 20, neste volume.

Mas, e de igual importância, precursores verdadeiramente desprezados não contam. Eles não exercem grande efeito sobre o curso da ciência de seu tempo, e agora é demasiado tarde. Mendel é um caso referencial. Não está claro se ele entendeu o seu próprio trabalho na forma que seus ulteriores comentadores vindicam, mas assumindo que Mendel tenha sido um precursor genuíno de Bateson e de geneticistas posteriores, o único uso que tais pesquisadores fizeram do artigo de Mendel foi o de desviar uma disputa prioritária entre seus redescobridores. Se um obscuro monge da Moravia realmente descobriu as leis básicas que governam a hereditariedade, então não faz sentido o engajamento dos redescobridores numa inverossímil disputa de prioridade.

Suspeito que Stent introduziu a noção de prematuridade aqui-e-agora numa tentativa de desviar a acusação de whiguismo. Para mim, sua manobra não funciona, porém não vejo no whiguismo (ou presentismo, como às vezes é chamado) um mal destemperado que tantos historiadores criticam[25]. Em todo caso, justificado ou não, uma razão por que certos historiadores da ciência não acolhem a categoria da prematuridade proposta por Stent é que a prematuridade retrospectiva afigurou-se ser de caráter demasiado whiguista para o seu gosto, ao passo que a prematuridade aqui-e-agora parece ser uma categoria ampla demais para ser de muito uso[26].

Entre a maior parte dos filósofos da ciência, em 1972, a influência reinante ainda era alguma versão do empirismo lógico. Muito embora a literatura da época estivesse repleta de críticas a este empirismo, para muitos filósofos da ciência remanescia a esperança de que esse modo de fazer filosofia da ciência podia ser salvo[27]. A referência de Stent a "passos lógicos" é certamente compatível com

25. Ver Hull, 1979.
26. Sobre Mendel como precursor e o papel do crédito pelas contribuições na atomização das descobertas científicas, cf. Holmes, cap. 12, neste volume.
27. Essa vindicação com respeito ao status da análise da ciência pelo empirismo lógico pode ser testada por meio da leitura dos artigos publicados, na época, pela primeira revista deste campo – *Philosophy of Science*. A maioria dos autores que publicou nesta revista apenas quebrou a cabeça sobre este ou aquele aspecto do empirismo lógico; alguns deles o criticaram, mas nenhum deles forneceu algo parecido com uma alternativa ao empirismo lógico.

o empirismo lógico por causa do pesado acento na inferência que esta cisão da ciência apresenta. O que é método científico? É a formulação de hipóteses, e a comprovação de observações afirmadas deriváveis dessas hipóteses. O que é redução teórica? É a derivação de um nível superior de teoria a partir de um nível inferior. O que é explanação? É a derivação do *explanandum* a partir do *explanans*.

Concordo com Gonzalo Munévar, segundo o qual tomar a frase "simples passos lógicos" por seu valor nominal é erro. Stent provavelmente quis dizer algo muito mais próximo da glosa de Löwy[28]. Mas qualquer filósofo da ciência que lesse o artigo de Stent na época teria considerado essa sentença por seu valor nominal e respondido positivamente como resultado de sua leitura errônea. Se a inferência desempenhou um papel de tal monta no empirismo lógico, e os filósofos da época entenderam equivocadamente a referência de Stent a "simples passos lógicos" e lhe deu o próprio sentido de simples passos lógicos, como sendo o entendimento da frase, então por que os filósofos da ciência ignoraram a noção de prematuridade de Stent? Ela se ajusta ao nosso cânone e, como Carpenter observa, nós nos sentimos todos mais felizes em aceitar uma idéia que melhor se amolda ao nosso próprio cânone do que uma que não se amolda[29].

Várias razões podem ser aventadas para o malogro dos filósofos da ciência, partidários dos empiristas lógicos, para incorporar a prematuridade no seu próprio cânone. Na realidade, esta falha é sobreterminada. A primeira delas é a de que Stent tomava o seu artigo como uma contribuição à descoberta científica, quando uma das pedras de toque do empirismo lógico é que o tema da filosofia da ciência é a justificação e não a descoberta[30]. A segunda, embora a prematuridade aqui-e-agora não possua dimensão temporal, a prematuridade retrospectiva a tem. Nos casos da prematuridade

28. Gonzalo Munévar fez esses comentários no simpósio sobre "Prematuridade e Descoberta Científica" realizado na Universidade da Califórnia, Berkeley, de 2 a 4 de dezembro de 1997. Ver também Munévar, cap. 23, e Löwy, cap. 20, neste volume.
29. Cf. Carpenter, cap. 7, neste volume.
30. Brannigan, 1981.

retrospectiva, os cientistas da época julgavam a contribuição não conectável. Cientistas ulteriores concluíram que a contribuição não era conectável, mas era importante.

Todavia, as espécies de inferência que os filósofos empiristas lógicos empregam para analisar a ciência são atemporais. Quando um evento ocorreu, em relação a outros eventos, ele é irrelevante. Por exemplo, uma distinção comum entre explanação e previsão de eventos particulares é que na explanação o evento já ocorreu e na previsão ele ainda não ocorreu. Os empiristas lógicos respondem que isso não importa, explanação e previsão são simétricas. Elas exibem precisamente a mesma forma lógica, estando as diferenças temporais suspensas.

Os empiristas lógicos não estão também interessados na psicologia dos cientistas. Uma recorrente disputa na filosofia da ciência é se caberia atribuir peso adicional à derivação de fenômenos até agora desconhecidos na confirmação de uma hipótese. Se você já sabe que um tipo particular de fenômeno ocorre, então lhe é dado servir-se dele para construção de sua hipótese. Todavia, se uma espécie particular de fenômeno lhe é até agora desconhecida, então não lhe será possível efetuar a construção. Portanto, à derivação de fenômenos até agora desconhecidos deve ser dado maior peso do que à derivação de fenômenos conhecidos. Essa diferença, entretanto, é puramente psicológica. Inferência é inferência, independentemente de quando o fenômeno referido ocorre de fato.

Se nos voltarmos dos passos lógicos para o critério sociológico de Stent, a distância entre prematuridade e empirismo lógico apenas cresce. Os empiristas lógicos não estão interessados na psicologia, mas estão ainda menos interessados na sociologia – ou na *mob-psicologia* (isto é, de massa), como um crítico não simpático a designou[31]. Entretanto, na necessidade de decidir que contribuições podem utilizar em suas próprias pesquisas, cientistas dificilmente parecem manifestar uma *mob-psicologia*. Em todo caso, a visão de ciência produzida pelos partidários do empirismo lógico não englo-

31. Lakatos, 1970, p. 140.

ba tudo o que concerne ao comportamento dos cientistas, mas, ao invés, o seu interesse está voltado para a relação lógica entre proposições. Como resultado de tudo que procede acima, a falha dos filósofos da ciência em tomar conhecimento da prematuridade de Stent é compreensível[32].

Como nota Stent, dos pesquisadores que estudam a ciência, ela mesma, os sociólogos mertonianos foram os que mais se interessaram pela prematuridade[33]. A noção de prematuridade se ajusta muito bem na panóplia mertoniana de termos classificatórios tais como "universalismo", "comunalismo", "desinteressidade", "ceticismo organizado", "humildade", "originalidade" e "prioridade". A prematuridade é uma forma de descontinuidade na ciência. Pós-maturidade é outra. De acordo com Zuckerman e Lederberg, descobertas prematuras são aquelas que foram feitas, porém negligenciadas, enquanto as descobertas pós-maduras não foram realizadas, mas poderiam ter sido[34]. Para que uma descoberta seja qualificada como pós-madura precisa possuir três atributos: deve ter sido tecnicamente alcançável antes do tempo em que foi na realidade obtida; deve ter sido compreensível para os cientistas em atividade na época; e os cientistas daquele tempo deveriam ter sido capazes de apreciar as implicações da descoberta. O exemplo que Zuckerman e Lederberg proporcionam é o da descoberta do sexo em bactérias. As técnicas para descobrir a recombinação sexual em bactérias já estavam disponíveis em 1908 e, se alguém tivesse promovido experimentos relevantes, os geneticistas e, possivelmente, até os bacteriologistas teriam apreciado os resultados[35].

32. Embora o termo de Stent "prematuridade" não tenha desempenhado um papel na literatura filosófica, classificações similares a dele foram publicadas tanto antes, como depois do aparecimento de seu artigo em 1972. Por exemplo, Lakatos (1970, p. 116) distingue entre desvios de problemas degenerativos e progressivos, enquanto Laudan (1977, p. 17) diferencia problemas conceituais e empíricos. Ele divide este último tipo em problemas que são não resolvidos, resolvidos e anômalos. No caso de Lakatos e Laudan, pelo menos, seus conceitos metaníveis mostraram-se não prematuros. Eles exerceram um impacto sobre o cânone relevante.

33. Stent, 1972a, p. 448. Ver também Stern, cap. 18, neste volume, escrito subseqüentemente. (N. do O.)

34. Zuckerman e Lederberg, 1986, p. 629.

35. Cf. também Hook, cap. 1, neste volume.

Entretanto, em minha busca admitidamente casual e incompleta da literatura mertoniana, não me deparei com muitas referências a Stent ou à sua noção de prematuridade. Como indica a postura advocatícia de Zuckerman, a prematuridade podia ser conectada à sociologia mertoniana da ciência, mas outros sociólogos mertonianos, aparentemente, não se lhe juntaram no entusiasmo. Eles não compreenderam como poderiam fazer algo com a prematuridade. Assim, os mertonianos apresentaram um caso-problema. De acordo com Stent, aqueles autores que ignoram ou rejeitam uma nova descoberta têm o direito de assim proceder se não conseguirem ligá-la ao cânone do dia. Mas, ao menos um mertoniano prestou atenção e tentou integrar a prematuridade na sociologia mertoniana da ciência, enquanto outros não o tentaram. O que aconteceu?

A degeneração dos programas de pesquisa é a causa provável disso. Stent apareceu com um conceito que se amoldava muito bem à sociologia mertoniana da ciência, justamente quando esta escola estava a ponto de ser eclipsada pelos advogados da sociologia do conhecimento científico[36]. Stent engatou o seu carro numa estrela cadente.

A categoria final de pesquisadores que poderiam ter utilizado a noção de Stent sobre prematuridade é a dos próprios cientistas. Zuckerman é um cientista – um sociólogo e não um geneticista ou um bacteriologista. No estudo de Zuckerman e Lederberg, antes mencionado, Zuckerman desempenhou o papel de um "sociólogo observador". Lederberg foi um dos fundadores do que veio a ser conhecido como a genética microbiana, mas nesse artigo ele estava desempenhando o papel de um "cientista participante". Nestas posições, ambos pertencem a um grupo mais amplo que é descrito da maneira mais neutra como "estudiosos da ciência". Eles estão estudando a ciência por quaisquer meios disponíveis. Mais recentemente, Philip Tobias, um paleoantropólogo, retomou a causa da prematuridade[37]. Embora, em um artigo de 1996, ele discuta dez exemplos de prematu-

36. Hull, 1993.
37. Tobias, 1996.

ridade, Tobias se concentra em um de seu próprio campo – a antropologia. Todavia, em seu artigo, o autor funciona não como antropólogo, porém como um estudioso da ciência.

Não pretendo definir fora da existência a categoria dos cientistas que julgam útil a noção de prematuridade de Stent. Porém, quando efetuam tais avaliações, eles estão funcionando não simplesmente como cientistas, mas também como estudiosos da ciência. Se um número razoavelmente grande de cientistas fosse levado a exonerar-se de seus papéis usuais e aceitar um segundo papel em conexão com a prematuridade, eu concluiria, então, que estes cientistas acharam a idéia de Stent promissora. Até agora, contudo, eles não o fizeram.

Promessa

Para as categorias como prematuridade e pós-maturidade, acrescento uma terceira, a promessa. A maioria das publicações científicas gera pouca ou nenhuma resposta. Outros cientistas não conseguem ver como os dados, as hipóteses ou as teorias apresentadas em um artigo podem ajudá-los na própria pesquisa que realizam. Por isso, tais idéias jazem enterradas na literatura, raramente estourando mais tarde como importante contribuição à ciência. Mas, o fenômeno oposto também ocorre. Às vezes, um cientista publica um trabalho e todo mundo salta em cima dele, lançando ainda outra moda científica. Stent discute os primeiros trabalhos de James Watson e Francis Crick sobre o DNA no contexto da singularidade. Se Watson e Crick não os tivessem publicado, quanto tempo levaria para alguém mais fazê-lo? (os historiadores tampouco gostam de questões como estas). Eu gostaria de usar as primeiras publicações de Watson e Crick como um exemplo de promessa. Quando muitos dos seus contemporâneos leram esses artigos, concluíram que tudo se encaixava tão elegantemente que esse modelo da estrutura do DNA não podia deixar de estar correto. No entanto, mais do que estar correto, o modelo apresentava promessa. Se estivesse certo, centenas de artigos poderiam vir a ser publicados, e até alguns poucos prêmios Nobel estariam à espera, no caminho. Os contemporâneos de Watson e Crick puderam antecipar o uso que eles poderiam fazer deste modelo. Eles poderiam construir suas pesquisas com base nele[38].

A noção de promessa não é nova na literatura acerca da ciência, mas tem se mostrado tão prematura como a noção de prematuridade de Stent. Não obstante, julgo-a de extrema importância. Por que a idéia de promessa pareceu mais promissora a outros estudiosos da ciência? Os historiadores não podem opor-lhe objeção, porque ela não é minimamente whiguista. Tampouco é retrospectiva, mas, sim, prospectiva. Certamente a promessa não se amolda a tudo o que jorra para dentro da antiquada literatura lógico-empirista, mas alternativas ao empirismo lógico têm sido geradas onde semelhantes noções temporais se ajustam de maneira absolutamente natural. Por exemplo, Imre Lakatos define sua noção de deslocamento de problemas progressivos e degenerativos em termos de uma série de teorias relacionadas por teorias estáticas, não singulares, descendentes[39]. Larry Laudan também encara a ciência como um processo temporal[40]. No seu livro, Laudan introduz uma distinção entre o contexto de aceitação e o contexto de prosseguimento[41]. No contexto de aceitação, ele aconselha os cientistas a "escolher a teoria (ou a tradição de pesquisa) com a mais elevada adequação para a solução de problemas" (os grifos foram omitidos). Entretanto, no contexto do prosseguimento, Laudan argumenta que é "sempre racional prosseguir qualquer tradição de pesquisa que tenha uma taxa mais alta de progresso do que suas rivais"[42]. Mais ainda, "os

38. Crick (1988, p. 73-74) considera a introdução do modelo de Watson-Crick do DNA de maneira bastante diferente: "Levou mais de vinte cinco anos para que o nosso modelo do DNA deixasse de ser apenas plausível, e passasse a ser muito plausível". Nossas diferenças podem residir na distinção entre o contexto de aceitação e o conceito de prosseguimento. Os cientistas que não aceitaram plenamente o modelo de Watson-Crick estavam dispostos, não obstante, a arriscar suas carreiras por causa dele – um compromisso nada pequeno.
39. Lakatos, 1970, p. 119. Ver também Hull, 1988.
40. Laudan, 1977.
41. Idem, p. 109.
42. Idem, p. 110

cientistas podem ter razões para trabalhar sobre teorias que eles não aceitariam" (os grifos foram omitidos).

Obviamente, Laudan está falando de promessa, mas ambas as referências precedentes apareceram nos anos de 1970. O que aconteceu desde então? Uma vez mais, com base em um exame apenas admitidamente incompleto da literatura, sou forçado a concluir que nada como a promessa desempenhou todo esse amplo papel no estudo da ciência. O que está errado? Serão os estudiosos da ciência incapazes de ligar a promessa ao cânone deles? Serão eles incapazes de achar algo para construir com base na noção de promessa? Mesmo assim, permaneço teimosamente vinculado a esta noção. Com respeito à prematuridade, à pós-maturidade e à promessa, considero a promessa como o tópico mais promissor de pesquisa. Mas, por ora, esta remanesce como outro exemplo de prematuridade.

Conclusão

Quando Stent introduziu a noção de prematuridade em 1972, ele recebeu numerosas cartas sobre o assunto, mas foi ignorado por quase todos os estudiosos da ciência. Para os historiadores da ciência, a noção parecia whiguista. Aos filósofos da ciência, ela parecia ir além da inferência, para fazer referência a fatores psicológicos e sociológicos. Os sociólogos mertonianos da ciência julgaram-na relevante para o seu modo de estudar a ciência, mas a sociologia mertoniana da ciência já estava sendo eclipsada pelos advogados relativistas da sociologia do conhecimento científico. Grande número de cientistas pode muito bem ter achado a noção de prematuridade interessante e importante, mas, na qualidade de cientistas, eles não podiam incorporá-la às suas próprias pesquisas. A prematuridade não é algo que um cientista, trabalhando sobre fagos, pudesse incorporá-la em um programa de pesquisa. Trata-se de um conceito metacientífico. Teremos de esperar para ver quão bem-sucedido Hook virá a ser, ao encorajar estudiosos da ciência a construírem algo com base nessa idéia.

Bibliografia

Auden, W. H. 1973. Letters. *Scientific American* 228 (janeiro): 8.

Brannigan, A. 1981. *The Social Basis of Scientific Discoveries*. Cambridge: Cambridge University Press.

Collins, H. & T. Pinch. 1993. *The Golem: What Everyone Should Know about Science*. Cambridge: Cambridge University Press.

Crick, F. 1988. *What Made Pursuit: A Personal View of Scientific Discovery*. New York: Basic Books.

Hull, D. L. 1979. In Defense of Presentism. *History and Theory* 18:1-15.

______. 1988. *Science as a Process: An Evolutionary Account of the Social and Conceptual Development of Science*. Chicago: University of Chicago Press.

______. 1993. Review of *Making Science: Between Nature and Society*, por Stephen Cole. *American Journal of Sociology* 99:839-40.

Kimura, M. 1983. *The Neutral Theory of Molecular Evolution*. Cambridge: Cambridge University Press.

Lakatos, I. 1970. Falsification and the Methodology of Scientific Research Programmes. In: I. Lakatos & A. Musgrave (eds.). *Criticism and the Growth of Knowledge*. Cambridge: Cambridge University Press, p. 91-195.

Laudan, L. 1977. *Progress and Its Problems: Towards a Theory of Scientific Growth*. Berkeley and Los Angeles: University of California Press.

______. 1981. The Pseudo-Science of Science?. *Philosophy of the Social Sciences* 11:173-196.

______. 1982. A Note on Collins's Blend of Relativism and Empiricism. *Social Studies of Science* 12:131-32.

Sandler, I. 1979. Some Reflections on the Protean Nature of the Scientific Precursor. *History of Science* 17:170-90.

Stent, G. 1972a. Prematurity and Uniqueness in Scientific Discovery. *Advances in the Biosciences* 8:433-49.

______. 1972b. Prematurity and Uniqueness in Scientific Discovery. *Scientific American* 227 (dezembro): 84-93.

Tobias, P. V. 1996. Premature Discoveries in Science, with Special Reference to *Australopithecus* and *Homo habilus*. *Proceedings of the American Philosophical Society* 140:49-64.

Zuckerman, H. & J. Lederberg. 1986. Postmature Scientific Discovery?. *Nature* 324:629-31.

23.

REFLEXÕES SOBRE OS REPAROS DE HULL

Gonzalo Munévar

Eu comento aqui dois aspectos dos principais temas de David Hull: a noção de prematuridade de Gunther Stent e a noção de promessa.

Prematuridade

O primeiro interesse de Hull foi tentar esclarecer a noção de prematuridade de Stent. Ele o fez arrolando uma série de preocupações acerca da idéia stentiana, segundo a qual, por vezes, uma descoberta científica não é aceita na sua época porque "suas implicações não podem ser conectadas por uma série de simples passos lógicos ao conhecimento contemporâneo canônico, ou geralmente aceito"[1]. Por "passos lógicos", Stent não pensa-

1. Stent, 1972.

va em inferências lógico-formais, como podiam esperar os filósofos analíticos, mas – como ele explica – uma "cadeia de inferências racionais". Tais inferências poderão ser tomadas, além do mais, como racionais para os praticantes no campo. No meu modo de entender Stent, sua percepção ajusta-se muito bem a outra similar, apresentada por Hull: os cientistas tendem a aceitar resultados que se relacionam com suas próprias pesquisas e a ignorar outras. Seguramente, se uma pretensa descoberta não pode ser ligada ao cânone de pesquisa do campo, é provável que não seja apreciada na época, e outros cientistas não lhe darão prosseguimento.

A maior parte das preocupações de Hull tem a ver com as complexidades que encontramos quando tentamos aplicar a noção de prematuridade. Uma delas é que a noção de conhecimento canônico é problemática. O problema surge não da falta de unanimidade, porém, antes, da nossa expectativa de que o conhecimento canônico deveria ser determinado por condição necessária e suficiente, ou de alguma outra maneira, essencialista. Mas, neste ponto, como em muitos outros casos, vale a pena adotar uma abordagem populacional como Hull e eu amiúde advogamos. Uma vez que estamos lidando com seres humanos haverá, naturalmente, alguma variação nas crenças individuais acerca do que é exatamente o cânone. Entretanto, idéias relativas ao cânone de pesquisa (em qualquer caso, numa bem formada disciplina) irão aglomerar-se em torno de alguns requisitos centrais. E, até mesmo, se as versões do cânone, em uma dada disciplina, forem bem mais frouxamente distribuídas do que a conjectura sugere, se os pesquisadores reconhecidos não divisam algum modo de ligar a nova descoberta à versão que eles próprios têm do cânone – qualquer que ele seja – é provável que ignorem a dita "descoberta". Expandir o cânone, portanto, não afeta o ponto em que o trabalho, que não pode ser ligado a ele, passará sem ser apreciado, e assim será prematuro.

Um dos principais exemplos de Stent é a descoberta do gene, feita por Gregor Mendel, em 1865. Hull invoca os reparos de Ilana Löwy e de Frederic Holmes sobre a complexidade das descobertas a fim de perguntar se o que Mendel descobriu em seu tempo era o mesmo que aquilo que os "redescobridores" da genética mendeliana lhe atribuíram 35 anos mais tarde. Hull decide cortar da prematuridade alguma escória: "Bastante similar precisa ser bastante bom". Parece-me que podemos ir um pouco adiante. O contexto em que qualquer teoria é interpretada está sujeito à mudança, e é minha opinião que, quanto mais importante a descoberta, maior será a mudança. A razão disso é que descobertas importantes afetam profundamente a maneira como a ciência é feita, e novos modos de fazer ciência transformam a significação que atribuímos a uma variedade de importantes resultados. Na nova ciência, alguns dos velhos problemas e preocupações das descobertas iniciais são deixados para trás. Pensem, por exemplo, quão esquisitas e antiquadas parecem hoje as investigações astronômicas de Johannes Kepler com o uso dos sólidos ideais, muito embora aceitemos suas três leis. Assim, as descobertas que produzem a nova ciência são reinterpretadas (pelo menos com respeito ao que é importante e ao que não é) à luz da nova ciência. Essa reinterpretação está sujeita a ser muito mais radical no caso das descobertas prematuras, pois é provável que haja diferenças maiores entre as metas, os procedimentos e o estilo do investigador inicial e os de seus futuros admiradores. Se as pesquisas de Mendel deviam ser conectadas ao cânone dos biólogos experimentais do início do século XX, elas deviam também, *por certo*, ser interpretadas à luz de tais cânones, e estas interpretações, *por certo*, teriam parecido antes estranhas a ele. Mas então, como indica Hull, o bastante similar é bastante bom. Dispomos assim, na obra de Mendel, de outro caso de uma descoberta não apreciada no seu tempo e não apreciada porque não havia nenhum cânone ao qual ela poderia ser ligada de modo fecundo. Trata-se claramente de um caso de prematuridade.

Hull preocupa-se um bocado com o que ele denomina de "prematuridade 'aqui-e-agora' de Stent". Ele critica essa noção por ter, presumivelmente, uma "enorme extensão". Como ele diz: "Exemplos de prematuridade retrospectiva são relativamente raros e interessantes, ao passo que exemplos de prematuridade aqui-e-agora são lugares-comuns e não muito interessantes". O motivo para tal vindicação parece apoiar-se na vasta maioria dos artigos científicos que não são apreciados quando publicados pela primeira vez e assim remanescem, supostamente, para sempre. Como salienta o autor, a maioria dos artigos nunca é citada na época da publicação (ou depois). Hull crê que as idéias constantes desses artigos não são falsas, mas apenas desconectadas do cânone. E dado o fato de Stent argumentar que uma descoberta, hoje desligada do conhecimento canônico, pode ser considerada prematura "neste preciso tempo", Hull conclui que a maior parte dos trabalhos publicados, hoje em dia, é prematura neste preciso tempo (ou seja, é prematura aqui-e-agora). Mas creio que neste caso particular Hull está equivocado. A maioria das obras científicas atualmente publicadas não está desconectada do cânone. Ao contrário, ela se ajusta muito bem ao cânone: a maioria dos trabalhos estampados hoje em dia é constituída de aplicações técnicas triviais do conhecimento científico presente. O mesmo ponto poderia ser ressaltado com respeito à maior parte das pesquisas realizadas em tempos passados, e estou certo de que o mesmo será dito a propósito dos que serão efetuados no futuro. Muita coisa expressa pelos trabalhos é ignorada, não por estar desconectada, mas por ser considerada trivial ou medíocre.

O que Stent pretendeu, acredito, foi usar o seu *insight* acerca da prematuridade para explicar a atitude antes desconcertante de muitos cientistas para com certas "descobertas" inusitadas. Por exemplo, se as pretensões acerca da PES e da memória macromolecular fossem verídicas, elas teriam assombrosas conseqüências. Por que então cientistas brilhantes deixam de considerar essas questões como merecedoras da atenção de sua época? A razão é que eles não têm meios de conectá-las com o seu próprio conhecimento canônico: não há nada que eles possam fazer com tais vindicações em face das ferramentas e procedimentos à sua disposição. Se *algum dia* tais pretensões se mostrarem de fato verdadeiras, então estaremos aptos a afirmar que elas eram prematuras.

Promessa

Julguei o interesse de Hull, em relação à promessa de idéias científicas, inteiramente apropriado à sua índole. Ele tem um precursor em Thomas Kuhn, o qual afirmou que "o sucesso de um paradigma... é no começo, em grande parte, uma promessa de sucesso... A ciência normal consiste na realização dessa promessa"[2]. Ora, por que algumas investigações científicas são consideradas promissoras e outras não? Ofereço as seguintes sugestões como resposta, todas vinculadas, de algum modo, com a noção de prematuridade de Stent.

Há dois principais modos de entender a promessa científica. O primeiro deles lida com a compreensão de que uma alegada descoberta pode ser conectada ao conhecimento canônico. O segundo ocupa-se com a compreensão de que uma alegada descoberta constitui um caso convidativo para a aceitação de um conhecimento canônico revisado, ou até novo.

Quando um obstáculo bloqueia o caminho para uma conexão entre a descoberta e o conhecimento canônico, assim como o entendimento do DNA, antes de 1950, bloqueava o trabalho dos geneticistas sobre os resultados de O. T. Avery, então não descortinamos nenhuma promessa na descoberta. Inversamente, uma descoberta é vista como dotada de muita promessa quando tais conexões afloram de modo rápido à mente de vários pesquisadores no campo. Às vezes, entretanto, apreender a promessa de um desenvolvimento particular requer uma grande porção de perceptividade, imaginação ou até talento. Tomem, por exemplo, a invenção do *laser* por C. H. Townes[3]. Desenvolvimentos na teoria da luz poderiam ter sugerido a possibilidade dos *lasers*, mas levou alguém com uma forte base não só em ciência, como também em engenharia, a perceber essa possibilidade, sem torná-la uma realidade. Ele viu uma promessa lá

2. Kuhn, 1970, p. 23-24.
3. Ver Townes, cap. 4, neste volume.

onde outros se mostraram completamente impérvios a essa possibilidade.

Então, há casos em que um cientista percebe que *deveria* haver uma ligação entre um desenvolvimento particular e o conhecimento canônico, muito embora não surja nenhuma prontamente ao espírito. A promessa encontra-se, de novo, em semelhante percepção. Um bom exemplo é a descoberta dos raios X por Wilhelm Röntgen. Certa noite ele notou um estranho brilho em seu laboratório, um brilho que rastreou até o seu tubo de raios catódicos. Isto estava, na realidade, em desacordo com o conhecimento canônico, pois um fulgor assim significava energia, e as equações balanceadas de Röntgen não dispunham de espaço para essa energia não computada. Não obstante, o cientista pensou que a física (seu cânone) deveria dar conta do fenômeno. Três meses mais tarde, ficou claro que ele havia detectado uma nova forma de radiação eletromagnética. No fim, ele ampliou o conhecimento canônico com o fito de assimilar suas observações sobre o referido brilho.

E, finalmente, temos o segundo tipo de promessa, no qual vemos promessa em uma idéia somente quando vemos também que essa idéia irá conduzir a um novo modo de fazer ciência, a um novo cânone. Um bom exemplo é a descoberta do oxigênio por Antoine-Laurent Lavoisier, que anunciou um novo cânone científico. Penso que esse resultado justifica a vindicação de Norton Zinder, segundo a qual descobertas verdadeiramente importantes não podem ser conectadas ao cânone. A razão é que se elas são, de fato, importantes ("revolucionárias") é provável que produzam um modo, amplamente novo de praticar ciência. De qualquer modo se a idéia ou a investigação não puderem ser ligadas ao cânone científico do dia, elas poderão, ainda assim, ser vistas como promissoras, caso sugiram como podem adequar-se ao instigante novo cânone.

Esse resultado, por seu turno, sugere que a noção de Stent a respeito da prematuridade precisa ser modificada. A descoberta é prematura se não tiver sido apreciada em sua época e não puder ser conectada ao cânone científico prevalente, ou prover um novo cânone científico. Nisto eu fui influenciado por algumas das idéias kuhnianas (acerca da assimilação dos raios x descobertos por Röntgen e sobre as mudanças revolucionárias), bem como pela noção de prematuridade de Stent, em minha investigação sobre a noção de promessa científica.

Bibliografia

Kuhn, T. S. 1970. *The Structure of Scientific Revolutions*. 2 ed. Chicago: University of Chicago Press.
Stent, G. 1972. Prematurity and Uniqueness in Scientific Discovery. *Scientific American* 227 (dezembro): 84.-93.

24.

COMENTÁRIOS

Gunther S. Stent

Agradeço aos autores dos ensaios precedentes pelo esforço que expenderam no reexame de um trabalho que publiquei há trinta anos, dedicado, em parte, à prematuridade na descoberta científica. Em meio da carreira e pouco experiente naquela época, eu pensava que a prematuridade era um conceito bastante óbvio e de natureza diretamente histórica. Compartilhava essa idéia, evidentemente errônea, com Martin Jones, cujo ponto de vista está expresso na contribuição que faz a este volume, e segundo o qual "isso tudo é um território muito familiar a quem quer que esteja na disciplina dos estudos da ciência".

Ao escrever meu ensaio, omiti alguns exemplos muito convincentes de descobertas prematuras, apresentados por alguns que participaram da presente coletânea. Eles incluíram a deriva continental, o aquecimento global, a catastrófica extinção em massa (que, como se verifica, não seria prematura se tivesse sido descoberta um século antes) e, finalmente, (que é provavelmente o caso mais pejado de conseqüências da prematuridade de uma descoberta na história do mundo), a fissão nuclear.

Alguns princípios gerais

Meu ensaio tencionava tratar da história e da sociologia da ciência e não (ou dificilmente) da sua filosofia. *A Estrutura das Revoluções Científicas*, de Thomas Kuhn, havia aparecido fazia pouco tempo antes. E eu não tinha avaliado plenamente o que mais tarde eu viria a perceber como sendo uma das principais mensagens de Kuhn (que, por sua vez, a derivara de *Genesis and Development of a Scientific Fact* (Gênese e Desenvolvimento da Verdade Científica), do imunologista polonês Ludwik Fleck). Refiro-me ao *insight* de que a história, a sociologia e a filosofia da ciência constituem, na realidade, um único assunto indivisível. Essa lição está implícita na análise acerca da aceitação da teoria de Darwin sobre a seleção natural, apresentada no capítulo de Michael Ruse. Este expõe dois fatos que ele percebe como sendo as principais razões do êxito de Darwin – a convincente argumentação científica e o contexto ideológico no qual a teoria foi introduzida. E Ruse continua: "A terceira razão pela qual Darwin foi bem-sucedido com a seleção natural é mais sociológica... [É de Robert Merton] o 'princípio de Matthew': grandes cientistas recebem muito crédito pelo trabalho que realizaram – muito mais do que cientistas menores receberiam pelo mesmo trabalho".

Portanto, eu me sentia menos preocupado com a verdade metafísica das descobertas do que com a psicologia de sua aceitação como uma verdade (na fala de Fleck) por "coletivos do pensamento" (a afinidade de meu conceito de prematuridade com as idéias publicadas por Fleck nos anos de 1930 – das quais tomei conhecimento somente depois de ter escrito o meu artigo – é abordada por Ilana Löwy na sua excelente colaboração neste volume). Assim, no caso da percepção extra-sensorial (PES), como um exemplo de prematuridade aqui-e-agora, refiro-me a ela como uma descoberta porque as vindicações em favor de sua existência foram sustentadas por dados estatísticos mais empíricos do que os resultados da maioria de outros experimentos psicológicos. No entanto, mesmo se a PES fosse (metafisicamente) uma verdade, esta não poderia ser acolhida pelo coletivo do pensamento neurobiológico, porque não havia para ela explanação teórica, ou seja, seus membros não poderiam ter conectado a PES ao conhecimento canônico do coletivo.

Em seu ensaio incluído neste volume, Michael Ghiselin acha que "Stent... tentou efetuar uma distinção categorial entre o que é prematuro e o que não é... O modelo de Stent padece de uma falta de realismo, em parte por causa de sua formulação tipológica e não quantitativa". Não se trata do fato de eu tentar efetuar uma distinção "categorial" entre o que é prematuro e o que não é, no sentido aristotélico de uma diferença absoluta ou intransponível, ou uma lacuna conceitual entre os membros de dois conjuntos.

Ciente do argumento de Ludwig Wittgenstein, segundo o qual os objetos naturais podem ser classificados apenas em termos de "conjuntos vagos" (como meu colega de Berkeley, Lotfi Zadeh, os designava), eu jamais teria tentado fazer uma distinção categorial aristotélica entre o que é e o que não é prematuro.

Fico surpreendido com o fato de que Ghiselin, dentre todos, tenha interpretado mal meu esquema classificatório. Será que ele próprio não rejeitou o conceito categorial aristotélico sobre as espécies biológicas e está se referindo às espécies como "indivíduos"? Concordo prontamente que algumas descobertas podem ser mais prematuras do que outras, porém a introdução de uma métrica da prematuridade, sugerida por Ghiselin, parece-me – posso dizê-lo? – prematura.

O que é uma descoberta?

Na fala comum, bem como no discurso filosófico, a palavra "descoberta" refere-se ao ato de tornar conhecido algo que era previamente desconhecido. E este é também o significado que eu tinha em mente quando escrevi o meu ensaio. O termo implica tacitamente que o novo conhecimento dado a conhecer pela descoberta é verdadeiro. E se verificarmos, em algum tempo ulterior, que ele não é verdadeiro, a designação "descoberta" é retirada. Não pode haver falsas descobertas.

Desde o princípio de seus ensaios, Zinder e Hetherington banalizam o conceito de prematuridade. Hetherington pretende que "todas as grandes descobertas podem *praticamente, por definição*, sofrer subavaliações iniciais, porque tais descobertas, como condição da subseqüente grandeza reconhecida, devem contrariar crenças prevalentes e, em última análise, mudar o cânone científico" (o grifo foi acrescido). E Zinder declara que "todas as verdadeiras descobertas são prematuras; todas as outras 'descobertas' são, na melhor das hipóteses, apenas engenhosas e lógicas extrapolações que podem também implicar, embora ocasionalmente, brilhante inovação técnica" (a escolha de Zinder pelo predicado "verdadeiro" não foi feliz, uma vez que, tendo em mente que a palavra "descoberta" implica verdade, sua expressão "descoberta verdadeira" é um pleonasmo. Portanto, concedamo-lhe o benefício da dúvida, supondo que, como Hetherington, ele realmente quis dizer "grande" mais do que "verdadeiro"). Assim, tanto Hetherington como Zinder pretendem em essência que o enunciado, "Esta grande descoberta foi prematura", é aquilo que Imannuel Kant classificava como uma proposição analítica, cuja verdade está implícita no significado de suas palavras (e. g., "nenhum solteiro é casado"). Mas, a vindicação deles é falsificada por aquilo que Kant referia como uma proposição sintética (e.g., "nenhum solteiro é feliz"): quer dizer, pela proposição empiricamente verdadeira segundo a qual nem todas as descobertas para as quais o predicado "grande" é aplicado sofrem uma subavaliação inicial. Por exemplo, a descoberta de James Watson e Francis Crick, em 1953, do DNA de dupla hélice, que é considerada como uma das maiores descoberta do século XX, não padeceu inicialmente de sub-apreciação. Ela foi, em geral, bem acolhida muitos meses antes que os dados cristalográficos a apoiá-la haviam sequer sido publicados e, anos antes que fossem levados a cabo experimentos capazes de provar que a engenhosa proposta feita pelos dois cientistas, no tocante ao mecanismo de auto-replicação sugerido pela descoberta, era correta. A razão pela qual o coletivo do pensamento biológico-molecular aceitou imediatamente o DNA de dupla hélice com base em mero boato (e relegou seus poucos cépticos à fileira dos fracos) foi que o DNA de dupla hélice apresentava-se em perfeita harmonia com o cânone biológico-molecular.

Hetherington parece acreditar que as teorias não pertencem ao conjunto das coisas que podem ser descobertas, como decorre de sua observação segundo a qual "Stent aplica seu conceito de prematuridade somente a descobertas e não a teorias". Que as teorias, ao contrário da opinião de Hetherington, figuram entre as coisas que podem ser descobertas aparece na contribuição de Ruse. De acordo com os exemplos da evolução orgânica selecionados por Ruse, há duas espécies de conhecimento que podem ser descobertas, isto é, a facticidade (e.g., a evolução ocorreu) e a teoria causal (e.g., tanto a flutuação genética quanto a seleção natural produziram a origem das espécies). (A terceira espécie de Ruse, a filogenia, está logicamente incluída na facticidade e, assim sendo, encontra-se numa posição mais baixa na hierarquia epistêmica do que as outras duas.)

Em todo caso, a asserção de Hetherington de que eu não apliquei o meu conceito de prematuridade às teorias é contra, factual. O excelente ensaio de Mary Jo Nye, neste volume, discorda de mim com respeito à teoria da adsorção de Polanyi, um dos meus três principais exemplos de descoberta prematura. Nye e eu concordamos, por certo, que a teoria de Polanyi foi uma descoberta e ela discorda de Polanyi e de mim com respeito à questão factual de que a teoria de Polanyi era ou não apreciada sem retardo indevido.

Retardo na apreciação: Um critério necessário, mas não suficiente para a prematuridade

A primeira questão a ser abordada para decidir se qualquer descoberta dada foi prematura é saber se houve um atraso significativo na sua apreciação pela comunidade científica particular para a qual ela teria sido eventualmente de grande importância. Pois, se não houve tal delonga, então o problema da prematuridade é discutível.

Como afirmei em meu ensaio, por "falta de apreciação" de uma descoberta não quis dizer que ela "passou desapercebida, ou ainda que não foi considerada importante". Reportando-me ao meu paradigmático caso de Avery, afirmei que o sentido atribuído por mim à falta de apreciação de sua descoberta foi que ninguém pareceu capaz de fazer algo com ela ou construir baseado nela, exceto os que estudavam o fenômeno de transformação *per se*. Quer dizer, sustentei que, durante muitos anos, a descoberta de Avery não exercera praticamente nenhum efeito sobre o discurso genético geral.

A maior parte da crítica, sobre a minha categorização da descoberta de Avery, em 1944, como sendo prematura, alegou, de fato, que não houve retardo na sua apreciação. Alguns de meus críticos assinalaram que o fracasso de Max Delbrück e seu grupo americano do fago (American Phage Group) (ao qual me associei em 1948) em captar a importância do DNA durante muitos anos não prova que as pessoas de mente mais aberta, e que realmente importavam, não a apreciaram imediatamente. O artigo de Norton Zinder proporciona um exemplo típico desse argumento em seu relato sobre um encontro realizado na Universidade Rockefeller, em 1994, a fim de celebrar o décimo quinto aniversário da publicação do informe relativo ao experimento de Avery. Ele relata que vários desses antigos pioneiros da biologia protomolecular presentes nessa comemoração proporcionavam evidência anedótica de como o trabalho deles fora imediatamente influenciado pela descoberta de Avery. No entanto, ao menos como foi contado por

Zinder, nenhum deles mencionou que ela os tivesse levado a quaisquer experimento antes dos anos de 1950 (a data da publicação do experimento de Hershey-Chase), que envolvia o conceito de DNA como o portador da informação genética.

Que houve realmente uma demora na apreciação do que finalmente se tornou a principal lição conceitual a ser extraída do experimento de Avery é mostrado pela virtual falta de citação deste autor na literatura da genética geral na década seguinte a 1944, inclusive a ausência de sua menção até mesmo em ensaios altamente especulativos que tratavam do problema da natureza do gene. Nesse ponto crucial, Holmes foi transviado por Olby, que ele cita como autor da declaração (contrafactual, como é facilmente demonstrado por um exame da literatura) segundo a qual a "significância [da descoberta de Avery] foi rapidamente apreendida por figuras fundamentais como Thedosius Dobzhansky, Herman Muller, Sir Henry Dale e Macfarlane Burnet". Em seus artigos, citados por Olby, somente Burnet (na minha opinião o mais inteligente e criativo dentre as quatro "figuras fundamentais") diz que o DNA poderia estar atuando como um gene. Dobzhansky e Dale interpretaram a ação do DNA como uma mutagênese a uma transferência intercelular de informação genética, enquanto Muller, que não acreditava em primeiro lugar que o extrato do DNA de Avery fosse livre de proteína, sugeriu que o princípio transformador consistia de nucleoproteínas cromossômicas de bactérias que se entregavam à recombinação comum com cromossomos da bactéria hospedeira.

Será que o conceito de prematuridade supõe uma taxa normal para o progresso da ciência?

Nye acredita que, ao descrever o trabalho de Polanyi sobre a teoria da adsorção como prematuro, eu estava sendo inexato, porque Polanyi perdera o debate apenas "no curto prazo". Evidentemente, foi bastante longa a década, ou mais, de falta de apreciação para que Polanyi escrevesse um artigo a respeito disto, no qual afirmou que, em vista da necessidade de ortodoxia na ciência, tal retardo era justificado. Desse fato, Nye deduz que apenas apreciações postergadas "no longo prazo" qualificam a descoberta como prematura, tornando a minha avaliação do caso Avery como de prematuridade paradigmática ainda mais inexata do que a que fiz do caso Polanyi.

Em vista da distinção que ela estabelece entre "curto" e "longo" alcance, é possível criticar, com justiça, Nye por "presumir" – como Frederic Holmes escreve em sua colaboração – que haja "alguma taxa 'normal' de avanço científico e um lapso de tempo normal entre a primeira apresentação da descoberta e sua assimilação no campo". Precisamente porque o argumento dela é baseado nesse falso pressuposto eu não aceito a sua afirmação de que Polanyi perdeu o debate unicamente "no curto prazo", como uma justificativa válida de sua pretensão de que o caso dele não era realmente um caso de prematuridade. Pois, como Holmes declara corretamente: "Que a aceitação de uma descoberta pareça rápida ou lenta, acelerada ou retardada [...] depende não apenas do intervalo medido em meses, anos ou gerações científicas, mas também das perspectivas subjetivas dos que estão envolvidos ou dos que interpretam tais eventos sob um ângulo histórico".

Dessa proposição verdadeira de Holmes não segue, todavia, que a noção de um retardo na apreciação de uma descoberta presuma a existência de "alguma taxa 'normal' de avanço científico" (no seu capítulo, David Hull aceita essa vindicação como "demonstrada" por Holmes). Ao contrário, a proposição de Holmes mostra que exatamente o caso é o oposto. Não há nenhuma pressuposição assim, e o julgamento acerca da apreciação retardada é obviamente entendido como um apelo subjetivo baseado numa comparação dos atrasos diferenciais de tempo na apreciação de várias descobertas no âmbito da experiência pessoal do cientista ou no horizonte histórico do cientista.

Quando fiz a trivial, para não dizer demasiado óbvia, asserção de que houve uma longa demora na apreciação do experimento de Avery, segundo o qual o mesmo provara que o DNA é o portador da informação genética, o uso que fiz do adjetivo "longa" não se refere a algum retardo absoluto no tempo sideral em um relógio regulado pela métrica de uma taxa universal de avanço científico normal. Na verdade baseei-me na minha percepção da grande diferença diacrônica entre o enorme atraso de uma década na apreciação do resultado de Avery e a praticamente instantânea apreciação do DNA de dupla hélice. Assim, nesta escala comparativa de atrasos na apreciação, o relato de Zinder relativo a sua descoberta da transferência de informação genética mediada por vírus representa um caso de atraso moderado, atraso este intermediário entre o de Avery e o de Watson e Crick.

O que efetivamente Mendel descobriu?

Na versão de 1972 de meu artigo aqui impresso, escrevi que "provavelmente o mais famoso caso de prematuridade na história da biologia era o de Gregor Mendel, cuja descoberta da natureza particulada da hereditariedade em 1865 teve de esperar 35 anos antes que fosse 'redescoberta' na virada do século". Na sua discussão sobre a minha interpretação do caso de Mendel, Holmes coloca corretamente que, no artigo de 1865, Mendel não mencionara a natureza particulada da hereditariedade, e que "isto exigia considerável compreensão do que deveria ter sido feito para inferir tais conceitos a partir do artigo de Mendel". Ambas as proposições, ainda que verdadeiras, imprimiu em mim um injustificado criticismo (inspirado por Robert Olby também, como Holmes confessa).

Vale o mesmo para a segunda proposição de Holmes, pois sua intenção obviamente desaprovadora implica sua surpreendente negação do lugar-comum epistemológico que, olhando para trás no passado, tendo em vista aquilo que deveria ter sido feito, é parte da solução devida ao historiador e não é seu problema. E, enquanto a primeira proposição de Holmes é literalmente verdadeira, naquilo que Mendel não teria mencionado explicitamente com respeito à natureza particulada da hereditariedade, ele o fez, por assim dizer, implicitamente – como um leitor efetivo do artigo de Mendel prontamente demonstra –, ao mencionar dois futuros conceitos centrais da genética: "traços" (também conhecidos como "fenótipos") e "elementos formativos" (também conhecidos como "genes"). Parece quase improvável que Mendel, que foi treinado tanto nas ciências físicas e na litania da Igreja Romana, tivesse qualquer idéia de "elemento" na mente diverso do derivado etimologicamente do termo latino *elementum*, ou seja, uma das partes irredutíveis da qual toda a matéria é composta.

Eis algumas das coisas que Mendel disse sobre os "elementos". Minha citação foi extraída da tradução inglesa dos artigos de Mendel editados por Curt Stern e Eva Sherwood.

> Está presumivelmente fora de dúvida que no *Pisum* tem de ocorrer uma completa união de elementos formativos de ambas as células fertilizadoras para a formação de um novo embrião. De que outra maneira então se poderia explicar que ambos os [traços] parentais se sucedam repetidamente em igual número e com todas as suas características no rebento de híbridos?
>
> Esse desenvolvimento [de híbridos] procede de acordo com uma lei constante baseada na composição material e no arranjo dos elementos que atingiram uma união viável na célula.
>
> Naqueles híbridos cujos rebentos são variáveis [em seus traços] ocorre um compromisso entre os diferentes elementos da célula germinal e do pólen suficientemente grande para permitir a formação de uma célula que se converte na base para o híbrido. Entretanto, esse equilíbrio entre elementos antagônicos é somente temporário e não se estende além da vida da planta híbrida... Nessa maneira seria possível a produção de muitas espécies de células germinais e de pólens tanto quanto

existem combinações de elementos potencialmente formativos [Neste artigo, Mendel defende essa proposição com cálculos estatísticos cuja validade depende criticamente de sua assunção de que os elementos formativos são particulados e distribuídos aleatoriamente sobre as células filhas].

Basta apenas uma mínima visão retrospectiva (de caráter terminológico) para um geneticista contemporâneo inferir que a concepção de Mendel sobre "elementos formativos" corresponde, de modo bastante próximo, às determinantes hereditárias particuladas que os geneticistas denominariam, mais tarde, de "genes" e que implementam a expressão dos traços distintivos que os geneticistas chamariam, mais tarde, de "fenótipos".

A utilidade pragmática pode substituir a conectabilidade para o conhecimento canônico

Lamento não ter mencionado em meu artigo esta importantíssima proposição exposta por Ernest Hook em sua colaboração. Suponho que na época eu nada sabia dos casos médicos aqui aduzidos por ele, mas certamente eu tinha conhecimento dos raios x de Wilhelm Röntgen. Além disso, fui informado sobre a validação teórica final do uso terapêutico longamente ridicularizado das sanguessugas, quando passei a utilizá-las como material experimental no mesmo ano em que meu artigo apareceu. No entanto, sempre há de remanescer o problema epistemológico de como, na ausência de um nexo teórico com o conhecimento canônico, decidir se uma descoberta médica funciona efetivamente. Suponho ser esta a razão pela qual a acupuntura não é aceita como uma genuína terapia na comunidade médica ocidental, a despeito dos maciços dados estatísticos reunidos em seu apoio na China.

Será whiguismo o conceito de prematuridade?

Na sua "Coda sobre a Prematuridade", Nathaniel Comfort designa o conceito de prematuridade como whiguismo. De acordo com Herbert Butterfield, que em 1931 deu ao termo seu significado agora comumente aceito, o "whiguismo" quer dizer tornar o momento presente o juiz absoluto de controvérsias passadas e o único critério para a seleção de episódios de importância histórica. Com o espancamento a que Joseph Agassi submeteu o whiguismo nos anos de 1960, este se tornou um termo de fácil abuso, tal como o "fascismo" ou o "reducionismo". E assim, na sociedade culta, as pessoas começaram a falar de "presentismo" mais do que do odioso "whiguismo".

Como Hetherington salienta em seu capítulo, "a acusação de whiguismo... é um potente, porém indiscriminado porrete, levantado com demasiada rapidez pelos contextualistas e pedantes contra aqueles que desejariam usar sua própria experiência na ciência a fim de ajudar no entendimento do estado intelectual dos pesquisadores do passado". De fato, se houver qualquer conexão entre whiguismo e o conceito de prematuridade, seria que a prematuridade é um caso de "whiguismo reverso". Pois, o conceito de prematuridade converte o passado (isto é, minha própria experiência passada em ciência) no juízo absoluto de controvérsias presentes (e.g., as razões para a longamente retardada apreciação da descoberta de Avery).

Coda

Finalmente, quero tornar claro que preparei as precedentes observações críticas tão-somente porque o editor me instou a fazê-las[1]. Elas não devem ser tomadas como representativas de minha visão geral, porquanto eu endosso entusiasticamente, e muito, a parte mais ampla das matérias apresentadas nos ensaios incluídos neste volume[2].

1. Isto não é para sugerir, por certo, que o editor concorda com elas.
2. Expresso minha gratidão ao meu colega de Berkeley, Ernest B. Hook, por organizar os trabalhos e obter apoio financeiro para uma conferência dedicada à reconsideração e clarificação (para não dizer exumação) de um conceito que desenvolvi há tanto tempo atrás. Felizmente, o professor Hook ignorou o meu conselho – quando ele me propôs pela primeira vez o projeto. Eu o adverti que teria dificuldades em conseguir que alguém cruzasse a ponte da Baía de São Francisco para comparecer ao evento que ele estava planejando em Berkeley. E a possibilidade de que lograsse persuadir um grupo de ilustres historiadores, sociólogos e filósofos da ciência para virem em vôo de pontos distintos do Canadá e dos Estados Unidos a fim de apresentar comunicações da maior relevância sobre o conceito de prematuridade, pareceu-me altamente implausível. Meu prognóstico sombrio mostrou-se amplamente equivocado.

25.

EXTENSÕES E COMPLEXIDADES
Em defesa da prematuridade na descoberta científica

Ernest B. Hook

Os ensaios de Gunther Stent sobre a prematuridade na descoberta científica estimularam tão amplo espectro de comentários e pontos de vista que seus artigos poderiam ser considerados como análogos a um teste de Rorschach para aqueles que estão trabalhando nas ciências naturais ou em seus metaestudos. Parte do interesse dessas respostas reside em sua qualidade auto-reflexiva. Elas indicam como indivíduos altamente instruídos em ao menos uma disciplina, seja ela científica ou metacientífica, reagem aos "estímulos". Mas, à luz das respostas, mais do que desenvolver esse tema penso ser muito importante tentar uma defesa ulterior ao cerne da noção de Stent e à sua utilidade.

Questões terminológicas

"Prematuro", na acepção de Stent não significa "à frente de seu tempo"

O uso do termo "prematuridade" traz consigo, claramente, alguma carga associada. Esse fato levou a certa discussão implícita ou explicitamente, neste volume, a propósitos cruzados com a definição técnica específica proposta por Stent. Michael Ruse, por exemplo, ao debater a "prematuridade na teoria da seleção natural de Darwin", prefere usar o termo "prematuro", em estreita concordância com o sentido comum da linguagem, "à frente de seu tempo"[1]. Ele apresenta quatro razões pelas quais acredita que "em aspectos principais a seleção natural, mesmo na *Origem* de Darwin, era uma idéia prematura". São elas: (1) conceitualmente a biologia "não estava pronta para a seleção natural", na medida em que os biólogos se achavam então mais interessados em descrever homologias do que investigar ou interpretar complexidade adaptativa; (2) a qualidade e a adequação do conceito de seleção natural (como era então compreendido) pareciam inadequadas para explicar a evolução, porque os mecanismos de transmissão não eram muito bem compreendidos; (3) não havia um paladino vigoroso para impelir o conceito; e (4) o conceito carecia de "valor de resgate", isto é, não existiam nichos profissionais para o trabalho em seleção natural.

Ruse argumenta persuasivamente que cada fator "postergado" impedia a aceitação da seleção natural, no mínimo, como uma importante força evolutiva, por parte de um significativo número de biólogos profissionais: isto é, que para cada uma dessas razões, quando Darwin publicou a *Origem*, o tempo próprio para o conceito não havia ainda chegado, para parafrasear Ruse. Mas apenas um fator citado por este cientista – o segundo, o que implica dificuldade em entender como qualquer traço selecionado "naturalmente" em um único indivíduo poderia propagar-se em futuras gerações sem ficar diluído em

1. Ver Ruse, cap. 15, neste volume.

cada transmissão – parece ser até um candidato à tarefa de classificar a seleção natural como prematura, no sentido de Stent. Porém, sua discussão ilustra utilmente o caráter distintivo da formulação de Stent, que se aplica, no máximo, a um entre os muitos significados incluídos no entendimento comum do termo "prematuro".

Terminologia: implicações para acusações de whiguismo e preocupações acerca de percepções tardias daquilo que deveria ter sido feito

Eu havia alimentado a esperança de que minhas propostas de modestas alterações, primordialmente terminológicas, na formulação original de Stent acerca da prematuridade, ajudariam a desviar acusações de whiguismo e preocupações com percepções tardias daquilo que deveria ter sido feito[2]. Não obstante, alguns continuam a percebê-las como dificuldades maiores para essa formulação. Talvez eu tenha enfatizado insuficientemente as alterações que propus. De todo modo, levo em conta a afirmação de Elihu Gerson, segundo a qual a "noção" de prematuridade "não resiste":

> Na concepção de Stent, uma descoberta é aqui-e-agora prematura se não houver meio de executar os passos de inferência que haverão de conectá-la ao conhecimento canônico. Mas nós não podemos decidir se uma descoberta é prematura, ou erroneamente colocada, ou simplesmente irrelevante, sem que se possa conhecer *pos facto* se um aparato interpretativo adequado foi ou não desenvolvido e aplicado com êxito.

Se em passagens em que Stent trata da prematuridade, substituirmos o termo "descoberta" por "proposta", "vindicação", "sugestão", "hipótese" e "interpretação", ou um termo relacionado que

2. Ver Hook, cap. 1, neste volume.

implique nenhum conhecimento ou julgamento quanto ao destino subseqüente do que quer que esteja sendo proposto, então – mantenho – o referido problema desaparece. O artigo de Stent – em particular sua discussão sobre a prematuridade aqui-e-agora e os exemplos de percepção extra-sensorial e de transferência macromolecular de memória – implica que ele *pretendia* que a expressão "prematuridade aqui-e-agora" se aplicasse a uma vindicação ou hipótese ou proposta, seja *qual fosse* a sua subseqüente carreira, isto é, quer ela fosse finalmente descartada ou aceita.

"Prematuridade então-e-lá"

Tais considerações sugerem que é útil, ao defender a noção de Stent, dispor de uma expressão que de uma maneira clara e não ambígua denote uma passada vindicação prematura na época proposta, qualquer que tenha sido seu destino subseqüente. Para estender o seu emprego, sugiro "prematuridade então-e-lá". Uma vindicação ou hipótese prematura então-e-lá em alguma época e lugar no passado pode ser, no presente, ou integrada em parte de uma descoberta correntemente reconhecida – endossada por alguns, mas ainda considerada como desconectada pelo restante da comunidade, e assim (para eles) ainda prematura aqui-e-agora – ou abandonada, isto é, por ninguém ser abraçada. Creio que esta noção está implícita na discussão de Stent sobre a prematuridade de episódios passados, e penso que torná-la explícita pode servir de ajuda para evitar atuais entendimentos equivocados. O termo enfatiza os contextos de prematuridade em algum tempo, lugar e/ou comunidade científica presumidos. Ele também permite uma ampliação do conceito tal como discutiremos abaixo. Facilita ainda encarar uma vindicação em certo tempo, como prematura (então-e-lá) para um indivíduo "ou grupo de indivíduos", mas não para outro.

Uma expansão da prematuridade

Indivíduos em qualquer comunidade científica podem discordar entre si acerca do que é conectável ao conhecimento canônico. E a preponderância de indivíduos em uma comunidade pode discordar com os de outra. Tal variação justifica uma abordagem que pode classificar uma vindicação como um aparecimento prematuro então-e-lá para alguns indivíduos ou comunidades, mas não para outros. Desta perspectiva, por exemplo, a hipótese de que o DNA era o substrato bioquímico da hereditariedade poderia ter sido prematuro (então-e-lá) para quase todos os membros da comunidade de geneticistas nos anos de 1940, como Stent sugere, porém não prematuro, como outros acentuaram, para alguns bioquímicos e investigadores individuais, e mesmo para alguns geneticistas na periferia de seu campo.

Com efeito, isso responde pelo fato de que alguns, como Joshua Lederberg, tenham contestado a classificação de Stent sobre o trabalho de Avery e seus colegas como sendo prematuro. Essas e outras razões, discutidas abaixo, parecem confirmar a utilidade de discutir a prematuridade e o caráter canônico a partir da perspectiva de indivíduos, bem como da comunidade científica. Gonzalo Munévar endossa esse modo de ver[3]. Suspeito que aqui e acima tenhamos nos desviado da intenção de Stent ao propor que se mantenha, para certos propósitos, uma construção psicológica relativística também mais variável da prematuridade, a partir de uma construção social (definida em conexão com um conhecimento geralmente aceito) que concede menos peso à variabilidade psicológica.

Certamente, a concepção de maturidade pretendida por Stent parece ser mais homogênea e monolítica do que esta extensão proposta. Mas penso que o aspecto-chave do conceito de Stent remanesce nessa reformulação: o malogro de qualquer membro individual de uma comunidade científica em acompanhar algumas

3. Ver Munévar, cap. 23, neste volume.

vindicações ou hipóteses pode ser explicado, em certas circunstâncias, pelo fracasso dele ou dela em ligá-las por "simples passos lógicos" a um corpo de conhecimento que ele ou ela consideram como canônico. Ou seja, para ele ou ela isto é (ou era) algo prematuro. E pode (ou não) também ter sido visto como prematuro por todos ou quase todos os membros de uma comunidade científica, como na formulação original de Stent.

Estruturalismo e prematuridade

Na primeira parte de seu ensaio, Stent discute o conhecimento canônico como um fenômeno puramente social, ou seja, um conhecimento "aceito em geral". Bem no final de seu artigo, após uma prolongada excursão pela "singularidade" da descoberta – uma seção não reimpressa neste volume –, Stent volta a discutir o conhecimento canônico a partir de uma perspectiva psicológica, invocando uma abordagem estruturalista e citando Jean Piaget e a obra de neurofisiologistas da visão.

O conhecimento canônico é, a partir desta última perspectiva de Stent, simplesmente o conjunto de preexistentes estruturas mentais "fortes" com as quais dados científicos primários são tornados congruentes. Dados (e presumivelmente vindicações, hipóteses ou propostas) que não podem ser transformados numa estrutura congruente com esse conhecimento constituem um "beco sem saída" e são "despidos de sentido" – implicitamente prematuros "aqui-e-agora" – até que um caminho para transformá-los em uma estrutura congruente tenha sido indicado. "Tornar congruente com estruturas fortes" faz-se então equivalente a, ou ao menos realiza o trabalho de, "conectar, por uma série de passos lógicos, ao conhecimento canônico".

É possível ou não encarar essa perspectiva alterada como um avanço no nosso entendimento do conceito original. Mas qualquer que seja o suporte psicológico (ou neurofisiológico) do conhecimento canônico, e por maior que seja o interesse do mecanismo proposto, não os vejo como diretamente relevantes para o significado e a utilidade da prematuridade como uma categoria da explicação histórica.

Elihu Gerson, um sociólogo, vê, aparentemente, a discussão de Stent sobre o estruturalismo como pertinente a este aspecto, embora com falhas[4]. Ele critica os comentários estruturalistas de Stent como "altamente idealistas e altamente reducionistas". Tais comentários não estão de acordo com a experiência, declara Gerson, porque "o processo da descoberta é uma questão de organização social no tempo, de resultados confiáveis que podem ser incorporados a novas linhas de esforço. A questão – ele escreve – não é de mentes cambiantes, porém de práticas cambiantes ou de inventivas práticas convencionais".

Antes, porém, de mudar as práticas é preciso mudar primeiro a mente! E muda-se a mente não só por causa de influências sociais e fatores organizacionais que definem práticas convencionais. Os caprichos da experiência pessoal, o conhecimento e o grau de atenção para com a lógica e o método científico – além das forças sociais imediatamente atuantes – afetam a opção de cada um para tentar uma nova prática e/ou para adotá-la. Não é preciso invocar estruturas fortes de caráter idealista e reducionista para defender este último modo de ver.

Acho o empuxo desse ponto tão forte que, suspeito, posso ter entendido ou lido erroneamente as objeções de Gerson, pois infiro especialmente a partir de seu comentário sobre "mentes cambiantes", ele considera irrelevantes os fatores psicológicos para os processos de descoberta e, por conseqüência, para uma discussão sobre a prematuridade. De modo algum nego – ou Stent, como eu o entendo – a importância dos fatores sociais para a descoberta, ou nego a possibilidade de que possam afetar os fatores cognitivos individuais e a natureza e a interpretação da experiência e das práticas

4. Ver Gerson, cap. 19, neste volume.

pessoais. Mas, sem dúvida, deve haver variação significativa nos fatores cognitivos e psicológicos entre indivíduos no âmbito de qualquer comunidade científica, variação relevante para entender por que um indivíduo abraça uma reivindicação, hipótese ou proposta mais tarde reconhecida como uma descoberta, enquanto outros as rejeitam[5].

Outras extensões da prematuridade

Ilana Löwy no capítulo 20 oferece uma noção bem mais ampla da prematuridade do que Stent o faz, muito embora não seja tão ampla quanto a noção de "à frente de seu tempo", no sentido da linguagem comum sugerido pela discussão de Michael Ruse. A preocupação de Löwy não se limita apenas à conectabilidade daquilo que é aproximado pelo conhecimento "geralmente aceito", mas também abrange as incompatibilidades entre uma vindicação científica, uma hipótese ou proposta científica e os três elementos do "estilo de pensar" de uma comunidade científica, tal como concebido por Ludwig Fleck. Esse termo, ela declara, "apreende (imperfeitamente) o funcionamento em multicamadas da ciência como um empreendimento social dinâmico".

Felizmente, Löwy oferece uma tipologia daquilo que tem em mente e alguns critérios que eu reordeno aqui para facilitar a discussão. Uma proposta é prematura, no sentido de Löwy, porque (1) ela atende, em essência, os critérios de Stent, ou (2) os modos de avaliar a nova evidência são inaceitáveis ao estilo de pensar reinante, ou (3) as questões colocadas ou os métodos utilizados podem não ser vistos como legítimos no âmbito do estilo de pensar aceito, ou (4) dentro do estilo de pensar existente não há meio

5. Diferenças em "capital psíquico" pessoal investido em algumas partes do cânone são provavelmente as fontes mais significativas dessa variação.

aparente de utilizar ou estender métodos disponíveis para acompanhar a proposta.

O segundo critério – creio eu – está subsumido dentro do primeiro. Parte do conhecimento existente é conhecimento acerca de conhecimento, e diz respeito a métodos e à avaliação de evidência, oferecidos para estender o conhecimento.

No tocante ao terceiro critério, os exemplos de Löwy indicam que, a seu ver, a expressão "não legitimada" significa apenas "desinteressante" ou "desimportante". Por razões que irei desenvolver, é enganoso designar vindicações, hipóteses ou propostas desinteressantes ou desimportantes como ilegítimas em qualquer nexo.

Certamente, a falta de interesse ou a percebida desimportância no que diz respeito a uma vindicação, hipótese ou proposta científicas, mais tarde reconhecidas como sendo uma descoberta, foram há muito admitidas como motivos para o retardo de sua aceitação. Mas citá-los como bases para taxar uma proposta científica de "não legitimada" no âmbito do estilo de pensar aceito é uma questão à parte. A caracterização de "não legitimada" implica uma barreira muito mais forte para a aceitação do que a de "desinteressante" ou "desimportante". Isto quer dizer que há algo de *errado* com o trabalho, seja por razões antes de natureza lógico-metodológicas ou ético-sociais.

Empregar um termo em um novo sentido técnico, para além ou de maneira mais restrita do que na sua acepção na linguagem comum, pode servir a um propósito útil, como o uso que Stent fez de "prematuro". Mas por um emprego há muito sancionado, o "ilegítimo" denota objeção aos fundamentos éticos ou metodológicos. Não vejo utilidade no emprego da palavra em qualquer nexo marcadamente novo (para significar "desinteressante") e depois convertê-la em mais um referente do termo "prematuro".

O critério restante sugerido por Löwy para designar uma proposta como prematura é a incapacidade dos investigadores de "fazer" algo com uma vindicação, hipótese ou proposta apresentadas por outros. Isto é um análogo, porém separado, do entendimento da obra como desimportante. Tal critério poderia ser denominado de "infecundo". Ele chega o mais perto possível da categoria de "sem relevância imediata", uma das bases para a rejeição mencionada no capítulo 1, em que um tipo de relevância brota de uma percebida provável infecundidade. Löwy cita como exemplo a noção de individualidade biológica desenvolvida por volta de 1910. Muito embora a noção tenha permanecido sem cultivo, presumivelmente porque os contemporâneos não divisavam meios óbvios para ir à frente a partir dela, era possível na época, não obstante, ligar conceitualmente a idéia ao conhecimento em geral aceito. Portanto, a noção acima não era prematura no sentido stentiano.

Sem dúvida, Stent sugere, em suas observações introdutórias acerca do trabalho de Avery e seus colegas sobre o DNA, que ele tinha em mente algo parecido com o último critério de Löwy, quando desenvolveu seu pensamento sobre a prematuridade. Como afirma, "Minha razão *prima facie* para considerar a descoberta de Avery prematura é que ela não foi apreciada em sua época... Com [isto] quero dizer... [ela] passou despercebida, ou... não foi considerada importante, [mas] que... ninguém parecia capaz de fazer muito com ela". Porém, enquanto David Hull, no meu modo de compreendê-lo, lê esse trecho como indicativo de que Stent oferece aqui um implícito critério operacional ou sociológico que indica falta de conectabilidade ao conhecimento canônico num caso de prematuridade científica, eu entendo a passagem simplesmente como uma exegese da evolução da idéia de Stent – de como ele chegou à noção final – não como oferta de um equivalente operacional de sua definição formal de prematuridade[6].

Será a infecundidade equivalente à definição de Stent de prematuridade? Martin Jones pretende dizer que é. Ele sustenta, em essência, que quando uma anunciada vindicação, hipótese ou proposta é "genuinamente inconectável" – e, portanto, prematura, no sentido de Stent –, então, isto "poderia igualmente muito bem ser

6. Ver Stent, cap. 2, e Hull, cap. 22, neste volume. Depois de redigir o presente capítulo, perguntei a Stent o que precisamente ele queria dizer com a sentença: "minha razão *prima facie* para considerar [alguma] descoberta prematura é que ela não foi apreciada em sua época". Tudo o que pretendia, disse ele, era que a falta de apreciação torna semelhante descoberta uma candidata a ser considerada como prematura.

chamado de infecunda"[7]. Entretanto, o exemplo de individualidade biológica apresentado por Löwy ilustra como uma proposta pode ser estéril e, no entanto, não ser prematura na acepção stentiana. Mas será o oposto possível? Poderá haver uma vindicação, hipótese ou proposta prematura que seja, não obstante, frutífera?

Afirmo que sim, por duas razões. Uma é trivial. Um investigador que tenta contestar os resultados oferecidos em apoio a uma vindicação encarada como prematura no sentido stentiano pode encontrar uma nova direção não antecipada, porém produtiva, ou evidenciar e confirmar a noção herética. De maneira mais substantiva, considere a hipótese aninhada nas implicações do artigo de Avery e colegas: que o DNA era uma molécula informacional, talvez mesmo a própria molécula informacional da genética. Mesmo se prematura, esta hipótese era, ainda assim, fecunda para Erwin Chargaff[8]. E mais fecunda ainda era para James Watson e Francis Crick[9]! Tais pesquisadores podem ter previamente aceito a concepção canônica geral de que a proteína era a molécula informacional, mas isto não bastava para detê-los em sua "louca busca", como Crick a intitulou.

Uma vindicação, hipótese ou proposta no sentido de Stent pode, portanto, ser fecunda. Suspeito, porém, que tais casos são muito raros e só ocorrem quando o pertinente conhecimento canônico do investigador não está altamente estruturado ou profundamente enraizado. Em semelhante caso, ele ou ela estarão bem menos agrilhoados por crenças convencionais e mais dispostos a assumir os riscos inerentes ao trabalho de levar adiante uma pesquisa sobre uma vindicação, hipótese ou proposta que possa prover uma importante nova conexão com o cânone, ou até uma mudança significativa nele. E é mais provável que tal eventualidade ocorra entre pesquisadores dotados, que focalizam mais intensamente um problema do que faz o resto da comunidade científica, como ilustram os relatos de Glenn Seaborg e de Charles Townes a respeito de

7. Ver Jones, cap. 21, neste volume.
8. Ver Chargaff, 1978, p. 82-89.
9. Ver Watson, 1980, p. 12, 18, e Crick, 1988, p. 36-38, para comentários sobre a influência do relatório de Avery e colegas a respeito de seu trabalho.

suas próprias descobertas, nos capítulos três e quatro, deste volume, respectivamente.

David Hull prefere o que eu denominei de "infecundidade" como critério de prematuridade, em vez do critério de conectabilidade por "simples passos lógicos", porque este último é muito complicado. Mas se estas idéias são diferentes, como eu defendo, por que abandonar a útil noção distintiva de Stent, por ser ela mais complexa? Se chamarmos alguma proposta científica, surgida no passado, de "infecunda", isto simplesmente nos dirá que ela não levou para lugar algum, porque ninguém conseguiu fazer com a proposta coisa alguma. Ela não nos informa por quê. Se a chamarmos de prematura (então-e-lá), adiantamos uma interessante hipótese no tocante ao por quê? A avaliação dessa hipótese expandirá o nosso entendimento da recepção histórica da proposta.

Atraso na descoberta

Neste volume, Frederic Holmes infere que as idéias de retardo, prematuridade e pós-maturidade, implicam – de maneira inapropriada e a-histórica, como eu o interpreto – uma taxa normal de avanço científico e um "lapso normal de tempo entre a primeira apresentação de uma descoberta e a sua assimilação em um domínio"[10]. Todavia, existem importantes e úteis questões que podem ser propostas acerca de eventos históricos que claramente, e de maneira não problemática, envolvem algum tipo de retardo sem invocar qualquer taxa "normal" de avanço científico. Por exemplo, por que o óxido nitroso não foi adotado como anestésico de inalação em 1800, quando Humphrey Davy publicou pela primeira vez a sugestão da idéia? Ou ainda, por que a fissão nuclear, como foi mais tarde designada, não foi levada adiante quando Ida Noddack propôs, pela primeira vez, o conceito

10. Holmes, cap. 12, neste volume.

em 1934? Indagações similares se colocam implicitamente nas referências de historiadores com respeito a achados ou hipóteses integrados "tardiamente" na corrente principal da ciência, como Ilana Löwy os caracteriza ao discutir os seus próprios exemplos.

Suponham que exista algum intervalo de magnitude significativa entre o tempo em que uma hipótese ou vindicação é proposta a uma comunidade científica e o tempo em que ela é, em geral, aceita por essa comunidade. Parece razoável acreditar que algum tipo de atraso ocorreu e considerar a extensão desse retardo como a extensão de um intervalo assim. Apenas para falar desse intervalo em relação a qualquer episódio particular, é preciso estar apto a especificar, ao menos grosseiramente, os extremos de seu intervalo, e se aquilo que foi sugerido em primeiro lugar era de fato o que foi mais tarde aceito. O intervalo entre o reconhecimento da utilidade do óxido nítrico como anestésico de inalação e seu uso para semelhante propósito começou com a proposta de Davy em 1800. O término desse intervalo encontra-se, em algum momento, entre o seu primeiro emprego por Horace Wells, no entorno de dezembro de 1844, e o reconhecimento amplamente difundido da anestesia por inalação cerca de dois anos mais tarde[11]. No caso da fissão nuclear, o intervalo – que se situa entre o segundo artigo de Ida Noddack em 1934 e a obra de Hahn-Strassmann-Meitner-Frisch em dezembro

11. Ver, por exemplo, Bergman, 1998, p. 272-282. Efetivamente, poder-se-ia pretender que o retardo era até mais longo, porque, embora o emprego do óxido nítrico leve ao difundido uso do éter em 1846, o óxido nítrico, ele próprio, não era largamente adotado como anestésico fora de Hartford, Connecticut, até muitos anos mais tarde. Porém, há um sentido mais importante em que esse exemplo talvez possa ser habilitado. Davy escreve: "Como o óxido nítrico em sua operação extensiva parece capaz de destruir a dor física, ele pode provavelmente ser empregado com vantagem em operações cirúrgicas nas quais não ocorra grande efusão de sangue". Para os nossos olhos atuais, isso parece ser uma sugestão de nosso entendimento corrente sobre a anestesia por inalação. Mas, a qualificação "nas quais não ocorra grande efusão de sangue" nunca foi satisfatoriamente explicada. Bergman, de fato, sugere que Davy não estava preocupado em mitigar a dor *per se*, isto é, aliviar o sofrimento do paciente, mas somente, de acordo com os então populares princípios brunonianos da medicina (formulados por John Brown [1735-1788]), mitigar quaisquer conseqüências que a dor poderia ter sobre a recuperação (p. 279-282). O comentário de Davy pode muito bem constituir um exemplo, em que nossa perspectiva corrente lança sobre alguma proposta passada uma implicação não pretendida pelo proponente ou inferida pelos contemporâneos dela ou dele. Neste caso, por certo, não era prematura (então-e-lá).

de 1938 e janeiro de 1939 – durou aproximadamente cinco anos[12]. Muitas das perguntas que se pode fazer a propósito de tal intervalo temporal envolvem, ao menos, uma percepção de algum tipo de retardo, e uma outra que requer um olhar cuidadoso sobre o episódio numa pesquisa de explicação.

Certamente, num exame mais detido, pode-se verificar que existe uma discrepância entre o que foi efetivamente proposto de início, na época – isto é, no aparente começo do intervalo –, e o que foi de maneira retroativa lançado mais tarde, conceitualmente, sobre ela, por assim dizer[13]. Além disso, é possível que não se possa prover nenhuma data inicial para o processo. Nestas e noutras circunstâncias, a extensão e mesmo a existência de atraso tornam-se problemáticas. Mas se, com o critério proposto, a gente julga que a acolhida a uma vindicação, hipótese ou proposta foi postergada, então parece razoável perguntar por que, a partir de uma perspectiva corrente, se deu a integração tardia de tal coisa na corrente principal da ciência. E a prematuridade no sentido de Stent, deste ponto de vista, é simplesmente uma das muitas causas potenciais do retardo. No caso da fissão nuclear, a prematuridade foi um dos contribuintes. A prematuridade, porém, não foi responsável pelo atraso da introdução do óxido nítrico como anestésico.

A prematuridade como noção não deflagradora nas ciências sociais

A discussão de George Von der Muhll sobre a prematuridade potencial no campo designado como ciência política parece influenciada fortemente pela formulação de Thomas Kuhn acerca dos para-

12. Ver Hook, cap. 10, neste volume.
13. Por exemplo, a questão de saber se Mendel propôs unidades separáveis, herdadas discretamente. Ver Holmes, cap. 12, neste volume, para a elaboração e referências.

digmas, embora ele não reconhecesse o fato de modo explícito. Não existe, na ciência política, nenhum paradigma aceito em geral, mas tem havido e há contendores. Von der Muhll infere que, no caso da comunidade inteira de cientistas políticos – ao contrário da comunidade das ciências naturais –, o domínio não alcançou o estágio em que vindicações, hipóteses, propostas e assim por diante pudessem ser prematuras na acepção de Stent. Segundo ele sugere, Kuhn aplicaria a este campo o rótulo de "pré-paradigmático"[14].

Mas há aí um sentido em que a formulação de Stent pode ser proveitosa, enquanto a de Kuhn permanece estéril. Muitos cientistas políticos – informa-nos Von der Muhll – abraçaram fortemente uma teoria, a da ação racional. De fato, num caso, todo um departamento a adotou como um foco organizador de pesquisa. Portanto, há presumivelmente doutrinas, vindicações, hipóteses ou propostas correntemente rejeitadas pelos numerosos adeptos contemporâneos desta escola, porque não conseguem conectá-las por uma série de passos lógicos ao seu cânone da ação racional. Admito não ter encontrado quaisquer exemplos concretos dessa pretensão, embora ainda tenha que pesquisar amplamente. E, sem dúvida, o termo "prematuro aqui-e-agora" pode não ser útil a um cientista político da ação racional para indicar essa falta de conectabilidade. Mas, o conceito parece ser idêntico, no mínimo, à extensão do conceito de Stent que esbocei acima com referência às ciências naturais.

Além disso, dizer que nenhuma teoria (ou teorias) organizadora(s) largamente aceita(s) existe(m) na ciência política – ou seja, que não há, no sentido de Kuhn, algum paradigma teórico unificador – não exclui alguma coleção de evidência empírica ou de material descritivo, ao menos de natureza histórica recente, a cujo respeito haja ampla concordância entre aqueles que trabalham neste campo e constituem o conhecimento canônico para quase todos, por mais subdesenvolvido e singelo que possa parecer àqueles que buscam grandes teorias. Deve haver algum conhecimento sobre o qual os cientistas políticos, em qualquer departamento universitário, concordam em geral, se so-

14. Ver Von der Muhll, cap. 17, neste volume.

mente assim puderem ministrar um curso introdutório e adotar um compêndio para tal fim. Desconfio, ademais, que a maior parte de minhas impressões e generalizações acerca da ciência política poderia ser estendida às outras ciências sociais. De todo modo, tais considerações indicam que até mesmo no campo rotulado como "pré-paradigmático", por alguns que nele militam, a noção de prematuridade pode encontrar aplicação.

A utilidade da formulação de Stent

O exemplo da percepção extra-sensorial

A discussão de Stent sobre a alegada percepção extra-sensorial (PES) pareceu-me útil para refletir a respeito dessa controvérsia. Uma explicação do porquê ela pode prover um exemplo concreto de um modo em que sua formulação seria proveitosa, ao passo que a de Thomas Kuhn não seria. Eu rejeitei (e rejeito) a evidência em favor da PES por completo, mas não me senti à vontade em assim proceder. Aos meus olhos, sempre me considerei um indivíduo de mente aberta com um entendimento intuitivo apropriado de algo denominado de "método científico". Reconhecia implicitamente que minha atitude para com a PES parecia inconsistente com essa visão. Além do mais, eu sabia que – embora tendo examinado mais do que eu elementos da pretendida evidência da percepção extra-sensorial –, psicólogos, estatísticos e outros cientistas, bem como filósofos da ciência, aparentemente da maior respeitabilidade, endossavam, ou ao menos tomavam a sério, alguns aspectos do fenômeno em apreço ou acreditavam nele. Isso reforçava meu incômodo[15].

15. Para uma discussão por um filósofo da ciência a sugerir que se deva tomar a sério a evidência para o fenômeno vindicado, ver, por exemplo, Scriven, 1964. Jessica Utts (1991) oferece apoio estatístico. Brian Josephson, um físico ganhador do prêmio Nobel, acredita que as leis conhecidas da física são compatíveis com algumas das vindicações (Josephson e Palllikari-Viras, 1991; Josephson, 1992).

Por tais razões, eu não me achava em condições de confrontar a perplexidade e a inquietação que sentia rejeitando a prova oferecida em favor da PES. Considerá-la um paradigma ou, ao menos, julgar que ela implicasse algo diferente ou incomensurável em relação àquilo que eu tomava por neurociência não fornecia uma percepção útil ou uma implicação frutífera. Entretanto, a caracterização de Stent das vindicações como prematuras aqui-e-agora me proporcionou um produtivo quadro heurístico[16]. E sua abordagem apresenta admirável utilidade social ao sugerir mecanismos para mediar desacordos sobre a PES e questões análogas envolvendo a controvérsia. Lá onde há divergências individuais sobre se uma proposta pode ser conectada a um cânone, Stent fornece uma ponte neutra para um diálogo útil entre céticos e crentes.

Sua formulação significa que partidários de uma vindicação que parece prematura a uma comunidade científica deveriam tratar explicitamente (e, na verdade, concentrar seus esforços nisso) daqueles aspectos do cânone dos céticos que os proponentes precisam alterar para conseguir que os críticos tomem a sério o alegado fenômeno. Essa conclusão é precisamente onde eu julgo a noção preferível às conclusões de Kuhn sobre diferentes paradigmas. Stent sugere uma base para um diálogo entre aqueles que estão em lados diferentes e um alvo útil para o programa de pesquisa de uma minoria sitiada, cujas vindicações se situam fora do cânone. Se a formulação kuhniana de paradigmas incomensuráveis implica algo como coisa útil, não é assim que eu a vejo.

Como Stent sugere, com respeito à percepção extra-sensorial, aqueles que continuam a examinar os desdobramentos dos mesmos experimentos, assim como os seus simpáticos colegas estatísticos que informam sobre as probabilidades infinitesimais de que os dados resultem do acaso, não irão convencer os céticos. Mas um dos três tipos de achados poderia nos levar a alterar nosso ceticismo, dos quais os dois primeiros são sugeridos por Stent: (1) a descoberta de alguma estrutura

16. Eu *não* pretendo sugerir com isso que o valor social e o valor de uma política científica do termo "prematuro aqui-e-agora", aplicado a vindicações correntes, seja qual um eufemismo psicológico ou terminológico para absurdo!

do cérebro insuspeitada, aparentemente capaz de assinalar ou receber a informação necessária, (2) a descoberta de algum novo e pertinente princípio da física, ou (3) a demonstração de alguma claramente econômica, e/ou prática, utilidade do conceito – isto é, que ele "funciona" em algum sentido significativo, mesmo quando não se pode explicar por quê[17]. Excluo desta última parte o valor real de uma performance de entretenimento porque eu suspeitaria de que fosse fraudulenta.

A utilidade da prematuridade para a história

Um novo papel social para os historiadores

Uma virtude da formulação de Stent é que ela cria uma ponte conceitual entre controvérsias e desacordos passados e presentes. Também reforça o valor da necessidade da história e, sem dúvida, o da história. Pelo entendimento da resolução de exemplos passados de prematuridade então-e-lá, encontramo-nos em melhor posição para lidar com episódios de prematuridade aqui-e-agora, alguns dos quais podem envolver grande controvérsia. E isso proporciona um papel adicional aos historiadores da ciência e filósofos da ciência com orientação histórica. Quem mais senão os que estão familiarizados com a textura fina de episódios passados da prematuridade então-e-lá e sua resolução poderiam, de maneira mais útil, moderar e facilitar tal discussão interativa acerca das controvérsias presentes? A magra lista de possíveis atividades "aplicadas" do historiador da ciência[18] poderia muito bem ser expandida a fim de incluir semelhante contribuição.

17. Por "trabalhos" quero dizer que é empregado consistentemente para conseguir um resultado social ou econômico não trivial.
18. Heilbron, 1987.

Uma abordagem distintiva para análises históricas de desenvolvimentos científicos

É possível igualmente defender a utilidade da noção de prematuridade (então-e-lá) na análise histórica – isto é, para o costumeiro trabalho profissional de historiadores da ciência? Meus comentários, na seção acima, sobre o retardo esboçam os contornos de tal defesa. Nathaniel Comfort, entretanto, sugere que sua principal utilidade é, antes, a de rastro e alvo, uma bandeira vermelha, que, quando desfraldada, desafia os historiadores a rejeitar a hipótese da prematuridade e a "colocar uma descoberta no contexto de seu tempo, lugar e idéias contemporâneas"[19]. Certamente, a impressão inicial de prematuridade deve servir de incentivo para um exame mais detido do episódio. Mas *qualquer* explanação histórica da razão pela qual uma proposta científica parece, a partir de um ponto de vista ulterior, ter sido tardiamente integrada na corrente principal do conhecimento científico, deve ser inserida no mesmo contexto. E, no fim desse processo, em qualquer caso particular, sustento que o conceito de prematuridade, tal como formulado por Gunther Stent, há de prover uma útil e distintiva categoria de explicação histórica.

Bibliografia

Bergman, N. A. 1998. *The Genesis of Surgical Anesthesia*. Park Ridge, Ill.: Wood Library-Museum of Anesthesiology.

Chargaff, E. 1978. *Herachtian Fire: Sketches From a Life Before Nature*. New York: Rockefeller University Press.

Crick, F. 1988. *What Mad Pursuit: a Personal View of Scientific Discovery*. New York: Basic Books.

Heilbron, J. 1987. Applied History of Science. Isis 78:559-63.

Josephson, B. D. 1992. Letter. *Physics Today* 45:15.

Josephson, B. D. & F. Pallikari-Viras. 1991. Biological Utilisation of Quantum Nonlocality. *Foundations of Physics* 21:197-207.

19. Comfort, cap. 13, neste volume.

Scriven, M. 1964. The Frontiers of Psychology: Psychoanalysis and Parapsychology. In: R. G. Colodny (ed.). *Frontiers of Science and Philosophy*. London: George Allen and Unwin, p. 95-106.
Utts, J. 1991. Replication and Meta-Analysis in Parapsychology. *Statistical Science* 6:363-403.
Watson, J. D. [1968] 1980. *The Double Helix: A Personal Account of the Discovery of the Structure of DNA*. G. S. Stent (ed.). New York: W. W. Norton.

ÍNDICE REMISSIVO

D

LISTA DE COLABORADORES

KENNETH J. CARPENTER,

Professor Emérito do Departamento de Ciências da Nutrição, Universidade da Califórnia, Berkeley

NATHANIEL C. COMFORT

Vice-Diretor do Centro para História da Ciência Recente e Professor Associado do Departamento de História da Universidade George Washington, Washington, D.C.

ELIHU M. GERSON

Diretor do Instituto Tremont de Pesquisa, São Francisco, Califórnia

MICHAEL T. GHISELIN

Professor Catedrático do Centro para História e Filosofia da Ciência, Academia de Ciências da Califórnia, São Francisco

WILLIAM GLEN

Editor livre da Stanford University Press e Historiador da Ciência Visitante do U.S. Geological Survey, Menlo Park, Califórnia

NORRIS S. HETHERINGTON

Pesquisador Associado, Repartição para a História da Ciência e Tecnologia, Universidade da Califórnia, Berkeley

FREDERIC L. HOLME

Professor do Departamento de História da Medicina da Universidade de Yale, New Haven, Connecticut

ERNEST B. HOOK

Professor da Escola de Saúde Pública da Universidade da Califórnia, Berkeley e do Departamento de Pediatria da Universidade da Califórnia, São Francisco

DAVID L. HULL

Professor do Departamento de Filosofia da Universidade Northwestern, Evanston, Illinois

MARTIN JONES,

Professor Associado do Departamento de Filosofia do College Oberlin, Oberlin, Ohio

ILANA LÖWY

Historiadora de Ciência Biomédica do INSERM-SERES, Paris, França

ARNO G. MOTULSKY

Professor Emérito do Departamento de Medicina e Genética da Universidade de Washington, Seatle

GONZALO MUNÉVAR

Professor de Humanidades e de Ciências Sociais da Universidade Lawrence Technological, Southfield, Michigan

MARY JO NYE

Horning Professor de Humanidade e Professor de História da Universidade do Estado de Oregon, Corvallis

MICHAEL RUSE

Lucyle T. Werkmeister Professor de Filosofia do Departamento de Filosofia da Universidade do Estado da Flórida, Tallahassee

OLIVER SACKS

Neurologista e autor, Nova York, Nova York

GLENN T. SEABORG

Professor Emérito do Departamento de Química e Diretor Associado do Lawrence Hall of Science da Universidade da Califórnia, Berkeley (falecido)

GUNTHER S. STENT

Professor Emérito do Departamento de Biologia Celular e Molecular da Universidade da Califórnia, Berkeley

LAWRENCE H. STERN

Professor do Departamento de Sociologia do Collin County Community College, Plano, Texas

CHARLES H. TOWNES

Professor Emérito da Universidade da Califórnia e Professor do Departamento de Física da mesma universidade, Berkeley

GEORGE VON DER MUHLL

Professor Emérito do Departamento de Políticas da Universidade da Califórnia, Santa Cruz

NORTON D. ZINDER

Professor Emérito da John D. Rockefeller II, Laboratório de Genética da Universidade Rockefeller, Nova York, Nova York